CHANYE ZHUANLI
FENXI BAOGAO

产业专利分析报告

(第17册)——燃气轮机

杨铁军◎主编

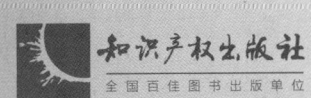

图书在版编目（CIP）数据

产业专利分析报告. 第17册，燃气轮机/杨铁军主编. —北京：知识产权出版社，2014.5
ISBN 978-7-5130-2631-4

Ⅰ.①产… Ⅱ.①杨… Ⅲ.①燃气轮机—专利—研究报告—世界 Ⅳ.①G306.71②TK47

中国版本图书馆CIP数据核字（2014）第050305号

内容提要

本书是燃气轮机行业的专利分析报告。报告从燃气轮机行业的专利（国内、国外）申请、授权、申请人的已有专利状态、其他先进国家的专利状况、同领域领先企业的专利壁垒等方面入手，充分结合相关数据，展开分析，并得出分析结果。本书是了解该行业技术发展现状并预测未来走向，帮助企业做好专利预警的必备工具书。

责任编辑：卢海鹰　胡文彬　　　　责任校对：韩秀天
装帧设计：王祝兰　胡文彬　　　　责任出版：刘译文

产业专利分析报告（第17册）
——燃气轮机

杨铁军　主　编

出版发行：知识产权出版社有限责任公司	网　　址：http://www.ipph.cn
社　　址：北京市海淀区马甸南村1号	邮　　编：100088
责编电话：010-82000860转8031	责编邮箱：huwenbin@cnipr.com
发行电话：010-82000860转8101/8102	传　　真：010-82000893/82005070/82000270
印　　刷：保定市中画美凯印刷有限公司	经　　销：各大网络书店、新华书店及相关专业书店
开　　本：787mm×1092mm　1/16	印　　张：23.75
版　　次：2014年5月第1版	印　　次：2014年5月第1次印刷
字　　数：507千字	定　　价：80.00元
ISBN 978-7-5130-2631-4	

出版权专有　侵权必究
如有印装质量问题，本社负责调换。

推 荐 语

自半个多世纪前世界上首台发电重型燃气轮机在瑞士诞生及发展至目前，全球已经形成了规模巨大的高技术产业，而且还在以较快的速度继续发展。现在最先进的H/J级燃气轮机单机功率达到375～460MW、效率达到40%～41%；联合循环效率达到60%～61%，成为人类已掌握的热功转换效率最高的大规模商业化发电方式。目前全球天然气发电（绝大部分是燃气轮机）已经达到总发电量的21%，随着全球常规和非常规天然气工业的持续发展，燃气轮机发电的比重还将稳步增加。燃气轮机不仅是当代最重要的发电设备之一，也是21世纪洁净高效能源系统的主要动力装置，因而具有长远、全局性的战略意义。

燃气轮机与航空发动机（喷气发动机）原理相同，核心技术相通，其关键技术具有军民两用性质，产品研发难度大、投资大、周期长，成为科技含量最高的工业产品之一，被誉为工业界"皇冠上的明珠"。半个多世纪以来，美国通用、德国西门子、日本三菱、法国阿尔斯通等几家跨国公司在燃气轮机核心技术研究开发方面投入巨资，突破了产品设计制造核心技术，每家公司都形成了数以千计的专利，成为这些公司的产品垄断全球市场的技术支撑。

我国燃气轮机行业在技术引进、消化吸收的基础上，已经进入了自主创新的历史新阶段，目标是建立具有自主知识产权的燃气轮机核心技术研发体系和具有市场竞争力的产业体系。自主创新首先要认真学习前人积累的宝贵知识，尊重他人的知识产权；又要敢于和善于创新，建立自主知识产权；既要规避可能的知识产权纠纷，最大限度地降低自主创新的法律风险，又要善于运用法律手段鼓励和保护自主创新。而这一切的前提，是必须对迄今为止国内外燃气轮机专利有全面和深入的了解。

本报告采用专业方法系统、全面地收集了迄今为止全世界有关燃气轮机的4.8万余项专利，分析了全球特别是四大跨国公司燃气轮机相关专利的申请趋势、地域分布、主要申请人和重点技术领域的专利布局以及技术发展路线，以及它们在我国的专利布局情况；还分别就全行业最关心的热端部件核心技术，如透平叶片冷却技术、火焰筒冷却技术、干式低污染（DLN）燃料喷嘴技术的专利申请趋势、技术特点、代表性研发团队、专利法律状态进行了详细分析，为国内燃气轮机行业了解国际竞争对手的技术发展路线和方向提供思路，对我国燃气轮机行业的核心技术研发工作起到指导作用，对国内企业建立知识产权规避和保护体系有重要参考价值。

  本报告还对我国政府和企业如何开展燃气轮机自主创新、突破外国公司的知识产权技术壁垒提出了很好的建议，这些建议都具有十分重要的指导意义。希望我国燃气轮机的政府主管部门、行业协会、企业、高等院校和科研院所高度重视知识产权问题，认真阅读本报告，在充分学习借鉴国外先进燃气轮机专利技术的基础上，扎扎实实走自主创新的道路，建立我国自主知识产权的燃气轮机核心技术体系和法律保护体系，助力我国燃气轮机产业的健康快速发展！

中国工程院院士、清华大学教授

清华大学燃气轮机研究院院长

燃气轮机与煤气化联合循环国家工程研究中心主任

2014年1月于北京

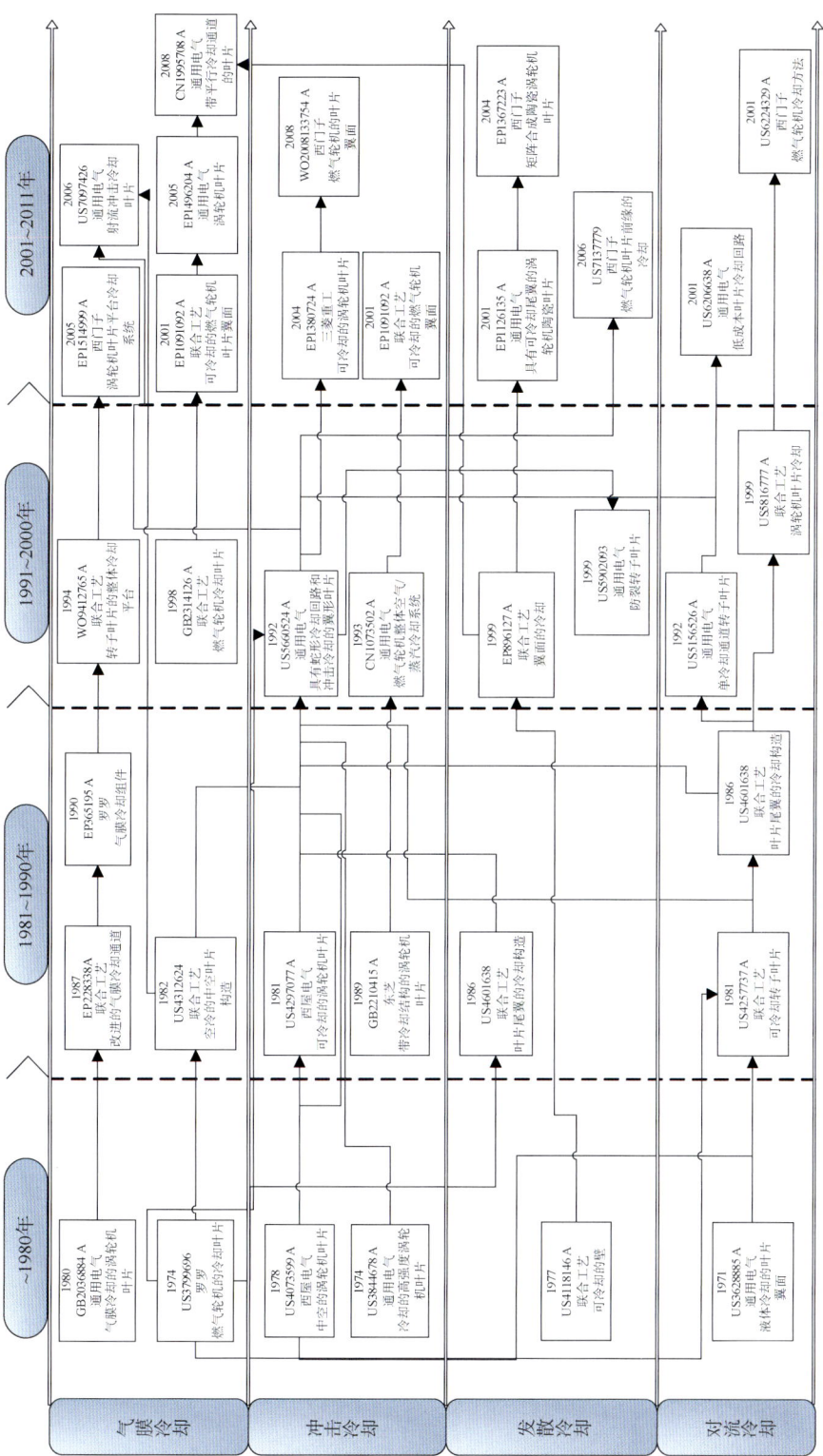

图4-3-8 叶片冷却技术路线图
（正文说明见第61页）

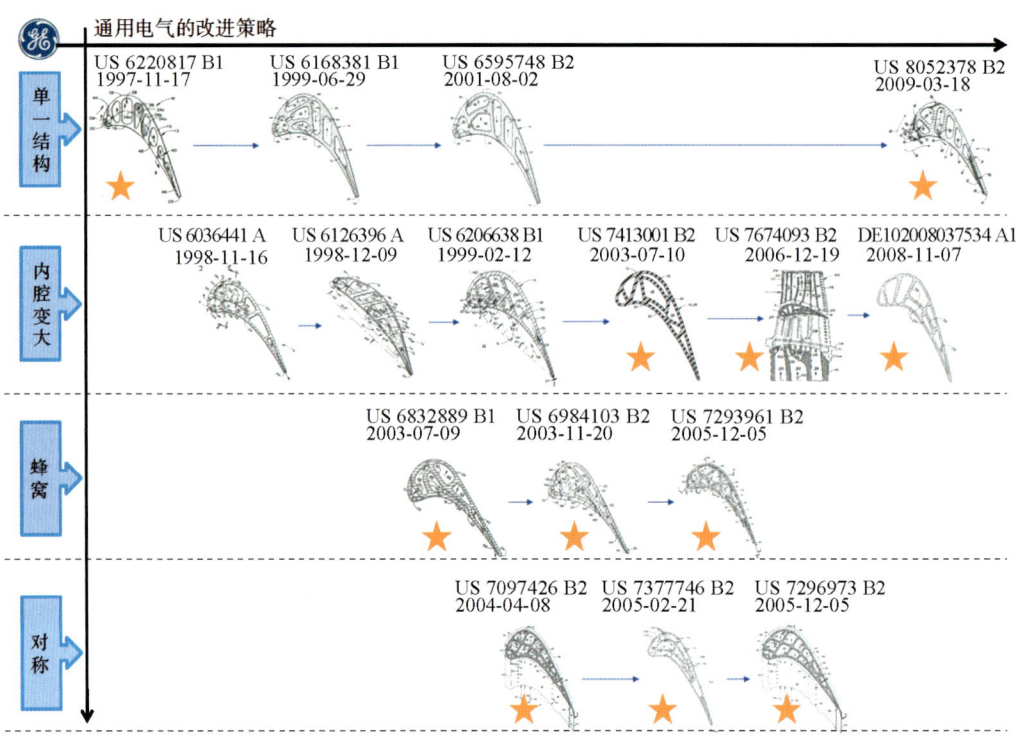

图4-5-4 通用电气的改进策略

注：带星星标注的是李经邦本人作为发明人的改进方案；日期为最早优先权日。

（正文说明见第90页）

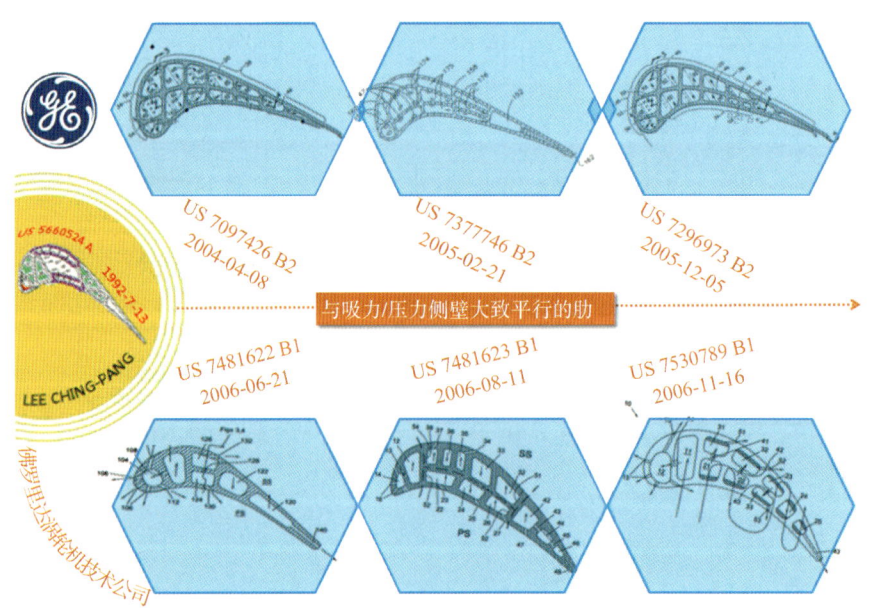

图4-5-6 两家公司对称结构叶片的对比分析

（正文说明见第94页）

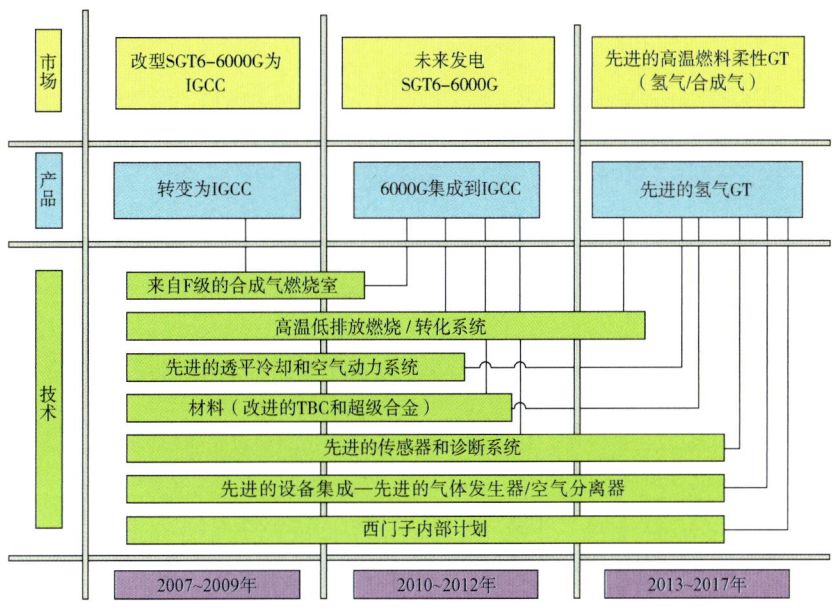

图8-4-1 西门子燃氢燃气轮机开发路线图
（正文说明见第274页）

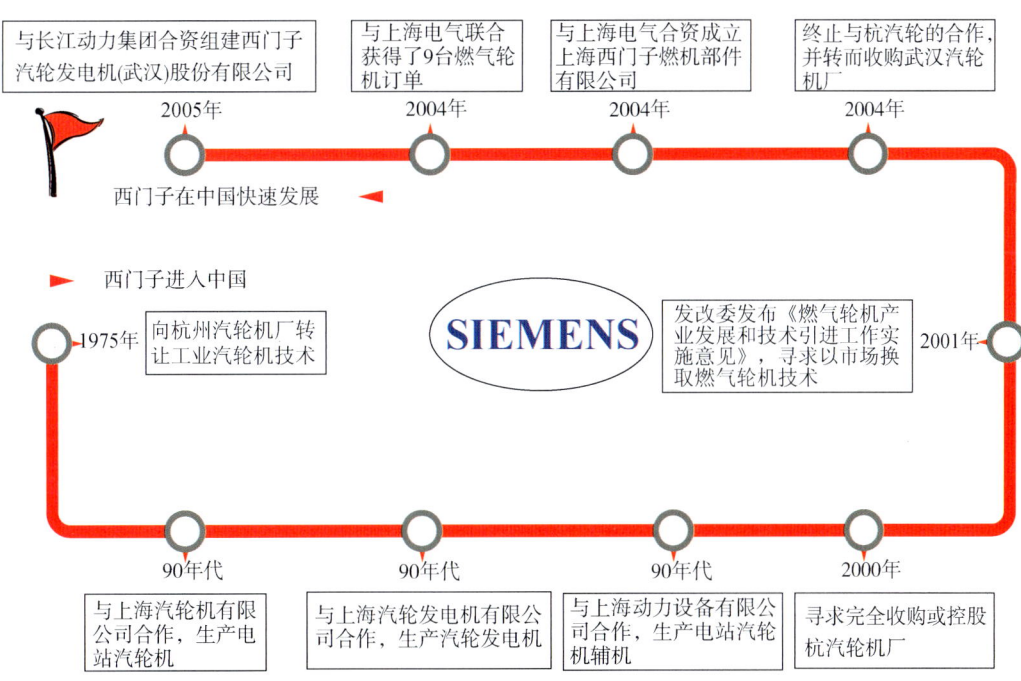

图8-5-3 西门子进入中国示意图
（正文说明见第289页）

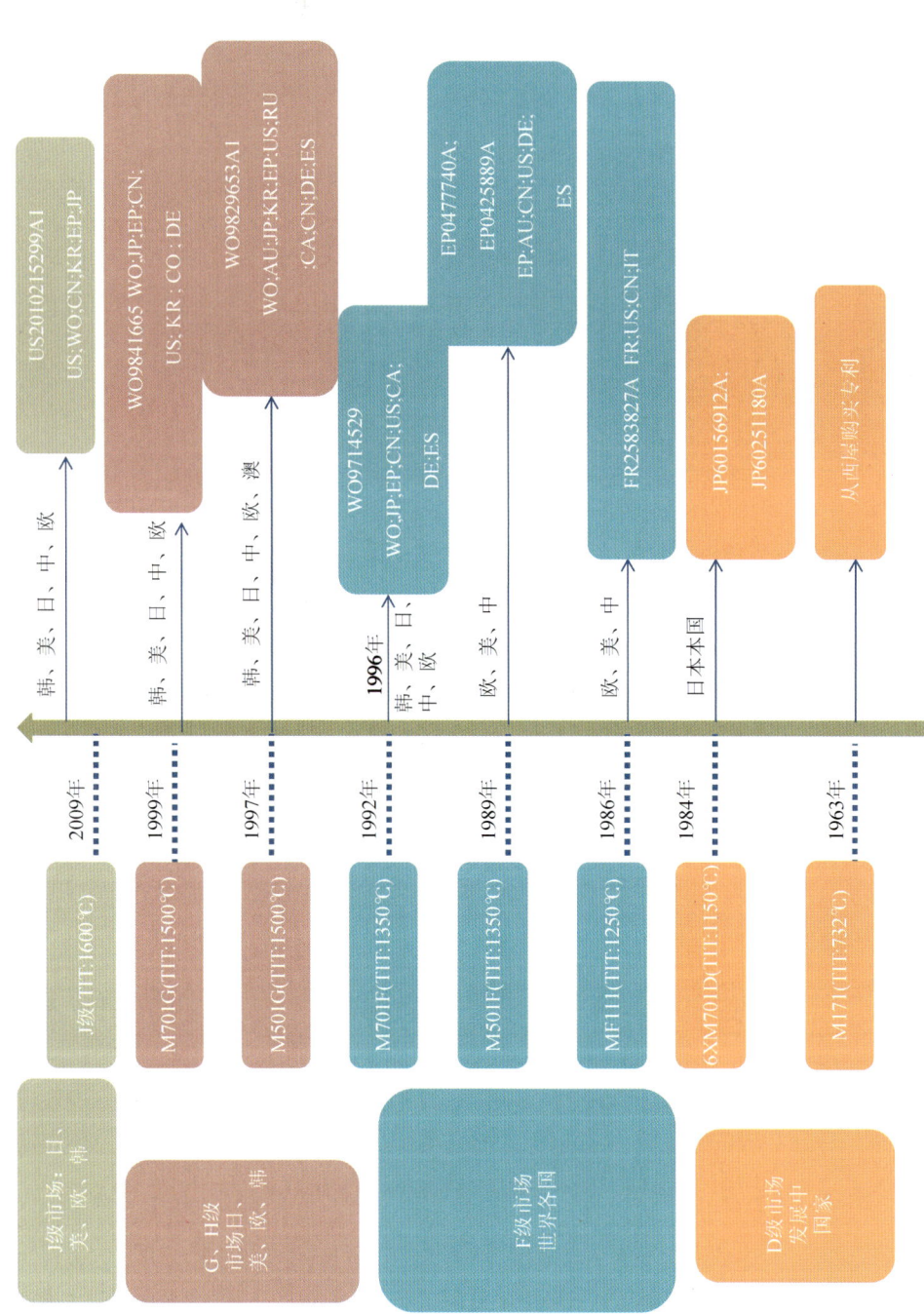

图9-2-4 三菱重工各级产品与重要专利的对应
（正文说明见第299页）

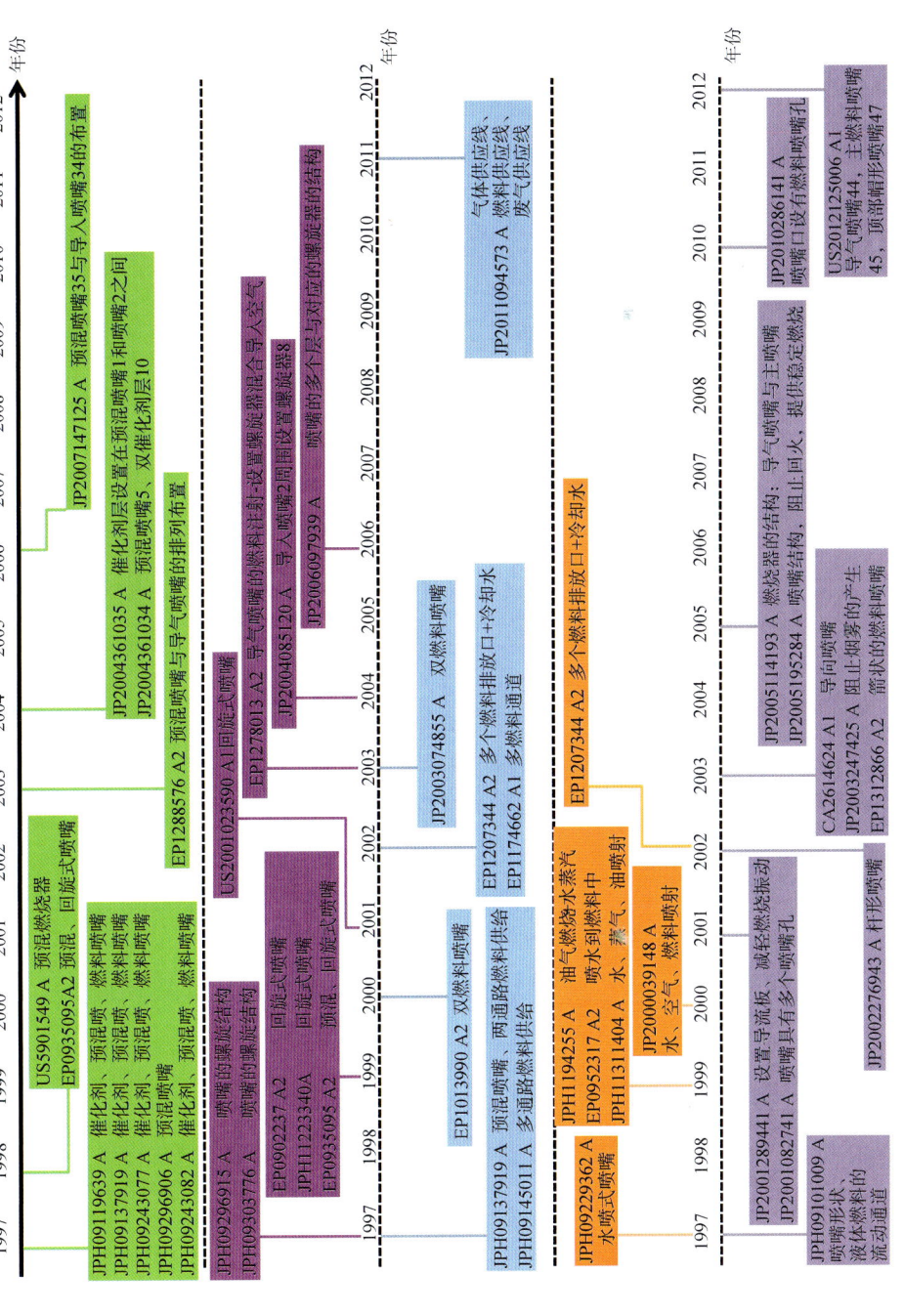

图9-4-1 喷嘴结构的技术路线图
（正文说明见第325页）

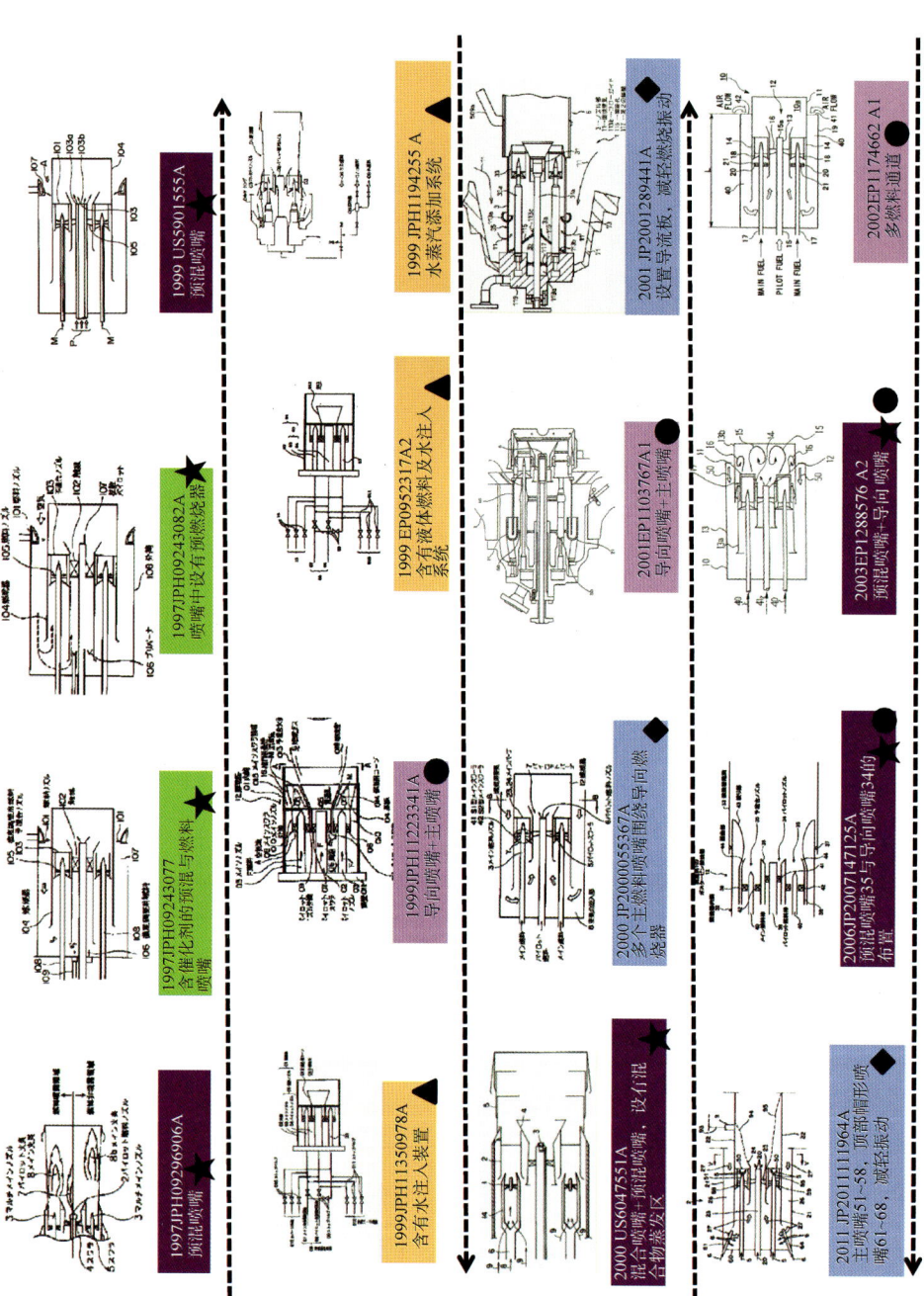

图9-4-2 多喷嘴结构的技术路线图
（正文说明见第326页）

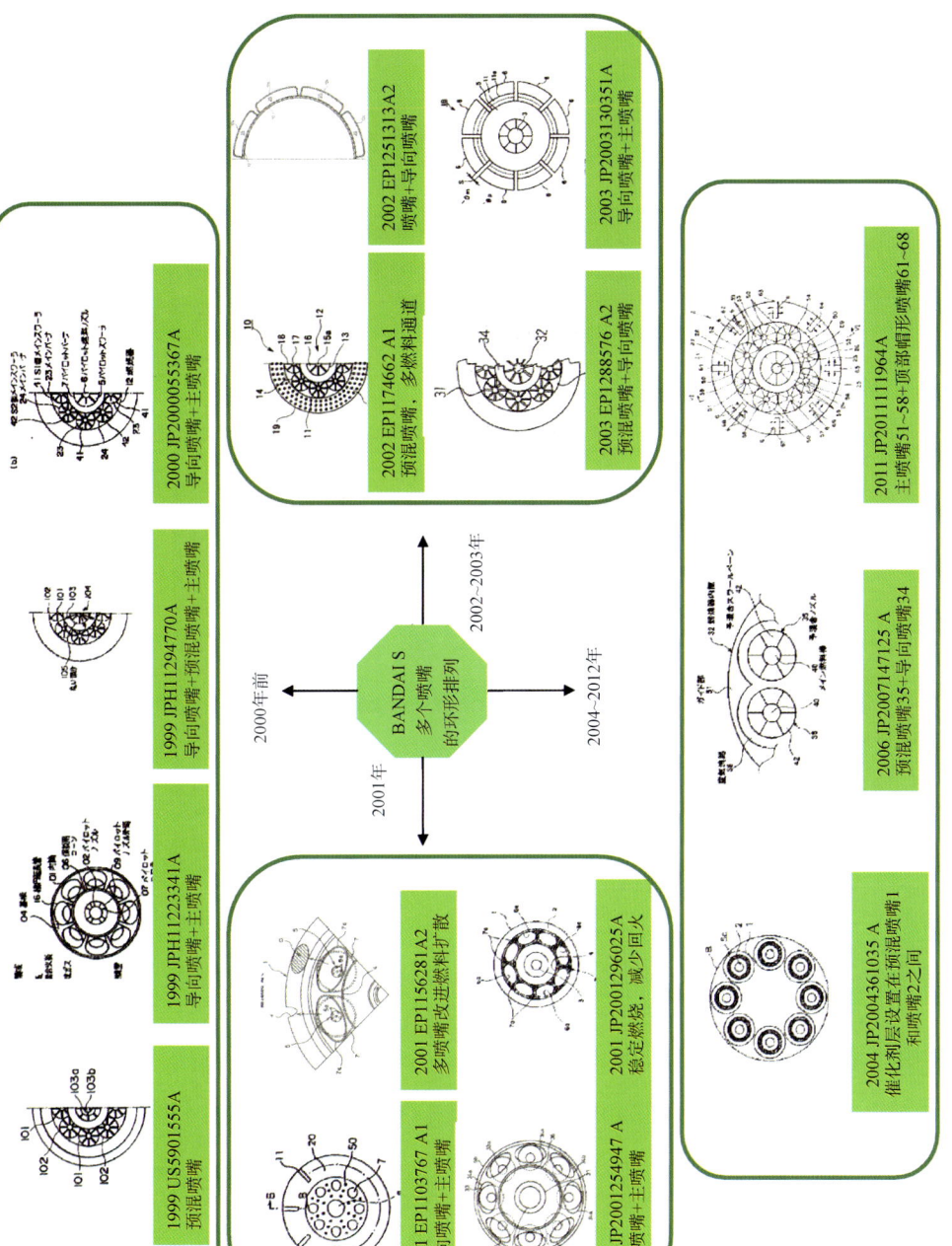

图9-4-3 多喷嘴环形排列结构的技术路线图
（正文说明见第326页）

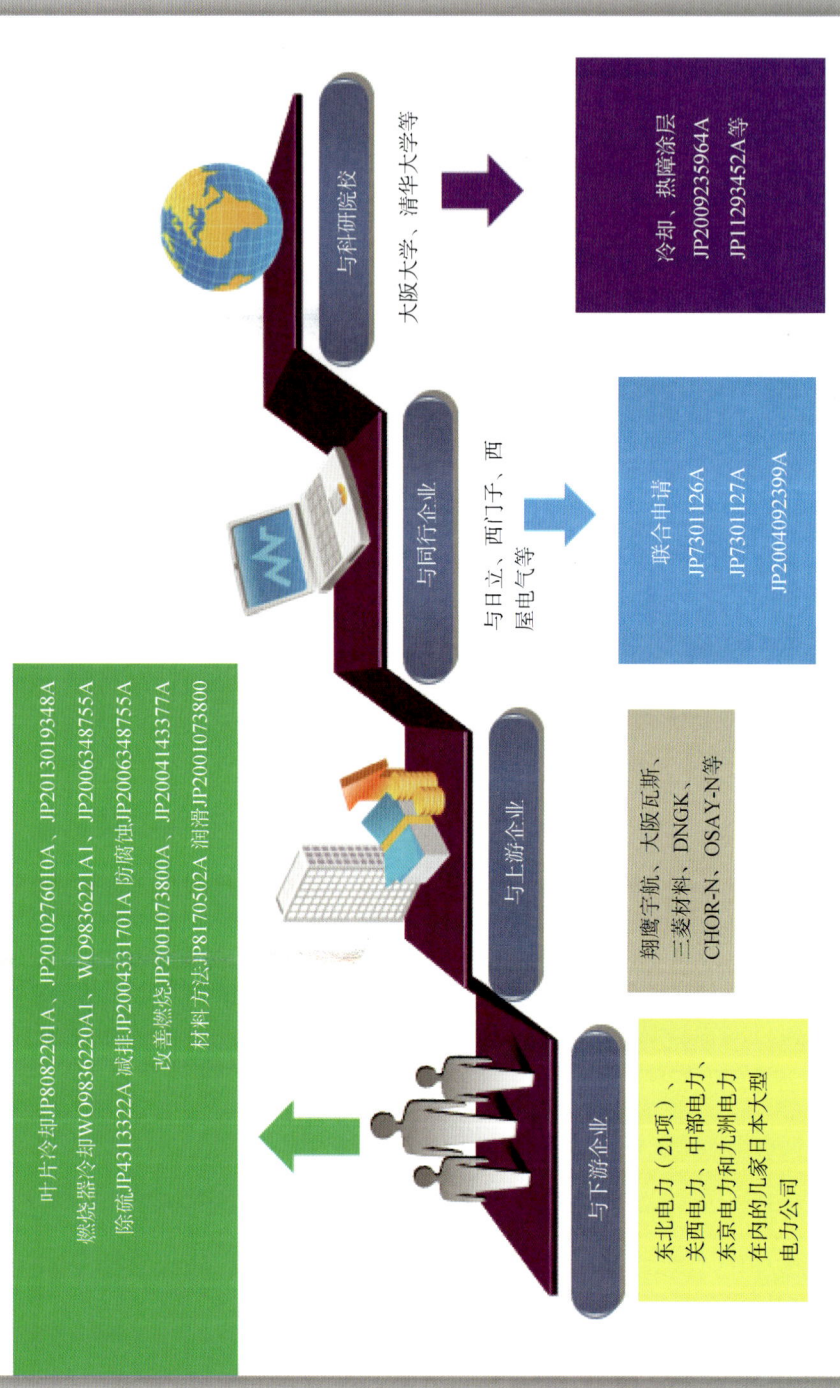

图9-5-7 与三菱重工合作的企业
（正文说明见第334页）

编委会

主　任：杨铁军

副主任：葛　树　冯小兵

编　委：卜　方　崔伯雄　魏保志　朱仁秀

　　　　　孟俊娥　李　超　宫宝珉　曾武宗

　　　　　张伟波　闫　娜　曲淑君　张小凤

　　　　　李超凡

序

党的十八届三中全会和第十二届全国人大二次会议政府工作报告中明确提出要加强知识产权运用和保护工作，这是中央对知识产权工作提出的新任务和更高要求。在新形势下，让专利信息分析更好地融入产业发展决策，对于提升我国创新主体运用知识产权的能力和发展的质量效益都具有重要的意义。

国家知识产权局在"十二五"期间组织实施的专利分析普及推广项目已经走过四个年头，该项目着眼于战略性新兴产业、高新技术产业等关系国计民生的重点产业，在定量与定性、专利与市场、技术与经济等方面对专利技术分析方法作出有益的尝试，形成了一系列服务于产业发展和企业创新的专利分析研究成果，并基于这些成果广泛开展与产业紧密结合的宣传推广活动。作为项目研究成果的重要载体，《产业专利分析报告》系列丛书致力于回答和解决产业发展的实际问题，一方面力求数据准确论证充分，经得起时间检验，另一方面紧密联系实际，力争在产业发展中有更多的参考价值。

《产业专利分析报告》系列丛书的出版受到相关行业、企业和科研人员的一致认可，也受到专利分析和竞争情报研究机构的广泛关注。衷心希望，《产业专利分析报告》系列丛书的相继出版，能够推动我国相关产业专利运用和保护的水平，为企业的创新发展注入新的活力。

国家知识产权局副局长

杨铁军

前言

"十二五"期间国家知识产权局组织实施了专利分析普及推广项目，该项目紧密结合国家的产业发展方向，围绕企业对专利信息运用和产业发展的需求，发挥国家知识产权局的专利人才优势，开展专利分析研究工作，形成并发布专利分析报告。作为项目成果的重要载体，《产业专利分析报告》系列丛书第1～16册自出版以来，受到各行业广大读者的广泛欢迎，有力推动各产业的技术创新和转型升级。

2013年度专利分析普及推广项目继续秉承"源于产业、依靠产业、推动产业"的工作原则，在综合考虑来自行业主管部门、行业协会、企业创新主体的众多需求之后，最终选定12个行业开展研究工作。这12个行业包括燃气轮机、增材制造、工业机器人、卫星导航终端、LED照明、浏览器、电池、物联网、特种光学与电学玻璃、氟化工、通用名化学药和抗体药物，均属于我国科技创新和经济转型的核心产业。近一年来，约200名专利审查员参与项目研究，分析150余万条专利数据，几经易稿，形成12份内容实、分析透、质量高、特色多、紧扣行业需求的专利分析研究报告，共计近600万字、千余幅图表。

2013年度的专利分析报告继续加强分析方法创新，深化对申请人、研发团队、侵权诉讼、"337调查"等方面的分析方法研究，并在课题研究中得到充分应用和验证。如抗体药物课题组将专利诉讼的应对策略划分为实体抗辩、证据抗辩和程序抗辩，理清个案专利诉讼的分析思路，为企业应对专利诉讼提供新选择。氟化工、工业机器人、LED照明、卫星导航终端等课题组对"337调查"中的专利分析进行不同程度的探索，为企业应对"337调查"提供新策略。工业机器人课题组将

TRIZ 理论引入专利分析，融合技术创新理论和专利分析方法，为企业技术创新开辟新途径。

2013 年度专利分析普及推广项目的研究得到社会各界的大力支持。例如，抗体药物课题组的行业指导专家沈倍奋院士多次来到课题组指导分析工作，并对课题研究成果给予充分肯定；工业机器人课题组的行业指导专家蔡鹤皋院士、燃气轮机课题组的行业指导专家蒋洪德院士均对专利分析报告给予较高的评价。氟化工课题组的合作单位中国石油和化学工业联合会组织大量企业参与课题具体研究工作，为课题研究的顺利开展奠定了基础。《产业专利分析报告》（第 17~28 册）凝聚社会各界的智慧，形成服务于产业发展的专利分析成果。希望这些成果能够为专利信息利用提供工作指引，为行业政策研究提供有益参考，为行业技术创新提供有效支撑。

由于报告中专利文献的数据采集范围和专利分析工具的限制，加之研究人员水平有限，报告的数据、结论和建议仅供社会各界借鉴、研究。

《产业专利分析报告》丛书编委会
2014 年 4 月

项目联系人

　　李超凡　62083762/13810803618/lichaofan@sipo.gov.cn
　　褚战星　62084456/13810154361/chuzhanxing@sipo.gov.cn

燃气轮机行业专利分析课题研究团队

一、项目指导
国家知识产权局： 杨铁军　廖　涛　葛　树　徐　聪　毛金生
二、项目管理
国家知识产权局专利局： 张小凤　李超凡　褚战星　汪　勇
三、课题组
承 担 部 门： 国家知识产权局专利局机械发明审查部
课 题 负 责 人： 朱仁秀
课 题 组 组 长： 邹涤秋
课题组副组长： 裴志红
课 题 组 成 员： 王　辉　张滢滢　董喜俊　李彩芬　韩　薇　刘亚妮
　　　　　　　　霍登武　张人天　王月蕾

四、研究分工
数据检索： 韩　薇　刘亚妮　张人天　张滢滢
数据清理： 李彩芬　董喜俊　张人天　王月蕾
数据标引： 王　辉　李彩芬　霍登武　刘亚妮
图表制作： 张滢滢　王　辉　韩　薇　董喜俊
报告执笔： 裴志红　王　辉　董喜俊　霍登武　张人天
　　　　　　 张滢滢　李彩芬　刘亚妮　韩　薇　王月蕾
报告统稿： 邹涤秋　裴志红
报告编辑： 董喜俊　霍登武
报告审校： 蒋洪德　朱仁秀　李超凡　汪　勇　马秀娟　常　山
　　　　　　 杨家强

五、报告撰稿
裴志红： 主要执笔第10章，参与执笔第1章
王　辉： 主要执笔第4章第4.2节，第9章第9.3节、第9.4节，参与执笔第9章第9.1节、第9.2节、第9.5节、第9.6节，第10章第10.3节
董喜俊： 主要执笔第8章第8.1节、第8.2节、第8.3节，参与执笔第4

章 4.1 节

霍登武：主要执笔第 8 章第 8.4 节、第 8.5 节、第 8.6 节，参与执笔第 4 章 4.1 节

张人天：主要执笔第 2 章，第 7 章第 7.1 节、第 7.2 节、第 7.4 节、第 7.6 节、第 7.7 节，参与执笔第 7 章第 7.5 节

张滢滢：主要执笔第 4 章第 4.3 节、第 4.4 节、第 4.5 节、第 4.6 节，参与执笔第 4 章第 4.2 节、第 10 章第 10.3 节

李彩芬：主要执笔第 9 章第 9.1 节、第 9.2 节、第 9.4.2 节、第 9.5 节、第 4 章第 4.3.3 节、第 4.3.4 节

刘亚妮：主要执笔第 5 章

韩　薇：主要执笔第 6 章、第 7 章第 7.3 节，参与执笔第 7 章第 7.5 节

王月蕾：主要执笔第 1 章、第 3 章

六、指导专家

行业专家

蒋洪德　中国工程院院士、清华大学燃气轮机研究院

姚尔昶　上海电气（集团）总公司

徐　强　上海电气电站集团

常　山　中国船舶重工集团公司第七〇三研究所

明维国　中国船舶重工集团公司第七〇三研究所

李东明　中国船舶重工集团公司第七〇三研究所

杨家强　南京汽轮电机（集团）有限责任公司燃气轮机研究所

技术专家

马秀娟　北京华清燃气轮机与煤气化联合循环工程技术有限公司

陈　伟　北京华清燃气轮机与煤气化联合循环工程技术有限公司

吕　煊　北京华清燃气轮机与煤气化联合循环工程技术有限公司

黄媛君　北京华清燃气轮机与煤气化联合循环工程技术有限公司

王　源　南京汽轮电机（集团）有限责任公司燃气轮机研究所

傅　琳　中国船舶重工集团公司第七〇三研究所

何建元　中国船舶重工集团公司第七〇三研究所

任艳平　中国船舶重工集团公司第七〇三研究所

熊元建　东方汽轮机有限公司

何　磊　上海电气电站技术研究与发展中心燃气轮机技术研究所
谈芦益　上海电气电站技术研究与发展中心燃气轮机技术研究所
陈明敏　上海电气电站技术研究与发展中心燃气轮机技术研究所
雷加淮　上海电气电站技术研究与发展中心燃气轮机技术研究所
何　念　上海电气电站技术研究与发展中心燃气轮机技术研究所

专利分析专家
李超凡　国家知识产权局专利局审查业务管理部
褚战星　国家知识产权局专利局审查业务管理部
汪　勇　国家知识产权局专利局机械发明审查部

七、合作单位（排序不分先后）

国务院国有资产监督管理委员会研究室行业协会处、天津大学、华北电力大学、中国船舶重工集团公司第七〇三研究所、南京燃气轮机研究所、上海电气（集团）总公司、北京华清燃气轮机与煤气化联合循环工程技术有限公司、东方汽轮机有限公司

目 录

第1章　前言 / 1
　1.1　研究背景 / 1
　　1.1.1　技术发展概况 / 1
　　1.1.2　产业现状 / 1
　　1.1.3　行业需求 / 3
　1.2　研究对象和方法 / 4
　　1.2.1　技术分解 / 4
　　1.2.2　数据检索 / 6
　　1.2.3　查全查准评估 / 8
　　1.2.4　数据处理 / 8
　　1.2.5　相关事项和约定 / 9
第2章　全球专利申请状况分析 / 12
　2.1　专利申请分析 / 12
　　2.1.1　申请趋势 / 12
　　2.1.2　地域分布 / 14
　　2.1.3　技术分支 / 15
　2.2　全球专利首次申请目标国分析 / 19
　　2.2.1　美国 / 19
　　2.2.2　日本 / 20
　　2.2.3　德国 / 21
　　2.2.4　英国 / 22
　　2.2.5　俄罗斯 / 23
　　2.2.6　中国 / 24
　　2.2.7　法国 / 25
　2.3　主要申请人分析 / 26
　　2.3.1　排名状况 / 26
　　2.3.2　申请量趋势 / 27
　　2.3.3　技术构成 / 28

2.4 本章小结 / 29

第3章 中国专利申请状况分析 / 31
3.1 专利申请分析 / 31
3.1.1 申请趋势 / 31
3.1.2 地域分布 / 32
3.1.3 技术构成 / 34
3.2 申请人分析 / 35
3.2.1 申请人类型分析 / 35
3.2.2 主要申请人排名 / 35
3.2.3 十大申请人的技术构成及动向分析 / 36
3.3 专利申请类型和法律状态 / 40
3.3.1 申请类型分析 / 40
3.3.2 法律状态分析 / 41
3.4 本章小结 / 42

第4章 叶片 / 43
4.1 叶片全球专利申请分析 / 43
4.1.1 申请趋势 / 43
4.1.2 地域分布 / 44
4.1.3 技术构成 / 46
4.1.4 主要申请人 / 48
4.2 叶片中国专利申请分析 / 49
4.2.1 申请趋势 / 49
4.2.2 重点技术布局 / 50
4.2.3 主要申请人 / 51
4.2.4 法律状态 / 53
4.3 叶片冷却专利分析 / 54
4.3.1 主要申请人 / 54
4.3.2 地域分布 / 58
4.3.3 技术路线图 / 61
4.3.4 重要专利 / 61
4.4 叶片冷却技术功效分析 / 75
4.4.1 概述 / 75
4.4.2 技术功效分析图 / 80
4.5 李经邦专利申请分析 / 83
4.5.1 简介 / 83
4.5.2 申请趋势 / 84
4.5.3 US5660524A 追踪 / 85

4.5.4 US5660524A 的改进 / 90
4.5.5 其他相关专利 / 95
4.6 本章小结 / 109
4.6.1 小结 / 109
4.6.2 附录 / 110

第5章 火焰筒冷却 / 149
5.1 概述 / 149
5.1.1 简介 / 149
5.1.2 火焰筒冷却技术分支 / 150
5.2 全球专利申请分析 / 153
5.2.1 申请趋势 / 153
5.2.2 地域分布 / 154
5.2.3 主要申请人 / 155
5.2.4 技术流向 / 156
5.3 主要申请人专利分析 / 157
5.3.1 通用电气 / 157
5.3.2 西门子 / 165
5.3.3 罗罗 / 168
5.3.4 三菱重工 / 173
5.3.5 四大公司技术分布比较 / 175
5.4 技术路线图 / 175
5.5 重要专利列表 / 177
5.6 本章小结 / 182

第6章 燃料喷嘴 / 184
6.1 概述 / 184
6.2 专利申请分析 / 185
6.2.1 申请趋势 / 185
6.2.2 地域分布 / 189
6.2.3 主要申请人 / 193
6.2.4 技术流向 / 195
6.3 DLN 燃料喷嘴 / 196
6.3.1 重要申请人 DLN 燃料喷嘴简介 / 197
6.3.2 技术路线图 / 199
6.4 重要专利 / 201
6.4.1 全球重要专利 / 201
6.4.2 在华重要专利 / 206
6.5 本章小结 / 217

第7章　通用电气 / 218
　　7.1　概述 / 218
　　7.2　全球专利申请分析 / 221
　　7.2.1　申请趋势 / 221
　　7.2.2　地域分布 / 223
　　7.3　中国专利申请分析 / 229
　　7.3.1　申请趋势 / 229
　　7.3.2　技术分支 / 229
　　7.3.3　法律状态 / 230
　　7.3.4　发明人 / 230
　　7.4　技术发展方向 / 232
　　7.4.1　DLN燃烧 / 232
　　7.4.2　燃料多样化 / 233
　　7.4.3　新型材料 / 235
　　7.5　政府合作计划 / 237
　　7.5.1　简介 / 237
　　7.5.2　与政府合作的专利申请 / 239
　　7.5.3　与政府签署的合同 / 242
　　7.5.4　主要发明人 / 245
　　7.6　重要专利 / 250
　　7.7　本章小结 / 253

第8章　西门子 / 255
　　8.1　概述 / 255
　　8.2　全球专利申请分析 / 255
　　8.2.1　申请趋势 / 256
　　8.2.2　地域分布 / 256
　　8.2.3　技术分支 / 258
　　8.2.4　重要发明人 / 258
　　8.3　中国专利申请分析 / 271
　　8.3.1　申请趋势 / 271
　　8.3.2　法律状态 / 272
　　8.3.3　技术分支 / 273
　　8.4　技术发展方向 / 273
　　8.4.1　燃氢燃烧系统 / 274
　　8.4.2　技术难题 / 274
　　8.4.3　重要专利分析 / 275
　　8.5　并购过程专利分析 / 282

8.5.1 全球并购分析 / 282
8.5.2 进入中国的历程 / 289
8.6 本章小结 / 291

第9章 三菱重工 / 293
9.1 概述 / 293
9.1.1 简介 / 293
9.1.2 产品动态 / 293
9.1.3 三菱重工在中国的发展 / 295
9.2 全球专利申请分析 / 296
9.2.1 专利技术发展历程 / 296
9.2.2 专利申请策略 / 298
9.3 研发团队 / 302
9.3.1 整体分析 / 302
9.3.2 全球专利申请 / 303
9.3.3 中国专利申请 / 319
9.4 技术发展方向 / 324
9.4.1 燃料喷嘴的技术发展方向 / 324
9.4.2 三联循环复合发电 / 326
9.5 技术合作 / 328
9.5.1 合作申请 / 328
9.5.2 与日立的技术合作 / 334
9.5.3 海外并购 / 335
9.6 本章小结 / 336

第10章 主要结论及建议 / 338
10.1 专利整体分析结论 / 338
10.2 重点技术专利分析结论 / 339
10.2.1 叶片冷却领域 / 339
10.2.2 燃料喷嘴领域 / 340
10.2.3 火焰筒冷却领域 / 340
10.3 重点企业专利分析结论 / 341
10.3.1 通用电气 / 341
10.3.2 西门子 / 341
10.3.3 三菱重工 / 343
10.4 建议 / 343
10.4.1 政府层面 / 343
10.4.2 企业层面 / 345

第1章 前　　言

1.1 研究背景

自 1939 年燃气轮机诞生以来，经过 70 多年的发展，燃气轮机效率由 17% 提高到 40%，压比由 10 左右发展到 30 左右，重型燃气轮机功率发展到 260MW 左右。

随着燃气轮机技术的发展，燃气初温基本以每年 20℃ 的速度提高，由 550℃ 提高到 1600℃；随着环保要求的提高，NOx 排放指标由 20 世纪 70 年代的 75ppm 发展到 21 世纪初的不高于 25ppm，美、日等国如今将排放标准限制在 9ppm。

1.1.1 技术发展概况

在过去几十年中，英、美、日、德、俄等国家均将先进的燃气轮机技术研究作为国家攻关项目，部署实施了一系列国家研究发展规划（先进透平系统计划、高性能涡轮发动机综合计划、新日光计划等）。通过这些规划的实施，它们建成了支撑可持续发展的燃气轮机能力条件，并凭借相应的基础研究、技术研发、产品应用及改进提高，相继研发出先进成熟的系列化燃气轮机产品，从而垄断了全球的燃气轮机市场。

目前，燃气轮机正朝着大功率、高效率、低排放、燃料多样化及长寿命方向发展，其发展趋势集中体现在：

①提高压比和涡轮初温，提高整机性能：目前先进燃气轮机基本达到了单级压比接近 1.3 的水平，进口多级高效跨音设计，整机的全工况稳定裕度不小于 15%，压气机压比达到 30 以上，效率达到 90% 以上。

②拓宽燃料适应性，实现多种能源高效、低碳利用；采用新型燃烧技术，降低污染物排放，满足环保要求；发达国家已经掌握了多燃料低污染燃气轮机燃烧室核心技术，并成功开发出多种不同型号燃气轮机，最低 NOx 排放 5ppm~8ppm。

③采用先进循环和设计技术，部件及整机效率不断提高。

④研制新型高温材料，采用先进冷却技术，提高热端部件的性能和可靠性。随着涡轮进口温度的不断提高，涡轮叶片材料在耐热合金及金属基复合材料的基础上，发达国家已将低密度、耐高温、抗氧化复合材料的开发及应用列入了其国家的高技术发展计划。世界各大燃气轮机生产商对热端部件冷却技术进行了集中科研攻关，发展了蒸气冷却技术等先进高效冷却技术，初温超过 1600℃，并成功得到工业应用。

1.1.2 产业现状

我国国家发展和改革委员会于 2001 年发布了《燃气轮机产业发展和技术引进工作

实施意见》，采用以市场换取部分制造技术的方式，"十五"期间进行了3次捆绑招标，引进美国通用电气、德国西门子和日本三菱重工3种F级大型单轴燃气轮机机组共54套，全部建成后总装机容量超过20000kW。日本三菱重工的10台燃气轮机有8台为350MW，分别提供给4座电厂。美国通用电气的13台燃气轮机为GE9FA型，供给另外6座电厂，用于总价值9亿美元的联合循环发电系统。哈尔滨动力集团和美国通用电气组成的联合体共同生产109FA机型；东方电气集团和日本三菱重工组成的联合体共同生产M701F机型；上海电气集团与德国西门子组成的联合体共同生产V93.4A机型，几乎超越了9E系列燃气轮机发展过程，直登9F系列。

到2020年，我国将建成约60000MW的天然气发电装机容量，除去目前已建和在建的26000MW规模，今后还将建设35000MW左右的燃气轮机电站。如果再考虑综合气化联合循环（Integrated Gasification Combined Cycle，IGCC）等燃煤、燃气、蒸汽联合循环等洁净燃煤技术的开发和应用，应该说我国重型燃气轮机产业的市场前景广阔。❶

目前，中国的重型燃气轮机市场主要被美国通用电气、德国西门子和日本三菱重工占领，我国虽然以市场换技术取得了一些突破，但是关键的核心技术还没掌握，大部分要依靠进口。据悉，迄今为止，美国通用电气已成为中国最大的燃气轮机供应商，累计装机容量达15000MW。

为提高我国燃气轮机关键核心技术的自主开发能力，在"十五"和"十一五"期间，国家科技部在"863"计划中部署开展了R0110重型燃气轮机设计研制、中低热值燃料R0110燃气轮机设计研制和F级中低热值燃料燃气轮机关键技术研究与整机研制等课题。2002年10月开始实施"十五"国家"863"计划能源技术领域燃气轮机重大专项，以"产学研"联合体的形式重点开展R0110重型燃气轮机（输出功率114.5MW）核心部件及关键技术的研发，为进一步的自主研制、形成国产重型燃气轮机产业奠定技术基础；"十一五"期间继续实施"863"计划先进能源技术领域微型燃气轮机重点项目"和"863"计划先进能源技术领域重型燃气轮机关键技术及系统重大项目"计划，开展燃气轮机的自主研发工作。❷

为了提高燃气轮机相关基础研究水平，国家科技部在"十一五""973"计划实施了"燃气轮机的高性能热—功转换科学技术问题"和"大型动力装备制造基础研究"两个项目。通过这两个项目的实施，系统地建设了测量技术先进的机理性实验平台，建成了重型燃气轮机全尺寸转子综合试验系统。

鉴于天然气分布式能源高效、节能、环保，目前许多发达国家已将分布式能源综合利用效率提高到90%以上。我国《关于发展天然气分布式能源的指导意见》指出，天然气分布式能源在国际上发展迅速，但我国天然气分布式能源尚处于起步阶段。推动天然气分布式能源，具有重要的现实意义和战略意义。2012年，国家相关部门又公布了首批4个天然气分布式能源示范项目名录。目前，4个示范项目正在稳步推进。而

---

❶ 谭刚. 重型燃气轮机吊装和承载系统的有限元分析 [D]. 湖南：湖南大学硕士学位论文，2008-4-25：3.
❷ 周支柱. 大功率发电用燃气轮机的发展概况 [J]. 发电设备，2010（1）：6-11.

根据相关规划,"十二五"期间我国拟建1000个天然气分布式能源项目。

由于"西气东输"、"西电东送"和沿海经济发达地区能源结构调整,以分布式能源发展的需要,一个全新的以燃气轮机为动力源的发电设备市场开始出现。发展天然气分布式能源除了加强低压配电网信息化控制、微电网智能管理与控制系统等微电网关键技术研究,尽快突破微电网自愈控制、智能互动用电与需求响应等技术外,还必须加快燃气轮机关键技术研发,尽快突破燃气轮机热端部件和联合循环运行控制技术等核心技术。天然气分布式能源的关键设备燃气轮机成本占项目总投资的40%左右,要发展这个产业,必须从降低关键设备成本做起,因此,国务院拟将航空发动机和燃气轮机技术发展列为国家第17个重大科技专项,其投资将接近千亿元,目前已处于审批阶段。

此外,各地区也积极出台相关政策以促进燃气轮机的快速发展,例如,2011年7月,上海市与清华大学签署《关于开展燃气轮机领域战略合作的框架协议》,双方就深入贯彻落实国家战略,建立跨区域"产学研用"相结合的产业化体系达成共识,明确将重型燃机、轻型燃机和微型燃机并举;在燃气轮机人才培养、基础研究、产品设计、部件试验、材料与工艺、整机产品制造及验证、示范工程等全产业链进行合作;在承担国家重大任务、燃气轮机基础技术研究、关键技术攻关、试验资源共享和建设、民船燃气轮机研究、专业技术人才交流培养等方面开展深入合作。2012年,黑龙江省出台了《重点产业发展"十二五"规划》,提出以哈尔滨为重点,加快重型和中小型燃气轮机总装、整机实验和配套设备平台建设,建成国内唯一的全系列燃气轮机研制生产基地,保持黑龙江燃气轮机装备在国内的领先地位。❶

1.1.3 行业需求

在制造技术方面,目前我国重型燃气轮机实现了70%的本土化制造能力,但仍不掌握热端部件制造技术;在关键技术上,重型燃气轮机由于采用与国外合作的生产模式,基本不掌握核心技术和整机设计技术;国内的重型燃气轮机的基础理论研究非常薄弱,对前沿技术的研究探索不足,尤其在高效、低排放、低碳基础技术等方面的基础理论研究严重缺乏,无法支撑重型燃气轮机关键技术的突破和先进产品的研制。

发达国家发展高效、低碳重型燃气轮机的装备体系清晰,掌握关键技术,基础研究扎实;与之相比,我国只是近年来在生产能力和设计技术方面得到较大提升,但在理论基础研究、核心能力形成与产品研制应用方面没有取得实质性突破。

我国的重型燃气轮机基础薄弱,过去国家投入很少且分散,很难形成发展的合力,并且缺少国家级的共性基础技术和试验设施平台。由于基础薄弱、投入严重不足,基础技术、关键技术、产品研制和产业发展的各个环节一直没能形成有机结合、良性互动的体系架构,各环节的脱节及部分环节的缺失或薄弱,使产业发展缺乏体系支撑,最终没能走出受制于人的被动局面。因此,我们面临着在补全历史欠账的同时,争取

---

❶ 中国行业研究网.2013年中国燃气轮机行业发展特点及趋势预测[EB/OL].[2013-1-19]. http://www.chinairn.com/news/20130119/836773.html.

同步跨越发展高效、低碳重型燃气轮机产品的严峻考验。因此，产品制造能力、关键技术突破、基础理论研究需要并行同步开展，设施条件统筹结合建设。

本课题针对重型燃气轮机进行专利数据分析，汇总相关技术领域的专利申请情况，研究全球以及中国主要申请人的专利申请，并对重型燃气轮机的各个技术分支的专利技术、热点技术和发展趋势进行归纳总结，为行业未来发展提供借鉴和参考。

1.2 研究对象和方法

1.2.1 技术分解

本课题所研究的重型燃气轮机包括结构、控制系统和其他项目等几个方面，技术分解主要从以上几个方面进行，然后根据每个分支进行细分。本课题还主要针对重型燃气轮机的结构进行了分析。各技术领域技术分解如表1-2-1所示（由于篇幅限制，只列到三级技术分支，详细分解表可参见附件）。

表1-2-1 重型燃气轮机领域技术分解

一级技术分支	二级技术分支	三级技术分支
结　构	总体结构	燃气轮机总体方案
		支撑系统
		转子
		轴承系统
		通用紧固件和密封件
		隔热保温
		联轴器
	压气机结构 (3007/355)	进汽缸
		压气机进口导叶组件
		压气机转子
		压气机动叶
		压气机轮盘和前轴头
		压气机静叶环
		压气机静叶
		压气机汽缸
		压气机汽缸和静叶环的连接
		压气机气封齿
		压气机排汽缸

续表

一级技术分支	二级技术分支	三级技术分支
结　构	燃烧室结构（20026/2696）	燃烧室整体结构
		过渡段
		火焰筒（1107/107）
		扩压器
		联焰管
		导流衬套
		燃烧喷嘴（3780/328）
		旋流器
		燃料管路
	透平结构（27545/3833）	透平叶片
		透平轮盘
		透平汽缸
		护环
		级间气封
		叶尖间隙控制
		排汽缸
	排气段（1496/205）	排气段
	辅机结构	盘车装置
		起动装置
		润滑油液压油装置
		冷却密封装置
		雾化空气装置
		传动装置
		齿轮箱装置
		空气进气排气装置
		危险气体检测装置
		消防装置
		清洗系统装置
		气体燃料系统装置
		燃油系统装置

续表

一级技术分支	二级技术分支	三级技术分支
结构	辅助结构	水管路装置
		气管路装置
		其他辅机结构
控制系统	主控系统	启动控制
		停机控制
		转速控制
		加速控制
		温度控制
		压气机压比控制
		输出功率控制
		进口导叶角控制
		其他控制系统
	保护系统	超速保护
		超温保护
		振动保护
		燃烧监测保护
		熄火保护
		其他保护系统
	辅助系统	顺序控制系统
		辅机控制系统
		其他辅助系统
其他		

注：表中数据是截至2013年5月30日的检索数据。

1.2.2 数据检索

中文数据库的检索策略由课题组所有成员和指导专家共同协商确定。各技术分支在检索中均考虑了不同数据库的特点，并根据技术特点确定最终检索策略。各分支均以中国专利文献检索系统（CPRS数据库）为主，采用中国专利文摘深加工数据库（CNABS数据库）和中国专利全文数据库（CNTXT数据库）的数据进行补充。全球专利的检索在WPI数据库中进行。

课题组制定了以下检索策略和分工：①在二级分支上采取总分模式，先确定重型燃气轮机的范围，各技术分支在此范围内独立检索；②在三级、四级分支上，各技术分支灵活采用总分模式或分总模式，各技术分支根据检索总文献量再进行细分。

由于涉及的某些技术分支具有明确的分类号，而且相关分类号较多，但多集中于几个大类，关键词准确性较好，但遗漏文献的可能性较大。鉴于以上情况，采取的检索思路是：先用分类号集合限定出二级技术分支总的范围，再用关键词进行限定得到相对准确的范围，然后在此范围内利用相应的分类号和关键词得到对应的二级、三级、四级技术分支的数据，然后将获得的各技术分支进行集合。

分类号的选取。首先在分类表中找出所有涉及重型燃气轮机的分类号，再根据分类表和确定的边界去掉不必要的分类号，形成初步检索式中的分类号集合，适当使用通配符，避免漏掉相近分类号的误分类文献。得到检索结果后，通过对检索结果的分类号统计分析，发现存在一些之前没有注意的分类号下的文献，或者是分类中易于混淆为其他分类号但是和本技术领域很相关的文献，然后根据这些分析调整检索式中的分类号，检索中或者增加或者减少分类号，再次进行检索，对结果进行分析。通过这样一个不断反馈的过程完善检索式中的分类号。

关键词的选取。首先列出尽可能的表达方式，并交由小组讨论，同时也征询了行业、企业专家的意见，了解一些通俗的常用的表达方式，从而形成关键词的合集。而在检索关键词的取舍上，主要遵循以下原则：①核心关键词必须保留，例如"燃气轮机"就是重型燃气轮机技术领域常用的核心关键词，在行业期刊、硕博论文中经常出现，其含义相对明确不易混淆，因此可作为核心关键词；②其他关键词要慎重取舍，对于每一个加入或拿出检索式的关键词要对其可能带来的噪声文献量进行评估；③使用关键词时尽量少用带来歧义较多的关键词，且少用"＋""???"的表达方式，例如：cool?，combust＋；尽量采用相对准确的表达方式，例如：cooling or cooler or cooled，plan or planer or planning，combustor or combustion；④关键词之间尽量使用准确的逻辑运算符，如"nW""nD""S"等。

任何一个检索式都会不可避免地带来噪声，专利文献的检索过程主要是利用分类号和关键词，因此检索结果中噪声也主要形成于以下两个方面：①分类号带来的噪声，主要包括：分类不准确导致的噪声；专利文献本身内容丰富导致其具有多个副分类号，而这些副分类号中必然会有一些并不体现该专利文献所记载的技术方案本身的发明点所在，这样就会形成噪声文献；②关键词带来的噪声，主要包括：关键词本身使用范围很广带来的噪声，如"燃气轮机"可以是指用于交通工具的燃气轮机，也可以是指重型燃气轮机，当"燃气轮机"指代交通工具的燃气轮机时就会带来噪声；利用关键词表述但是和技术主题并不相关，如"一种新型的交通工具"，其中会提到"燃气轮机"，这样虽然出现了检索的关键词，但是确实和检索的技术主题关系不大，形成另一类型的噪声。

基于对噪声来源的分析，课题组确定了以下去噪策略：①利用分类号去噪，对检索结果的分类号进行统计分析，将噪声分类号分为两类：a. 大部不相关分类号，例如A部分类号，几乎和本领域不相关，可以明确去除；b. 同部不同类的不相关分类号，例如F部的关于风力发动机的分类号，可以明确去除；②利用关键词去噪，例如在燃气轮机技术领域，可利用"水轮机"去除用于水轮机的燃气轮机的相关文献的噪声；③利用否定词去噪，如"不"、"非"、"无"等；④在后续的标引过程中还会发现噪声文献，可以通过标引的过程同时去噪。

去除噪声的步骤可归纳为以下几步：

①确定去除的噪声分类号或者关键词或者特殊字符，在检索结果中进行噪声去除；

②浏览去除的文献，评估去噪的效果，如果去除的文献中含有较多的和技术主题相关的文献，对相关文献进行统计分析，对去噪检索式进行调整；

③利用调整后的去噪检索式继续去噪，重复步骤②，直至达到满意的去噪效果。

需要注意的是，在调整的过程中，调整的分类号或者关键词不宜过多，否则无法准确判断每个分类号或者关键词的去噪效果。对于效果较好的去噪检索式中的误伤文献，需要将这些误伤文献合并到最终经过检索去噪的结果中，重新作为目标文献。

1.2.3 查全查准评估

通过对各技术分支的数据查全率、查准率进行验证，以判断是否要终止检索过程。主要是保证数据查全率，使检索过程可靠。在数据去噪结束时进行各技术分支的数据查全率、查准率验证，主要是保证数据查准率。

查全率的评估方法是：①选择一名重要申请人，一般为该技术领域申请量排名在前十的申请人或者行业内普遍认可的重要申请人，以该申请人为入口检索其全部申请，通过人工确认其在本技术领域的申请文献量形成母样本。对于所选择的该申请人，需要注意：a. 该申请人是否有多个名称；b. 该申请人是否兼并收购或者被兼并收购；c. 该申请人是否有子公司或者分公司；②在检索结果数据库中以该申请人为入口检索其申请文献量形成子样本；③以子样本/母样本×100% = 查全率。

查准率的评估方法是：①在结果数据库中随机选取一定数量的专利文献作为母样本；对母样本中的每篇专利文献进行阅读确定其与技术主题的相关性，和技术主题高度相关的专利文献形成子样本；②以子样本/母样本×100% = 查准率。

本课题对相关的技术分支均进行了查全查准验证，每个技术分支分别进行3~4次查全查准验证，最后取其平均值。其中，一级技术分支中压气机、排气段、透平、燃烧室的查全率平均值分别为90.32%、85.19%、93.7%、92.3%，查准率平均值分别为94.29%、91%、97.8%、88.15%。

1.2.4 数据处理

数据标引：就是给经过数据清理和去噪的每一项专利申请赋予属性标签，以便于统计学上的分析研究。所述的"属性"可以是技术分解表中的类别，也可以是技术功效的类别，或者其他需要研究的项目的类别。当给每一项专利申请进行数据标引后，就可以方便地统计相应类别的专利申请量或者其他需要统计的分析项目。因此，数据标引在专利分析工作中具有很重要的地位。

(1) 具有多个技术方案的专利文献的处理

一篇专利文献往往公开了多个技术方案,这些技术方案往往会涉及不同的二级技术分支,分支可以分为以下几种情况:如果在这几个涉及的技术分支中都公开了完整的技术方案,那么该篇文献就归到各个技术分支。如果技术方案有侧重,则以重要的技术方案进行标引。

(2) 噪声文献的标引

当一篇文献涵盖了所有的关键词,但是通过阅读发现和技术主题不相关,那么这篇文献就可以标引为噪声文献,同时将噪声文献从数据集中去除,并根据其共同特性提取噪声标记如特性分类号和关键词。

(3) 技术功效的标引

一个技术方案通常具有多种技术功效,对每一种技术功效也进行了编码化处理,以便于标引和统计。

技术分支标引有利于理清技术方案,并方便统计各个技术分支的各项数据,为后续的专利分析打下坚实的基础。技术功效的标引有利于进行技术需求分析,并帮助找到相应的技术热点和技术空白点,为制定相应的技术研发方向和专利申请策略提供重要的参考。

1.2.5 相关事项和约定

对于本报告上下文中出现的主要术语或现象,以下一并给出解释。

重型燃气轮机:部件较厚重,有较长检修周期和运行寿命,并能燃用多种燃料的固定式燃气轮机。

燃烧室:燃烧室是燃料或推进剂在其中燃烧生成高温燃气的装置。

透平:将流体介质中蕴有的能量转换成机械功的机器,又称涡轮。

压气机:燃气涡轮发动机中利用高速旋转的叶片给空气做功以提高空气压力的部件。压气机由涡轮驱动,其主要性能参数有:转速、空气流量、增压比和效率等。

关于本报告中出现频率较高的部分专利申请人名称的相关约定如表1-2-2所示。

表1-2-2 主要专利申请人名称约定

约定名称	对应申请人名称及注释
阿尔斯通	阿尔斯通
	阿尔斯托姆(Alsthom)
	燃烧工程公司(combustion engineering,2000年收购)
	阿尔斯通能源公司
	阿尔斯托姆科技公司(ALSTOM TECHNOLOGY LTD.)
	阿尔斯通电力公司

续表

约定名称	对应申请人名称及注释
三菱重工	三菱重工业有限公司（MITSUBISHI HEAVY IND CO. LTD.）
	三菱重工株式会社（MITSUBISHI JUKOGYO KK）
通用电气	通用电气公司（General Electric Company，GE）
	通用电气航空系统有限公司
	通用电气航空系统有限责任公司
	通用电器公司
	通用电气环球科技运作公司
	通用电气环球科技运作有限责任公司
西门子	西门子公司（SIEMENS）
	西门子能源股份有限公司
	西门子能源公司
	西门子汽车公司
	西门子西屋动力公司
斯奈克玛	斯奈克玛发动机公司
	斯奈克马公司（SNECMA）
	斯奈克玛动力部件公司
	斯奈克玛服务公司
	斯奈克玛公司
日立	株式会社日立制作所
	日立建机株式会社
	日本日立公司（HITA）
罗罗	罗尔斯·罗伊斯公司（Rolls-Royce）
	劳斯莱斯公司
霍尼韦尔	霍尼韦尔公司（Honeywell）
德国马达透平联合公司	德国马达透平联合公司
东芝	日本东芝公司
美国佛罗里达透平技术公司	美国佛罗里达透平技术公司
ABB	ABB公司（Asea Brown Boveri Ltd.）
西屋电气公司	美国西屋电气公司
布朗—勃法瑞公司	瑞士布朗—勃法瑞公司
日本石川岛播磨重工业公司	日本石川岛播磨重工业公司（ISHIKAWAJIMA）

续表

约定名称	对应申请人名称及注释
俄罗斯阿维达维格特尔发动机公司	俄罗斯阿维达维格特尔发动机公司（AVIATION）
德国MTU航空发动机	德国MTU航空发动机
东北电力	日本东北电力公司
乌发航空研究所	乌发航空研究所
联合工艺公司	联合工艺公司
北京航空航天大学	北京航空航天大学
西安交通大学	西安交通大学
中国科学院金属研究所	中国科学院金属研究所
清华大学	清华大学
华清	北京华清燃气轮机与煤气化联合循环工程技术有限公司
中国科学院工程热物理研究所	中国科学院工程热物理研究所
南京航空航天大学	南京航空航天大学
上海交通大学	上海交通大学
西北工业大学	西北工业大学
沈阳黎明航空发动机有限责任公司	沈阳黎明航空发动机（集团）有限责任公司

第2章 全球专利申请状况分析

本章内容为全球范围内重型燃气轮机领域的专利申请分析,主要通过对全球专利申请态势、地域分布、重要目标国、重要申请人、技术分支等方面的分析,大体掌握本领域的技术发展脉络,从而获知专利申请活跃的年份、地域、申请人等信息,为后面的章节提供进一步详细研究的参考信息。本章研究的数据来自 WPI 数据库,经历检索、去噪、去重、清理、验证等过程后得出近 5 万项专利申请。该数据为本章以及后面章节的数据基础。

2.1 专利申请分析

2.1.1 申请趋势

截至 2013 年 5 月 30 日❶,全球关于重型燃气轮机的专利申请共计 48197 项❷。从图 2-1-1 来看,大致可将全球专利申请趋势分为五个主要阶段。

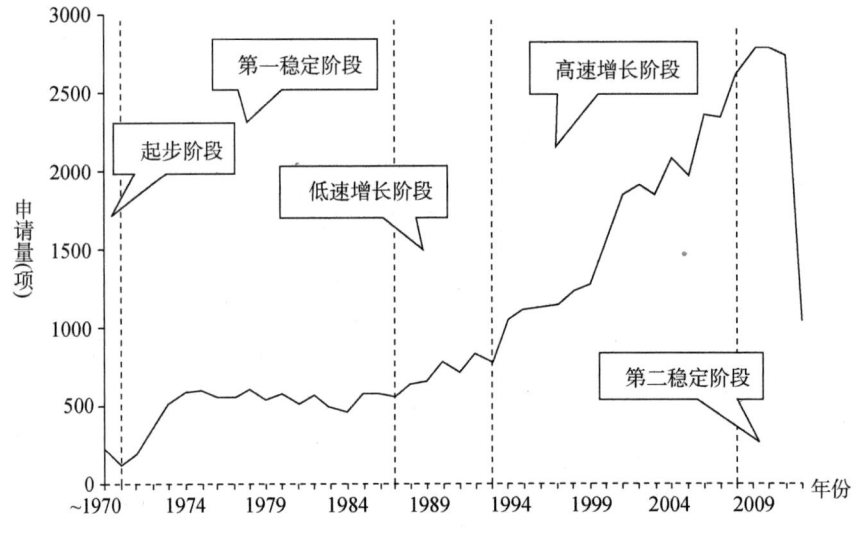

图 2-1-1 全球专利申请趋势

---

❶ 即本报告数据检索的截止日期。
❷ 此数据由专利分析系统去重、清理后得出。

(1) 起步阶段（1970年以前）

在该阶段，从检索到的最早的燃气轮机专利申请开始，一直到1970年（年申请量为113项），专利申请一直维持较低的水平，1970年以前年申请量均不足100项。这是由于燃气轮机在20世纪初尚处于试制阶段，由英、法、德等国制出的燃气轮机或者失败或者存在重大缺陷而未获应用，在没有解决启动、效率、材料等方面的缺陷之前，燃气轮机整体水平较低，并且该阶段专利制度的发展普及程度并不是很高，因此导致专利申请量一直处于较低水平。

在20世纪30年代，英、德两国工程师先后获得燃气轮机专利。1939年德国人首先把燃气轮机用于飞机，并批量生产具有轴流式压气机的喷气式飞机发动机。瑞士BBC公司于1939年生产出第一台发电用重型燃气轮机，功率为1600kW，因此BBC公司成为世界上第一个把燃气轮机用于发电的企业。[1]

该阶段的专利申请主要集中于美国、德国、英国等专利制度基本完善的欧美发达国家。另外，前苏联在这一阶段的专利申请量也相对较高，达到47项。

(2) 第一稳定阶段（1971～1987年）

从1971年起，全球燃气轮机专利申请量有了明显的提高，并且1973年至1987年之间的年申请量都维持在500～600项这样一个相对稳定的水平。这一时期关于燃烧室和透平这两个技术分支的申请量已经占据了明显的优势，可见业界已经把这两方面作为技术研发的重点。就专利申请来说，这一阶段申请量较大的国家仍然是美国、德国、英国、前苏联等。而日本作为战后重新崛起的工业强国，在燃气轮机领域实施了先引进，在不断消化吸收的基础上进行创新的战略，由此导致专利申请量也有了一个飞跃，达到554项。同时，为了在更大范围内寻求专利保护，跨国家和地区的专利申请也有所增长，EP和WO的申请分别达到625项和92项。值得一提的是，该阶段由各国申请人在中国的申请实现了零的突破，达到了11项，除了国内个人申请人之外，分别是由日立、三菱等公司以及西安交通大学提出，在提出申请的公司中日籍公司占据了4席，这表明日本已经先于其他国家开始重视在华的专利布局。

(3) 低速增长阶段（1988～1993年）

从1988年至1993年这六年间，全球专利申请进入了一个低速增长的时期，平均年增长率为3.7%，各技术分支的申请量仍然是由燃烧室和透平来领跑。这一阶段美国作为最发达的工业强国，其申请量增长最快，并遥遥领先其他国家/地区，形成了以通用电气、联合工艺、西屋电气为首的龙头企业，以上三家企业提交的专利申请就占据美国总申请量的82%。而这一阶段德国受政局不稳的影响，专利申请量也有了较大幅度的回落，并进入了一段持续低迷的时期。同样在该阶段，前苏联解体，俄罗斯联邦成立，政局的动荡重创了前苏联的经济、工业生产和技术研发，并最终影响了专利申请量。

---

[1] 蒋洪德. 燃气轮机的昨天、今天与明天［EB/OL］.［2013-10-29］. http://video.chaoxing.com/play_400004088_37572.shtml.

(4) 高速增长阶段（1994~2008年）

从1994年起，受计算机技术、新材料、新工艺的普及推广以及20世纪90年代全球经济高速增长的影响，全球燃气轮机领域的专利申请也进入了一个高速增长阶段，平均年增长率达到26.1%。在这一阶段，相关企业加大研发投入，加快产品转型升级。这一时期关于燃烧室和透平这两个技术分支的申请仍然占据较大比重，这两方面的申请量随年份互有起伏，但总体上透平的申请量要大于燃烧室的。这一阶段的显著特征就是日本作为一个新兴的工业强国，其申请量超越了之前一直处于领先地位的美国，同时通过EP和PCT途径提交的申请量飞速增长。随着中国在国际上的影响力逐步加大，各国申请人对中国的专利申请也取得了较大幅度的增长，在这一阶段的总申请量达到609项。另外，各国申请人对法国、韩国、加拿大等国的专利申请量在该阶段也有一定程度的增长。

(5) 第二稳定阶段（2009年后）

燃气轮机领域的专利申请量经历了15年的高速增长后，于2009年起重新进入了一个相对稳定的阶段，这一时期全球申请量维持在一个较高的水平，仅2009~2011年这三年时间就达到了8299项❶。该阶段各国申请人对美国、德国、俄罗斯、英国、法国的专利申请量都处于比较高的水平，对中国的申请量也急速攀升，仅三年时间就超过了以往所有年份的总和，达到1339项，表明中国的技术研发和市场已得到国内外申请人的充分重视。而与前述国家相反，日本由于受国内政治、经济形势等影响，专利申请量则明显回落。

2.1.2 地域分布

表2-1-1列出了全球专利首次申请目标国排名前12位的国家和地区（在本领域专利首次申请量超过150项的国家和地区），基本涵盖了全球工业比较发达的国家/地区。在首次申请量前12名的国家/地区中，若不考虑国际申请，则有8个国家/地区来自欧美，这反映了欧美发达国家在知识产权保护、专利运用方面的优势，同时也体现了其在燃气轮机领域的技术实力；另外3个分别是亚洲的日本、中国和韩国。对比这些国家/地区在全球专利申请趋势的五个阶段中的数据可以看出，虽然中国专利保护制度和燃气轮机发展起步较晚，但在专利申请上已取得了飞跃性的增长。

表2-1-1 专利首次申请目标国家/地区申请量排名　　　　　单位：项

国家/地区	起步阶段 (~1970年)	第一稳定阶段 (1971~1987年)	低速增长阶段 (1988~1993年)	高速增长阶段 (1994~2008年)	第二稳定阶段 (2009年~)
美国	77	2360	1273	6266	2167
欧洲专利局	0	625	728	4937	1746

---

❶ 由于2012年的专利申请尚未全部公开，因此这里不考虑2012年的数据。

续表

国家/地区	起步阶段 (~1970年)	第一稳定阶段 (1971~1987年)	低速增长阶段 (1988~1993年)	高速增长阶段 (1994~2008年)	第二稳定阶段 (2009年~)
日本	5	554	453	6013	812
德国	135	2220	426	1620	841
世界知识产权组织	0	92	250	2742	991
英国	50	824	293	739	177
苏联	47	1428	592	0	0
中国	0	11	29	609	1339
俄罗斯	0	0	76	1175	383
法国	9	212	92	632	530
韩国	0	3	0	238	200
加拿大	0	35	26	90	30

2.1.3 技术分支

根据本报告划定的研究范围，可将研究对象分为压气机、燃烧室、透平和排气段四个部分。

压气机如图2-1-2[1]所示，其连续地从大气中吸入空气并将其压缩升压，压缩后的空气进入燃烧室，与喷入的燃料混合燃烧，成为高温燃气后流入涡轮中膨胀做功，做功后的燃气压力降至大气压力而排入大气中。涉及压气机的主要部件及其附属结构方面的专利申请在本报告中均归入压气机这一技术分支。

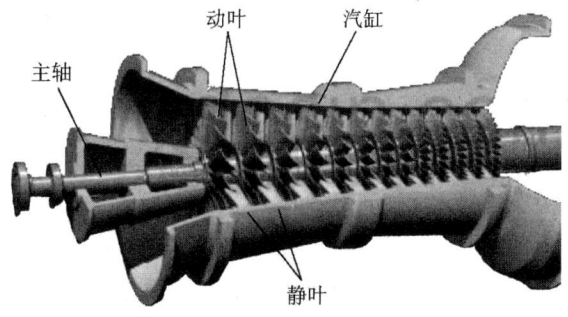

图2-1-2 压气机结构

---

[1] 图2-1-2至图2-1-4的出处为：图说燃气轮机的原理与结构[EB/OC].[访问日期不详]. http://wenku.baidu.com/link?url = 7RqQEukuWLobPMaTxCPaH0JB0Fq9N0HCkv0tLe9fyGKc3VL0wNcBtj1d5EiYKdTl Aqrywvylz - Y0Ma4flYKOljV - Ku0 OmVEf0SLZxnA.

燃烧室如图2-1-3所示,其将燃料的化学能转变为热能,将压气机压入的高压空气加热到高温以便到透平膨胀做功。燃烧室的外壳前面是通往压气机的空气入口,后面是通往透平的高温气体出口。在燃烧室中,压缩后的空气变为高温燃气,做功能力显著提高,因此,燃气在透平中所做的功大于压气机所耗的功,使燃气轮机能输出功率来驱动负载。燃烧室内有燃烧器,对于液体燃料,燃烧器把进入的燃料雾化从喷嘴喷出;对于气体燃烧,燃烧器把进入的气体燃料扩散预混从喷嘴喷出。燃烧室内有火焰筒,燃烧器喷出的火焰在火焰筒内燃烧,火焰筒前段是主燃区,保证火焰正常燃烧;中段是补燃区,在火焰筒壁上有进气孔,让空气进入补燃,保证完全燃烧;后段是通向透平叶片的燃气导管,也称为过渡段。因此,本报告中,涉及燃烧室、燃烧器、火焰筒、扩散预混装置、燃气导管及其附属物的申请均归入燃烧室这一技术分支。

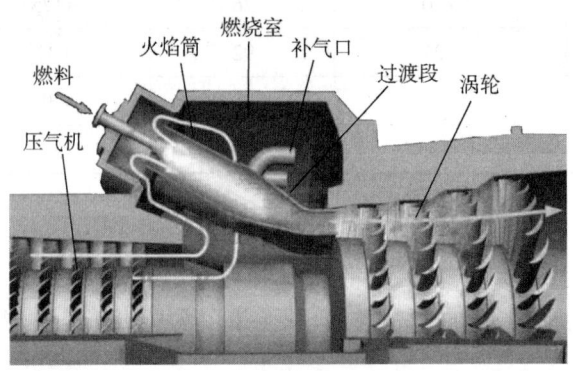

图2-1-3 燃烧室结构

透平（涡轮）如图2-1-4所示,其功能是将高温高压燃气中的能量转化为机械能,其中3/5～2/3的能量用以驱动压气机压缩空气,其余的能量则作为燃气轮机的输出功率以驱动负载。涡轮主要由涡轮叶片、涡轮盘（叶盘）、涡轮轴构成,涡轮

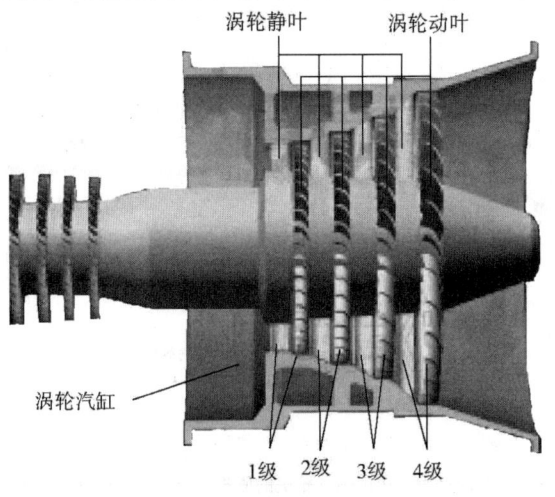

图2-1-4 透平（涡轮）结构

上的叶片称为动叶，即带动涡轮轴旋转的叶片。涡轮机一般有多个涡轮，大多数燃气轮机的几个涡轮共一个转轴，一同组成涡轮转子。在涡轮每级动叶的前方还安装一组静止的叶片（静叶），静叶是燃气的导向器，起着喷嘴的作用，使气流以最佳方向喷向动叶。一组静叶加一组动叶为一级涡轮。在本报告中，涉及透平（涡轮）动叶、静叶、涡轮盘、涡轮轴、涡轮气缸的结构、材料、控制等均归入透平这一技术分支。

来自燃烧室的高温高压燃气做功后气压变为大气压力，经排气段排出，排出的废气仍然具有较高的温度。在本报告中，涉及燃气轮机排气管结构、余热利用、排气污染防治等方面的专利申请均归入排气段这一技术分支。

根据结构划分，全球专利申请的技术构成及年份分布如图 2-1-5 所示，涉及透平（涡轮）方面的专利申请量占燃气轮机专利申请的半数以上，燃烧室方面的专利申请量占 38%，另外的压气机和排气段方面的申请总量不足 10%。

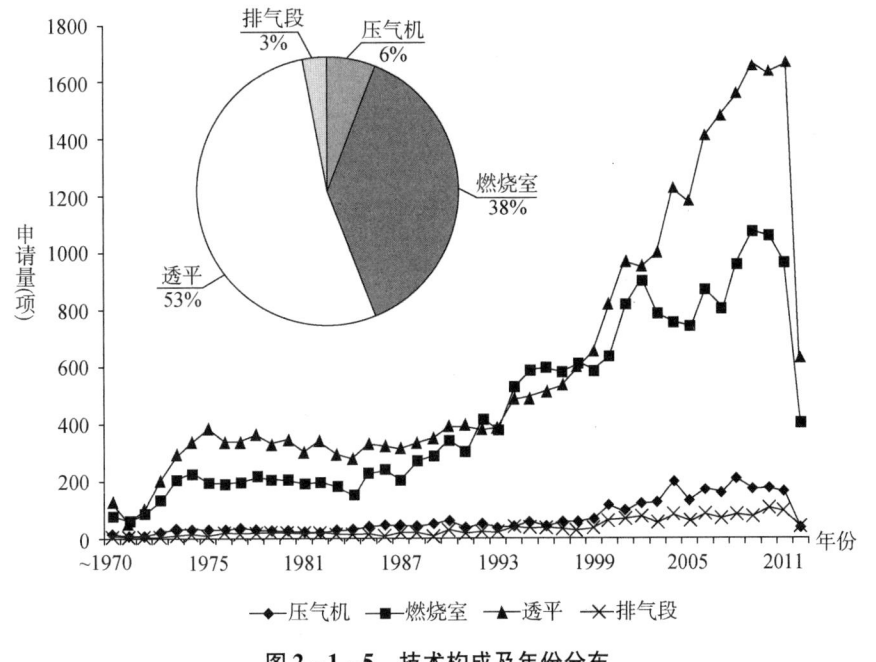

图 2-1-5 技术构成及年份分布

重点对比分析全球专利申请趋势的五个主要阶段，如图 2-1-6 所示，可以得出：

（1）起步阶段：从专利申请看，透平和燃烧室占据这一时期技术发展的主要地位。透平和燃烧室均涉及热部件，其技术水平成为制约燃气轮机总体发展的重要因素。而对于压气机来说，其工作温度较低，在 20 世纪 30 年代就出现了效率高达 85% 的轴流式压气机，排气段的结构相对来说比较简单。因此大部分申请人均未将压气机和排气段作为技术研发和专利申请的重点，这两个技术分支的专利申请量加起来仅占总申请量的 7%。

（2）第一稳定阶段：这一阶段的技术构成与起步阶段完全相同，都是以燃烧室和透平作为重点，透平方面的申请量大于燃烧室方面。

(3) 低速增长阶段：这一阶段燃烧室方面的专利申请所占比重有了明显提高，达到总专利申请量的 43%，压气机方面增长了 1 个百分点，透平方面有所下降，排气段则保持不变。

(4) 高速增长阶段：这一阶段燃烧室和透平方面的专利申请量互有起伏，从总申请量上来说，透平所占比重又有所提高，燃烧室所占比重同时降低，压气机和排气段份额仍然不足 10%。

(5) 第二稳定阶段：透平叶片的结构、材料、涂层、冷却等方面获得了较大程度的发展，因而透平方面申请量所占比重进一步增长，达到了 57%，成为这一阶段技术研发和专利申请的绝对重点。

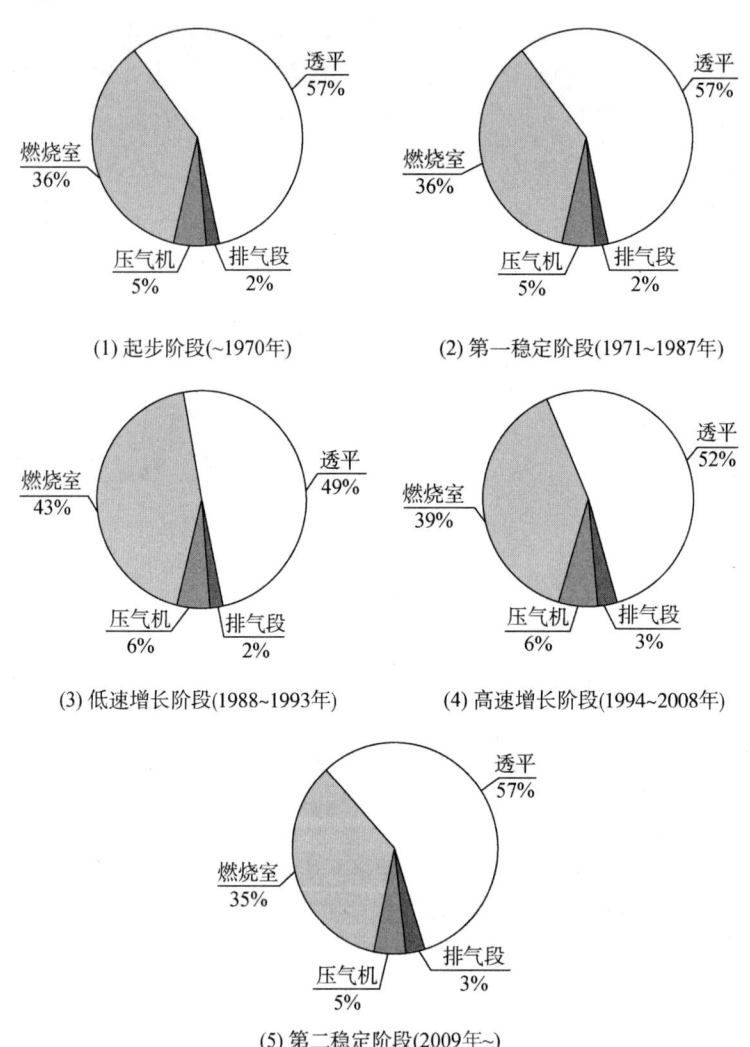

图 2-1-6 五个阶段的技术构成分析

2.2 全球专利首次申请目标国分析

由图 2-2-1 可知,美国、日本、德国、英国、俄罗斯、中国和法国是重型燃气轮机专利首次申请的主要目标国。另外,对欧洲专利局和世界知识产权组织的首次申请也占较大份额。

2.2.1 美国

作为老牌工业强国,美国凭借深厚的科技研发实力和高度发达的机械加工制造水平,成为燃气轮机技术世界领先的国家,以通用电气、联合工艺和西屋电气为代表的美国企业所生产的燃气轮机产品享誉全球。在美国首次申请的燃气轮机领域专利数量占据了全球总申请量的 24.7%。

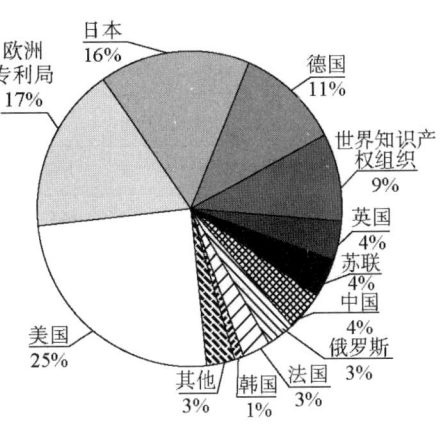

图 2-2-1 目标国家/地区构成

美国重型燃气轮机技术的快速发展,与美国的能源危机有很大关系。作为一个电力需求飞速增长,而发电量却增长缓慢的国家,发电效率一直是摆在美国各届政府面前最突出的问题。近 20 年来,美国制定了扶持燃气轮机的产业政策和发展计划,投入大量的研究开发资金,使燃气轮机性能指标逐步提高。目前先进燃气轮机的效率已达 36% ~ 41.6%,最大单机功率已达 340MW。组成联合循环机组后,发电效率最高达 60%,联合循环机组已成为美国发电市场的主流机组。然而受 20 世纪 80 年代以后两次经济危机的影响,美国企业的资金状况和产品研发投入都有所下降,这直接导致了专利申请量的波动。直到 2000 年以后,美国政府在资金和政策层面鼓励企业发展先进燃气轮机,尤其是发电用重型燃气轮机,专利申请量才重新好转,并进入一个快速发展的时期(参见图 2-2-2)。

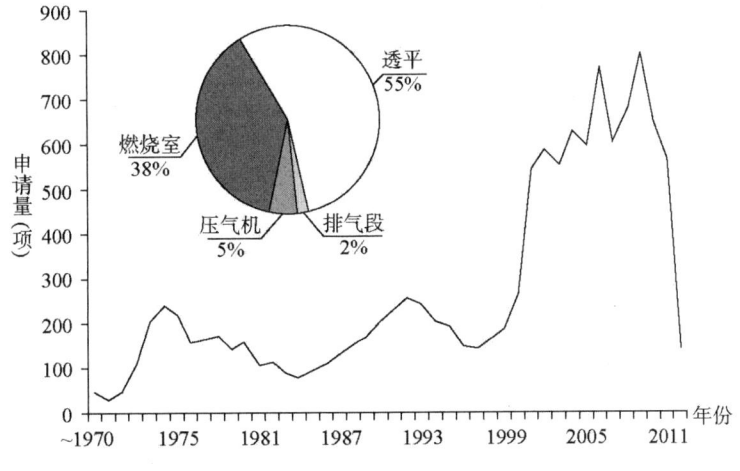

图 2-2-2 在美专利首次申请趋势及技术构成

尽管美国专利申请的技术构成随年份有所变化（参见表2-2-1），但总体与全球相一致，即燃烧室和透平这两个涉及热部件的技术分支的申请量大幅领先，而涉及压气机和排气段的专利申请加起来不足总申请量的10%。

表2-2-1　在美专利首次申请分阶段技术构成　　　　　　　单位：项（%）

技术分支＼年份	~1970	1971~1987	1988~1993	1994~2008	2009~
压气机	4（5%）	117（5%）	70（4%）	318（5%）	100（5%）
燃烧室	48（63%）	941（40%）	535（42%）	2310（37%）	811（37%）
透平	24（31%）	1267（54%）	651（51%）	3518（56%）	1221（56%）
排气段	1（1%）	35（1%）	17（1%）	120（2%）	35（2%）
总　计	77	2360	1273	6266	2167

2.2.2　日本

作为"二战"后快速崛起的工业化国家，日本燃气轮机技术在20世纪80年代后期获得飞速的发展（参见图2-2-3），并迅速成为本领域世界领先的国家。日本三菱重工在20世纪60年代初，从学习美国西屋电气公司（现已被西门子公司并购）M701D型开始，向美国西屋电气公司购买了生产燃气轮机的许可证，1963年开始生产第1台燃气轮机（M171）。三菱重工通过对M701D技术的消化吸收，1984年设计研制生产出当时世界上效率最高的M701D燃气轮机联合循环机组，1986年又自主开始了1250℃等级的MF111型机组，三菱重工用了20多年的时间从引进消化吸收到独立开发，进入了世界先进燃气轮机技术水平的行列。

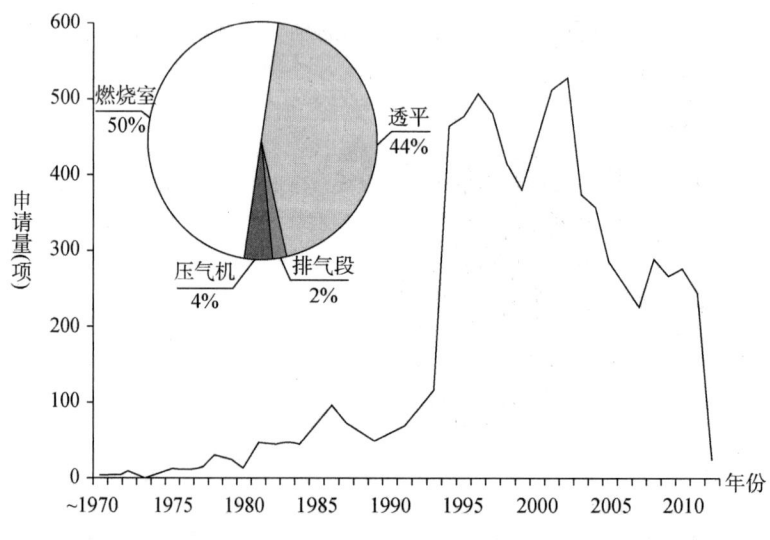

图2-2-3　在日专利首次申请趋势及技术构成

与其他国家不同，日本专利首次申请量最大的是燃烧室这一技术分支，占到总申请量的一半，而透平方面占44%，其余的为压气机和排气段的专利申请，仅占总量的6%（参见表2-2-2）。20世纪70年代以前，日本在本领域的总申请量仅5项，均来自燃烧室和透平，1971年以后才逐渐有涉及压气机和排气段的专利申请，但其增长的速度远不及燃烧室和透平这两个涉及热部件的技术分支。可见日本企业在对技术的引进吸收并最终走向自主创新的过程中，形成了一套独有的技术框架，即以燃烧室为主，燃烧室和透平共同发展。

表2-2-2　在日专利首次申请分阶段技术构成　　　　　单位：项（%）

年份 技术分支	~1970	1971~1987	1988~1993	1994~2008	2009~
压气机	0（0）	3（1%）	8（2%）	289（5%）	45（6%）
燃烧室	1（20%）	221（40%）	188（41%）	3101（52%）	361（44%）
透平	4（80%）	330（59%）	256（57%）	2480（41%）	384（47%）
排气段	0（0）	0（0）	1（0）	143（2%）	22（3%）
总计	5	554	453	6013	812

2.2.3　德国

德国是传统的工业强国，但作为"二战"战败国，其在"二战"期间工业生产遭到战火的严重破坏。其在燃气轮机领域的专利申请在20世纪70年代中后期逐渐恢复并达到较高水平，然而又受德国政局以及整个欧洲经济状况不佳的影响，申请量于80年代初又大幅跌落并长期处于较低水平，直到2005年后才重新有了一定的增长（参见图2-2-4）。德国在本领域的主要申请人为西门子公司。

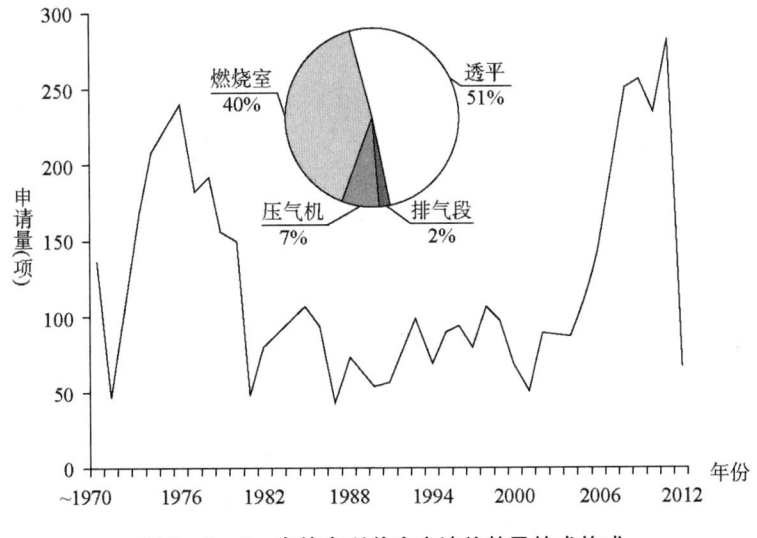

图2-2-4　在德专利首次申请趋势及技术构成

德国在本领域的专利申请起步较早，1970年之前的首次申请量就已达到135项，这在当时所有国家之中是数量最多的，随后逐渐被美、日等国超越。德国在本领域的专利首次申请各技术分支所占比重与全球的结果类似，均是由燃烧室和透平占据90%以上的比重，压气机和排气段的比重不足10%（参见表2-2-3）。

表2-2-3　在德专利首次申请分阶段技术构成　　　　单位：项（%）

技术分支 \ 年份	~1970	1971~1987	1988~1993	1994~2008	2009~
压气机	8（6%）	152（7%）	42（10%）	127（8%）	54（6%）
燃烧室	44（32%）	863（39%）	197（46%）	637（39%）	359（43%）
透平	82（61%）	1180（53%）	176（41%）	830（51%）	413（49%）
排气段	1（1%）	25（1%）	11（3%）	26（2%）	15（2%）
总计	135	2220	426	1620	841

2.2.4　英国

作为传统工业强国，英国是最早提出燃气轮机理论、描述燃气轮机工作过程并进行试制的国家之一，并于1947年和1950年分别用燃气轮机装备舰艇和汽车。如图2-2-5所示，英国的专利首次申请量总体水平并不高，且申请量随年份的分布并不像其他国家一样呈现前低后高的态势，其峰值出现于1981年，年申请量为108项。在英国申请量最大的专利申请人为罗罗（ROLLS-ROYCE）公司，其申请量达到在英国全部申请量的45%；其次是通用电气，申请量占11%。另外，德国的西门子、法国的斯奈克玛也是对英国的重要申请人。

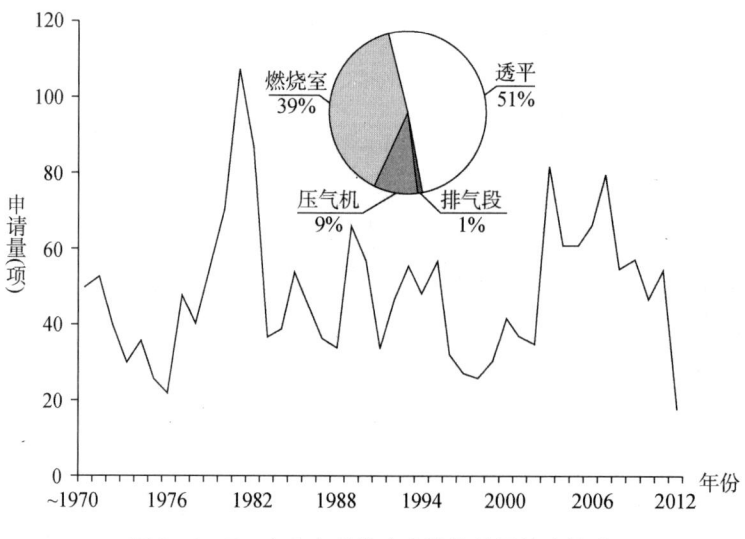

图2-2-5　在英专利首次申请趋势及技术构成

如表 2-2-4 所示，本领域在英国的专利首次申请主要集中于燃烧室和透平这两个核心技术分支，分别占总申请量的 39% 和 51%；排气段的申请依然是最少的，仅占 1%；其余 9% 为压气机方面的申请，压气机占总申请量的比重大于美、日等国家。

表 2-2-4　在英专利首次申请分阶段技术构成　　　　　单位：项（%）

技术分支＼年份	~1970	1971~1987	1988~1993	1994~2008	2009~
压气机	6（12%）	46（6%）	29（10%）	77（10%）	20（11%）
燃烧室	21（42%）	368（45%）	95（32%）	264（36%）	60（34%）
透平	22（44%）	402（49%）	166（57%）	386（52%）	93（53%）
排气段	1（2%）	8（1%）	3（1%）	12（2%）	4（2%）
总　计	50	824	293	739	177

2.2.5　俄罗斯[❶]

俄罗斯也是世界上重工业比较发达的国家之一。前苏联在发展透平制造业方面，特别是结合国防军用，设置了许多中央级的对口专业研究所，并在著名的高校中都设置了涡轮机专业，在生产工厂也都附设专门的实验室以解决产品中的质量指标保证问题。这种模式在早期的工业体制和专业设置上都被一直沿袭。著名的研究所有：中央锅炉汽轮机研究所、全苏热工研究所、中央航空发动机研究所、海军的克雷洛夫研究所。除此以外，还有一大批以代号命名的保密设计院所。一流高校中设有涡轮机专业的有：莫斯科动力学院、鲍曼工学院、圣彼得堡加里宁工学院、圣彼得堡国家海洋工程技术大学、莫斯科航空学院等。

俄/苏强大的技术研发能力体现在专利申请上，在 20 世纪 90 年代以前，首次申请的年申请量在起伏中稳步攀升，峰值出现在 1990 年，年申请量为 164 项。在 20 世纪 90 年代，前苏联解体，俄罗斯联邦成立，政局的动荡重创了前苏联的经济和科技研发，并最终导致专利申请量的萎缩，于 1997 年达到谷底，年申请量仅为 46 项。在此之后，随着俄罗斯经济回暖，专利申请量又开始逐渐回升。

如图 2-2-6 和表 2-2-5 所示，本领域在前苏联和俄罗斯的专利首次申请也是主要集中于燃烧室和透平这两个核心技术分支，分别占总申请量的 41% 和 49%，排气段的申请依然是最少的，占 2%，其余 8% 为压气机方面的申请，压气机占总申请量的比重大于美、日等国，这种情况与英国类似，可见英、俄二国对研发先进压气机技术的重视程度要大于美、日。

---

❶　包含前苏联的数据。

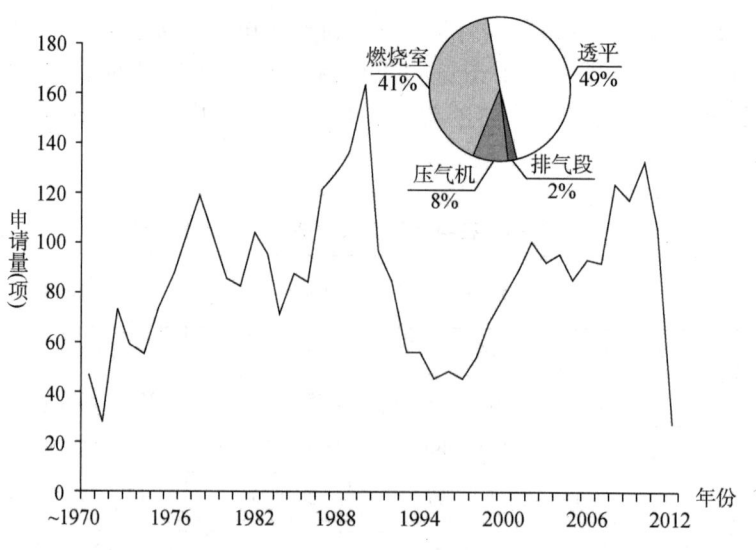

图 2-2-6 在俄/苏专利首次申请趋势及技术构成

表 2-2-5 在俄/苏专利首次申请分阶段技术构成 单位：项（%）

年份 技术分支	~1970	1971~1987	1988~1993	1994~2008	2009~
压气机	2（4%）	70（5%）	31（5%）	156（13%）	30（8%）
燃烧室	16（34%）	323（22%）	321（48%）	640（54%）	201（52%）
透平	27（57%）	1008（70%）	305（46%）	353（30%）	141（37%）
排气段	2（2%）	37（3%）	11（2%）	26（2%）	11（3%）
总　　计	47	1438	668	1175	383

2.2.6 中国

由于我国的专利制度起步较晚，因此专利数据在 1985 年前处于空白，无法反映当时国内燃气轮机的发展状况。而 1985 年后，燃气轮机方面专利申请从无到有，从少到多，伴随着我国专利事业一同起步。如图 2-2-7 所示，由于技术起点较低，因此在 2000 年以前的专利首次申请的年申请量一直维持在较低的水平。而在 2000 年左右，国家发展和改革委员会组织了三次燃气轮机"打捆招标"，以技贸结合的方式，引进 F 级、E 级燃气轮机及联合循环技术。其总体目标是以重型电站燃机为重点，用 5~7 年的时间，采取中外合资、合作或引进技术消化吸收的方式，掌握 F 级和 E 级两个级别机型的 2~3 项核心制造技术等。通过这种"打捆招标"，哈尔滨汽轮机有限责任公司从美国通用电气公司引进了 PG9351（FA 级容量 255.6MW）燃气轮机制造技术，上海汽轮机厂从德国西门子公司引进了 SGT5-4000F（容量 272MW）燃气轮机制造技术，东方汽轮机有限责任公司从日本三菱重工业公司引进了 M701F（容量 270MW）燃气轮机制造技术，南京汽轮电机有限责任公司从美国通用电气公司引进了 PG9171（E 级容量126MW）燃气轮机制造技术，并为制造燃气轮机的高温热部件成立了合资厂。因此2000年以后，随着技术引进以及国内研发能力的提升，首次专利申请量增长比较迅速，2011年在本领域首次申请的年申请量达到475项，达到了历史最高。

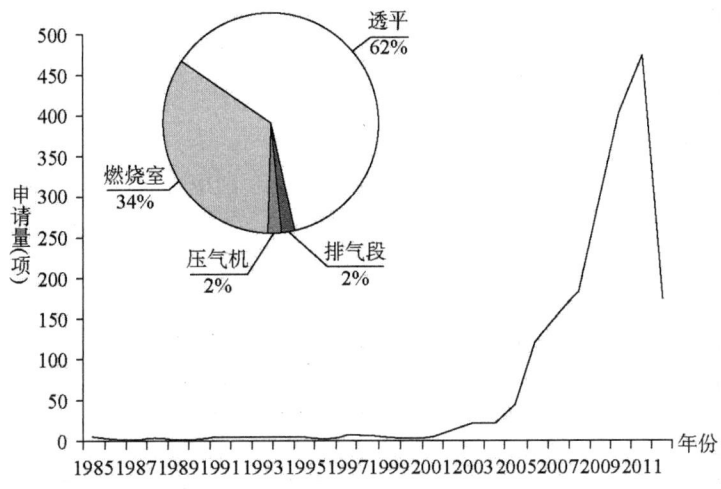

图2-2-7　在中专利首次申请趋势及技术构成

技术构成方面，对我国的专利首次申请显现出透平一家独大的局面，占总申请量的62%，另外的燃烧室、压气机和排气段分别占总申请量的34%、2%和2%。对我国专利申请的详细情况分析见后面的章节。

2.2.7　法国

如图2-2-8所示，法国的专利首次申请趋势与我国类似，也是在2000年以后获得飞速发展的，最大申请量年份是2010年，年申请量179项，但其在2000年以前的申请量要大于我国。在法国的主要申请人为斯奈克玛、阿尔斯通、空客以及通用电气。

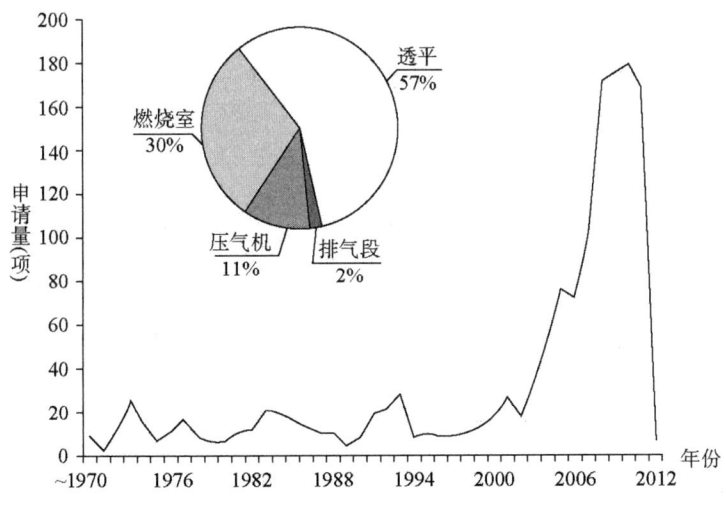

图2-2-8　在法专利首次申请趋势及技术构成

其技术构成，透平占据总申请量的57%，燃烧室占30%，压气机的比例达到11%，最少的仍然是排气段的申请，仅占总申请量的2%。

2.3 主要申请人分析

2.3.1 排名状况

如表2-3-1所示，排名前17位的申请人是总专利申请量在300项以上的申请人，其中有5家美国公司、5家日本公司、2家德国公司、2家法国公司、1家英国公司、1家瑞士公司和1家俄罗斯公司。

表2-3-1　全球专利申请量排名前17位的申请人　　　　　　　　单位：项

申请人	所属国家	全球申请量	在中国申请量
通用电气	美国	6007	1792
联合工艺	美国	3504	172
三菱重工	日本	2559	292
罗罗	英国	2394	12
西门子	德国	2309	502
斯奈克玛	法国	1674	302
日立	日本	1454	86
阿尔斯通	法国	1042	163
东芝	日本	1037	49
石川岛播磨	日本	1024	45
MTU	德国	897	24
ABB	瑞士	671	136
西屋电气	美国	424	50
汉胜	美国	363	26
阿维达维格特尔	俄罗斯	361	0
霍尼韦尔	美国	342	11
川崎	日本	300	17

我国庞大的市场引起了各国大公司的重视，例如通用电气、联合工艺、三菱重工、西门子、斯奈克玛、ABB、阿尔斯通等公司对中国的专利申请件数都达到了三位数，

通用电气更是达到了1792项的庞大申请量。这说明这些公司已经意识到在中国的专利布局对其自身利益的重要性。来自俄罗斯的阿维达维格特尔发动机公司❶并未涉足中国申请专利，这与该企业的产品在中国市场的销售情况有直接关系，而通用电气、西门子和三菱重工三大企业及它们在中国的合资工厂的产品占据中国重型燃气轮机市场相当大的份额。

2.3.2 申请量趋势

从表2-3-2中可以看出，虽然排名前17位的申请人在申请总量上都名列前茅，但是有一些企业已经开始走下坡路，例如日本的川崎、东芝、石川岛播磨，瑞士的ABB等，这些公司逐步缩小了申请规模，在其他公司的强势挤压下，逐渐淡出重型燃气轮机市场。而西屋电气公司由于被一些大公司拆分并购，其相关专利申请量也逐步缩减。而其他主要申请人如通用电气、罗罗、斯奈克玛、西门子等公司的专利申请量总体上仍然处于上升趋势。

表2-3-2 全球专利申请量排名前17位申请人申请趋势　　　　单位：项

年份 申请人	~1970	1971~1987	1988~1993	1994~2009	2009~
通用电气	20	614	618	3634	1121
联合工艺	15	646	317	2169	357
三菱重工	1	73	95	2070	320
罗罗	34	598	158	1180	424
西门子	1	28	47	1869	364
斯奈克玛	2	66	142	1110	354
日立	0	210	103	1004	137
阿尔斯通	0	0	4	838	200
东芝	0	139	82	771	45
石川岛播磨	0	13	33	894	84
MTU	1	178	86	539	92
ABB	0	28	175	464	4
西屋电气	0	279	91	49	0
汉胜	0	30	139	102	92
阿维达维格特尔	0	4	28	301	23
霍尼韦尔	0	2	1	297	42
川崎	1	11	10	245	34

---

❶ 即Aviadvigatel公司。

图2-3-1分组表示了主要申请人2000年后的专利申请量变化趋势。

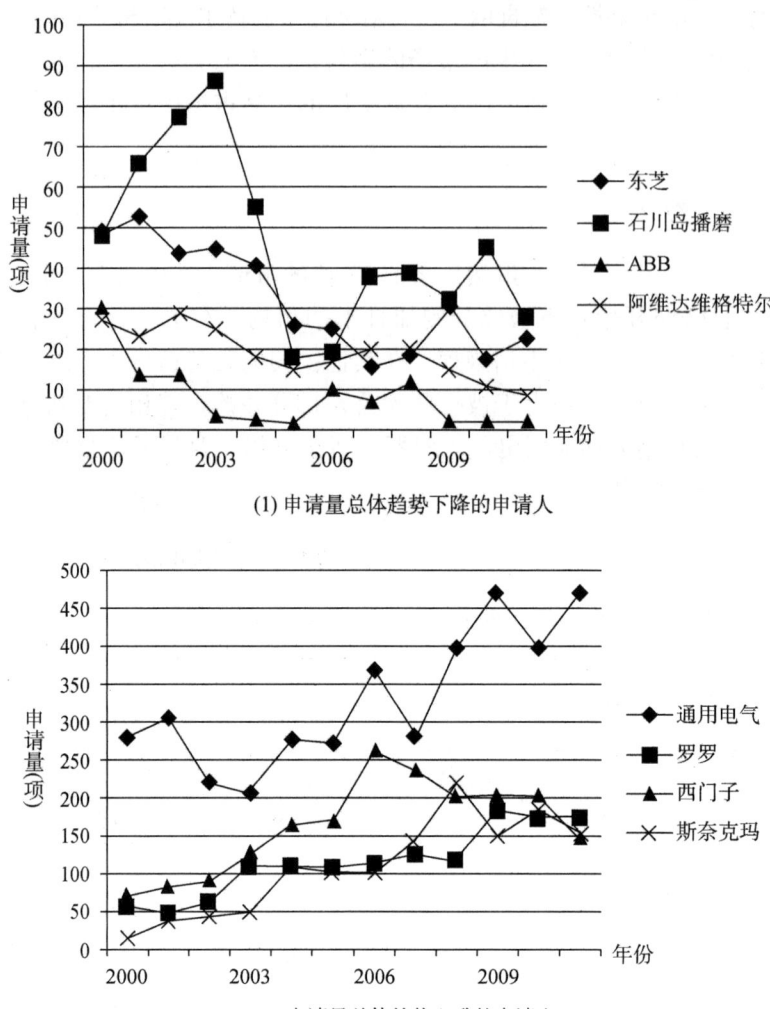

(1) 申请量总体趋势下降的申请人

(2) 申请量总体趋势上升的申请人

图2-3-1 2000年后的申请量趋势分组

2.3.3 技术构成

图2-3-2清晰地反映了各大燃气轮机企业的技术关注情况，间接反映出企业的技术优势和产品结构。总体来说，都是燃烧室和透平这两个技术分支占据绝对优势，但不同的申请人偏重点稍有不同。如日立、阿尔斯通、ABB、汉胜和川崎这些公司都偏重于燃烧室的技术改进和开发；而通用电气、联合工艺、罗罗、斯奈克玛、MTU、西屋电气、东芝、霍尼韦尔都侧重于透平方面的技术研发。而三菱重工和阿维达维格特尔则是透平和燃烧室方面都注重，两方面的专利申请量基本均衡。

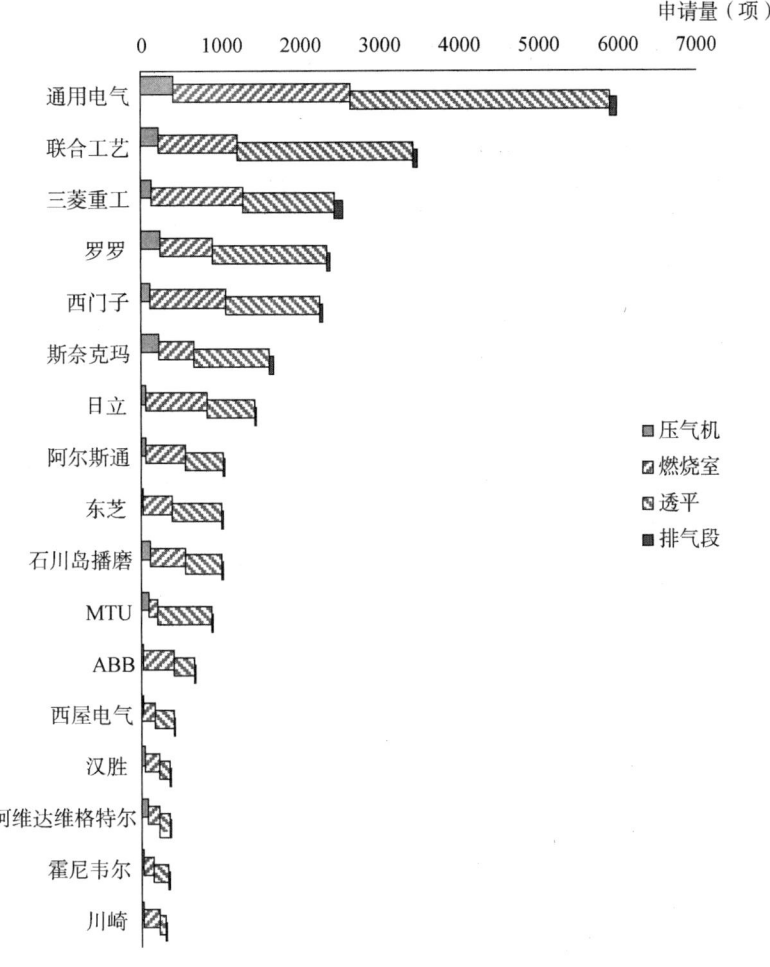

图 2-3-2 全球专利申请量排名前 17 位申请人专利申请技术构成

对于压气机和排气段,由于这两个技术分支与燃烧室和透平相比,不涉及热部件,技术含量相对较小,因此上述公司都没有作为技术重点加以关注,两方面相加也只是占据总申请量的很小一部分。

2.4 本章小结

本章重点分析了重型燃气轮机领域全球的专利分布状况,全球专利申请量总体上呈现上涨的趋势,从 1988~1993 年以及 1994~2008 年先后经历了低速和高速增长时期。在重型燃气轮机的各技术分支中,透平技术方面的专利申请量位居首位,其次依次是燃烧室、压气机。由于排气段结构相对简单,其改进的空间相对较小,对燃气轮机总体性能影响也不大,因此关于排气段的申请量居于末位。在涉及燃气轮机的专利申请中,90% 以上的是关于透平和燃烧室的,这两个技术分支都涉及热部件,对燃气轮机整机的性能影响较大,而且这两个技术分支涉及的部件结构复杂,无论是从形状、结构,还是从材料、涂层方面来说都存在较大的提升空间,因此成为技术研究和专利申请的热点。

重型燃气轮机领域的专利申请人数量重多,技术创新主要集中在美、日、德等国的通用电气、联合工艺、西门子和三菱重工等几大企业。来自美国的技术创新主体的专利申请量超过12 000项,约占全球总申请量的28.8%,位居全球首位。日本籍技术创新主体的专利申请量为7837项,约占全球总申请量的16.3%。

第3章 中国专利申请状况分析

为分析中国重型燃气轮机的专利申请态势，本章从压气机、燃烧室、透平和排气段四个方面分析重型燃气轮机领域的中国专利申请趋势、各国在中国的专利申请、申请人、专利申请类型和法律状态等，分析的数据来自 CPRS 数据库，经历检索、去噪、去重、清理、验证等过程后，得到分析样本为中国专利申请 6586 件❶。该数据为本章及后面章节的数据基础。

3.1 专利申请分析

3.1.1 申请趋势

截至 2013 年 5 月 30 日，重型燃气轮机领域的中国专利申请总量为 6586 件。专利申请量整体呈现波浪式上扬的态势。如图 3-1-1 所示，从 1985 年开始在重型燃气轮机领域出现中国专利申请；1985～2001 年与重型燃气轮机相关的专利申请较少，每年仅有几十件，1995 年之前的主要申请人为通用电气、联合工艺和西屋电气；1995 年之后，阿尔斯通、西门子和三菱重工等公司的申请也逐渐增多，其中，通用电气、阿尔

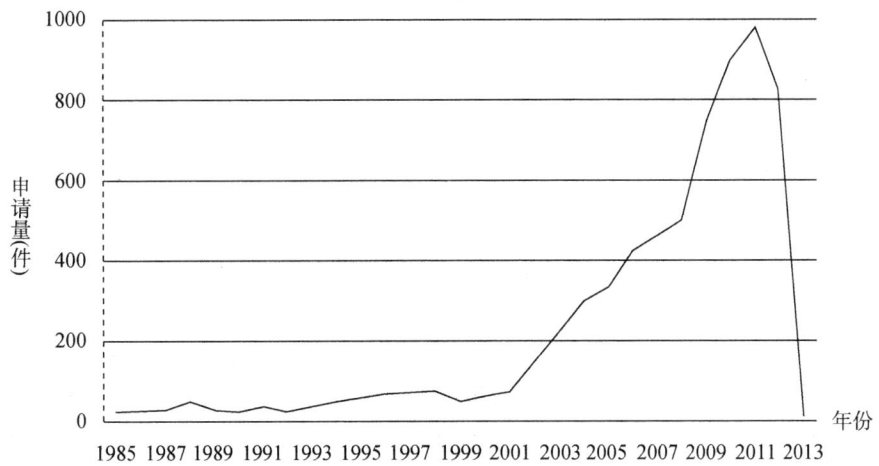

图 3-1-1 燃气轮机领域中国专利年申请量

---

❶ 本报告数据检索的截止日期为 2013 年 5 月 30 日。

斯通、三菱重工和西门子的申请数量逐年增多并呈稳步上升的趋势，逐渐成为申请的主力；2001～2008年相关专利申请开始增加，每年持续在100～400件的范围内波动，但整体呈上扬态势，沈阳黎明航空发动机有限责任公司在这一时期成为国内首个具有少数专利申请的公司；从2009年开始中国专利申请年申请量快速增长至700件以上，呈现出增速放快的发展态势。

可见，从申请量上来看，中国专利申请目前已经进入平稳发展的阶段，从申请人数量来看，也处于各创新主体积极布局的发展阶段。随着中国对知识产权保护力度的不断增强，美日等主要创新主体更加关注中国市场，而为了进一步充分利用低成本劳动力、降低生产成本和提高产品附加值，必将更多技术转移到中国，因而可以推断2012年后该领域的产业转移主方向必将是亚洲，特别是中国。

3.1.2 地域分布

如图3-1-2所示，国内申请量最大的地区是北京，主要是由于北京航空航天大学和中国科学院工程热物理研究所的研究和申请量促使该市的申请量遥遥领先其

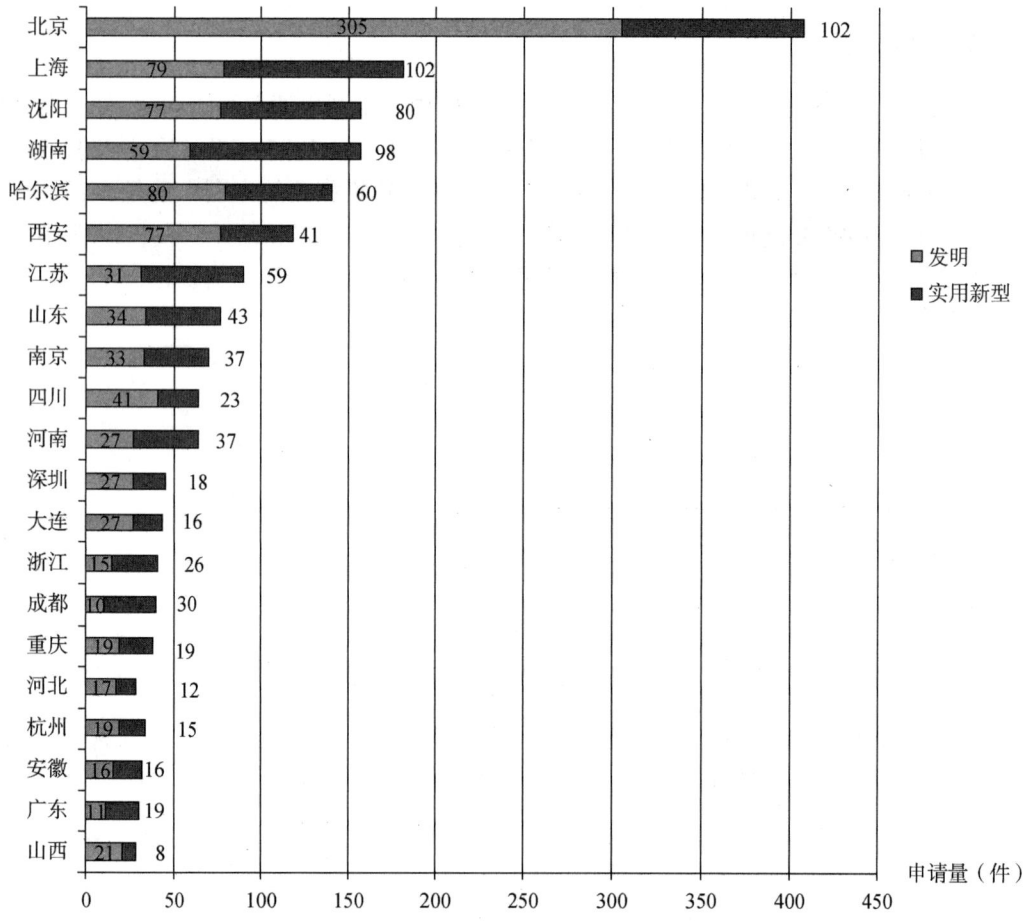

图3-1-2 中国专利申请的地域分布

他地区，排名第二的上海也由于生产和研究重型燃气轮机企业，例如中航商用航空发动机有限责任公司、上海电气电站设备有限公司等较为密集而研究量较大，分列其后的沈阳、哈尔滨申请量也较大。由图可知，专利申请量与经济、科技的发展水平密切相关，上海、北京作为经济发达地区，科技力量也相应的比较发达。而沈阳、哈尔滨作为重型燃气轮机早期发展的区域之一，存在许多像沈阳黎明航空发动机有限责任公司、哈尔滨汽轮机厂等老牌的重型燃气轮机生产制造和研究企业。值得关注的是中部的湖南，紧随上海、北京，与沈阳持平，说明在该领域的发展相对较高。仔细分析后同时发现，其中，中国航空动力机械研究所对湖南省申请量的贡献最为突出，其次为中国南方航空工业（集团）有限公司、株洲南方燃气轮机成套制造安装有限公司等，因此国家应该继续鼓励该区域在重型燃气轮机的技术发展，争取以技术为依托，合理、快速地进行专利布局，扩大国内企业在本领域的市场和技术占有率。

从图3-1-3可以看出，国外申请人主要来自美国、德国、日本和法国，而中国国内申请人也占据了中国申请的很大一部分，其中，美国和中国国内的申请占据了中国申请量的2/3。从20世纪80年代中期到21世纪初，美、中、德、日、法的年申请量均维持在10~30件，差距不大。而自21世纪初，美国的专利年申请量开始有了大幅度增加，仅两年的时间，就从2002年的年申请量26件增加至2004年的年申请量136件，此后一直保持平稳快速的增长。而中国国内的申请从2005年开始才有了明显增长，此后一直保持平稳快速的增长，并在2008年超过美国申请，一跃成为年申请量第一位的国家。

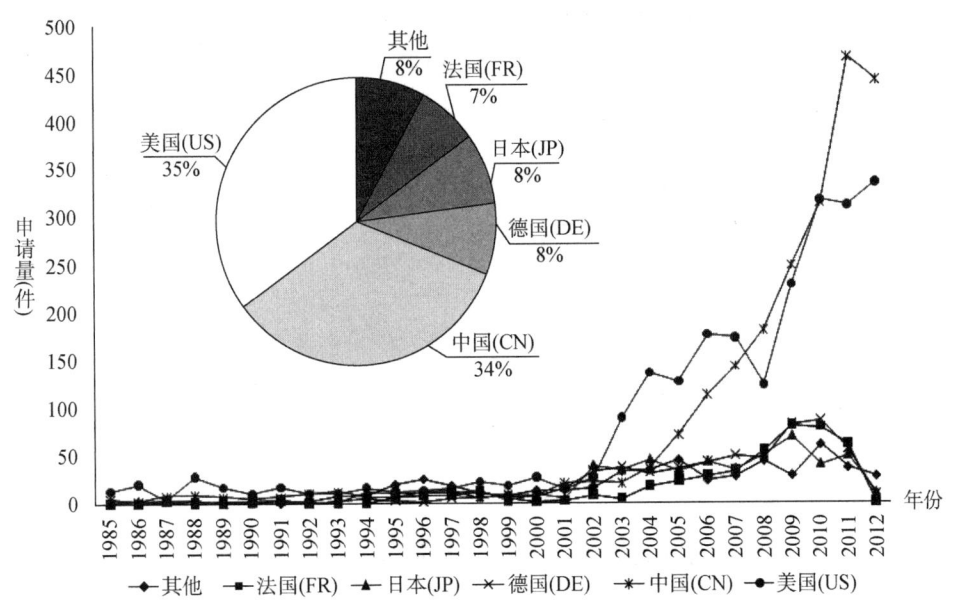

图3-1-3　各国在中国的专利申请比例及趋势

如表3-1-1所示,在各主要国家涉及重型燃气轮机的中国专利申请中,中国、法国在透平方面的申请量所占的比重最大;日本、德国和美国在透平和燃烧室方面的申请量相对于排气段和压气机方面都大;中国在透平、排气段和压气机方面的申请量均为最大;而美国在燃烧室方面的申请量最大。

表3-1-1 各国申请的技术构成 单位:项

技术分支 国家	排气段	透平	燃烧室	压气机
中国	87	1305	852	130
日本	26	304	254	16
法国	9	312	126	36
德国	7	349	221	34
美国	62	1255	1045	104
其他	14	308	198	35

3.1.3 技术构成

图3-1-4中可以看出,中国国内重型燃气轮机的专利申请以透平方面的申请居多,有3833件;燃烧室方面申请居次,有2696件;压气机和排气段数量较少。其中,在20世纪80年代中期,燃烧室和透平方面的专利申请相较排气段和压气机方面的专利申请数量较多,及至21世纪初,燃烧室、透平、排气段和压气机方面的申请量都有所增加,而燃烧室和透平方面的申请量增加尤为明显。

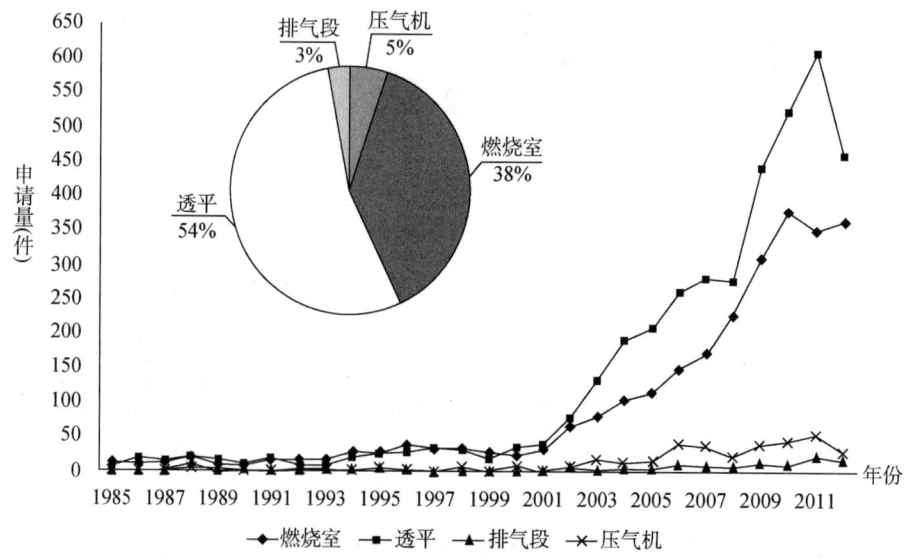

图3-1-4 排气段、燃烧室、透平和压气机国内年申请量

3.2 申请人分析

3.2.1 申请人类型分析

如图3-2-1所示,从整体上看,重型燃气轮机的中国专利申请人以公司占据主导地位,其申请量的总比例达到了77%。与国外以公司为创新主体的情形相比,国内的重型燃气轮机专利申请有相当部分源于大学和研究机构,在中国专利申请中,国内申请人存在研发与市场脱离的情况,超过三成的专利掌握在大学和研究机构手里。而相比之下,国外申请人中公司所占比例极高,达到93%。

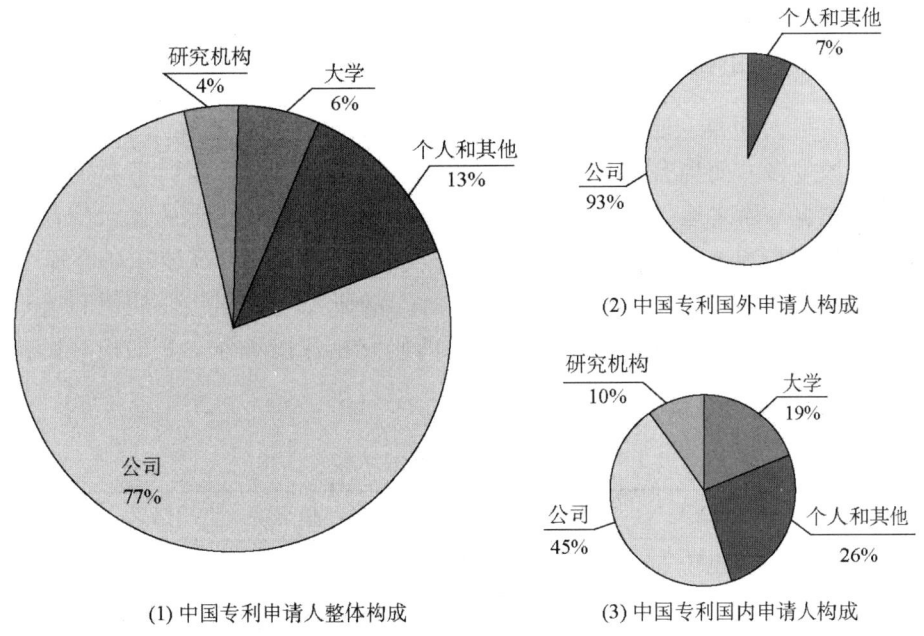

图3-2-1 中国专利申请人构成

3.2.2 主要申请人排名

在重型燃气轮机领域的中国专利申请中,申请量最多的为通用电气,其以总量1792件远远超过位居第二的西门子,国外申请人申请数量较多的均为公司;国内申请人申请数量最多的是北京航空航天大学和中国科学院工程热物理研究所,为大学和研究机构,由此也进一步证实,国内申请人存在研发与市场脱离的现象,而国内申请人申请数量最多的公司为沈阳黎明航空发动机有限责任公司,如图3-2-2所示。

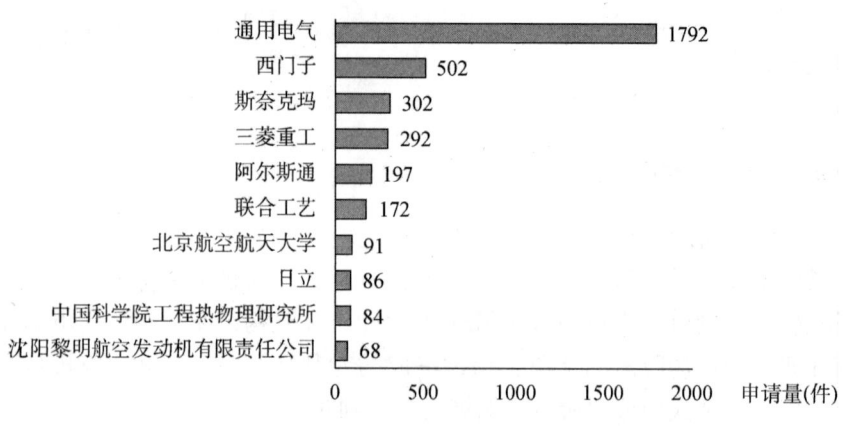

图 3-2-2 中国专利申请人排名

3.2.3 十大申请人的技术构成及动向分析

就十大申请人而言，通用电气的技术实力明显更高一筹，在压气机、燃烧室、透平和排气段等多方面均有比较明显的领先优势；相比之下，西门子和三菱重工在燃烧室领域占据一席之地，西门子和斯奈克玛在透平方面有一定的技术特色。国内申请人在燃烧室和透平方面较压气机和排气段较多，而其中，高校和研究所（北京航空航天大学和中国科学院工程热物理研究所）的研究更加侧重燃烧室和透平，而公司（沈阳黎明航空发动机有限责任公司）的研究在各技术分支上则相对比较均衡（参见表 3-2-1）。

表 3-2-1 十大申请人的技术构成分析　　　　　　　　单位：件

十大申请人	压气机	燃烧室	透平	排气段
通用电气	84	800	877	31
西门子	25	189	283	5
斯奈克玛	28	66	206	2
三菱重工	9	133	144	6
阿尔斯通	6	78	110	3
联合工艺	5	46	114	7
北京航空航天大学	3	56	32	0
日立	4	45	35	2
中国科学院工程热物理研究所	8	45	29	2
沈阳黎明航空发动机有限责任公司	10	23	34	1

图 3-2-3 显示了中国十大申请人在压气机方面相关申请的法律状态。从该图可以看出，通用电气在未决申请、授权专利和失效申请三个方面均显著高于其他申请人。

授权专利主要集中在通用电气、西门子、三菱重工等国外几家大公司，国内申请人在进行压气机方面的专利申请时，应注意规避这几家公司的专利。而国内申请人中，沈阳黎明航空发动机有限责任公司也有一定量的授权专利。未决申请主要集中在通用电气、西门子和斯奈克玛。

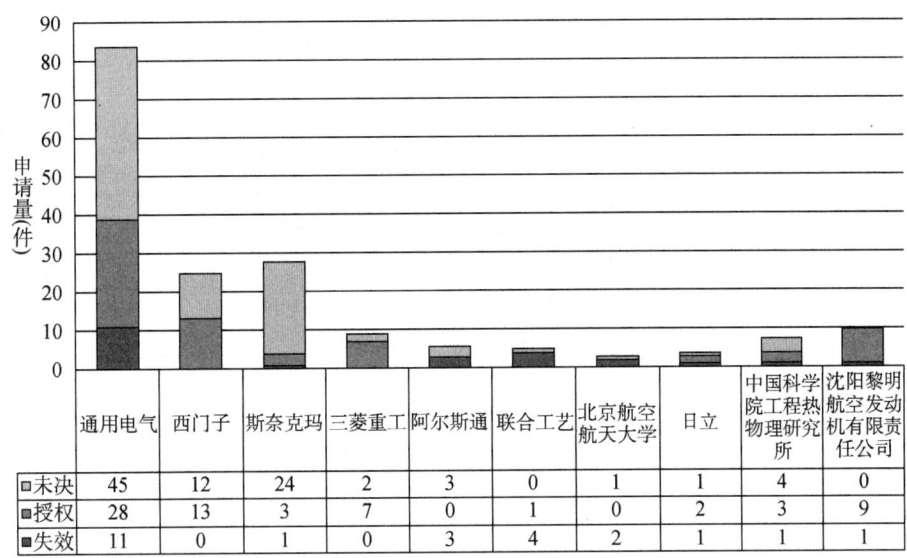

	通用电气	西门子	斯奈克玛	三菱重工	阿尔斯通	联合工艺	北京航空航天大学	日立	中国科学院工程热物理研究所	沈阳黎明航空发动机有限责任公司
未决	45	12	24	2	3	0	1	1	4	0
授权	28	13	3	7	0	1	0	2	3	9
失效	11	0	1	0	3	4	2	1	1	1

图 3-2-3 十大申请人压气机相关申请的法律状态

图 3-2-4 显示了中国十大申请人在燃烧室方面相关申请的法律状态。从该图可以看出，各申请人均有一定数量的未决申请、授权专利和失效申请，说明燃烧室方面的研究是重型燃气轮机发展的一个重要方面。其中，通用电气依旧在未决申请、授权

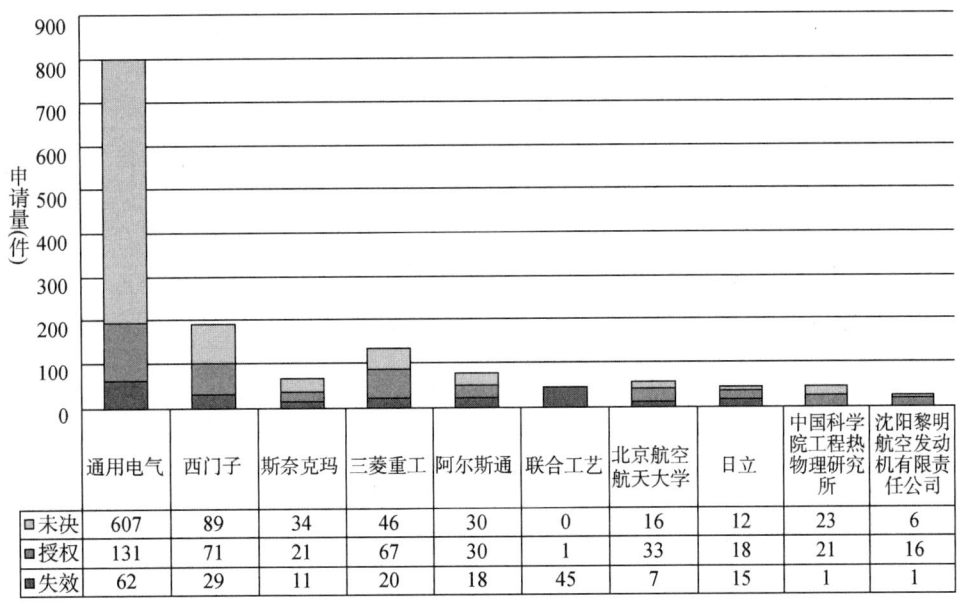

	通用电气	西门子	斯奈克玛	三菱重工	阿尔斯通	联合工艺	北京航空航天大学	日立	中国科学院工程热物理研究所	沈阳黎明航空发动机有限责任公司
未决	607	89	34	46	30	0	16	12	23	6
授权	131	71	21	67	30	1	33	18	21	16
失效	62	29	11	20	18	45	7	15	1	1

图 3-2-4 十大申请人燃烧室相关申请的法律状态

专利和失效申请三个方面均处于较高水平，其未决申请量显著领先于其他几大申请人，说明近几年通用电气在燃烧室方面在中国进行了重点布局，这会对中国市场产生一定的影响力。而授权专利中，通用电气、西门子和三菱重工均具有较多的数量，国内申请人在进行专利申请时，应注意对这些企业的专利进行规避。国内申请人中，北京航空航天大学拥有较多数量的授权专利。建议国内企业可以考虑与高校合作进行创新和研究，一方面加强已有专利的市场化，另一方面可以促进国内燃烧室方面的创新和发展。

图3-2-5显示了中国十大申请人在透平方面相关申请的法律状态。从该图可以看出，各申请人均有一定数量的未决申请、授权专利和失效申请，说明透平方面的研究是重型燃气轮机发展的另一个重要方面。与燃烧室相似的是，通用电气依旧在未决申请、授权专利和失效申请三个方面均处于较高水平，其未决申请量显著领先于其他几大申请人；不同的是，拥有授权专利数量较高的几大申请人分别为通用电气、西门子、斯奈克玛和三菱重工；同时，国内申请人中拥有较多授权专利的是沈阳黎明航空发动机有限责任公司，说明在透平方面，国内专利市场化比燃烧室方面要高。另外，值得注意的是，联合工艺拥有大量的失效申请，国内申请人应该注意对这部分申请的学习和应用。

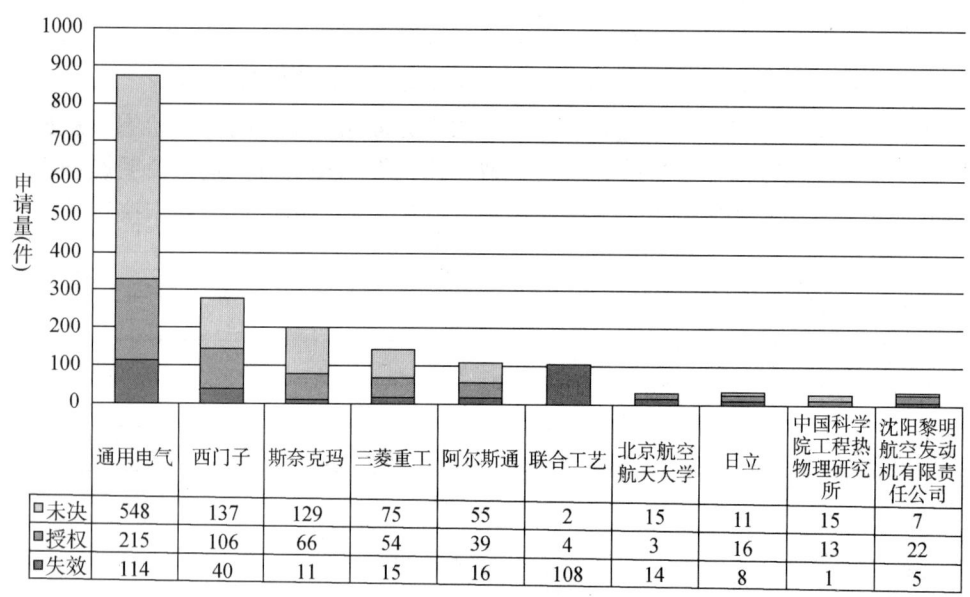

	通用电气	西门子	斯奈克玛	三菱重工	阿尔斯通	联合工艺	北京航空航天大学	日立	中国科学院工程热物理研究所	沈阳黎明航空发动机有限责任公司
未决	548	137	129	75	55	2	15	11	15	7
授权	215	106	66	54	39	4	3	16	13	22
失效	114	40	11	15	16	108	14	8	1	5

图3-2-5 十大申请人透平相关申请的法律状态

图3-2-6显示了中国十大申请人在排气段方面相关申请的法律状态。从该图可以看出，各申请人在排气段方面的申请量都较少，通用电气和联合工艺拥有数量最多的失效专利；国内申请人在排气段方面有很少的研究和创新。

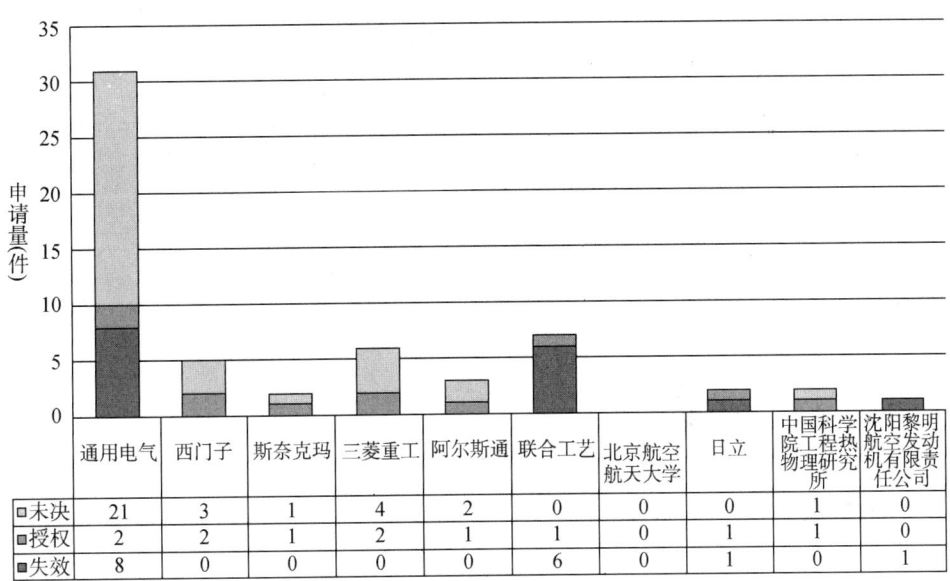

图3-2-6 十大申请人排气段相关申请的法律状态

在20世纪80年代，通用电气和联合工艺开始在中国有少量专利申请，及至20世纪末，通用电气的专利申请数量一直保持平稳，而联合工艺的专利申请数量则日渐减少。21世纪初，通用电气的专利申请数量有了巨大的增加，并一直保持平稳快速的增长，西门子的专利申请数量也锐增，一跃成为仅次于通用电气的专利申请公司。随着重型燃气轮机技术的进一步发展，斯奈克玛、三菱重工和阿尔斯通在重型燃气轮机技术的研究方面也有了一定的发展和突破，并超越联合工艺公司成为主要的专利申请公司。中国国内对重型燃气轮机的自主研究开始较晚，21世纪初开始，北京航空航天大学、中国科学院工程热物理研究所和沈阳黎明航空发动机有限责任公司才开始了重型燃气轮机的自主研究。而在20世纪80年代至21世纪，中国国内专利的申请人主要是个人及少量研究所和工厂，例如北京市西城区新开通用试验厂、湘潭市新产品开发研究所、洛阳市通达实用技术研究所等（参见表3-2-2）。

表3-2-2 中国专利申请人在各时期的申请量 单位：件

申请人	1985~1990年	1991~1995年	1996~2000年	2001~2005年	2006~2010年	2011~2012年
通用电气	28	38	20	267	843	596
西门子	2	10	23	134	275	58
斯奈克玛	0	0	1	34	223	4
三菱重工	3	2	8	86	161	32
阿尔斯通	1	7	49	58	50	32
联合工艺	36	2	13	64	56	1
北京航空航天大学	1	0	0	5	60	23

续表

申请人	1985~1990年	1991~1995年	1996~2000年	2001~2005年	2006~2010年	2011~2012年
日立	8	16	12	13	24	13
中国科学院工程热物理研究所	0	0	0	6	38	37
沈阳黎明航空发动机有限责任公司	0	0	0	14	40	14

3.3 专利申请类型和法律状态

3.3.1 申请类型分析

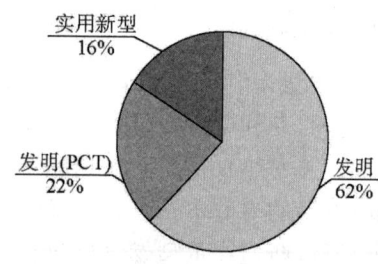

图3-3-1 专利申请类型

从专利的申请类型看（参见图3-3-1），在重型燃气轮机领域中，中国申请以发明专利为主（5539件，在总申请中占比84%），实用新型为辅（1047件，在总申请中占比16%）。而发明专利中又以非PCT申请为主（为4117件，在总申请中占比62%），以PCT进入中国国家阶段为次（为1422件，占比为22%）。针对实用新型专利申请而言，实用新型专利以非PCT申请为主（1046件，在总申请中占比16%），而以PCT进入中国国家阶段为次（仅为1件，在本图中未显示出来）。

从主要专利申请国家的专利申请布局来看（参见图3-3-2），在重型燃气轮机领域，中国国内申请主要以非PCT的发明专利和非PCT的实用新型专利为主，而国外申请则主要以非PCT的发明专利和PCT的发明专利为主。其中，除了美国申请的非PCT

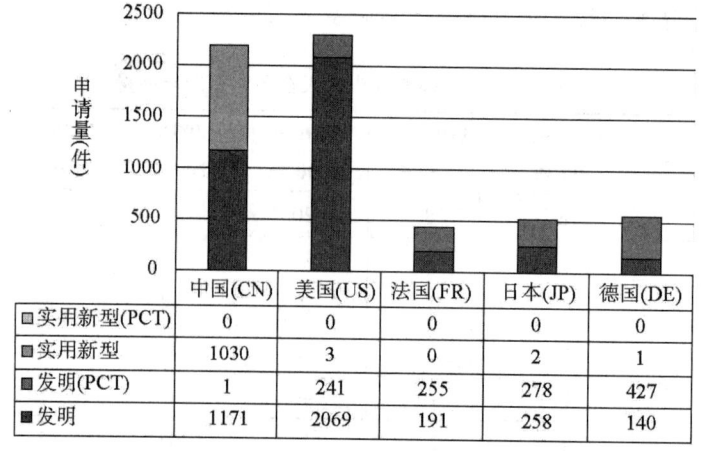

	中国(CN)	美国(US)	法国(FR)	日本(JP)	德国(DE)
实用新型(PCT)	0	0	0	0	0
实用新型	1030	3	0	2	1
发明(PCT)	1	241	255	278	427
发明	1171	2069	191	258	140

图3-3-2 主要专利申请国家的专利申请布局

发明专利申请数量大于 PCT 发明专利申请数量外,其他国家的 PCT 发明专利数量均大于非 PCT 发明专利数量。国外申请的实用新型专利申请数量较少,尤其是 PCT 的实用新型专利,仅有 1 件芬兰申请(图中未显示)。

综上可见,在中国进行专利布局时,国外创新主体大多以 PCT 进入为主,非 PCT 发明专利申请进入为次,同时配合极少量实用新型专利申请的策略。而国内创新主体的申请中则以非 PCT 发明专利申请为主,实用新型专利申请为辅并且只有极少量的 PCT 发明专利申请。

3.3.2 法律状态分析

图 3-3-3 显示了中国发明专利申请法律状态分布比例,鉴于近几年专利申请量逐年增加,未决申请的比例高于授权申请和失效申请的比例。而在失效的申请中,视撤和因费用终止的申请占据了主要地位,说明了申请的技术含量和创新水平还有很大的提升空间,申请人应多关注技术创新及专利的市场应用性,尽量减少技术含量和创新水平低的专利。

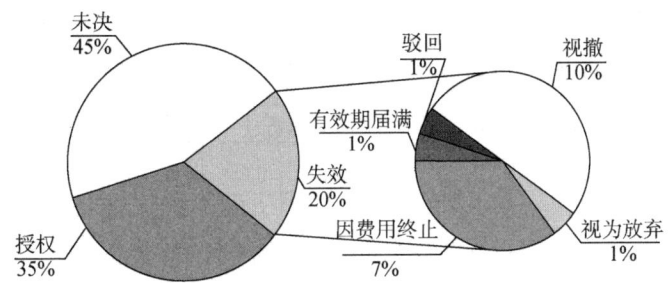

图 3-3-3 中国发明专利申请法律状态分布

另外,由于专利申请中有效专利占了 1/3 左右,授权专利的稳定性较高,这些专利是国内企业研发和生产时需要密切关注和规避侵权风险的主要对象。而对于失效专利,公开内容已处于免费利用阶段,可作为国内企业克服相关技术难题的途径之一。

图 3-3-4 显示了国内申请人的中国专利申请法律状态分布比例,其中,有近一半的专利处于授权状态,远远高于中国专利申请的平均水平,而失效申请中,驳回的比率略高于中国专利申请的平均水平。

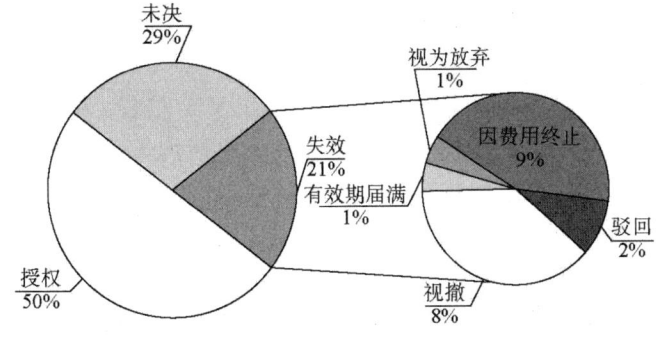

图 3-3-4 国内申请人的中国专利申请法律状态分布

图 3－3－5 显示了国外申请人中国专利申请的法律状态分布。从该图可以看出，未决申请在每个主要国家都占有很大比例，说明近几年来外国逐渐加大在国内的专利申请数量，这将对中国的重型燃气轮机市场产生一定的影响。美国申请在专利申请总量、授权专利总量和失效申请均显著领先于其他国家。国内企业可以加强对其失效专利的学习利用，并在专利申请过程中注意规避其相应的专利，避免申请失效率的增加。

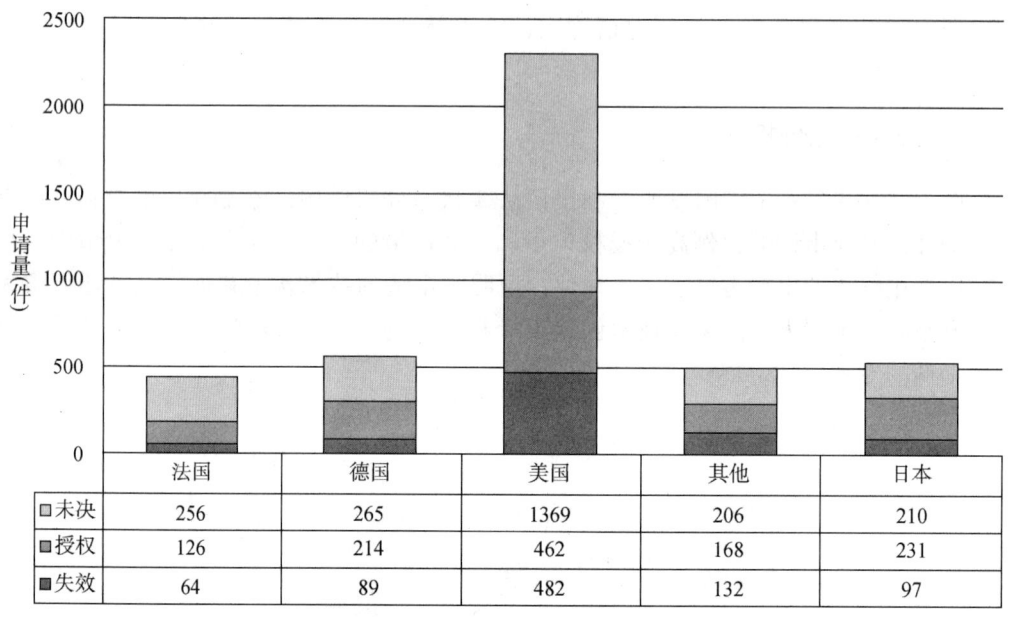

图 3－3－5　国外申请人的中国专利申请法律状态分布

3.4　本章小结

从国内来看，中国在重型燃气轮机行业的专利申请进入了高速增长期，但国内申请人主要以大学和研究所为主，作为市场主体的公司和企业申请量并不占优势；而国外申请人在中国积极申请专利；

从技术构成上看，专利申请主要集中在透平和燃烧室两个技术分支，压气机和排气段的专利申请数量较少；

从专利申请人所在的地区看，北京、上海、沈阳、湖南和哈尔滨等省市的申请人相对活跃；

从法律状态看，中国专利申请中有效申请占了 1/3 左右，授权专利的稳定性高；美国申请人在专利申请总量、授权专利总量和失效申请均显著领先于其他国家；通用电气、西门子和三菱重工在中国具有较多数量的授权专利，国内申请人在进行专利申请时应注意规避其相应的专利；通用电气和联合工艺公司具有较多数量的失效申请，国内企业可以加强对这部分申请的应用。

国内企业可考虑与研究院和高校院所联合，在增加研发投入的同时，推进专利的市场化。

第4章 叶　片

重型燃气轮机在能源利用方面具有重要的战略意义和现实意义。然而，我国燃气轮机研制能力较为薄弱，作为重型燃气轮机的关键部件——叶片至今没有实现批量国产化。国内企业对先进的叶片冷却技术、材料涂层技术、加工工艺等非常关注，尤其关注多种冷却方式结合的冷却技术、定向凝固技术和单晶技术、叶片熔模铸造技术，如果国内企业能在这些技术上有所突破，必将推动我国重型燃气轮机向前迈进一大步。

本章将对燃气轮机关键的热端部件——叶片作深入研究。首先，对涉及全球专利申请14048项（采用WPI数据库检索），中国专利申请1796项（采用CPRS数据库检索）的叶片专利数据进行常规分析；其次，对叶片六个技术分支中的叶片冷却技术作进一步的信息深入挖掘；最后，针对叶片冷却领域领军人物之一通用电气的重要发明人李经邦申请的专利做深入剖析，并对其相关重要专利进行详细研究。

4.1　叶片全球专利申请分析

叶片技术是燃气涡轮的重要技术分支，为了解叶片技术专利发展脉络和重点技术，本节重点将对叶片技术的全球申请趋势、区域分布、技术主题、主要申请人和技术集中度等方面进行分析。

4.1.1　申请趋势

图4-1-1显示出叶片技术领域全球专利申请量总体态势呈现增长趋势，从各个时间阶段看，叶片技术在全球范围内大致经历了三个发展阶段。

（1）技术萌芽期（~1984年）

在此时间范围内，叶片技术发展比较缓慢，全球范围的专利申请量仅占全部申请量（至2011年的总申请量）的12%。这是由于早期的燃气轮机的技术参数不高，尤其是功率、燃气初温、压气机压缩比等参数较低，对叶片的要求不高。虽然有部分公司和科研机构对其应用进行了预先研究，但由于大型燃气轮机尚未大规模地发展和应用，因此叶片技术发展还处于萌芽期。

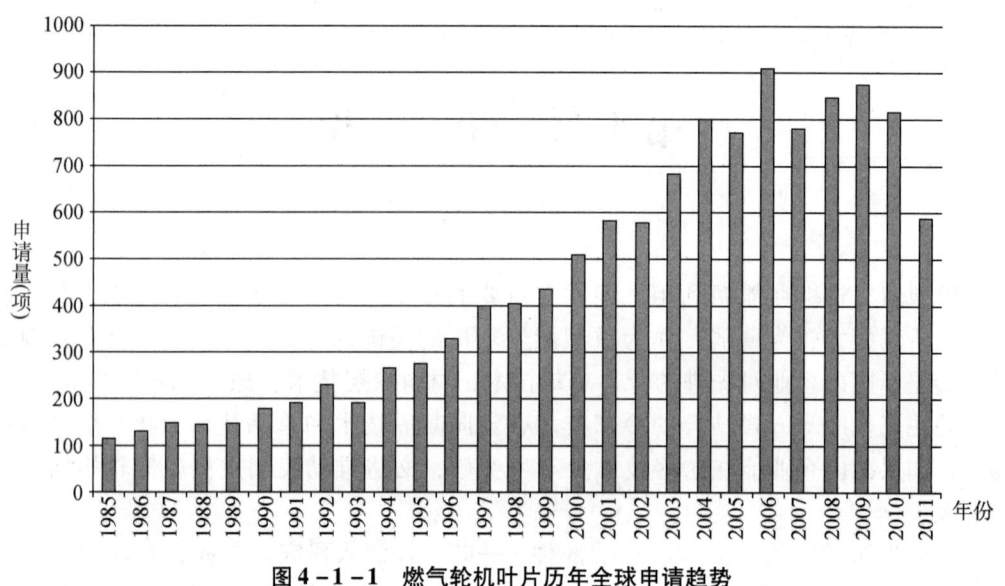

图 4-1-1 燃气轮机叶片历年全球申请趋势

（2）技术储备期（1985～2003年）

自1985年以来，随着各国出台日益严格的环境排放法规以及大型燃气轮机技术的不断发展，高单机功率、高初温、耐高压比的燃气轮机不断被推出。这对叶片的耐高温、耐高压、耐腐蚀提出了更高的要求，也大大推动了叶片技术的发展。从图4-1-1可以看出，1985～2003年中，叶片的专利申请量占全部申请量（至2011年的总申请量）的42%。这预示着大型燃气轮机市场开始出现转机，各国不断提升大型燃气轮机在本国的应用。

（3）技术快速发展期（2003年～）

伴随着叶片技术在发电行业的应用和大规模实践，在产业实践中遇到的问题也促使叶片的技术成熟度越来越高。从图4-1-1中可以看出自2003年以来，叶片技术专利申请量较之前出现了飞速增长，2003～2011年的申请数量占到总申请量的46%。这显示出叶片技术已经成为目前燃气轮机技术领域的研究热点。近十年中，随着石油的价格不断高涨，天然气作为一种替代能源，因其开发成本低、燃烧清洁而日益受到国际的重视。过去的5年内，美国率先完成页岩气革命，将天然气在美国能源中的比重大幅提升。而中国也于近年提出了页岩气开发的战略，这无疑对大型燃气轮机的发展起到了强大的促进作用。可以预见，随着天然气的大规模应用，未来大型燃气轮机将在发电领域占有举足轻重的地位。

4.1.2 地域分布

图4-1-2示出燃气涡轮机叶片专利首次提出申请的全球主要地区分布图。按照国别进行排名，占据前三位的依然是美国（6582项）、日本（2188项）和德国（1229项）这三个发达国家。这三个国家在燃气轮机领域技术实力雄厚。它们不仅具有强大的燃气轮机制造企业作为支撑，而且还聚集了一大批科研力量雄厚的研究机构，因而在叶片系统集成和控制领域具有非常丰富的实践经验。近年来，国内燃气轮机生产企业已经将叶片

作为未来燃气轮机升级的主要技术方向，因此也加大了叶片技术的引进开发和自主研究。但目前中国相关企业的研发能力还较为薄弱，相关专利申请仅为189项。

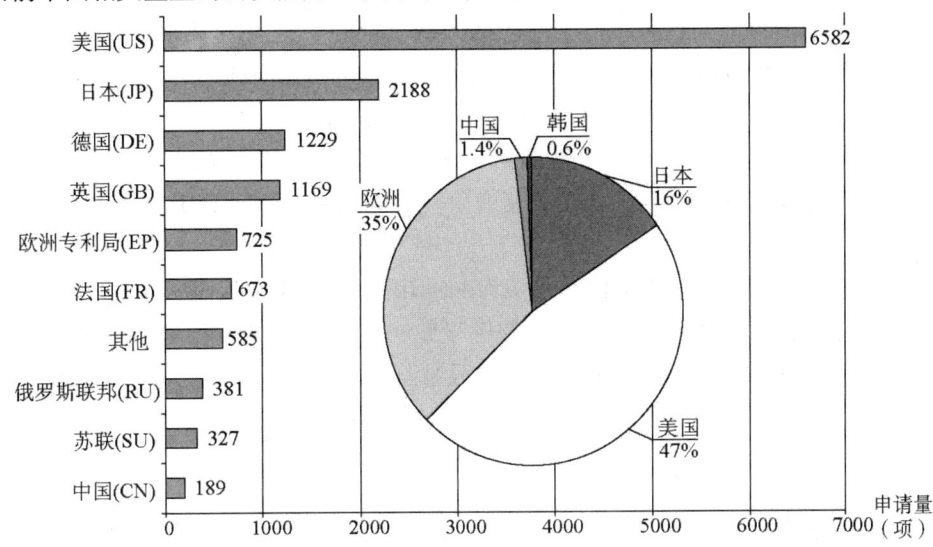

图4-1-2　燃气轮机叶片领域全球主要申请地区历年趋势

注：(1) 中国申请包括港、澳地区的申请；(2) 饼状图表示全球首次申请的主要地区分布情况。

从主要地区分布来看，排名第一位的是美国，其专利申请量占全部总量的47%。排名第二位的是欧洲地区，其作为叶片技术的主要推动和实践者在叶片技术领域专利申请量占全球申请量的35%。欧洲地区的主要申请人集中在德国、法国和英国等汽车工业发达国家。日本排名第三位，其专利申请占全部总量的16%。而中国和韩国申请份额较少，仅分别占1.4%和0.6%。由此可见，美国企业的研发实力是最强的，而中、韩在该领域的研究仍然处于起步阶段。

图4-1-3显示出燃气轮机叶片领域的全球主要申请地区历年趋势图（1985~2011年），从中可以看出自1985年起，叶片技术专利申请量进入稳步攀升阶段。

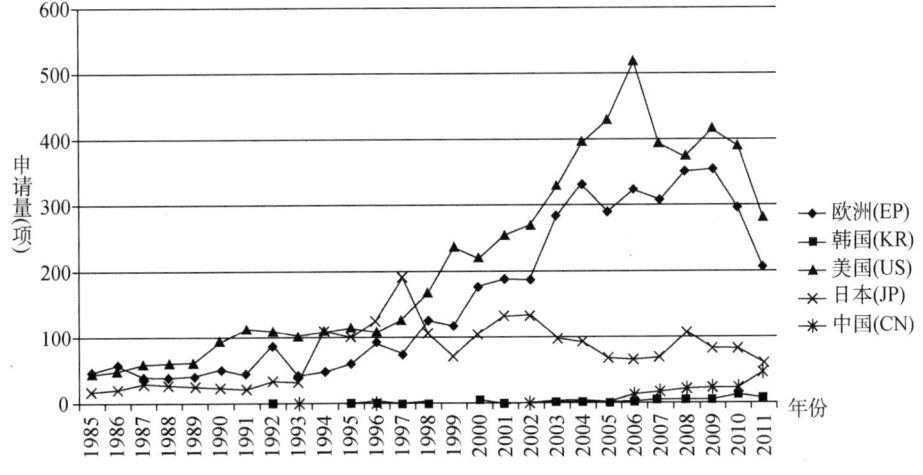

图4-1-3　燃气轮机叶片领域全球主要申请地区历年趋势

值得注意的是，各地区的发展均有不同情况，其中美国、欧洲的发展最为显著，从1985年开始，美国、欧洲对叶片技术的研究始终处于领跑地位，美国在1985年后的叶片专利申请总量超过了欧洲，占主要申请区域总量的47%。总体而言，美国和欧洲的每年专利申请量呈现高度重合。2008年美国次信贷危机造成申请量有所下降，但是欧洲未受明显影响，欧洲专利申请量占主要申请区域总量的35%。

叶片技术在日本的发展经历一些曲折，1997年申请量达到顶峰之后，由于美国、欧洲的燃气轮机技术的发展，日本处于衰退阶段，因此在1999~2011年经历了一段技术停滞期。

而中国和韩国在早期基本上没有相关专利的申请，直到2000年后，两国才呈现一定的增长态势，总体而言，中国和韩国的燃气轮机叶片技术处于劣势，基本无法参与国际竞争。可以看出，中国目前仍处于学习跟进阶段。中国在2004年之前申请几乎很少，在之后申请量逐渐开始增多，显示出国内企业对叶片技术逐渐开始重视并积极申请专利。

4.1.3 技术构成

课题组通过对行业专家的咨询了解到，在叶片技术的发展过程中，涂层材料、叶片冷却、叶片支撑、叶片密封和叶片翼面一直是研发重点，而叶片加工工艺及方法涉及叶片加工制造的外围加工和测试设备。由此，课题组将叶片技术的专利数据进行数据标引时，按照技术应用不同并结合专家建议，使用涂层材料、叶片冷却、叶片支撑、叶片密封、叶片翼面和叶片加工工艺及方法进行标引分类（见图4-1-4）。

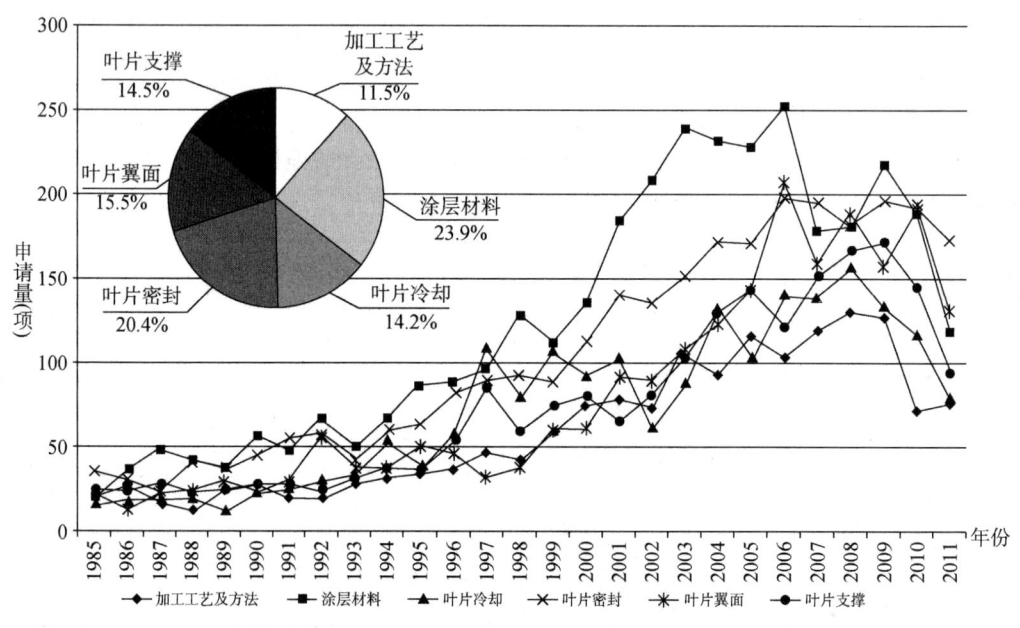

图4-1-4 叶片领域各技术主题全球申请历年趋势

图4-1-4显示出燃气涡轮叶片各技术主题全球申请历年趋势。从趋势图可以看

出，各技术主题在1996年前后开始进入快速增长阶段。其中对材料涂层的研究始终处于领先增长地位，从1999~2003年的4年间，年均递增50项左右。叶片材料涂层的申请量占到全部申请量的23.9%，显示出其在叶片技术发展中的重要地位。同时对构成叶片系统的另一主要技术的叶片密封在1999年后申请增长也比较快，申请量占到全部申请量的20.4%。叶片冷却技术的专利申请量占全部的14.2%。随着新材料及冷却工艺的快速发展，以西门子、通用电气为代表的燃气涡轮技术优势公司对叶片技术领域加强了专利申请布局。从图中可以看出，上述六个技术领域的申请量在2006年均突破100项，据行业专家分析强调，对叶片涂层、密封、冷却的研究仍将是未来的专利申请热点。

同时，由于叶片翼面对于改善燃气涡轮输出功率具有重要作用，因此在1999年后，相关研究不断深入。从图中可以看到其专利申请增长迅速，并已经成为各企业的申请热点，这些情况值得国内企业关注。

此外，叶片支撑申请量占到整个申请量的14.5%，显示出目前叶片申请技术的多元化发展方向。这也从侧面显示出目前叶片技术的可研究点还有很多，叶片技术发展处在成长期阶段。

图4-1-5显示出了在叶片领域，全球各主要地区的技术主题分布图。从图中可以看出，美国依赖于先进的现代加工技术和强大的燃气涡轮研发力量在涂层材料、叶片冷却、叶片支撑、叶片密封和叶片翼面技术方面占有绝对的技术优势，申请量分别占据1684项、1159项、1170项、1625项、1184项。

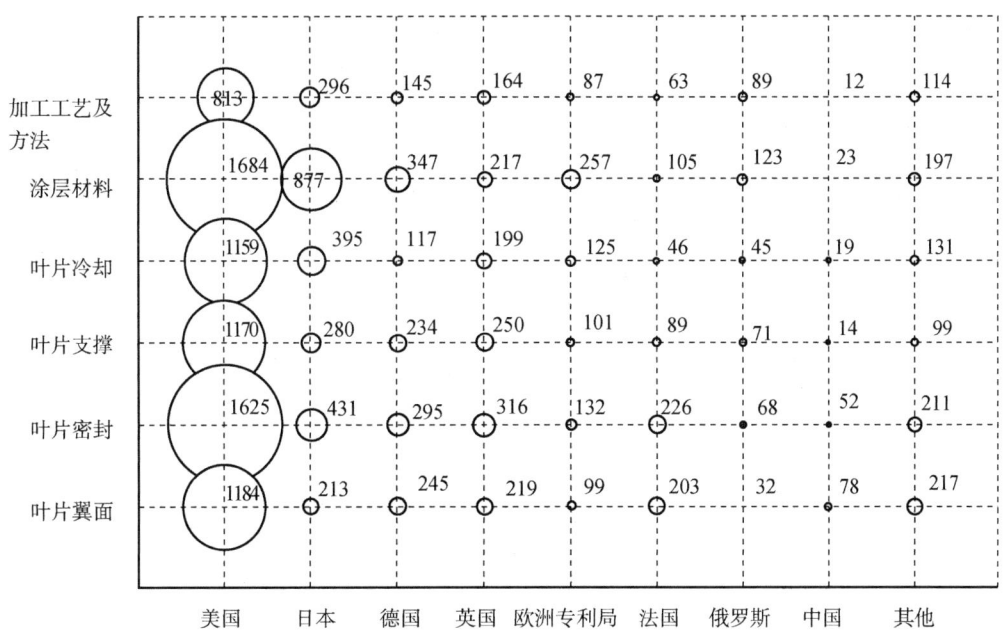

图4-1-5　燃气轮机叶片领域全球主要地区各技术主题分布

注：（1）中国包括港、澳地区申请量。

而日本的技术优势主要集中于涂层材料方面，其877项的专利技术充分体现了在材料领域的绝对优势。

作为传统工业强国，德国在燃气轮机领域的申请量并未体现优势，这种现象值得关注。此外，中国和俄罗斯的申请量总体较小，均在300项以下。中、俄两国在各技术主题的申请量不大却各有侧重，可以看出中国申请人对叶片翼形技术的申请比较关注，而俄罗斯申请人对叶片密封技术的申请比较关注。

4.1.4 主要申请人

图4-1-6显示出燃气轮机叶片领域全球主要申请人申请分布图。排名前三位的分别是美国的通用电气、联合工艺和英国的罗罗公司，其专利申请量分别为2813项、1793项和1240项。如表4-1-1所示，可以看到前20位申请人当中仍旧是美国（7家）、日本（4家）、法国（3家）、德国（2家）企业占绝大多数，这些公司当中有重型燃气轮机公司，也有部分航空燃气轮机公司。

图4-1-6中的饼状图显示出燃气轮机叶片领域全球申请人数量统计图。从该图统计发现，目前在该领域前20位申请人的申请量占到了全部申请量的79%左右，特别是排名前10位的申请人，其申请量占到全部申请量的70%。这说明叶片专利技术的集中度是非常高的。

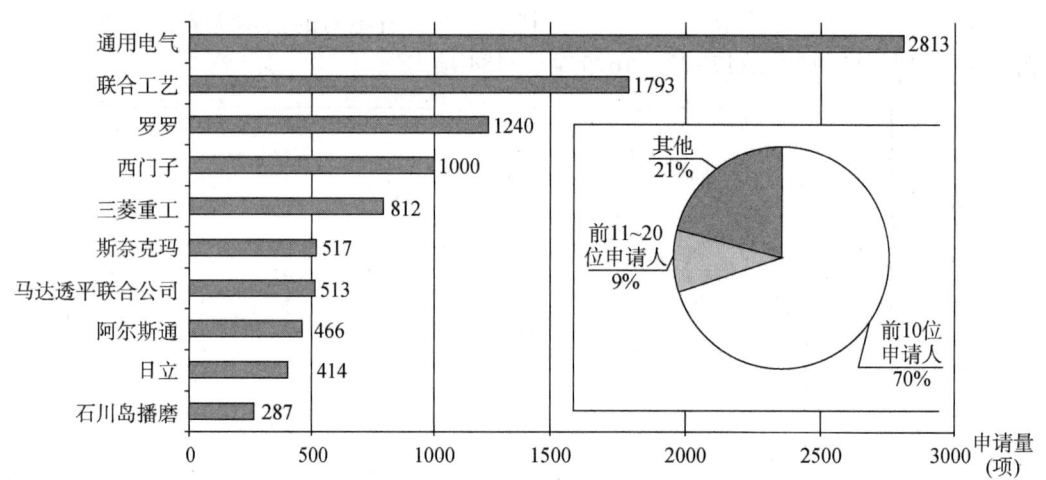

图4-1-6 燃气轮机叶片领域全球主要申请人分布

表4-1-1 全球申请人排名   单位：项

申请人排名	数量
通用电气	2813
联合工艺	1793
罗罗	1240
西门子	1000

续表

申请人排名	数量
三菱重工	812
斯奈克玛	517
马达透平联合公司	513
阿尔斯通	466
日立	414
石川岛播磨	287
东芝	216
美国佛罗里达透平技术公司	211
ABB 公司	175
俄罗斯阿维达维格特尔发动机公司	161
霍尼韦尔	136
西屋电气	99
美国 HOWMET 公司	69
法国 AVIATON 公司	67
瑞士布朗—勃法瑞公司	61
美国 ALLIED 公司	57

4.2 叶片中国专利申请分析

4.2.1 申请趋势

由图 4-2-1 可知，国外申请人的申请量一直高于国内申请人的申请量，2000 年以前，国内外申请人在燃气轮机领域的中国申请量一直处于很低的水平，其间，国外经历了 E/F 级燃气轮机的发展。2000 年以后，一方面，随着国外先进的 G/H 级燃气轮机和联合循环发电技术的发展；另一方面，我国以"打捆招标、市场换技术"方式，相继引进了通用电气、三菱重工、西门子的 E/F 级重型燃气轮机，国外申请人为了抢占中国市场，加快了在中国的专利布局。与此同时，国内申请人在燃气轮机领域也加大了研发投入，申请量逐年提升。总体而言，国外申请人在中国的申请量经历了 2000 年以前的低量申请、2001~2005 年的快速增长、2006~2008 年的有所回落以及 2009~2011 年的平稳发展几个阶段。

其中，国内申请人的申请占申请总量的 26%，国外申请人的申请占申请总量的 74%；国外申请人中来自美国的申请比例最大，占 39%，其次分别是法国 13%、德国 11% 和日本 9%。

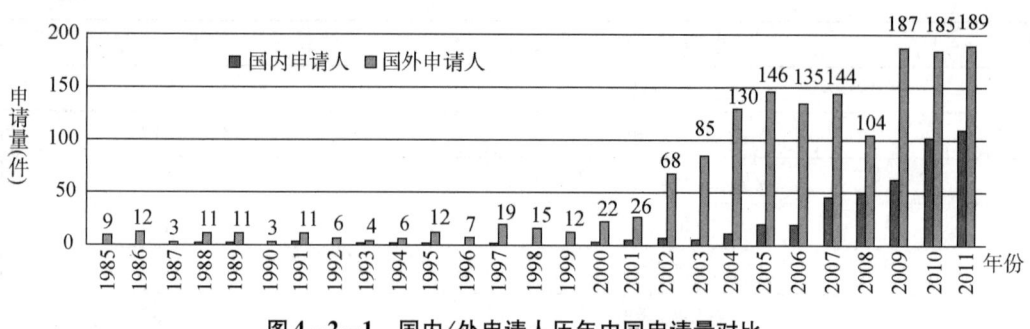

图4-2-1 国内/外申请人历年中国申请量对比

4.2.2 重点技术布局

从图4-2-2可以看出，叶片的各技术分支在中国申请的趋势类似，在中国专利申请的早期均有少量申请，1985~2000年左右申请量并不大，每年不超过10件；2000年后申请量呈现上升趋势，尤其是叶片密封领域，从2000~2010年的10年间，呈急剧上升趋势。经历10年的发展，申请量几乎都达到6~7倍甚至10倍以上的增长，其中在前5年相对申请早期呈现快速增长的趋势，后5年相对前5年又呈现急剧增长的趋势；值得注意的是，申请量在2010年达到顶峰后，各技术分支申请量均呈下降的趋势，通常是由于专利信息公开滞后的原因造成的，而叶片加工工艺经历短暂的下降后呈现上升趋势，说明叶片加工工艺是近年来的热点。

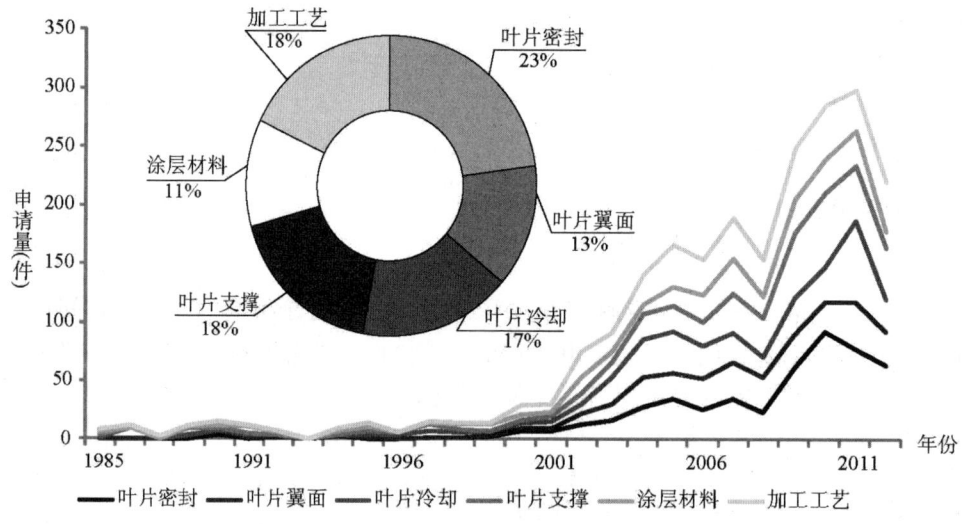

图4-2-2 叶片各技术分支申请量趋势分析

图4-2-3反映了国内外申请人在该领域不仅在数量级上存在巨大差异，同时在技术分支上侧重也不同，最明显的就是国内在材料涂层上申请量最少，研发能力较弱，而这个分支恰是国外申请人最为重视的，相继开发了镍/钴基超级合金和新一代高温超级合金、表面热障涂层（TBC）和新一代表面热障涂层（TBC），其相对其他几个分支

申请量最大,国外几家巨头企业均投入相当的力量材料涂层领域的尖端技术进行研发;而叶片密封是国内外申请人都比较重视的领域。而叶片加工工艺在我国比较受重视,而在国外申请中所占比例较少。

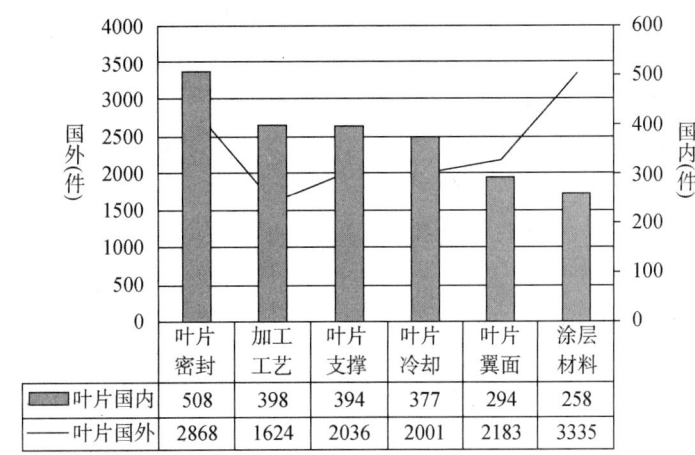

图 4-2-3 国内/外叶片技术分支申请量

以上总体反映了我国燃气轮机企业并未掌握热端部件叶片的核心技术,企业以装机生产为主,研发机构也缺乏有竞争力的前沿技术,缺乏技术积累等。我国虽然采取"以市场换技术"的政策引进当代先进 F/E 级技术,进行消化吸收再创新,但对于热端部件制造技术,外方坚持不转让任何技术,因此,对于叶片等核心技术,国内企业和研发机构应当多借鉴国外几大巨头的专利公开信息,在其基础上有选择地进行创新,争取早日掌握核心技术,提高我国燃气轮机叶片的水平。

4.2.3 主要申请人

由图 4-2-4 可知,在燃气轮机叶片领域,国外申请人在中国的申请量排名前六位的依次是:通用电气、西门子、斯奈克玛、三菱重工、联合工艺和阿尔斯通。其中,通用电气以绝对优势稳坐第一的宝座,可见国外四巨头中,通用电气在中国的专利布局最多,实力最强,比其他三家在中国申请量的总和还要多。而四巨头之外的斯奈克玛和联合工艺的申请量也较多。

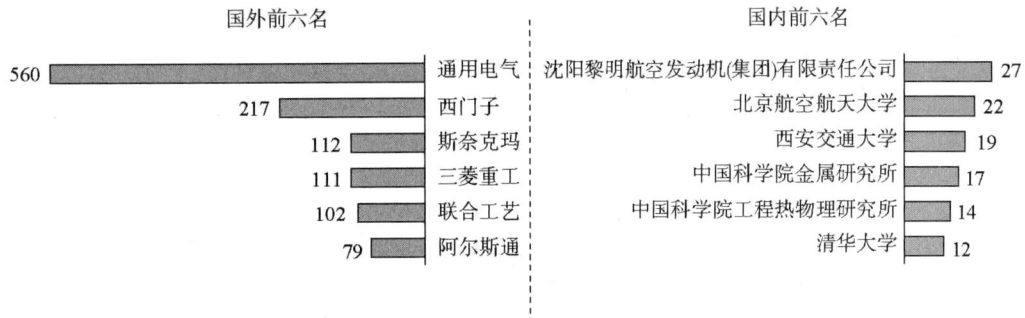

图 4-2-4 国内外申请人在中国申请量排名前六名

国内申请人在中国的申请量排名前六位的依次是：沈阳黎明航空发动机（集团）有限责任公司、北京航空航天大学、西安交通大学、中国科学院金属研究所、中国科学院工程热物理研究所和清华大学。可以看到，各申请人的申请量绝对数量均不多，都在20件上下相差不大，这表明国内申请人在燃气轮机叶片领域的研发仍处于初级阶段，没有技术上的领头人。我国企业还难以同国外竞争，还要加强向国外企业的学习和借鉴。值得注意的是目前国内四大汽轮机厂并未上榜，这表明我国企业对知识产权的研究还有待增强，应提高专利保护意识，形成适合自身企业研发各阶段的专利保护策略。

由图4-2-5可知，总体上看，国外排名前六位的申请人在各技术分支均有涉及，而国内排名前六位的申请人有些仅涉及部分领域。

国内外前六位	叶片密封	叶片翼面	叶片冷却	叶片支撑	涂层材料	加工工艺
通用电气	163	137	134	86	48	79
西门子	54	11	51	61	34	42
斯奈克玛	32	15	12	51	10	52
三菱重工	37	15	22	27	21	16
联合工艺	12	12	51	9	17	24
阿尔斯通	15	15	27	15	7	14
沈阳黎明航空发动机集团有限责任公司	3	2	4	4	5	8
北京航空航天大学	1	2	12	1	4	2
西安交通大学	3	1	4	3	0	7
中国科学院金属研究所	0	0	0	0	12	4
中国科学院工程热物理研究所	0	7	7	2	0	2
清华大学	2	0	1	2	5	4

图4-2-5 国内/外主要申请人以及在个技术分支的申请量

在国外申请人中，通用电气在各技术分支均处于领先地位。特别是在叶片翼面领域，占据绝对优势；此外，在叶片密封和叶片冷却方面，也以较大优势领先第二名；在叶片支撑、涂层材料和加工工艺分支相对其他申请人的领先优势较小。西门子紧随其后，在叶片支撑、叶片密封和叶片冷却分支专利布局相对较多，在涂层材料和加工工艺分支也占据一席之地。斯奈克玛主要布局在叶片支撑和加工工艺分支，叶片密封也有一定量的布局。三菱重工主要布局在叶片密封，在叶片冷却、叶片支撑和涂层材料分支也有一定量的布局。联合工艺在叶片冷却分支有较多专利申请，与西门子并列该分支第二位。阿尔斯通也是在叶片冷却方面申请最多。

在国内前六位中，排名前两位的沈阳黎明航空发动机有限责任公司和北京航空航天大学在各分支均有专利申请，其他几位申请人仅在部分分支中有专利申请。其中北京航空航天大学在叶片冷却分支有12件专利申请，在该分支的国内申请人中排名第一位,说明在叶片冷却方面具有一定的研发实力。此外,中国科学院金属研究所在叶片涂层材料方面申请最多,在国内处于领先。中国科学院工程热物理研究所在叶片翼面和叶片冷却分支具备一定的研发实力。

图4-2-6进一步展示了分割技术市场的几家企业的技术分布,从图可知,各企业的侧重有所不同。通用电气较重视叶片密封、叶片翼面和叶片冷却;西门子的叶片密封和叶片支撑技术旗鼓相当,其次是叶片冷却;三菱重工较重视叶片密封;联合工艺和阿尔斯通的技术重点分布在叶片冷却方面,而斯奈克玛的研发重点则放在叶片支撑和叶片加工工艺上。

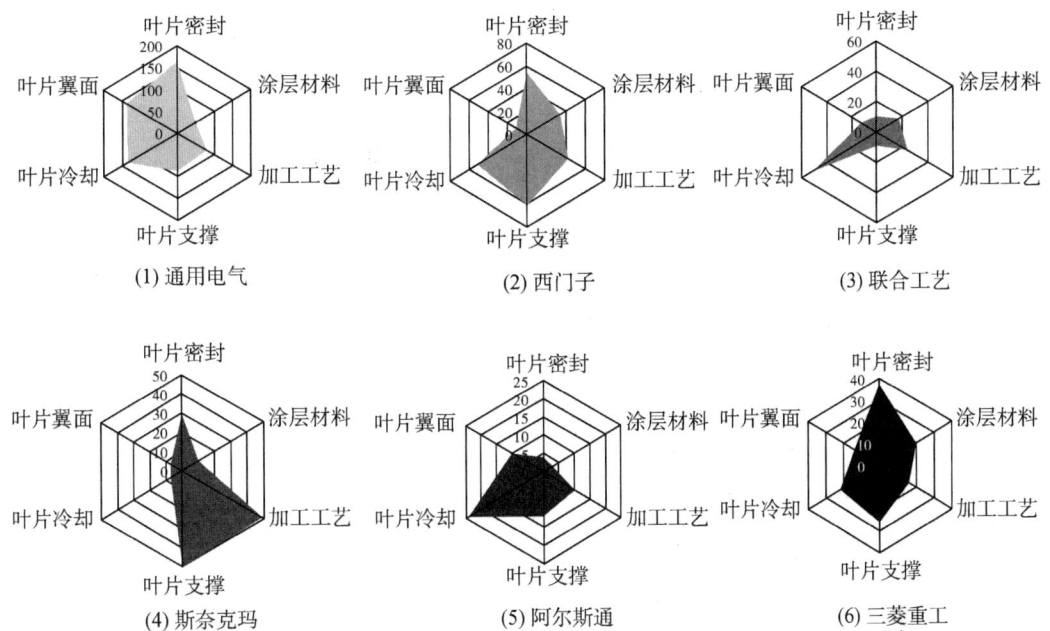

图4-2-6 巨头企业叶片技术分布图

4.2.4 法律状态

由图4-2-7可知,总体上看,国内申请缺少发明PCT申请,而国外申请中发明PCT申请占有一定比例,说明中国在燃气轮机叶片领域相对国外申请人还不具有竞争实力,目前尚无能力走出国门竞争。失效专利方面,国内有69件,占所有申请的12.4%,其中有20.3%是实用新型申请;而国外申请则有283件,占总数的16.9%。有效专利方面,国外申请有542件,且其中有10.9%的PCT申请,而国内申请虽有318件,但多达59.7%是实用新型申请。在审专利方面,国外申请人以5倍的绝对优势领先国内申请人的申请量,且国外申请中,有7.6%是PCT申请,国内则只有发明申请。

对于目前状态处于失效的专利,通常情况下国内企业可以直接借鉴相关有用的技术信息而不用担心侵权问题,除非该专利处于欠费阶段,还可以通过补缴专利恢复费重新获得专利权。对于目前状态处于专利权稳定的专利,国内企业在研发时,应充分分析评估侵权风险,对其进行规避或在该专利外围进行专利布局,万一将来存在利益

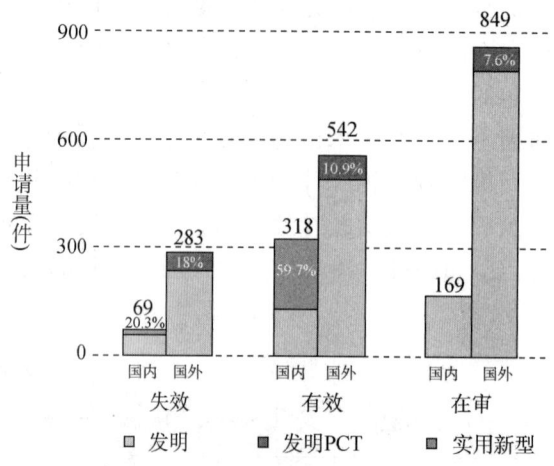

图 4-2-7 国内/外申请人专利申请法律状态分布

纠纷,也可以利用这些外围专利进行斡旋谈判,形成交叉许可。对于目前处于在审状态的专利,企业在研发过程中通过专利检索发现和自身研发技术利益攸关,可以向国家知识产权局提出书面的公众意见,提供给审查员确凿的证据,表明该技术已经属于现有技术被出版物等公开,或使用公开,避免该专利万一取得授权后付出更大代价。

4.3 叶片冷却专利分析

研究表明:提高燃气轮机透平进口温度(RIT)是提高热效率最有效的途径之一。据计算,RIT 在 1073~1273K 范围内每提高 100℃,燃气轮机的输出功率将增加 20%~25%,节省燃料 6%~7%❶。然而目前,燃气轮机透平进口温度已经远远超过了金属材料所能承受的极限。因此,对燃气轮机透平热端部件,尤其是透平叶片必须采用冷却技术,保证叶片本身温度低于材料的许可值而安全工作。总结历年来燃气透平进口温度及材料的允许温度变化趋势。燃气透平进口温度平均以每年 20℃ 的速度增加,而金属耐热温度平均每年增加 8℃,其余的温升则得益于冷却技术的进步。由此可见,开展叶片冷却技术的研究具有十分重要的意义。

本节主要分析叶片冷却的全球专利技术和全球市场现状。全球专利技术包括申请量分析、主要申请人分析、技术集中度分析、技术路线图和重点专利分析。全球市场现状主要分析叶片冷却领域专利的日本市场、美国市场、欧洲市场和中国市场。

分析样本为在 WPI 数据库中检索到的涉及叶片冷却的专利申请 2524 项。

4.3.1 主要申请人

4.3.1.1 申请人排名分析

从燃气轮机叶片冷却 2524 项样本数据中统计出的前 20 名的申请人(以公司代码 CPY

---

❶ 张效伟,朱惠人. 大型燃气涡轮叶片冷却技术 [J]. 热能动力工程,2008,23(1):1-6.

进行检索）排名如表 4-3-1 所示（注：这里的申请人排名不考虑企业并购情况）。

从表 4-3-1 可以看出，排名前 5 位的依次是：通用电气（美国）557 项、联合工艺（美国）356 项、西门子（德国）298 项、三菱重工（日本）257 项和罗罗（英国）218 项。

表 4-3-1　叶片冷却领域前 20 位的申请人（CPY）　　　　　单位：项

申请人（CPY）		申请人名称	国别	申请量
1	GENE	通用电气	美国	557
2	UNAC	联合工艺	美国	356
3	SIEI	西门子	德国	298
4	MITO	三菱重工	日本	257
5	RORO	罗罗	英国	218
6	FLOR-N	佛罗里达涡轮机技术公司	美国	170
7	ALSM	阿尔斯通	法国	130
8	HITA	日立	日本	81
9	TOKE	东芝	日本	47
10	ISHI	石川岛播磨	日本	38
11	ALLM	ABB 公司	瑞士	42
12	WESE	西屋电气	美国	36
13	SNEA	斯奈克玛	法国	34
14	BROV	BBC 公司	瑞士	16
15	HONE	霍尼韦尔	美国	16
16	AVIA-R	阿维达维格特尔发动机公司	俄罗斯	16
17	MOTU	德国 MTU 航空发动机	德国	14
18	TOEL	东北电力	日本	14
19	UFAV	乌发航空研究所	前苏联	12
20	KAWJ	川崎重工	日本	8

美国申请人包括：通用电气、联合工艺、佛罗里达涡轮机技术公司、西屋电气（被西门子并购）和霍尼韦尔。

日本申请人包括：三菱重工、日立、东芝、石川岛播磨、东北电力、川崎重工工业株式会社。

欧洲申请人包括：德国的西门子和德国 MTU 航空发动机；英国的罗罗；法国的阿尔斯通、斯奈克玛；俄罗斯的阿维达维格特尔发动机公司和前苏联的乌发航空研究所。

瑞士申请人是 ABB 公司和 BBC 公司，后来被阿尔斯通并购，下文将会从专利申请方面解析并购过程。

4.3.1.2 申请人集中度分析

本文研究了全部申请人、排名前10位的和排名前5位的申请人的申请态势,如图4-3-1所示。总体而言,燃气轮机叶片冷却领域的申请人集中度相对较高,申请量曲线变化也基本相同。

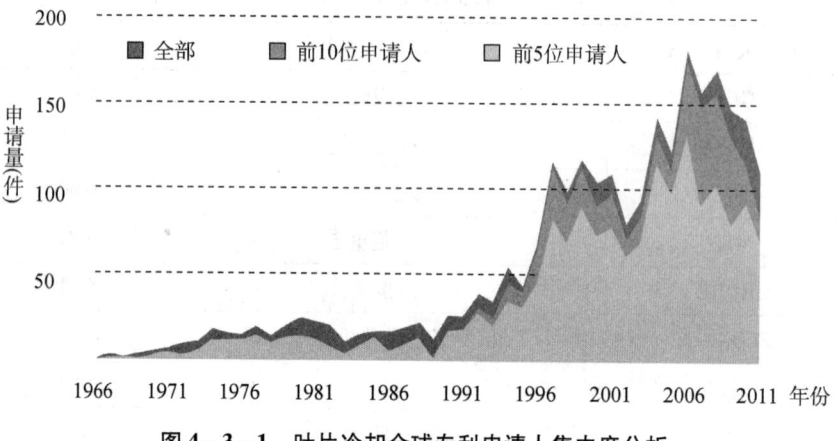

图4-3-1 叶片冷却全球专利申请人集中度分析

1993年之前,排名前10位申请人与排名前5位申请人申请量相差很小,与全部申请人的差距主要来自发展起步较早的西屋电气、BBC等公司。1993年以后,排名前10位申请人与排名前5位申请人申请量差距开始明显,与全部申请人的差距变小。特别是2006年以后,排名前10位申请人与排名前5位申请人申请量差距较为显著,2006～2009年每年的申请量差距值依次为43项、58项、53项和52项,其中主要原因是佛罗里达涡轮机技术公司和阿尔斯通在1993年以后开始有大量叶片冷却领域的专利申请,特别是佛罗里达涡轮机技术公司在2006～2011年有高达163项该领域的专利申请。

图4-3-2反映的是叶片冷却全球主要申请人申请量的发展变化。在叶片冷却技术发展早期(1975年以前),通用电气、罗罗、西屋电气、BBC公司起步较早,在该领域就存在一定的专利申请量,此外,瑞典的阿西亚公司(Aaea AB)和前苏联的乌发航空研究所也对叶片冷却有所研究,申请过专利。

通用电气公司是目前世界上具有开发、设计和制造重型燃气轮机能力的著名公司之一,在压气机、高温材料、隔热涂层和叶片冷却等几大关键技术方面都有较强实力。从图4-3-2叶片冷却领域的专利申请态势上看,通用电气在叶片冷却领域发展较早,一直都处于领先地位,特别是1990年以后,专利申请量有较大提升,这主要得益于通用电气的7FA、7FB、9FA和9FB等燃气轮机技术大力发展的带动。此外,通用电气在以互惠互利的方式并购和整合成功企业方面有丰富的经验,如1999年并购了法国阿尔斯通重型燃气轮机公司,以及1994年并购了意大利新比隆公司。

西门子于1998年收购了美国燃气轮机企业巨头西屋电气公司火电部,燃气轮机技术获得了极大提高。通过两大公司在技术和市场方面数十年来积累的丰富资源及精湛技艺的完美结合,西门子逐渐成为目前全球燃气轮机领域的四大巨头之一。从图4-3-2叶片冷却领域的专利申请这一侧面上看,也正好验证了这种完美结合。

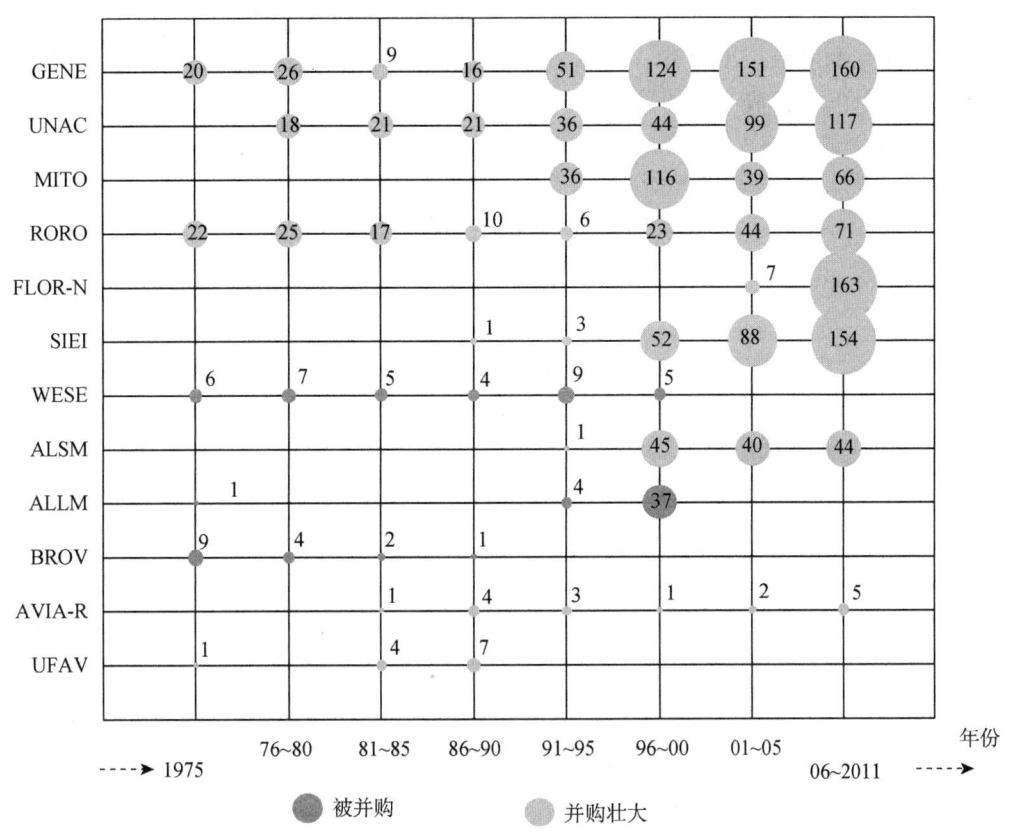

图 4-3-2 叶片冷却全球主要申请人申请量发展变化

三菱重工燃气轮机的发展是从引进技术开始的。20 世纪 60 年代初，三菱重工向美国西屋电气公司（现已被西门子兼并）购买了生产燃气轮机的许可证，1963 年开始生产第 1 台燃气轮机（M171）。三菱重工通过对引进技术的消化吸收和自主创新，也逐渐成为目前全球燃气轮机领域的四大巨头之一。从图 4-3-2 叶片冷却领域的专利申请这一侧面上看，三菱重工在 1990 年以后开始有大量专利申请，总申请量为 257 项，居该领域第 4 位。

作为目前全球燃气轮机领域的四大巨头最后一位的阿尔斯通的燃气轮机技术发展也是从并购开始的，其并购过程在叶片冷却领域的体现如图 4-3-3 所示，其中气泡大小代表申请量。1887 年，阿西亚公司（Asea AB）于瑞典成立，并于 1971 年在叶片冷却领域申请了一个专利，1891 年，BBC Brown Boveri AG 于瑞士成立，并于 1972～1987 年在叶片冷却领域申请了一系列专利。此后，1988 年 1 月 1 日，瑞士 BBC Brown Boveri AG 公司与瑞典的 ASEA 公司合并，组建了 ABB（Asea Brown Boveri）公司。在新公司中，BBC 和 ASEA 公司各占 50% 股份，集团总部设在瑞士的苏黎世。直至 1996 年，原来的 ASEA 公司正式更名为 ABB AB，而原来的 Brown Boveri 公司更名为 ABB AG。从叶片冷却领域的专利申请上看，ABB 公司在 1993～1999 年存在一定量的专利申请。1999 年，阿尔斯通与电力巨头 ABB 为了能够与当时发电设备供应商龙头企业通用电气竞争，组建了一家合资公司AAP（也称ABB阿尔斯通电力公司），阿尔斯通与ABB各占50%的股份。2000年，阿尔斯通从合作伙伴ABB手中花费50亿欧元巨资买走ABB的全部股份，成为该领域的领军企业。

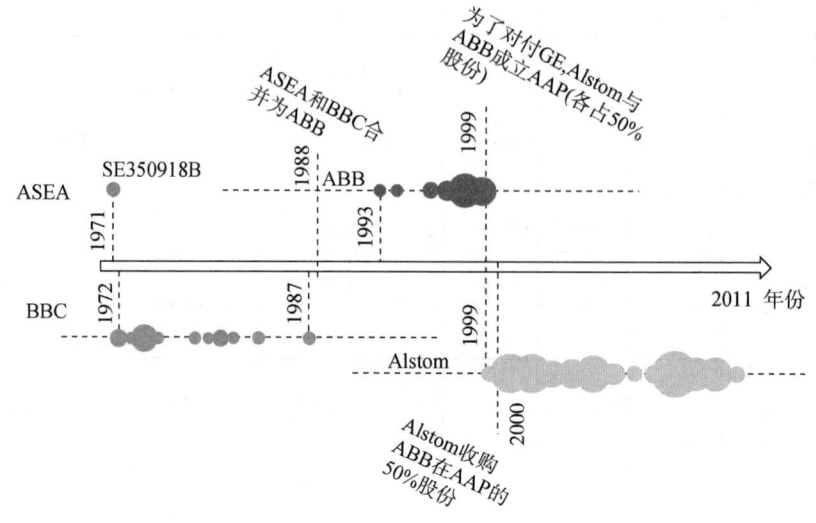

图4-3-3　阿尔斯通并购过程在叶片冷却领域的体现

4.3.2　地域分布

分析进入某一地区的专利公开情况，对于了解叶片冷却技术在该地区的技术发展有重要意义。国外大企业都熟稔"市场未动，专利先行"的圈地战略，面对竞争日益激烈的市场，不管是一个地区还是一个公司，要想在国际舞台上形成气候，必须先进行专利布局。因此，通过对在日本、美国、欧洲、中国公开的在叶片冷却领域的专利申请进行分析，可以从专利方面反映出各大企业在该地区的市场份额。

下面将从日本、美国、欧洲、中国市场本土企业所占专利份额，排名前5位企业的专利份额，本土和国外排名靠前的主要申请人等几个角度对叶片冷却领域在该地区的专利公开进行地区专利分析。

4.3.2.1　日本地区

叶片冷却技术涉及日本公开的专利申请样本有1034项，通过对这些数据进行统计，得出如图4-3-4所示的叶片冷却技术在日本地区公开的专利市场情报。其中深灰色代表本土企业，浅灰色代表与本土企业相对的国外企业（其他地区分析图含义相同）。

从图4-3-4可以看出，日本本土企业专利申请份额占38%。在日本地区排名前5位的申请人及其专利份额分别为：通用电气，占33.1%；三菱重工，占22.4%；联合工艺，占15.2%；日立，占7%；西门子，占6.7%。其中有2家日本本土企业。在本土企业中，主要申请人为：三菱重工（232项）、日立（72项）、东芝（41项）、石川岛播磨（38项）、东北电力（14项）、川崎（8项）。国外企业的主要申请人为：通用电气（345项）、联合工艺（157项）、西门子（69项）、阿尔斯通（32项）。

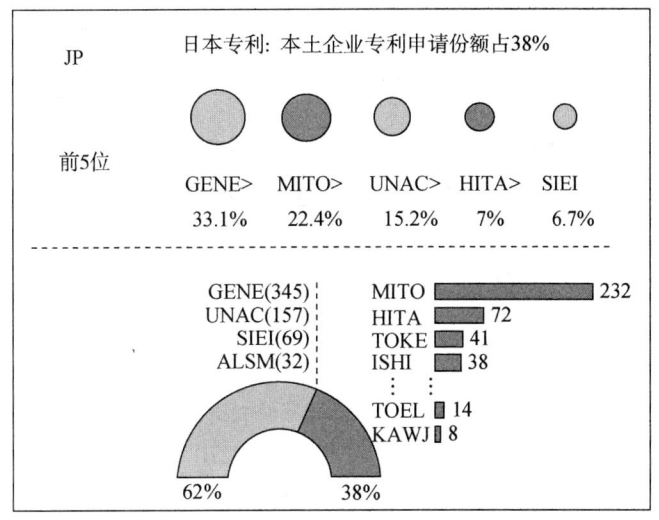

图 4-3-4　叶片冷却技术在日本地区公开的专利市场情报

注:%代表企业在该地区公开的专利占有量,数字表明企业在该地区拥有的公开专利数量。

4.3.2.2　美国地区

叶片冷却技术在美国公开的专利申请样本有 1853 项,通过对这些数据进行统计,得出如图 4-3-5 所示的叶片冷却技术在美国地区公开的专利市场情报。

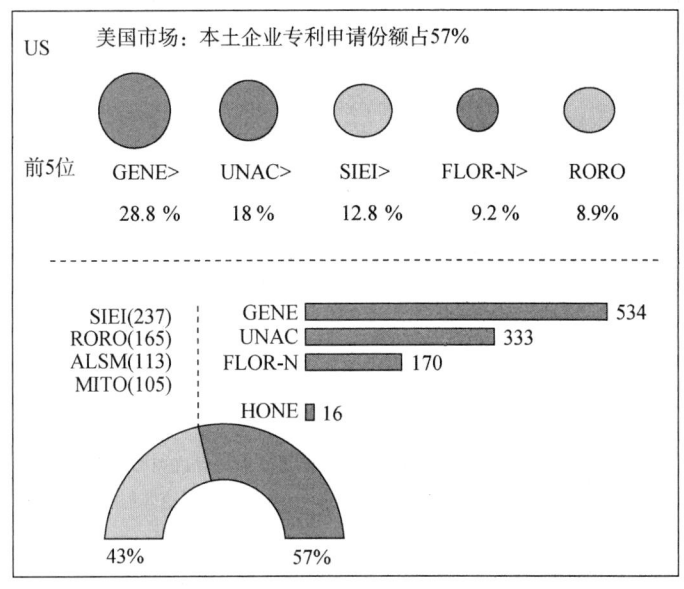

图 4-3-5　叶片冷却技术在美国地区公开的专利市场情报

注:%代表企业在该地区公开的专利占有量,数字表明企业在该地区拥有的公开专利数量。

从图 4-3-5 可以看出,美国本土企业专利申请份额占 57%。在美国地区排名前 5 位的申请人及其专利份额分别为:通用电气,占 28.8%;联合工艺,占 18%;西门子,占 12.8%;佛罗里达涡轮机技术公司,占 9.2%;罗罗,占 8.9%。其中有 3 家属于美国本土企业。在本土企业中,主要申请人为:通用电气（534 项）、联合工艺（333

项）、佛罗里达涡轮机技术公司（170项）、霍尼韦尔（16项）。国外企业的主要申请人为：西门子（237项）、罗罗（165项）、阿尔斯通（113项）、三菱重工（105项）。

4.3.2.3 欧洲地区

叶片冷却技术涉及欧洲公开的专利申请样本有1554项，通过对这些数据进行统计，得出如图4-3-6所示的叶片冷却技术在欧洲地区公开的专利市场情报。

从图4-3-6可以看出，欧洲本土企业专利申请份额占42%。在欧洲地区排名前5位的申请人及其专利份额分别为：通用电气，占28.3%；联合工艺，占17.4%；罗罗，占13.4%；西门子，占12.2%；阿尔斯通，占9.2%。其中，有2家属于欧洲本土企业。在本土企业中，主要申请人为：罗罗（208项）、西门子（189项）、阿尔斯通（143项）、斯奈克玛（32项）、俄罗斯阿维达维格特尔发动机公司（14项）。国外企业的主要申请人为：通用电气（440项）、联合工艺（270项）、三菱重工（88项）、日立（15项）。

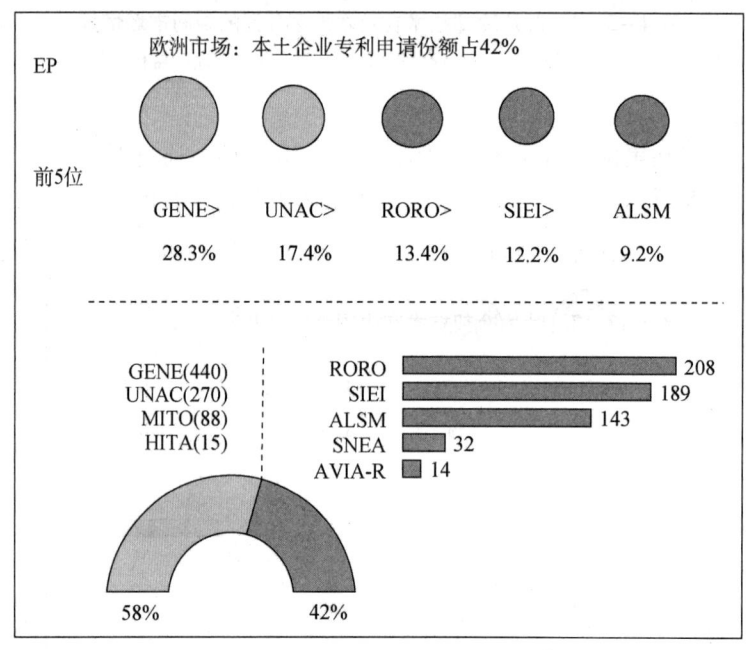

图4-3-6 叶片冷却技术在欧洲地区公开的专利市场情报

注：%代表企业在该地区公开的专利占有量，数字表明企业在该地区拥有的公开专利数量。

4.3.2.4 中国地区

叶片冷却技术涉及中国公开的专利申请样本有382项，通过对这些数据进行统计，得出如图4-3-7所示的叶片冷却技术在中国地区公开的专利市场情报。

从图4-3-7可以看出，中国本土申请人专利申请份额占16%。在中国地区排名前5位的申请人及其专利份额分别为：通用电气，占43.5%；西门子，占15.7%；联合工艺，占14.7%；阿尔斯通，占6.8%；三菱重工，占6.3%。其中，无一家属于中国本土申请人。在本土申请人中，主要申请人为：北京航空航天大学（12项）、中国科学院工程热物理研究所（9项）、北京华清燃气轮机与煤气化联合循环工程技术有限公司（6项）、沈阳黎明航空发动机有限责任公司（4项）、南京航空航天大学（4项）、西安交通大学（4项）、上海交通大学（4项）、西北工业大学（4项）。国外企业的主要申请人为：通用电气（166项）、西门子（60项）、联合工艺（56项）、阿尔斯通（26项）。

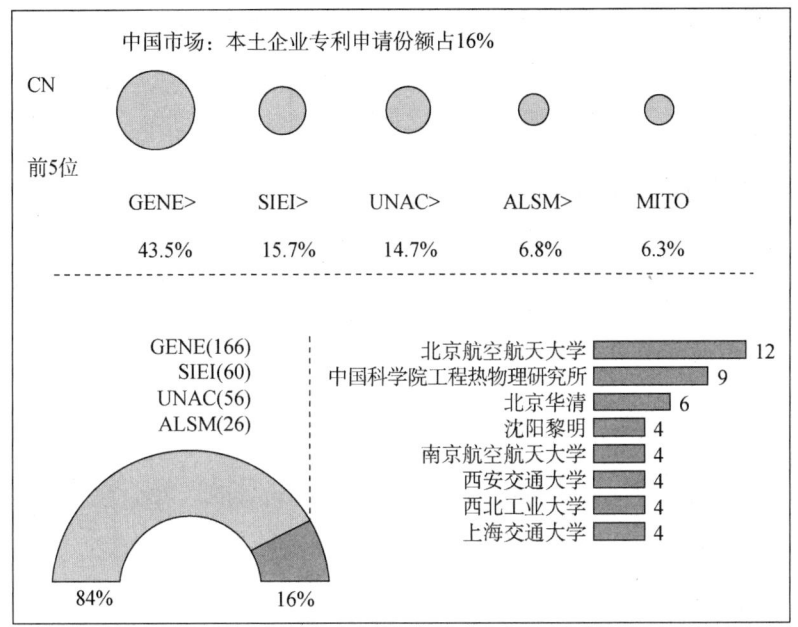

图4-3-7 叶片冷却技术在中国地区公开的专利市场情报

注：%代表企业在该地区公开的专利占有量，数字表明企业在该地区拥有的公开专利数量。

4.3.3 技术路线图

具体技术路线图如图4-3-8所示（见文前彩色插图1）。

4.3.4 重要专利

4.3.4.1 叶片冷却重要专利筛选过程

首先根据"专利被引频次"的统计，分别根据年代和被引用频次设定筛选条件，引用频次筛选条件的设定随年代的向前推进而随之降低。在叶片冷却重要专利的筛选过程中，1995年之前的专利选取引用频次40次以上的，1996～2006年的专利选取引用频次20次以上的，2007年之后的专利选取引用频次5次以上的。

此外，由于按照上述年代划分，尤其是2006年之前，满足相应引用频次的专利较多，而对于2007年之后的专利满足相应引用频次的专利又相对较少，为了从中更为客观地寻找到潜在的叶片冷却技术领域的重要专利，同时兼顾考虑了引用属性和同族数量等影响因素。另外，结合重要申请人特点，进行不同的权重分析。

在综合考虑上述专利技术重要性影响因素的基础上，结合产业需求及行业专家意见，选取代表性重要专利文献共计51篇，列于表4-3-2中。

表4-3-2 叶片冷却代表性重要专利

序号	公开号	申请人	公开日	发明点	地域申请情况	国内产业应用程度	能否申请其外围专利	企业关注度	中国法律状态
1	CN101148994A	通用电气	2008-03-26	空心涡轮机翼面包括顶盖，其在相对的压力侧和负压侧之间限定了一个内冷却回路。顶盖包括围绕灰孔的内圆顶，该内圆顶在翼面相对侧壁横向间，和在翼面的相对的前缘和后缘弦向间，朝内向翼面根部倾斜	EP；JP；US；CN	在国内有应用前景	可以布局，必要性不大	关注	授权保护
2	US2008145235 A1	联合工艺	2008-06-19	翼型冷却系统，每个冷却回路具有多个交错的内部支座用以提高热吸附	EP；JP；US	在国内有应用前景	可以布局，必要性不大	关注	未进入
3	CN1982655A	通用电气	2007-06-20	Z形冷却涡轮翼型，具有三个独立冷却回路：部分沿所述翼型的压力侧壁的内部布置的Z形螺旋第一回路，第一回路在弦向上位于冲击第二回路的后面，且在横向上位于剪切第三回路的后面	EP；JP；US；IN；CN	在国内有应用前景	可以布局，必要性不大	关注	授权保护
4	CN1995708A	通用电气	2007-07-11	平行蛇形冷却叶片，包括三个平行蛇形冷却回路，它们由独立的回路中的无孔隔板相互分隔	EP；JP；US；CN	有相关应用	可以布局	很关注	授权保护
5	US2009214328A1	罗罗	2009-08-27	翼型包括与后缘相邻的壁部件和从壁部件向护罩延伸的用于支撑护罩的支撑结构，支撑结构使得冷却气体能够从冷却通道流向后缘	EP；US	在国内有应用前景	可以布局，必要性不大	很关注	未进入

续表

序号	公开号	申请人	公开日	发明点	地域申请情况	国内产业应用程度	能否申请其外围专利	企业关注度	中国法律状态
6	CN1970997A	通用电气	2007-05-30	图案化冷却的翼型，压力侧壁包括第一孔的第一图案和第二孔的第二图案，第一图案分布在翼展和翼弦的较大区域上，而第二图案分布在翼展和翼弦的较小区域上	EP；JP；US；CN	有相关应用	可以布局	很关注	授权保护
7	US2008019840A1	联合工艺	2008-01-24	冷却叶片的蜿蜒微型回路冷却系统，微型回路具有至少一个冷却流体流过的支腿，在支腿内设有多个涡流发生器	EP；JP；US	在国内有应用前景	可以布局，必要性不大	很关注	未进入
8	CN101473107A	三菱重工	2009-07-01	动叶片的平台冷却结构，包括：至少一个动叶片冷却通道，以及冷却连通孔，其中冷却连通孔从动叶片冷却通道贯通至平台的内部而形成，或贯通柄部和平台的内部而形成	WO；US；EP；JP；KR；CN	在国内有应用前景	可以布局	很关注	授权保护
9	US6878359B1	西门子	2005-04-12	后壁具有多个蜿蜒冷却通道的透平翼型，每个冷却通道在冷却流体流过其他部件之前先接收来自冷却流体源的冷却流体，然后进入中间弦冷却腔室来冷却翼型内部，可防止翼型内外表面产生大的温度梯度	WO；US；EP；JP；KR；TW；DE	在国内有应用前景	可以布局，很有必要	非常关注	未进入
10	US20080085 99A1	联合工艺	2008-01-10	冷却微型回路装置包括允许冷却剂对流冷却翼型部分的多支腿主体部分和至少一个一体形成的尖端冷却微型回路用于冷却尖端	EP；JP；US	在国内有应用前景	可以布局，必要性不大	关注	未进入

续表

序号	公开号	申请人	公开日	发明点	地域申请情况	国内产业应用程度	能否申请其外围专利	企业关注度	中国法律状态
11	CN1536200A	联合工艺	2004-10-13	一种涡轮元件翼面，具有冷却通道网络，所述冷却通道网络具有从后通道朝向后缘延伸的狭槽。多个分立的支柱横跨压力和吸力侧壁部分之间的狭槽	EP；JP；US；KR；CA；SG；TW	有相关应用	可以布局，很有必要	非常关注	视撤（EP；US；KR；TW均授权）
12	EP1367223A2	西门子	2003-12-03	陶瓷基复合叶片，具有限定型芯区域的内表面，在型芯区域内设置有型芯件，型芯件包括冷却通道	EP；US；CA	在国内有应用前景	可以布局	很关注	未进入
13	EP1361337A1	通用电气	2003-11-12	翼型内的冷却回路包括三个径向延伸的冷却通道	EP；DE；JP；US	有相关应用	可以布局，很有必要	非常关注	未进入
14	GB2358226A	阿尔斯通	2001-07-18	冷却流体通过三个紧靠叶片壁设置的内部冷却通道进行对流冷却，随后偏转通过薄膜冷却孔对外壁进行气膜冷却，薄膜冷却孔的出口与冷却通道相偏置	GB；US；DE	在国内有应用前景	可以布局，必要性不大	很关注	未进入
15	EP1126135A2	通用电气	2001-08-22	陶瓷叶片，具有冷却空气通道，可以用尽可能少的空气冷却叶片	EP；DE；JP；US	在国内有应用前景	可以布局，必要性不大	很关注	未进入
16	US6254334B1	联合工艺	2001-07-03	叶片壁内设置有冷却回路，冷却回路具有位于沿横向交叉通道延伸的平面内的流动面积，流动面积从入口孔向出口孔渐缩	EP；JP；US	在国内有应用前景	可以布局	很关注	未进入

续表

序号	公开号	申请人	公开日	发明点	地域申请情况	国内产业应用程度	能否申请其外围专利	企业关注度	中国法律状态
17	US6164914A	通用电气	2000-12-26	空心叶片，具有声响尖端肋，该尖端肋从尖端盖开始延伸并形成有开口空腔，多个冲击孔与一个凹槽对准用于冷却尖端和尖端连接处	EP；JP；US	在国内有应用前景	可以布局	很关注	未进入
18	US6241469B1	ASEA BROWN BOVERI	2001-06-05	叶片具有多孔金属间化合物毛毡保护涂层，叶片本体具有内部冷却空气通道，冷却空气通道通向毛毡内以向其提供冷却空气	EP；DE；US	在国内有应用前景	可以布局，必要性不大	很关注	未进入
19	US2005265842A	联合工艺	2005-12-01	气冷透平动叶，前缘、尾缘各一个通道，布置在叶根内部的管道用来防止冷气进入主流通道	US；EP；JP；DE	在国内有应用前景	可以布局，很有必要	非常关注	未进入
20	WO9857042A1	三菱重工	1998-12-17	动叶片，具有有效降低叶片基部热应力的翼型，并在叶片内部形成有蜿蜒的冷却空气通道	WO；EP；JP；US；DE；CA	在国内有应用前景	可以布局，很有必要	非常关注	未进入
21	WO9615357A1	西屋电气	1996-05-23	具有冷却的内部护罩的叶片，在冷却空气通道内具有针鳍阵列以改善护罩与冷却空气间的热传递	WO；EP；ES；US；DE；CA	在国内有应用前景	可以布局，很有必要	非常关注	未进入
22	US5538394A	东芝	1996-07-23	叶片具有分隔壁，将叶片内部分成压力侧冷却流道和吸入侧冷却流道，吸入侧冷却流道的数目大于压力侧冷却流道，至少一部分吸入侧冷却流道形成下游冷却流道	EP；DE；JP；US	在国内有应用前景	可以布局，很有必要	非常关注	未进入

续表

序号	公开号	申请人	公开日	发明点	地域申请情况	国内产业应用程度	能否申请其外围专利	企业关注度	中国法律状态
23	WO9417285A1	联合工艺	1994-08-04	叶片包括延伸通过流路的翼型部分，翼型部分包括空心型芯，空心型芯限定一个引导冷却流体通过翼型部分的通道，使得冷却流体能够与内平台内的凹处流体流通	WO；EP；JP；US；DE	在国内有应用前景	可以布局，很有必要	非常关注	未进入
24	US5320483A	通用电气	1994-06-14	用于涡轮机的空气和蒸汽冷却装置，包括设置在叶片内的冷却空气通道，部分通道具有蒸汽入口	EP；CA；JP；US	在国内有应用前景	可以布局	很关注	未进入
25	CN1073502A	通用电气	1993-06-23	蒸汽/空气复合冷却燃气透平。起动时，经第二级喷嘴径向向内输送的冷却空气和自高压压气机出口径向向外流动的冷却空气混合，该混合流经叶片径向向外流动。正常运转时，蒸汽经第二喷嘴径向向内流动，在叶轮间隔装置之间径向向外流动。经喷嘴级的部分蒸汽跟径向向外流动的蒸汽混合，以冷却透平叶片	EP；US；DE；CN；KR；IN；NO；JP	在国内有应用前景	可以布局，很有必要	非常关注	授权保护期满
26	WO9412766A1	联合工艺	1994-06-09	叶片，具有冷却空气向外延伸到尖端区域的第一通道，向外延伸到尖端区域的蜿蜒通道，第一通道和蜿蜒通道与尖端通道流体流通，设有一个向与第一通道相邻的翼型外部提供薄膜冷却的机构	WO；EP；JP；US；DE	有相关应用	可以布局	很关注	未进入

续表

序号	公开号	申请人	公开日	发明点	地域申请情况	国内产业应用程度	能否申请其外围专利	企业关注度	中国法律状态
27	US5261789A	通用电气	1993-11-16	尖端冷却叶片，在叶片的尖端架和第一尖端壁之间限定一个槽，通过尖端地板延伸的冷却孔将冷却空气从翼型内部的流动通道引导到槽中用于冷却叶片尖端	US；GB；FR	在国内有应用前景	可以布局	很关注	未进入
28	GB2314126A	联合工艺	2011-03-30	内部空冷叶片，包括多个通道，所述通道用于将来自叶根的冷却空气通向叶尖出口孔并将冷却空气提供给翼型表面的薄膜冷却孔	US；GB；FR；AU；DE；NL；SE；NO；CA	在国内有应用前景	可以布局，很有必要	关注	未进入
29	EP0365195A1	罗罗	1990-04-25	用于叶片的薄膜冷却孔，这些孔如此成型，其入口处为向流量控制节流件方向收敛的截头圆锥形，对着出口方向为发散的截头圆锥形	EP；DE；FR；GB；JP；US	在国内有应用前景	可以布局，必要性不大	关注	未进入
30	US4753575A	联合工艺	1989-06-28	形成有嵌套的冷却通道的翼型，其具有位于凹腔内的肋以形成U形通道，该U形通道具有连接在根部处的向后的支腿并接收冷却剂流动	WO；EP；US	在国内有应用前景	可以布局，必要性不大	关注	未进入
31	CN86108864A	联合工艺	1987-08-19	具有圆角的薄膜冷却通道的叶片，薄膜冷却通道有一配量区与通至热气流过的叶型外表面之通道出口的扩散区串联	EP；US；CN；JP；AU；CA；IL；DE	有相关应用	可以布局，必要性大	很关注	授权后终止

续表

序号	公开号	申请人	公开日	发明点	地域申请情况	国内产业应用程度	能否申请其外围专利	企业关注度	中国法律状态
32	CN86108818A	联合工艺	1987-07-08	具有冷却剂通道和全覆盖薄膜冷却槽的翼片，中空翼片的壁，外表面内有纵向延伸的槽，在槽底部，被纵向延伸的一排冷却通道相交，各通道内端有调节部分，和翼片内腔室连通	EP; US; CN; JP; AU; CA; IL; DE	有相关应用	可以布局，必要性不大	关注	授权后终止
33	US4601638A	联合工艺	1986-07-22	翼型后缘冷却装置，翼型具有沿翼展方向的后缘狭槽，所述狭槽具有排出冷却空气的通道，该通道越过位于压力侧壁下游的吸入侧壁的暴露背面	EP; US; JP; IL; DE	有应用前景	可以布局，很有必要	非常关注	未进入
34	US4775296A	联合工艺	1988-10-04	冷却叶片，在每个冷却通道侧壁上具有倾斜条，所述倾斜条与前壁成锐角倾斜	US; JP; FR; GB; DE; IL; IT; SE	有应用前景	可以布局，必要性不大	很关注	未进入
35	US4180373A	联合工艺	1979-12-25	叶片具有两部分冷却系统，第一部分允许空气作用于前缘，第二部分允许空气沿三回转连续流动通道到达前缘	US; DE; CA	在国内有应用前景	可以布局	很关注	未进入
36	CN1477292A	三菱重工	2004-02-25	气冷涡轮叶片冷却结构特点，包括气膜冷却、肋、插件、冲击孔、连通装置	US; EP; JP; CA; CN	在国内有应用前景	可以布局，很有必要	非常关注	授权保护
37	US4353679A	通用电气	1982-10-12	燃气轮机冷却系统，冷却空气从壁之间的环面被引导通过喉部然后进入下一级转子叶片	US; JP; FR; GB; DE; IT; CA	在国内有应用前景	可以布局	关注	未进入

续表

序号	公开号	申请人	公开日	发明点	地域申请情况	国内产业应用程度	能否申请其外围专利	企业关注度	中国法律状态
38	US4153386A	联合工艺	1979-05-08	空心叶片，在前缘以及压力和吸入侧具有冷却孔，所有孔与内部空腔连通，在空腔内设有U形插入件，其接合吸入侧上的内部第一密封肋，在压力侧上设有第二内部密封肋，以使流向前缘孔的冷却空气与流向吸入侧孔的冷却空气相隔离	US；JP；FR；GB；DE；IT；SE；CA	在国内有应用前景	可以布局，必要性不大	关注	未进入
39	US4017213A	联合工艺	1977-04-12	具有冷却平台的叶片，包括为平台的内外表面提供薄膜冷却	US；DE；SE；NO；FR；BR；GB；CA；IT	在国内有应用前景	可以布局，很有必要	非常关注	未进入
40	US3834831A	西屋电气	1974-09-10	叶柄冷却装置	US；JP；CA	有相关应用	可以布局	很关注	未进入
41	CN1651736A	联合工艺	2005-08-10	微型回路平台，在平台内有一个装置，该装置用于冷却靠近翼面部分的压力侧的一个平台边缘和后缘中的至少一个	EP；CN；JP；CA；SG；KR；TW；US	在国内有应用前景	可以布局，必要性不大	很关注	视撤
42	US7056083B	阿尔斯通	2006-06-06	包括冲击管的叶片，其中冲击管沿径向位于叶片翼型内，冲击管包括两部分	WO；JP；EP；DE；CA；GB	在国内有应用前景	可以布局，很有必要	很关注	未进入
43	CN1169175A	三菱重工	1997-12-31	冷却孔被设计成适应燃烧器旋流器的旋转方向的排列形式	WO；US；EP；JP；DE；CN；KR；CA	在国内有应用前景	可以布局，很有必要	很关注	授权后终止

续表

序号	公开号	申请人	公开日	发明点	地域申请情况	国内产业应用程度	能否申请其外围专利	企业关注度	中国法律状态
44	CN1512036A	通用电气	2004-07-14	一种涡轮翼面，它包括在前缘和后缘之间延伸、其内带有内部冷却回路的侧壁。在翼面内部的一排文德利槽开始于冷却回路处，终止于后缘附近	US；EP；JP；DE；CN	在国内有应用前景	可以布局	很关注	授权保护
45	WO9837310A1	西门子	1998-08-27	叶片包括输入流动区域，输出流动区域，压力侧和吸入侧，以及流体可环绕其流通的壁结构，壁结构包括一外壁，该外壁环绕用于引导冷却流体的内腔并具有用于冷却流体的出口，出口具有向内腔方向加厚的区域	WO；JP；EP	在国内有应用前景	可以布局，必要性不大	很关注	未进入
46	CN101014752A	西门子	2007-08-08	带有叶片和至少一个冷却通道的透平叶轮，在冷却通道的至少其中一个壁上设计有许多扰流器	WO；US；EP；JP；DE；CN	在国内有应用前景	可以布局	很关注	授权保护
47	CN1488839A	三菱重工	2004-04-14	具有多个小孔的碰撞板距离内环底面一定间隔地设置以形成空腔，并且引导冷却空气从小孔进入该空腔中。在前缘侧沿宽度方向设置有前缘流道，沿着内环两侧设置侧流道，后缘附近沿宽度方向形成有集管	US；EP；JP；CA；CN	在国内有应用前景	可以布局，很有必要	非常关注	授权保护
48	CN1436275A	西门子	2003-08-13	一种流过冷却流体的透平叶片，其具有多个沿工作流体流出方向相邻地排列的流动通道	WO；US；EP；JP；DE；CN	在国内有应用前景	可以布局	很关注	授权保护

续表

序号	公开号	申请人	公开日	发明点	地域申请情况	国内产业应用程度	能否申请其外围专利	企业关注度	中国法律状态
49	CN1550650A	联合工艺	2004-12-01	嵌入式微型回路，包括至少一个设置在顶端和从叶片的内部冷却腔接受冷却空气的侧壁中的一个附近的入口，以及至少一个设置在顶端附近的出口	US；EP；JP；CA；KR；CN；SG；TW；IL	在国内有应用前景	可以布局，必要性不大	很关注	视为放弃
50	CN1080023A	通用电气	1993-12-29	透平叶片包括若干冷却通道，每一通道具有一个形成紊流的区域	US；EP；JP；KR；CN；NO；DE	在国内有应用前景	可以布局	很关注	授权后终止
51	CN101779002A	三菱重工	2010-07-14	一种涡轮叶片，具有流入/流出叶片背侧的腔的冷却空气的压力损失部件，与叶片腹侧相比，从叶片背侧流出的冷却空气量少	WO；US；EP；JP；KR；CN	在国内有应用前景	可以布局	很关注	未决

4.3.4.2 典型重要专利分析

重要申请人往往占据十分重要的市场地位，拥有大量的重要专利是其能够扩大市场优势的重要支撑之一，而其中核心的创新性专利更是其攻和守的重要利器，通过对这样的重要专利进行分析，一方面可以了解拥有该项重要专利的申请人是如何撰写申请文件，尽可能扩大专利保护范围，占领有利制高点，对后续申请的创新高度提出更高要求；另一方面可以了解未拥有该项重要专利的申请人如何创新、突围。为其他申请人在面对重要申请人的重要专利申请时如何发挥自己的技术优势并在竞争中获得一席之地提供有益的参考。

在对叶片冷却领域重要专利的分析过程中，发现重要申请人通用电气公司拥有的一项专利US5340274A，不但是多边申请，且均被授权，而且被引证频率很高，表明其对后续专利申请产生了较为深远的影响。

案例分析

案例简介：申请人为通用电气公司，申请日为1992年3月20日，公开号为US5340274A，公开日为1994年8月23日，是US5253976A的部分继续申请，其同族专利数量为8项。

在该专利中，公开了一种用于燃气轮机的一体的蒸汽/空气冷却系统，其包括一对轴向间隔的可转动的透平级，每一级具有若干透平叶片，每一叶片具有至少一个内通道；冷却系统还包括将冷却空气供给内通道以空气冷却透平的装置；将蒸汽供给内通道以蒸汽冷却透平的装置；协调冷却空气供给装置和蒸汽供给装置以实现空气冷却所述透平和蒸汽冷却所述透平之间的过渡的装置。此外，在该专利中还进一步公开了具体的冷却结构，切换蒸汽冷却和空气冷却的控制方式以及二者的换热方式，并进一步将其扩展至如何实现对整个透平的冷却。

根据申请人在背景技术部分中的相关描述："Steam cooling in reheat gas turbines has been previously discussed, e.g., see U. S. Pat. Nos. 4,314,442 and 4,565,490 to Rice. Steam cooling has also been discussed in a report by the Electric Power Research Institute, Report No. RP2620-1, entitled "Future Gas Turbine Development Options Definition Study," dated June 1987. This report describes the anticipated performance improvement for steam cooling from a thermodynamic cycle analysis perspective"，我们可以清晰地看出申请人的研发思路，敏锐的市场判断力。在蒸汽冷却已有相关专利申请的情况下，申请人对此进行了密切跟踪，慎重判断，而在电力研究院发布了这份权威报告后，申请人进一步确定了蒸汽冷却的市场价值，便迅速投入研发力量，在1991年11月19日向美国专利商标局提交了第一份相关申请后，再后续研发的基础上又进一步提交了继续申请。

此外，在研发思路和专利申请文件的撰写上，申请人将传统冷却方式——空气冷却和新型冷却方式——蒸汽冷却，可能的结合方式、冷却结构、控制策略、换热形式以及冷却对象的扩展进行了深入研究和详细说明，尽量扩大保护范围，值得借鉴。

技术引证分析

该项专利US5340274A（包括其在先申请US5253976A）被后续专利文献共引证95次❶（见图4-3-9），其中除了该专利申请人后续专利文献引用了38次以外，涉及其他申请人的专利文献引用次数达57次，这些申请人包括西门子、三菱重工、罗罗、阿尔斯通、日立、联合工艺、佛罗里达涡轮机技术公司等主要燃气轮机生产厂商，可见，该项专利在叶片冷却乃至燃气透平冷却领域具有重要影响。

下面分别以对该项专利US5340274A引证次数最多的西门子和三菱重工的相关专利申请进行分析研究，其中西门子涉及引证该项专利的专利申请共计17项（参见图4-3-9），三菱重工涉及引证该项专利的专利申请共计14项（参见图4-3-9），通过对西门子和三菱重工这两个重要申请人与该项专利相关的专利申请进行分析可以发现：

---

❶ 含申请人引用和审查引用。

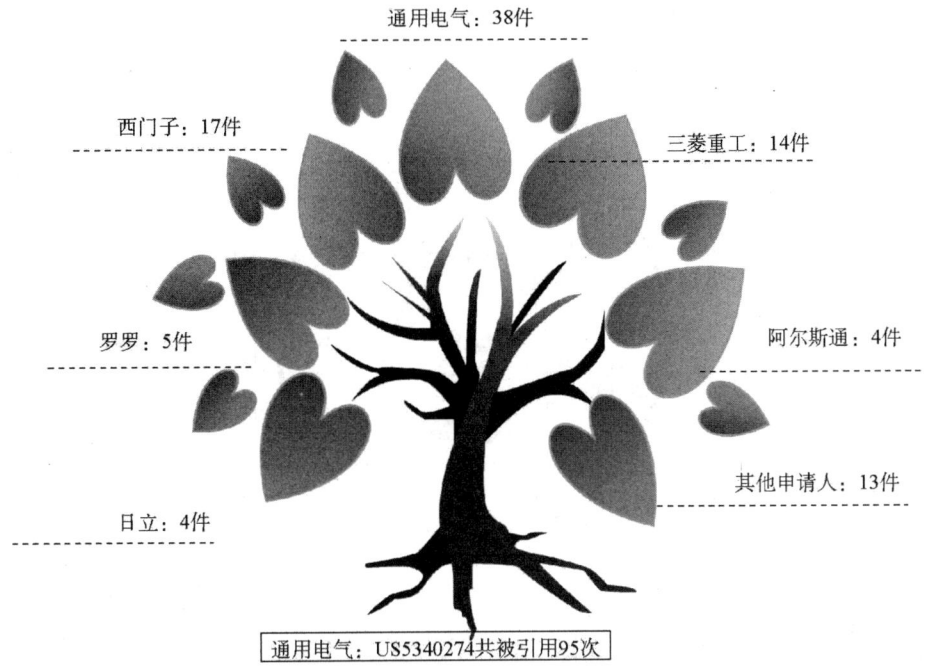

图4-3-9 通用电气重要专利的引用情况

（1）在 US5340274A 这项专利公布后，这两个重要申请人很快作出反应，并相继在1995年和1996年提交了有关蒸汽冷却的专利申请，表明它们对竞争对手的最新研发动向关注度很高，并且一旦判断该项专利具有一定的市场价值，就迅速跟进投入研发力量。

（2）西门子在1996~2002年对蒸汽冷却进行了持续性研发，并且申请的专利多为PCT申请，并指定进入了多个国家，表明这一期间西门子将蒸汽冷却作为其重点技术之一，投入了大量研发力量；而从2001年开始，将研发重点投入到了空气和蒸汽冷却的控制方面，由此可以推断，在1996~2002年西门子基本完成了蒸汽冷却结构方面的专利布局，此后研发重点向更为先进的控制技术转变。而在2008年之后，研发重点进一步转变为将相关的冷却技术与叶片冷却结构配合改进，进一步提高冷却效果。图4-3-10体现了西门子的引证情况。

（3）三菱重工在1995~1999年同时对蒸汽冷却和空气/蒸汽联合冷却技术投入大量研发力量，迅速完成相关专利布局，而在之后的三四年里，对该技术领域的相关研发甚少，直到2003年，几乎和西门子同时，提交了涉及控制空气和/或蒸汽冷却的专利申请。表明这一时期，随着电子技术的飞速发展，对叶片冷却精度的控制要求也越来越高，控制技术成为各大公司竞相发展的重点技术之一。图4-3-11体现了三菱重工的引证情况。

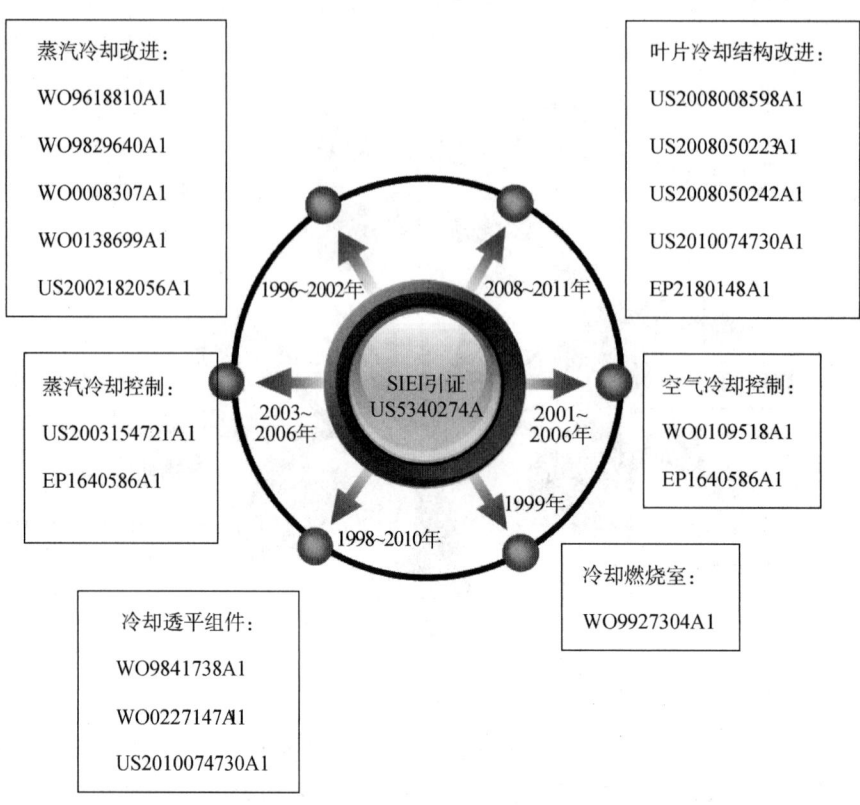

图4-3-10 西门子的引证情况

图4-3-11 三菱重工的引证情况

（4）不论是西门子还是三菱重工，在发现一项有市场价值的专利后，都能迅速作出反应，并展开专利布局，在完成相关专利布局后，立即将重点投入下一项技术研发中，以此不断求新求胜。

4.4 叶片冷却技术功效分析

本节通过对叶片冷却技术领域的专利申请进行归类分析，将申请文件按照技术手段分为四大类：气膜冷却、对流冷却、冲击冷却、发散冷却。按照技术功效分为六大类：均匀冷却、减少冷却介质消耗、提高冷却稳定性、提高冷却效率、简化结构、防止应力集中。

本节的分析样本为叶片冷却技术领域全球专利申请2524项，通过使用分类号和关键词批量标引，并结合逐篇人工标引，对叶片冷却技术领域的专利申请用技术—功效法进行了重点分析。

4.4.1 概述

早期的涡轮叶片没有采用冷却技术，由于受叶片材料的限制，RIT 难以超过 1323K。随着冷却技术和耐高温复合材料的发展，20 世纪 50 年代有冷却的 RIT 最高为 1203K，到了 60 年代，采用了气冷式涡轮后 RIT 突破了 1273K，到 60 年代末 RIT 达到 1423K，10 年内 RIT 提高 493K，70 年代和 80 年代初的 RIT 增加到 1643K，10 年内又增加了 493K，如图 4-4-1❶ 所示。

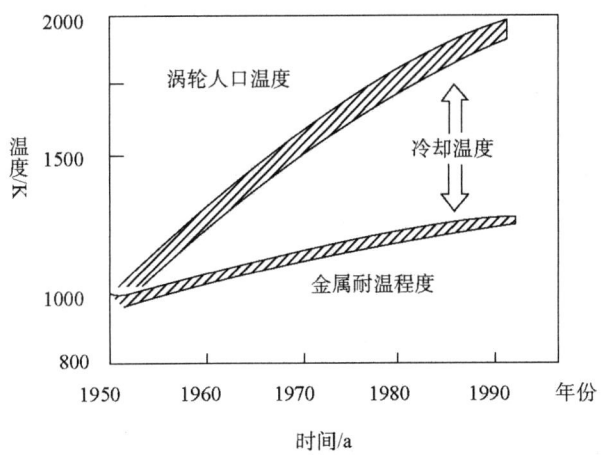

图 4-4-1 RIT 的逐年变化趋势

冷却技术的应用不仅提高了燃气透平进口初温和燃气轮机循环热效率，而且使叶片表面温度分布更加均匀，从而降低了叶片内部的热应力，提高叶片寿命。在叶片冷却技术发展的过程中，出现过按冷却介质划分的空气冷却、蒸汽冷却、汽雾冷却，以及按冷却介质是否进入主流燃气划分的开式冷却和闭式冷却。其中开式冷却又可以划分为多种叶片冷却形式，如对流冷却、冲击冷却、气膜冷却和发散冷却。图 4-4-2❷

---

❶ 张效伟，朱惠人．大型燃气涡轮叶片冷却技术［J］．热能动力工程，2008，23（1）：1-6.
❷ 张效伟，朱惠人．大型燃气涡轮叶片冷却技术［J］．热能动力工程，2008，23（1）：1-6.

给出了透平叶片冷却技术的发展过程及趋势，并示意性地给出了采用不同冷却形式所能达到的透平进口温度。

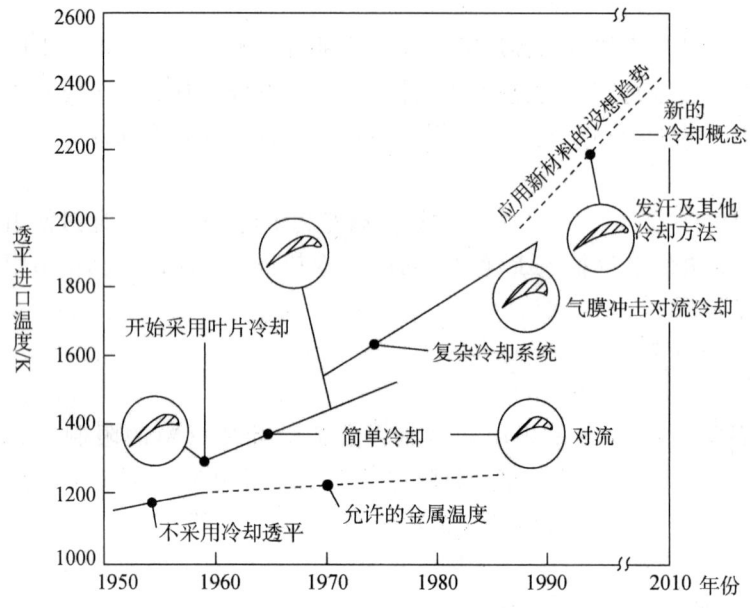

图 4-4-2　不同冷却形式与所能达到的透平进口温度

（1）按冷却介质划分

叶片冷却按冷却介质划分可分为：空气冷却、蒸汽冷却、汽雾冷却等。

①空气冷却

空气冷却是以来自不同压缩级的压缩空气作为冷剂对燃气涡轮的热端部件进行冷却。空气易得性和可用性，使得空气冷却发展最早，应用也最为广泛。随着燃气轮机性能的不断提高，冷却空气需要量随之增加，冷却结构的改善对涡轮叶片冷却效果的提高相对贡献越来越小。据估计，按现有传统复合冷却技术，当高性能涡轮系统 RIT > 1763 K 时，约有 35% 的压缩空气用于热通道组件的冷却，用于燃烧的空气更少，这将大大减少了涡轮系统的循环热效率和输出功率❶。另外，冷却空气的流道由于提高燃气轮机的初温和高压冷却空气的流动以及冷却空气与主流燃气的掺混带来较大的热力和气动损失。这些因素将降低燃气轮机的热效率，且各种损失还随冷却介质流量的增加而增加，将与提高 RIT 的收益相抵消。

目前，减少冷却空气消耗量的方法是：一方面改进气冷结构和发展新型结构，另一方面采用其他介质来代替空气作冷却介质。新介质既易得可用，冷却效果又好，且损失较小，能保持已有冷却技术的结构简单性和可靠性。对大型陆用燃气轮机来讲，水蒸气作为叶片冷却介质是首当其冲的，蒸汽来源多，且可再次利用，在任何采用空气冷却的系统中使用，不会使冷却叶片转子的结构和制造工艺变得复杂。与空气相比，水蒸气冷

---

❶ 黄庆宏. 汽轮机与燃气轮机原理及应用［M］. 南京：东南大学出版社，2005.

却运行能耗低、损失小，克服了空气冷却的所有不足，可通过增加冷却蒸汽流量来更多地提高 RIT。因为蒸汽压力不受压气机出口压力的限制，所以冷却蒸汽流量的增加，冷却通道的流阻不会遇到什么困难。蒸汽冷却技术具有重要的工程价值和应用前景。

②蒸汽冷却

蒸汽冷却技术就是以水蒸汽作为冷媒对燃气轮机热端部件进行冷却的，它是由 Mukherjee 首次提出的，并在 BBC（现在的 ABB）申请专利[1]。

为减少燃烧室火焰筒和过渡段冷却以及透平叶片冷却消耗的空气量和冷却损失，以更多地提高系统效率，以蒸汽取代空气进行闭环冷却，可以满足现有燃烧技术和高 RIT 条件下降低 NOx 排放和减少冷却空气用量，如图 4-4-3 所示。

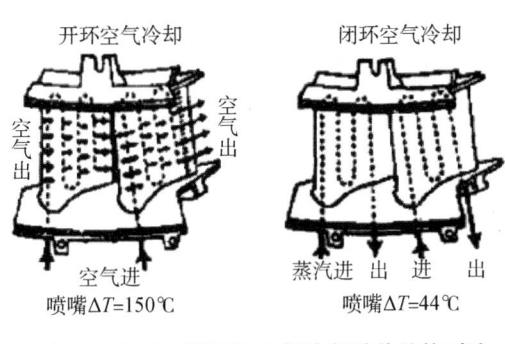

图 4-4-3 蒸气与空气冷却叶片结构对比

蒸汽冷却在工程应用中具有明显的优点。在高雷诺数下蒸汽的换热能力得到进一步地提高，即便没有气膜冷却，内部蒸汽冷却已可以满足涡轮叶片必需的冷却负载；如果省去了气膜冷却，涡轮叶片冷却结构得以大大地简化，又避免了冷却气体与主流燃气的掺混而带来的空气动力和热损失，燃气轮机循环热效率将得以明显提高；另一个优点是理论上闭环蒸汽冷却无气膜冷却，RIT 有增加到火焰温度的潜力。目前这项技术日益完善，并已成功应用于高性能燃气涡轮系统，尤其是大型热电厂的热电联产技术成熟以后，相应的闭环蒸汽循环冷却系统，使用性和经济性更好，如日本和美国的燃气涡轮生产商已将蒸汽冷却应用到产品中，并进行改进性研究。研究和应用充分证明了蒸汽冷却既增加了联合循环功率，又提高了燃气轮机的热效率，还减少了 NOx 的排放量。

蒸汽冷却虽具有突出优点，但由于蒸汽消耗量较大，约有蒸汽循环量的 80%～100% 用于冷却，所以冷却蒸汽在流动中将消耗较多的可用功率，减少了燃气轮机的输出功率，从而导致系统总效率的减少。为进步改善蒸汽冷却的有效性，减少蒸汽消耗量，许多研究者和工程人员正致力于两相流冷却技术的研究。

③汽雾冷却

汽雾冷却就是向蒸汽中添加水雾形成的汽雾两相流来改善蒸汽换热能力的一项冷却技术，通过改善蒸汽的品质减少其消耗量，既保证了有效的冷却，又提高了涡轮系统的整体性能。

研究表明，汽雾冷却与传统空气冷却相比，换热系数较高、强化冷却效果好和结构简单，且结构改变小，可以采用现有的蒸汽冷却结构，具有蒸汽冷却的所有优点，换热系数较纯蒸汽流的高，蒸汽的消耗量大大减少，增加蒸汽轮机的输出功率，提高了总效率；易于管理和控制，能确保冷却通道不被水滴堵塞以及内部冷剂流中水雾的

---

[1] 张效伟，朱惠人．大型燃气涡轮叶片冷却技术［J］．热能动力工程，2008，23（1）：1-6．

严重蒸发，既克服了过多水冷却时产生的过冷现象，又消除了沸腾所产生的流动不稳定振颤的存在性。

（2）按冷却介质是否进入主流燃气划分

以冷却介质是否进入主流燃气为标准进行划分，叶片冷却方式包括两种，一种是开式冷却，另一种是闭式冷却。

开式冷却通常是从压气机抽取冷气并通入到透平叶片内部，利用冷气与叶片之间的温差从叶片上吸热，从而实现对叶片的冷却。目前已发展出了多种叶片冷却形式，包括对流冷却、冲击冷却、气膜冷却和发散冷却。各种冷却技术和冷却效果对比如图4-4-4所示。

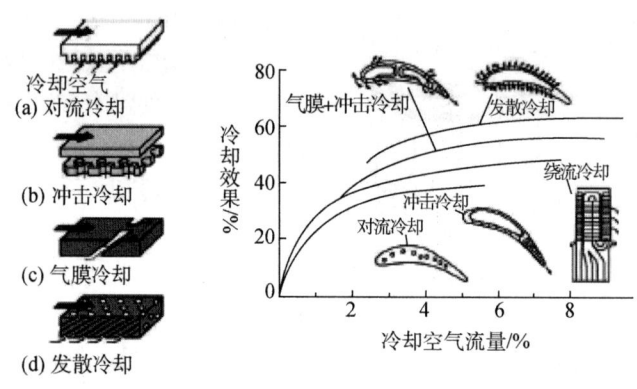

图4-4-4　各种冷却技术和冷却效果对比

气膜冷却：通过在高温部件表面开设槽缝或小孔，将冷却介质以横向射流的形式注入到主流中。在主流的压力和摩擦力的作用下，射流弯曲并覆盖于高温部件表面，形成温度较低的冷气膜，从而对高温部件起到隔热和冷却的作用。气膜冷却基本与待冷却表面相切地导引冷却空气。一般是针对叶片前缘、后缘和顶部进行冷却。

对流冷却：是在叶片上制作一些内部通道进行冷气与叶片的对流换热，增加换热能力的措施是在壁面上布置扰流肋片，以破坏壁面上的边界层并增加湍流度的方式来实现强化换热。一般是针对叶片内部通道进行冷却。

冲击冷却：在空心叶片的内部嵌入导管，导管上开有许多小孔，冷却空气先流入导管，再从导管上的小孔流出，直接向被冷却的叶片内表面喷射进行冷却，由于冲击作用使放热系数增大而提高冷却效果。冲击冷却基本垂直于待冷却表面导引冷却空气。

发散冷却：是一种采用多孔材料制作叶片的冷却形式，当空心叶片用多孔的透气材料制作时，叶片内部的冷却空气就像"出汗"那样从叶片表面渗出，由于空气流动时与多孔壁的接触十分良好，可带走大量热量，而流出多孔壁后，又在叶片表面各处都形成保护薄膜，故它能达到极其良好的冷却效果。缺点是由于在燃气轮机的工作环境下，多孔材料容易被堵塞和局部腐蚀。

在叶片冷却技术的发展历程中，随着透平进口温度的不断提升，单独某一种冷却方式的冷却效果通常难以达到要求，需要采用不同冷却方式的组合，如图4-4-5以燃气轮机透平动静叶片冷却方式的变迁为例，体现了透平进口温度不断提升的过程中，所对应采用的不同冷却方式的组合。

透平进口温度	1150℃	1400℃	1500℃
透平1级静片叶	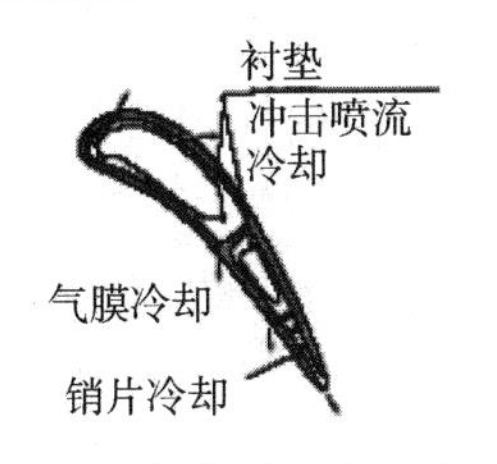 衬垫、冲击喷流冷却、气膜冷却、销片冷却	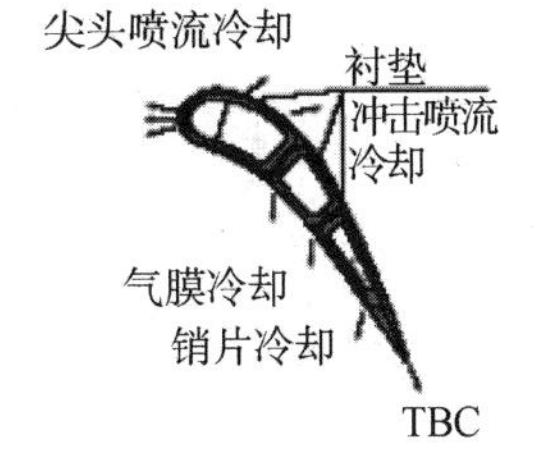 尖头喷流冷却、衬垫、冲击喷流冷却、气膜冷却、销片冷却 TBC	 尖头喷流冷却、销片冷却、表面气膜冷却 TBC
材料	ECY768（Co）	MGA2400（Ni 基合金）	MGA2400（Ni 基合金）
透平1级动叶片	 多孔冷却	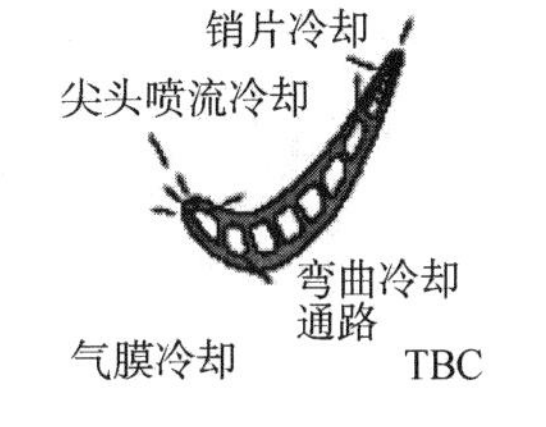 销片冷却、尖头喷流冷却、气膜冷却、弯曲冷却通路 TBC	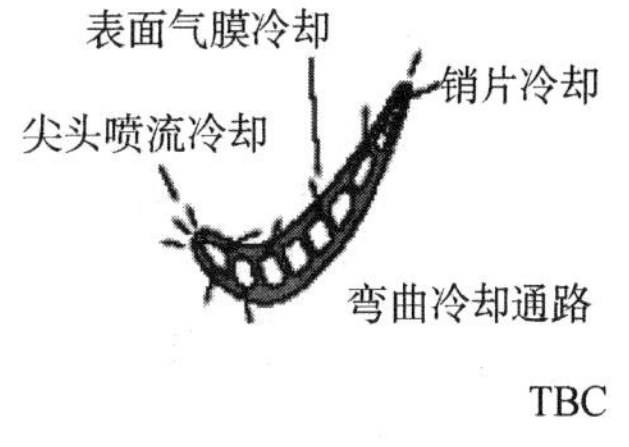 表面气膜冷却、销片冷却、尖头喷流冷却、弯曲冷却通路 TBC
材料	U520（Ni 基合金）	MGA1400-DS（Ni 基合金）	MGA1400-DS（Ni 基合金）

图 4-4-5 透平动静叶冷却方式的变迁

此外，叶片各部位上热负荷的轻重通常也不尽相同，也需要适当地选用不同的冷却方式，目前的 E/F 级及以上等级的燃气轮机通常采用以对流冷却、冲击冷气和气膜冷却相结合的复合式冷却，如图 4-4-6 所示。

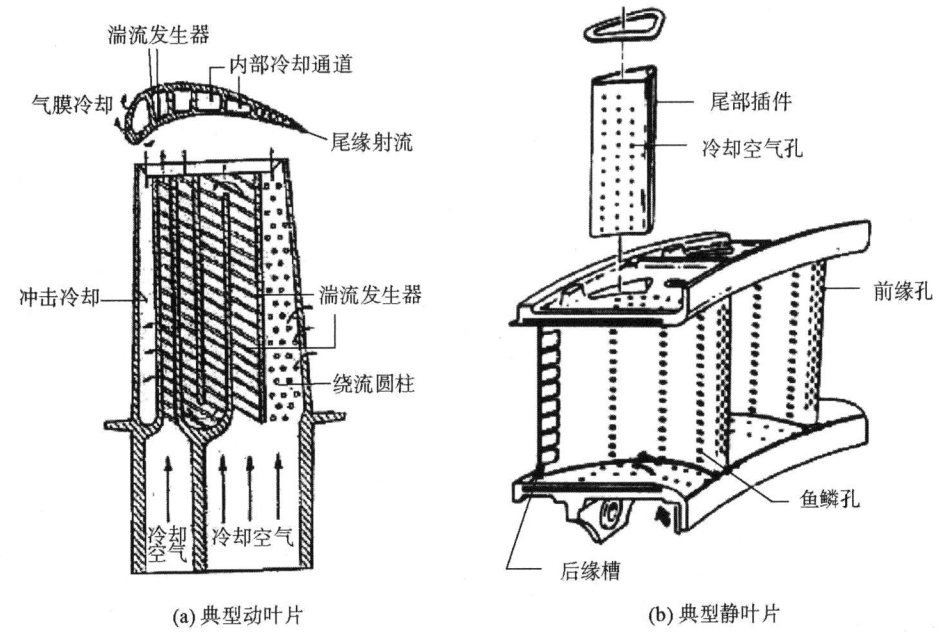

(a) 典型动叶片   (b) 典型静叶片

图 4-4-6 透平叶片冷却系统示意图

4.4.2 技术功效分析图

为了分析叶片冷却领域中所采用的技术手段和其所达到的技术效果，从而找出叶片冷却技术领域中专利申请的关键技术点和在不同技术需求上的集中度，确定技术的研究热点和技术空白点，并找出技术可能的发展方向，对叶片冷却领域的2524篇专利文献从技术—功效角度进行了深入分析。

上文详细介绍了叶片冷却的几种划分方式，在本节技术—功效分析在技术手段划分选取时，主要结合叶片结构考虑，选取能够体现叶片不同结构部位的冷却方式：气膜冷却、对流冷却、冲击冷却、发散冷却。

此外，通过抽样阅读部分叶片冷却的专利文献，总结归类为六种技术效果：均匀冷却、减少冷却介质消耗、提高冷却稳定性、提高冷却效率、简化结构、防止应力集中。约定的含义如下：

均匀冷却包括：冷却更均匀、减小温度差、减小温度梯度、整个叶片冷却效率一致、局部孔的加大使孔周围冷却更加均匀。

减少冷却介质消耗包括：减少冷却介质消耗量、调整/控制排出冷却气体的流量、降低冷却介质排出速率。

提高冷却稳定性包括：稳定地冷却、精确地冷却、防止堵塞、防止冷却介质泄漏、防止压力损失。

提高冷却效率包括：提高冷却效率/效果/能力，未提及其他技术问题或效果也归此类。

简化结构包括：以简单的结构提高冷却效率或以更加简化的结构达到相同的冷却效率、方便制造、无须重新设计冷却通道，降低成本。

防止应力集中包括：降低热应力、防止应力集中、提高蠕变寿命、防止断裂、防止过度热负载、防止烧毁或熔化。

需要说明的是，各种技术效果之间是相互关联的，因为对叶片进行冷却最主要的目的通常都是防止应力集中，并最终提高叶片的冷却效率。本报告对六种技术效果进行优先等级划分，首先根据专利文献的客观记载的效果进行，等级最优先的技术功效是：均匀冷却、提高冷却稳定性、简化结构；其次优先是：减少冷却介质消耗、防止应力集中；最后才是提高冷却效率。

4.4.2.1 全球情况

从图4-4-7可以看出，叶片冷却技术领域的专利申请主要集中在提高冷却效率、减少冷却介质消耗、防止应力集中。采用的技术手段主要为气膜冷却、对流冷却、冲击冷却。涉及采用发散冷却技术手段的专利申请量较少，采用该技术手段最多达到的功效是提高冷却稳定性，这与发散冷却是采用多孔材料制作叶片的冷却形式有关，由于多孔材料容易被堵塞和局部腐蚀，破坏冷却稳定性，因此，涉及发散冷却的专利申请很大一部分是防止孔堵塞，提高冷却稳定性。

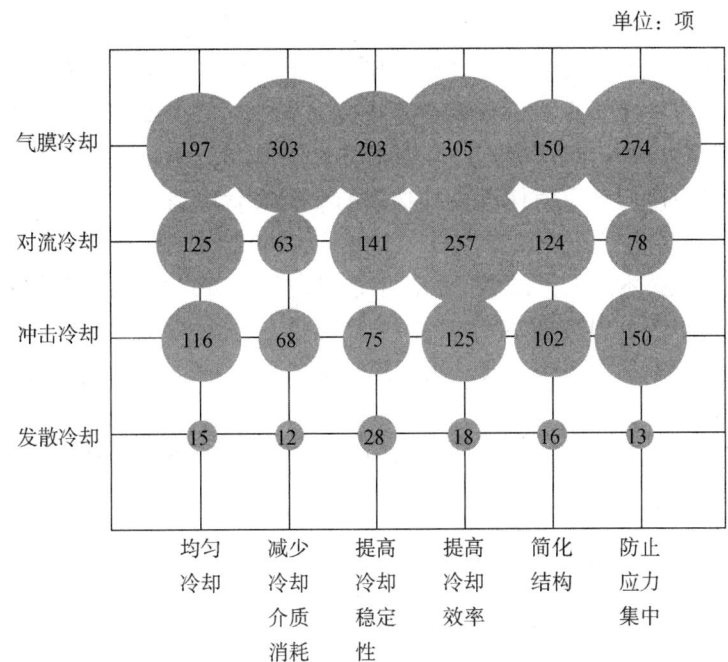

图4-4-7 叶片冷却技术领域的总体技术—功效图

4.4.2.2 演变历程

此外,还对技术—功效进行年代划分,对其演变历程进行分析研究,如图4-4-8所示。

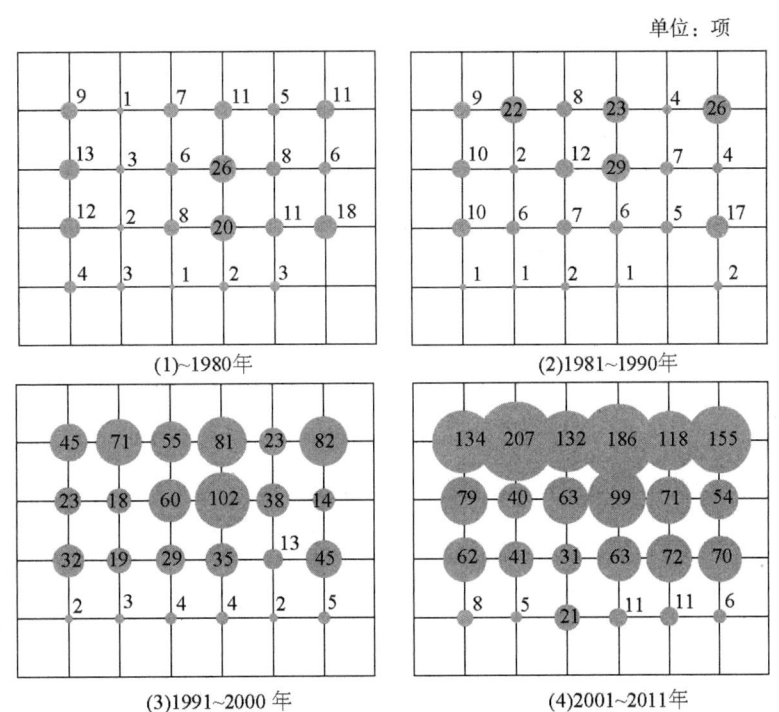

图4-4-8 叶片冷却技术领域演变历程的技术 功效图

从图4-4-8可以看出，1980年以前，叶片冷却领域的专利申请主要集中在提高冷却效率。采用的技术手段主要为对流冷却、冲击冷却。1981~1990年叶片冷却领域的专利申请主要集中在提高冷却效率、防止应力集中、减少冷却介质消耗。采用的技术手段主要为气膜冷却、对流冷却、冲击冷却。1990年以后，除了提高冷却效率、防止应力集中、减少冷却介质消耗这三种功效的专利文献申请量大幅度提升，为达到均匀冷却、提高冷却稳定性、简化结构方面的专利申请也得到稳步增长，一方面原因是由于叶片冷却领域技术的大力发展，总体申请量得到突破式增长，如通用电气的7EA、9E、7FA、7FB、9FA、9FB等系列的大力发展，另一方面是技术发展到一定成熟阶段后，会提高对叶片冷却的各种需求，从而开始在之前关注较少的点上做更多投入。

4.4.2.3 主要申请人

最后，对叶片冷却领域专利申请排名前六位的申请人进行了技术—功效的深入分析，如图4-4-9所示。

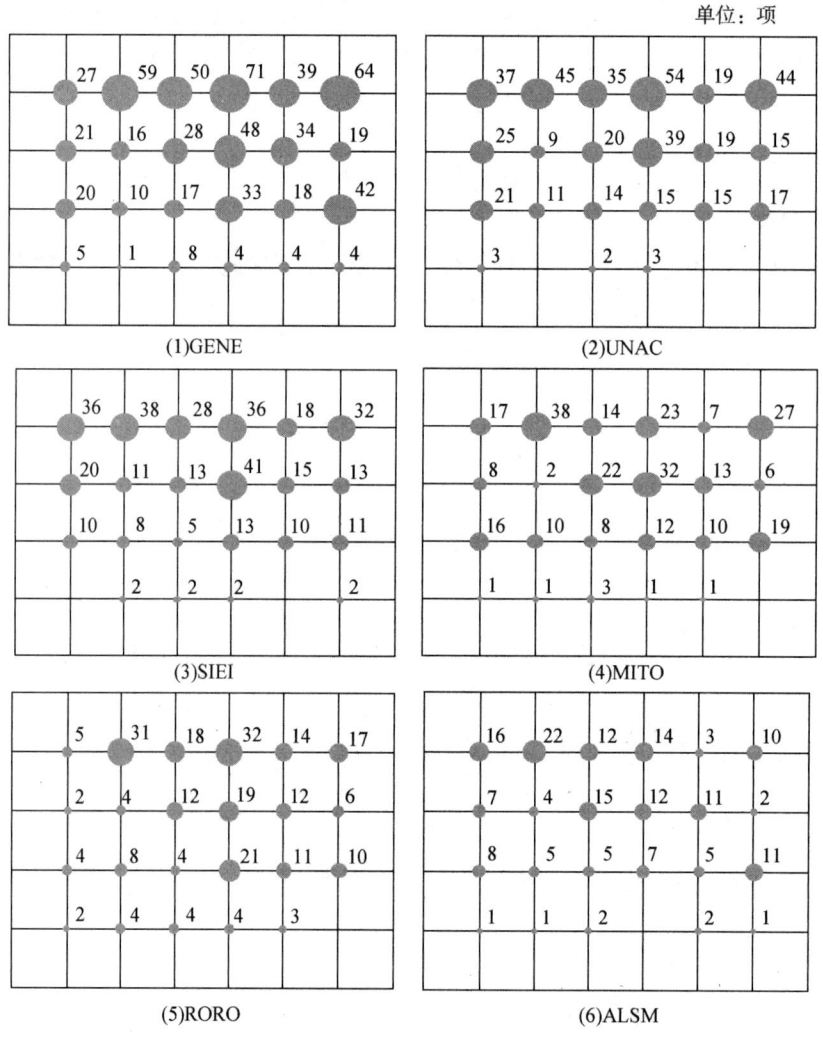

图4-4-9 叶片冷却领域主要申请人的技术—功效图

从图4-4-9可以看出，从总体上看，排名前六位的申请人对各个技术手段和技术效果基本均匀涉及，说明排名前六位的申请人在叶片冷却领域都具有比较成熟的技术，有较强的实力。

对于涉及采用气膜冷却的专利申请，通用电气和联合工艺主要集中在提高冷却效率、防止应力集中、减少冷却介质消耗；西门子主要集中在减少冷却介质消耗、均匀冷却、提高冷却效率；三菱重工主要集中在减少冷却介质消耗、防止应力集中；罗罗主要集中在提高冷却效率、减少冷却介质消耗；阿尔斯通主要集中在减少冷却介质消耗。总体来说，对于气膜冷却，重点关注减少冷却介质消耗。

对于涉及采用对流冷却的专利申请，通用电气主要集中在提高冷却效率、简化结构、提高冷却稳定性；联合工艺主要集中在提高冷却效率、均匀冷却；西门子主要集中在提高冷却效率；三菱重工主要集中在提高冷却效率、提高冷却稳定性；罗罗主要集中在提高冷却效率；阿尔斯通主要集中在提高冷却稳定性、提高冷却效率、简化结构。总体来说，对于对流冷却，重点关注提高冷却效率。

对于涉及采用冲击冷却的专利申请，通用电气主要集中在防止应力集中、提高冷却效率；联合工艺主要集中在均匀冷却、防止应力集中；西门子主要集中在提高冷却效率、防止应力集中；三菱重工主要集中在防止应力集中、均匀冷却；罗罗主要集中在提高冷却效率；阿尔斯通主要集中在防止应力集中。总体来说，对于冲击冷却，重点关注防止应力集中。

对于涉及采用发散冷却的专利申请，总体数量较少，除了通用电气涉及所有六种功效，其余申请人均是涉及部分功效，但均对提高冷却稳定性有所涉及，应对此技术功效重点关注。

4.5 李经邦专利申请分析

在叶片冷却领域，发现个人申请人LEE CHING-PANG有较多专利申请，此人在1999～2008年与通用电气有大量合作申请，2009年以后与西门子有一些合作申请，个人也存在一些独立申请。在此，对大公司在叶片冷却领域的该重要发明人做进一步深入分析。

4.5.1 简介

李经邦博士是燃气涡轮机的设计工程师和发明家。其最重要的发明专利之一"具有蛇形冷却回路和冲击冷却的翼型叶片"（US5660524A，公开日1997年8月26日）。本发明结合了两种基本的在许多成系列的涡轮叶片内部使用的冷却技术，建立一种有效的内部对流冷却的和改进的薄膜冷却。这种涡轮机叶片概念已经被应用到GE联合攻击战斗机发动机，显著改善了涡轮叶片的寿命，降低冷却流的需求，提高发动机效率。

李经邦于1969年在国立成功大学（台南县）获得机械工程学士学位，并于1971年在国立台湾大学（台北）获得机械工程硕士学位。于1973年在密歇根大学获得了航空航天工程硕士学位,并于 1978 年获得了工程机械博士学位。

李经邦博士于 1978 年开始了他的燃气轮机职业生涯,是在位于美国俄亥俄州辛辛那提市的 GE 航空集团总部商用发动机的涡轮传热设计的首席工程师。在那里,他设计了 CF6 - 80C2 发动机的高压涡轮叶片,完成了认证和支持生产和服务。他是涡轮航空和先进散热设计的首席工程师,并担任管理职务。作为 GE 航空涡轮传热设计的主要工程师,李博士负责新的先进涡轮机技术发展,生产发动机,同时也是 GE 航空集团的涡轮机翼专利董事会的主席和传热设计董事会的成员。

李博士在 GE 航空集团 31 年的职业生涯中,发明和开发了许多应用于 GE 发动机的涡轮叶片相关的技术。他在 GE 航空集团对燃气轮机技术的贡献包括:40 个技术出版物,250 项专利。2009 年,他从 GE 航空集团退休后,曾担任西门子能源的技术顾问,并继续在燃气涡轮领域进行创新,并在西门子申请了 40 项专利。

李博士是美国机械工程师协会(ASME)的董事,燃气轮机传热委员会的会员,旋转机械国际期刊的编辑顾问委员会的成员,俄亥俄州的注册专业工程师,以及 Pi 荣誉学会的会员。他的荣誉包括 GE 航空的最佳发明奖(1999 年)和 100 个授权专利奖(2003 年),GE 亚太裔美国论坛的工程杰出奖(2004 年),托马斯·爱迪生专利奖(2005 年,ASME)。

4.5.2 申请趋势

通过检索,本报告找出李经邦博士作为发明人的专利 300 多项,并对其分布年代进行统计,如图 4 - 5 - 1 所示。李经邦 1978 年博士毕业后进入 GE 航空集团总部工作,5 年后(1983 年)开始申请了第一个发明专利 US4627480A(Angled turbulence promoter),随后每年均有创新的专利申请,在其职业生涯的第 14 个年头(1992 年),申请了一项重要的发明专利 US5660524A——Airfoil Blade Having a Serpentine Cooling Circuit and Impingement Cooling(具有蛇形冷却回路和冲击冷却的翼型叶片),并在 2005 年专利申请达到鼎盛期,2009 年从 GE 航空集团总部退休,随后(2009~2011 年)被西门子聘请为顾问,其间也进行了一定量的专利申请。直到 2012~2013 年还一直有李博士的相关专利申请,申请人多为在美国政府资助下的个人申请。他的专利涵盖的技术领域主

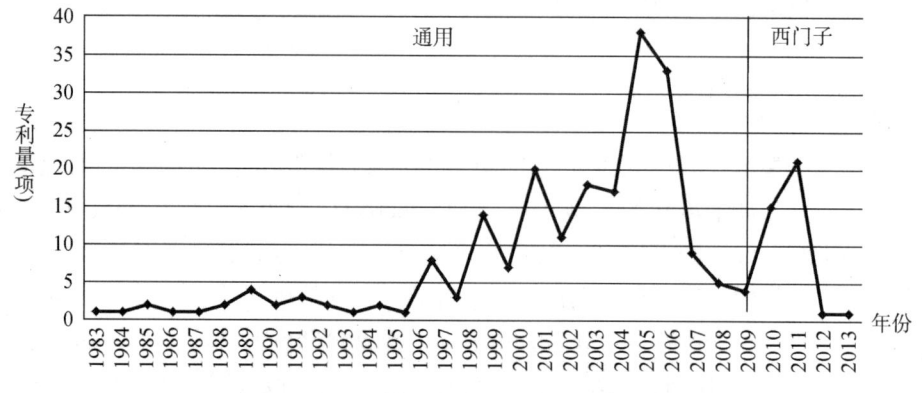

图 4 - 5 - 1 李经邦博士的专利年代分布

要包括：冷却空气输送系统、机翼内的冷却回路、增强冷却、机翼边缘和端壁冷却、新材料的应用、制造和修复过程等。

4.5.3 US5660524A 追踪

李经邦博士在其职业生涯的第 14 个年头（1992 年），申请了一项重要的发明专利 US5660524A——Airfoil Blade Having a Serpentine Cooling Circuit and Impingement Cooling（具有蛇形冷却回路和冲击冷却的翼型叶片）已经被成功应用到 GE 联合攻击战斗机发动机，显著改善了涡轮叶片的寿命，降低冷却流的需求，更好地提高发动机效率。在此，以此专利为切入点进行多个维度的深入分析。

美国联合攻击战斗机（Joint Strike Fighter，JSF）是 20 世纪最后一个重大的军用飞机研制和采购项目。JSF 被定位为低成本的武器系统，这是因为目前先进战斗机，如 F-22 的成本不断高涨，美国及其他国家均感到，单纯依靠这样的高性能且高价格的战斗机组成战斗机部队，在财政上难以承受。因此美国各军种改变以往各自研制战斗机的传统，联合起来，共同研制一种用途广泛、性能先进而价格可承受的低档战斗机。这就是 JSF。随后英国看到了 JSF 的种种好处，也加入了进来。

1993 年美国国防部启动了"联合先进攻击技术"JASF 研究，并且在 1994 年 1 月成立了 JASF 研究计划办公室，希望研制一种几个军种通用的轻型战斗攻击机系列，取代美空军的 F-15E、F-16、F-15C 和 F-117，海军的 F-14、海军陆战队的 AV-8B 等几个过时的机种。与此同时，英国也对这项计划表示出浓厚的兴趣，提出加入这项计划，用这种飞机替换"鹞"和"海鹞"战斗机。

美国国防部为了整合资源，突出重点，将正在进行的美海军"联合攻击战斗机"JAF 计划和国防高级研究计划局"通用低成本轻型战斗机"CALF 计划也纳入 JASF 计划中，并在 1996 年 3 月将 JASF 计划正式更名为"联合攻击战斗机"JSF（Joint Strike Fighter）。图 4-5-2 即是美国 F-35 隐形战斗机。

图 4-5-2　美国 F-35 隐形战斗机

4.5.3.1 重要专利技术分析

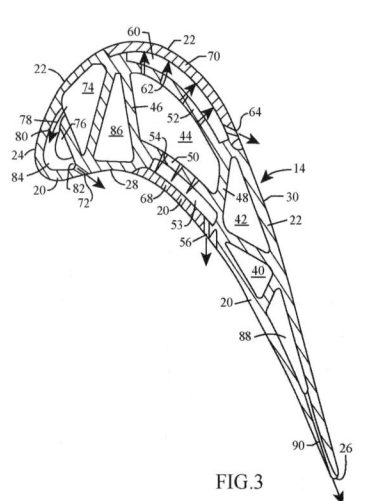

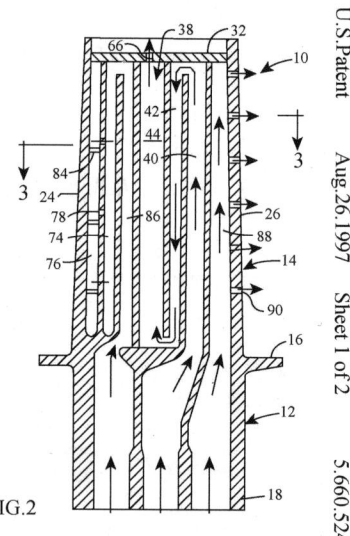

要解决的技术问题：冷却气流穿过气膜冷却孔时，高气压会导致气膜冷却气流从叶片翼面外表吹跑造成损失。

采用的技术手段：蛇形冷却可以在连续的蛇形冷却回路的纵向通道中重复利用冷却空气，冲击冷却具有高的热传导，但是冲击冷却比较浪费因为其不能重复利用冷却空气，该申请结合了两种基本的在许多成系列的涡轮叶片内部使用的冷却技术，建立一种有效的内部对流冷却的和改进的气膜冷却。

技术方案：叶片14的（包括一体的内壁46、48、50、52，以及第一和第二外壁20和22）由镍基合金一体铸造，外壁段68、70由性能更高（更好的热传导、低屈服强度）的镍铝合金制造，并铜焊到叶片14上。具有蛇形冷却回路38（包括3个冷却通道40—42—44）、冷却通道84—74—76以及冷却通道88。冷却通道40、42、74、86都具有楔形横截面。

冷却通道84—74—76的冷却气流流向是从叶片根部进入冷却通道84，而后进入冷却通道74，通过冷却入口再进入冷却通道76，而后从冷却出口82排出。冷却通道76还具有从冷却入口78延伸到冷却出口82的冷却导向鳍片84，压力侧壁28靠近叶片前缘24的部位还具有多个气膜孔72。

冷却通道88的冷却气流流向是从叶片根部进入冷却通道88，而后从叶片后缘26的冷却气流排出槽90排出。

在蛇形冷却回路38中，冷却气流从叶片根部进入冷却通道40，而后进入冷却通道42，并分别通过冲击孔54进入冲击腔室53，通过冲击孔62进入冲击腔室60。此外叶片14顶端32处具有冷却气流出口66，冷却气流从叶片顶端32排出能够减少从气膜孔56和64（经过冲击孔54和62）排出的冷却气流的压力。从而能够有效防止气膜冷却流从叶片外壁（即压力侧壁28和吸力侧壁30）吹跑。

该申请包括十项权利要求，一项独立权利要1和九项从属权利要求2~9，其中独立权利要求1为：

一种翼型叶片，包括：

第一和第二外壁，两者一起限定翼型形状，包括前缘，后缘，沿着所述第一外壁的压力侧，沿着所述第二外壁的吸力侧，叶片顶端，和叶片根部；

纵向轴线，向外朝向所述叶片顶端延伸和向内朝所述叶片根部延伸；

内部蛇形冷却回路，具有大致纵向串联连接延伸的冷却通道，包括由4个单片内壁限定的下游通道，其中：

（1）第一和第二内壁，两者隔开并在所述第一和第二外壁之间延伸，并且与所述第一和第二外壁单片的至少一部分成统一的整体；

（2）第三内壁，在所述第一和第二内壁之间延伸，并与所述第一和第二外壁隔开一定距离，并大致对齐；

位于下游的第一冲击冷却室，与由所述第一，第二和第三内壁，和由所述一个外壁限定的所述下游通道流体连接，其中，所述第三内壁包括在所述下游通道和所述第一冲击冷却室之间延伸的多个第一冲击冷却室空气入口孔。

图4-5-3展示了该重要专利涉及的叶片的几个典型结构部位，后续针对其的改进也大都围绕这些基础结构进行。如深灰色代表的靠近外壁的平行冲击冷却室结构（由与吸力/压力侧壁平行的内壁与其构成）；浅灰色代表的楔形冷却室；叶片前缘冷却结构；叶片后缘气流通道结构等。

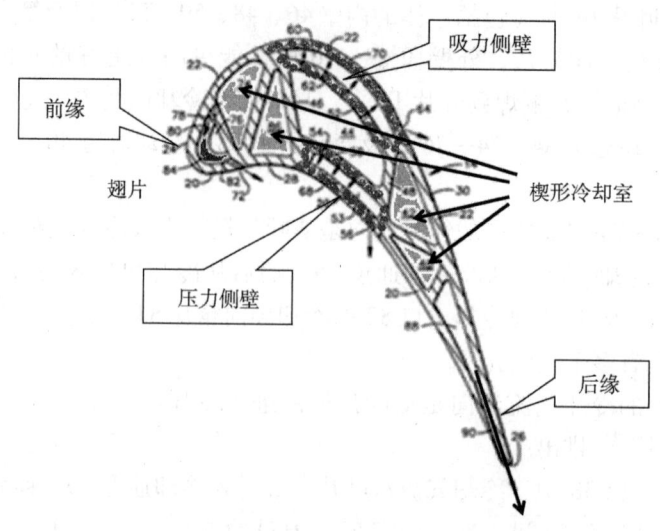

图 4-5-3 重要专利的几个典型结构部位

4.5.3.2 改进基础分析

李经邦博士重要专利引用的 15 个专利的分布情况，其中，涉及通用电气的有 5 项，1 项为李经邦本人的申请；罗罗 3 项；联合工艺 5 项；西屋 1 项；还有 1 项日本公司的专利。

通用电气的主要包括：US5203873A 公开了一种在前缘区域设置冲击隔板的叶片结构；US4627480A 公开了在冷却通道内壁表面设置增加热交换面积的翅片的叶片结构；US3891348A 公开了一种增强的气膜冷却的叶片结构；US3844678A 公开了一种在靠近吸力侧壁位置设置冲击冷却室的叶片结构；US3628885A 公开了一种液体冷却的叶片结构。

罗罗主要包括：US3191908A 公开了双层壁结构的叶片；US3094310A 公开了在叶片中部具有双层壁结构的叶片。

联合工艺主要包括：US4770608A 公开了一种气膜冷却结构的叶片；US4601638A 公开了在叶片后缘减少冷却气体流出的叶片结构；US4312624A 公开了一种空心的叶片结构；US4257737A 公开了一种单一结构的内腔增大的叶片结构。

此外，在该重要专利申请的说明书正文中还指出：参考了本人于 1990 年 12 月 18 日申请的一项发明专利 US5156526A "Rotation Enhanced Rotor Blade Cooling Using a Single Row of Coolant Passageways" 中公开的楔形横截面的冷却通道。因此，该重要申请的楔形冷却室是在其基础上改进的。

在上述基础上，李经邦博士经过在叶片冷却领域进行多年研发，最终成功突破了一种被成功应用到 GE 联合攻击战斗机发动机的叶片冷却结构，显著改善了涡轮叶片的寿命，降低冷却流的需求，更好地提高发动机效率。

该重要的发明专利 US5660524A "Airfoil Blade Having a Serpentine Cooling Circuit and Impingement Cooling"（具有蛇形冷却回路和冲击冷却的翼型叶片）的叶片冷却所涉及的元素主要包括：

前缘冷却：叶片 14 压力侧壁 28 上的气膜冷却孔 72；

蛇形冷却通道：内部蛇形冷却回路 38 包括纵向延伸的冷却通道 40—42—44；

后缘冷却：从冷却通道 88 向后缘延伸 26 延伸的冷却槽 90；

楔形冷却室：冷却通道 40、42、74、86 的冷却空腔具有楔形横截面；

冲击冷却：由内壁 46，48，50 和外壁 20，22 限定的冲击冷却室 53，60，内壁 50 上开有冲击冷却孔 54，62；

压力或吸力侧壁：压力侧壁 20 上开气膜冷却孔 56；吸力侧壁 22 上开气膜冷却孔 64；

叶片翼尖：蛇形冷却回路 38 的下游冷却通道 44 上开冷却孔 66。

4.5.3.3 研发思路分析

在运转期间，从燃烧室排出的燃烧气体会将热量传入静叶和动叶。在高温中超时间的连续运转会使叶片翼面热疲劳造成热损坏。为了降低叶片的运转温度，必须利用从压气机排出的冷却空气对其进行适当的冷却，从而延长叶片的使用寿命。而在冷却叶片时，人们希望尽可能减小压气机排出的冷却空气量从而使燃气轮机的效率和性能最大化。

而何如提高冷却效率呢？即需要在单位时间内采用尽可能少的冷却介质达到最大化的冷却效果。涉及的参数主要有：①冷却介质流量；②时间；③冷却前后的温度差；④热交换效率等。

通常情况下，在保证叶片强度的前提下，提高冷却效率的方法主要包括以下几种：

一、热隔离或保护以避免热燃气所引起的过热（叶片外部）：主要是对叶片外壁各部位进行气膜冷却，提高气膜冷却的效率主要取决以下三个条件：（1）扩大叶片表面的气膜覆盖面积；（2）提高气膜的扩散速度；（3）维持气膜覆盖的稳定性。常用的手段有：前缘的气膜冷却孔，叶片翼尖的冷却孔，压力侧壁和吸力侧壁的气膜冷却孔和发散冷却孔，后缘的冷却槽等；主要涉及对冷却孔的结构改进以改善表面流体的流线曲率，例如从倾斜的圆柱形孔变化为人字形、翼状槽、蝶形的扩散冷却孔。

二、增加热交换接触面积（叶片内部）：增加冷却腔室的表面积，设置隔肋形成各种形式的冷却室（楔形、蜂窝型、对称型、其他不规则的复杂结构），吸力或压力侧壁内表面上的涡流矩阵通道；网眼冷却结构；绕流柱，针鳍冷却等。

三、延长冷却气体的驻留时间：延长蛇形冷却回路的长度，降低蛇形冷却回路的长宽比（如对称结构）；叶片外壁内表面上设置气体回流结构（如弧行扰流小肋）等。

四、增加内部冷却腔室的气体容量：在保证结构强度的情况下降低叶片壁厚，增设内部隔肋或设置涡流矩阵通道等。

五、均匀冷却：为防止热应力集中而在温度较高的区域进行局部加强冷却，例如，使放热系数加大的局部冲击冷却，冷却通道转弯处成波状或弧形或气体不容易抵达的部位增设不同角度的冷却孔，后缘不均匀分布的冷却槽等。

研发思路：

为了提高燃气透平进口初温和燃气轮机循环热效率，通常有两个方向：一方面不断开发新的耐高温、抗腐蚀、抗氧化的合金材料和涂层，例如，通用电气20世纪70年代开发的 IN-738 合金和铂—铬—铝涂层，后来 F 级燃气轮机应用的真空等离子涂层（VPS）和 GTD-111 合金以及 H 级燃气轮机应用的单晶材料和陶瓷隔热涂层，在燃气温度一定时，若采用耐高温材料，也可以减少叶片冷却空气量的使用，从而提高燃气轮机机组效率；另一方面大力发展叶片冷却技术，据统计资料表明，采用叶片冷却使燃气初温提高的效果比研制新的实用高温材料来得显著，而且研究费用上也远较为低。一般在燃气初温>800℃时，第一级静叶就要有内部冷却，当燃气初温提高到1000℃以上时，动叶也要进行内部冷却。冷却技术的应用不仅提高了燃气透平进口初温和燃气轮机循环热效率，而且使叶片表面温度分布更加均匀，从而降低了叶片内部的热应力，提高叶片寿命。

第一阶段，受到叶片加工工艺和合金材料强度的限制，虽然初步使用对流冷却，叶片外壁厚重，冷却腔室较小，冷却效果一般；逐渐，人们为了提高冷却效率，开始想到叶片内部局部设置小突起或鳍片增加对流冷却的热交换接触面积，在叶片表面开设冷却孔，使冷却空气覆盖叶片外表面，隔绝叶片外部热的燃气的辐射。

第二阶段，随着叶片加工工艺和合金材料强度的提高，在满足叶片结构强度的前提下，人们倾向于内部冷却腔室更大、外壁更薄的叶片结构，同时，尽量延长冷却气体的驻留时间，设置蛇形冷却回路。

第三阶段，叶片各种结构研发趋于成熟，形成比较典型的一些叶片内部结构后，每个特定结构的叶片的整体冷却潜力基本挖掘完毕后，人们开始对整体叶片的均匀冷却提出了更高的要求，因此，这一时期人们不再开发更复杂的叶片结构，而是针对叶片局部进行加强冷却，以达到叶片整体均匀冷却的目的，主要是通过增加局部流动换热的换热面积，同时提高流动换热系数，从而使换热能力显著提高，在保证相同冷却效果的前提下，进一步减少所用的冷却空气量，进而提高燃气轮机的效率和功率。

4.5.4 US5660524A 的改进

重要专利在一定发展阶段对整个行业的技术推动具有重要贡献。上文已经详细介绍了李经邦博士的重要专利 US5660524A "Airfoil Blade Having a Serpentine Cooling Circuit and Impingement Cooling"（具有蛇形冷却回路和冲击冷却的翼型叶片）的情况，而在叶片领域技术世界排名前几位的企业纷纷在其基础上进行了各种改进，年代跨度十几年，并一直延续到2009年还在进行对其改进的专利申请，充分验证了这项重要专利对燃气轮机行业的影响和创新推动。以下将详细剖析各大公司对该重要专利的改进方案，希望对国内相关企业有一定的借鉴意义。

4.5.4.1 通用电气的改进策略

如图 4-5-4（见文前彩图 2）所述，通用电气的改进策略是单一结构的叶片→内腔变大的叶片→蜂窝结构的叶片→对称结构的叶片。即，首先研发简单容易铸造的叶片结构，逐步通过隔肋设置方案的改进增加热交换接触面积提高冷却效率；随后，通用电气为了增加内部冷却腔室的气体容量研发出了外壁较薄的叶片结构，该类型叶片种类比较丰富，其中包括典型的：三角形支撑肋结构叶片、靠近外壁的冲击冷却室结构叶片、双层壁结构叶片和对称冷却室结构叶片；后来，通用电气的叶片冷却技术进入成熟阶段，研发出了蜂窝形的相对复杂的叶片结构，进一步通过延长冷却气体的驻留时间提高冷却效率；再后来，为了更好地均匀冷却叶片，通用电气研发出了将内部空腔分隔成对称的冷却通道结构的叶片，该种具有平行的蛇形冷却回路，隔肋两侧的冷却通道的压力基本保持平衡，能够很好地减少热应力集中，提高冷却效率。

通用电气从 1997 年至 2009 年持续在对单一结构的叶片进行改进。总体来看，这种结构的共同特点是：外壁较厚重，外壁与隔肋连接处较厚以增加连接强度，冷却腔室在压力侧壁和吸力侧壁之间大致呈简单的横向平行分布，冷却气体在叶片内部均采用蛇形冷却回路。从纵向改进来看，隔肋的设置方案基本实现了逐步增加叶片的热交换面积。1997 年出现了一种非常简单的单一结构叶片，叶片内部冷却腔室容积较小，形状不规则，基本呈平行分布。随后，于 1999 年开始将蛇形冷却回路末端的冷却通道分隔成三个平行的冷却通道，并于 2001 年开始将蛇形冷却回路末端的冷却通道分隔成两个平行的冷却通道，以更好地平衡蛇形冷却回路末端冷却通道间的压力，并在叶片前缘横向宽度最大处降低蛇形冷却回路的长宽比提高冷却效率。单一结构的叶片由于加工工艺相对简单，一直是企业技术人员研发最典型的基础，目前的翼型结构也属于发展比较成熟稳定的阶段，笔者发现，近年来，国外企业有大量在这种简单的单一结构叶片改进上的专利申请，多集中在叶片前缘、压力侧壁、吸力侧壁上的气膜冷却孔的改进，以及后缘的冷却槽的改进，增设各种扰流小孔结构，以减少冷却气体的使用，延迟冷却空气的排出时间，达到更好的冷却效果。

通用电气从 1998 年至 2008 年持续在对叶片进行内腔变大的改进。总体来看，这种结构的共同特点是：叶片外壁较薄，且薄厚较均匀一致，叶片内部腔体明显变大，叶片较宽的区域隔肋基本上呈现平行结构。从纵向改进来看，1998 年出现了一种外壁较薄的叶片结构，前缘区域分割成多个冷却通道，蛇形冷却回路在叶片较宽位置处呈现 U 形回转流向。随后，于 1998 年底出现了简单的平行冷却腔室的叶片，在叶片较宽位置处的冷却腔室增设三角支撑肋以增大叶片的结构强度，蛇形冷却回路在叶片较宽位置处同样呈现 U 形回转流向。紧接着，1999 年初出现了另一种形式的简单的平行冷却腔室的叶片，在叶片较宽位置处的冷却腔室增设三角支撑肋的同时，形成小的三角形的冲击冷却腔室，并从叶片压力侧壁上的气膜冷却孔排出冷却气体，特别是，这种结构叶片的隔肋朝向叶片前缘倾斜。优先权日为 2003 年 7 月 10 日的专利 US 7413001 B2 公开的是李经邦博士重要专利的铸模方法，而优先权日为 2006 年 12 月 19 日的专利 US 7674093 B2 公开的是与 US 6124396 A 公开的结构类似的三角形支撑肋结构的叶片的铸芯。而优先权日为 2008 年 11 月 7 日的专利 DE102008037534 A1 公开了一种典型的内腔变大的叶片结构，与三角形支撑肋不同的是其具有与压力侧壁和吸力侧壁大致平行的一段隔肋，相当于三角形支撑肋的一种变形，但其结构优于三角形支撑肋，因为其将叶片内部空腔分隔成对称的冷却通道结构，有助于隔肋两侧冷却腔室的压力平衡，其蛇形冷却回路也呈现 U 形回转流向。

通用电气从2003年至2005年持续在对蜂窝结构的叶片进行改进。总体来看，这种结构的共同特点是：隔肋不规则分布，结构比较紧凑，蛇形冷却回路长度进一步延长，冷却室横截面呈现蜂窝形。从纵向改进来看，2003年出现的两种叶片结构较为近似，压力侧壁上开设有与后缘冷却槽大致平行的气膜冷却孔，形成该孔的内壁上形成有涡流矩阵通道进一步增加热交换接触面积，改善冷却效果，其中US 6832889 B1公开的叶片结构内部隔肋铸造较为复杂，而US 6984103 B2公开的叶片结构相对简单，冷却空腔容积也相对较大，两个平冷的冷却回路初步显现了不规则的对称，在一定程度上平衡了隔肋间冷却通道的压力。2005年出现的蜂窝形叶片结构在压力侧壁和吸力侧壁内表面设置冷却鳍片，增加了热交换面积，同时将叶片根部到翼尖的蛇形冷却回路从普通的2次折回增加到4次折回，大大延长了其长度，相应增加了冷却空气的驻留时间，此外，该蜂窝形叶片结构的2个蛇形冷却回路也初步显现了不规则的对称，在一定程度上平衡了隔肋间冷却通道的压力。

通用电气从2004年至2005年持续在对对称结构的叶片进行改进。总体来看，这种结构的共同特点是：设置有与压力侧壁和吸力侧壁大致平行的一段隔肋，将叶片内部空腔分隔成对称的冷却通道结构，具有平行的蛇形冷却回路，相应减少了回路之间的压力差和温度差，从而降低压力侧回路与吸力侧回路的隔板之间的热梯度，起到减少热应力提高冷却效果的目的。从纵向改进来看，2004年出现的US 7097426 B2中公开对称的叶片结构包括3个蛇形冷却回路，其中一个位于叶片前缘部位，另外两个在第一个蛇形冷却回路后方，从前缘向后缘延伸，彼此平行呈对称结构，2005年12月5日出现了在其基础上进行细小改进的对称叶片结构，在靠近压力侧壁的蛇形冷却回路的尾端的外壁内表面设置网眼销进一步增加热交换接触面积，改善冷却效果，但其需要具有足够的气压来抵消相应的冷却空气的压降，保证有足够的回流余量来冷却外部的燃气，其技术方案详见其中文同族CN1995708A "平行的蛇形冷却叶片"。2005年2月21日出现的US 7377746 B2公开了另一种对称结构的叶片，压力侧壁和吸力侧壁间设置两条与其大致平行的隔肋，将叶片内部空腔分隔成三个对称的冷却通道结构，具有三个平行的蛇形冷却回路。

李经邦博士本人的改进：

图4-5-4中带有星星标记的改进方案为李经邦博士本人作为发明人的专利，可以看出，基本涵盖了通用电气所有的改进方案，总体来说具有以下特点：

（1）在四大改进方向上均有覆盖；（2）改进策略由简单到复杂；（3）持续研发；（4）批量选优。

在通用电气的16个改进方案中，李经邦博士负责参与其中11个，这充分说明了李经邦博士在通用电气叶片冷却领域的领先地位。李经邦博士对叶片冷却结构的改进是一个持续研发的过程，从1978年进入通用电气一直到2009年从通用电气退休，持续不断地进行研发创新，设计了各种由简单到复杂结构的叶片，并通过长期实践进行批量选优，比如其重要发明专利之一 "具有蛇形冷却回路和冲击冷却的翼型叶片"（US5660524A，公开日1997年8月26日），以及CN1995708A公开的"平行蛇形冷却叶片",US2008118363A1公开的在典型的单一结构的叶片基础上,将叶片外壁厚度变薄均匀增加内部冷却腔室容积的叶片结构,US2008190582A1公开的典型的单一结构叶片中部增设与压力/吸力侧壁平行的隔肋的叶片结构。笔者对李经邦博士在通用电气任职期间的专利进行分析发现,在对叶片冷却进行批量选优后,基本形成一些技术成熟、冷却效率较高的叶片翼型结构,再后期的研发改进,李经邦博士则把重点放在了局部加强冷却的结构改进上,比如气膜冷却孔的结构改进,CN1818349A公开了前缘扩散气膜冷却孔,US2005286998A1公开了人字形的气膜冷却孔,US2008031738A1公开了吊钟钩形的气膜冷却孔结构。此外,设置各种扰流柱、网眼销,通过改变冷却气体流动路径对叶片冷却进行更高精度的控制,增加局部流动换热的换热面积,减少所用的冷却空气量,减少热应力集中,最终提高燃气轮机的冷却效率也是其后期主要研发重点,如US2012207591A1公开了在叶片后缘和吸力侧壁的前缘部分位置设置非圆形横截面的鳍销,减小冷却空气使用量,提高冷却效率,US2012177503A1公开了一种对对后缘冷却槽的改进,冷却外壁的内表面具有翅片,其横截面中间的高度较高,槽的内表面具有收敛的腰部。

4.5.4.2 其他公司的改进策略(见图4-5-5)

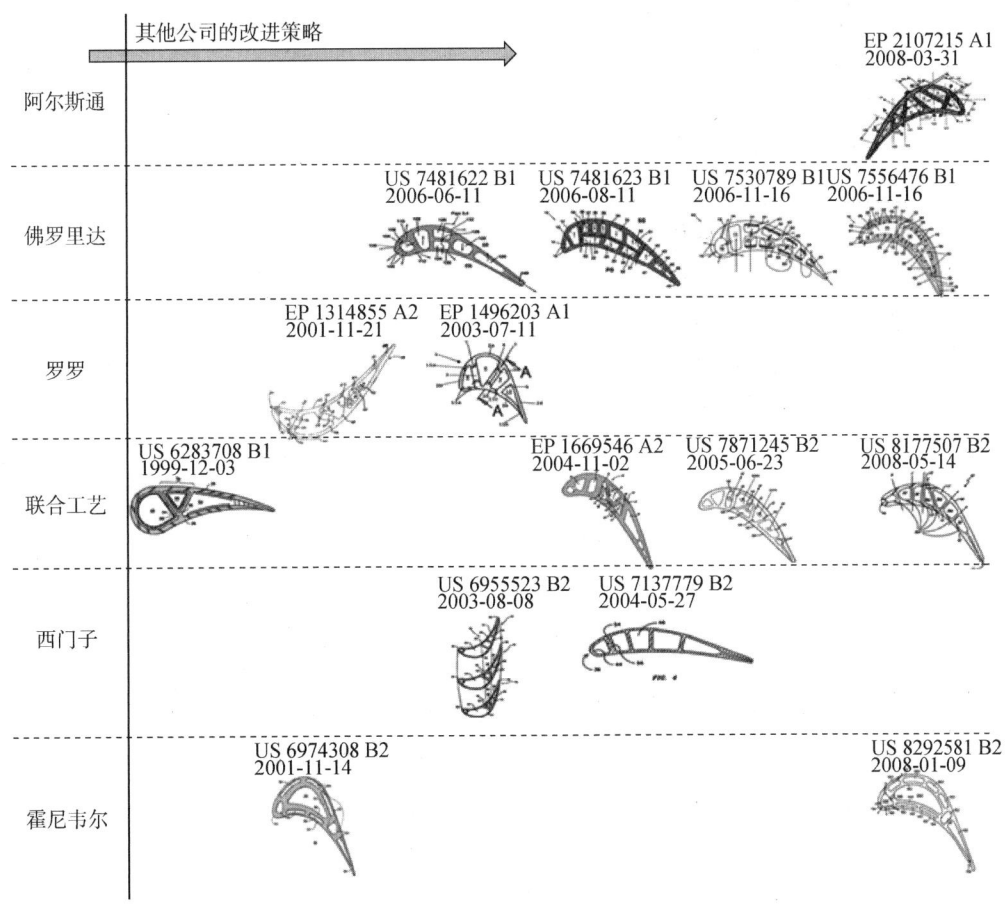

图4-5-5 其他公司的改进策略

如图 4-5-5 所述，阿尔斯通的改进方案是内腔变大的叶片，并通过在压力侧壁和吸力侧壁内表面设置鳍片，增加热交换接触面积提高冷却效率。佛罗里达涡轮机技术公司的改进方案主要是对称结构的叶片，设置有与压力侧壁和吸力侧壁大致平行的一段隔肋，将叶片内部空腔分隔成对称、平行的蛇形冷却回路，隔肋两侧的冷却通道的压力基本保持平衡，该改进方案晚于通用电气对对称结构叶片的改进，另一种改进是对靠近压力/吸力侧壁的冲击冷却室结构的改进，其冲击冷却室基本上从叶片前缘一直延伸到后缘，起到均匀冷却叶片外壁的效果。罗罗、联合工艺、西门子、霍尼韦尔的改进方案是内腔变大的叶片，其中，西门子的方案较简单，仅仅是平行的隔肋将叶片内部空腔分隔成几个冷却腔室，位于中间部位的一个冷却腔室为上大下小的锥形；罗罗和联合工艺主要是涉及楔形冷却室结构，通过延长蛇形冷却通道的长度而达到延长冷却气体的驻留时间而提高冷却效率的目的。霍尼韦尔采用的是双层壁结构叶片，降低了叶片重量和加工工艺的复杂性，提高了叶片冷却效率和燃气轮机运行效率。通用电气在 1995 年至 1997 年也出现了多种双层结构的冷却叶片，如 US5640767A、US5626462A、US5820337A。

总体来说，其他公司的改进方案相对通用电气的改进方案来说种类较少，仅涉及内腔变大和对称两个方向。罗罗、联合工艺、西门子的这几个改进方案明显落后与通用电气，而阿尔斯通的改进方案属于相对比较成熟的改进方案，霍尼韦尔对双层壁结构的叶片研发比较关注，佛罗里达涡轮机技术公司对对称结构的叶片研发比较深入，下面对其和通用电气的对称结构的叶片做进一步对比分析，如图 4-5-6（见文前彩色插图 2）所示。

如图 4-5-6 所示，通用电气从 2004 年至 2005 年持续在对对称结构的叶片进行改进，早于佛罗里达涡轮机技术有限公司的改进。两家公司改进的共同特点是：设置有与压力侧壁和吸力侧壁大致平行的一段隔肋，将叶片内部空腔分隔成对称的冷却通道结构，可使隔肋两侧的冷却通道的压力基本保持平衡。区别是通用电气的三种改进方案均具有平行的蛇形冷却回路，而佛罗里达涡轮机技术有限公司的改进方案中 US7481622B1 仅公开了在蛇形冷却回路的最后一个冷却通道具有对称结构的冷却室，虽然也起到使隔肋两侧的冷却通道的压力基本保持平衡的作用，但并未形成两条平行的蛇形冷却回路，其技术方案类似于优先权日为 2001 年 8 月 2 日通用电气在 US 6595748 B2 中公开的单一结构的冷却叶片。佛罗里达涡轮机技术有限公司另外两种改进方案具有平行的蛇形冷却回路，其中，优先权日为 2006 年 8 月 11 日的发明专利 US7481623B1 中公开了一种非标准的对称结构的冷却叶片，将大致平行的一组冷却室中位于中部的三个被与吸力/压力侧壁大致平行的肋分隔成面积大致相同的六个冷却室后，又在靠近前缘和吸力侧壁的那个蛇形冷却回路最末端通道的冷却室设置两个分隔肋，进一步将该细分冷却室分隔为更小的三个，通过延长靠近吸力侧壁的蛇形冷却回路的长度，加强吸力侧壁的冷却效果，优先权日为 2006 年 11 月 16 日的发明专利 US7530789B1 中公开了一种标准的对称结构的冷却叶片，其将大致平行的一组冷却室中位于中部的三个通过与吸力/压力侧壁大致平行的肋分隔成面积大致相同的六个冷却室，平行的蛇形冷却回路使隔肋两侧的冷却通道的压力基本保持平衡。

4.5.5 其他相关专利

4.5.5.1 政府资助专利

筛选出李经邦博士作为发明人涉及叶片冷却的政府资助的 12 项专利，如表 4-5-1 所示。其中有 8 项涉及的合同号为 F33615-02-C-2212，分别为美国空军（2003 年 2 项、2004 年 3 项）和国防部（2003 年 2 项、2005 年 1 项）资助。2006 年国防部资助的 1 项专利的合同号为 N00019-04-C-0093，该合同涉及航空发动机，其主要内容是开发 JSF F136 战斗机的推进系统。以上 9 项专利均为通用电气申请。

在 2009 年李博士从 GE 航空集团退休后，依然有 3 项他个人的申请受到美国能源部的资助，可见美国政府一直对其进行资助，其间他还担任西门子能源的技术顾问。这 3 项专利主要申请于 2010 年（1 项）和 2013 年（2 项），合同号均为 DE-FC26-05NT42643，该合同是由通用电气和美国能源部所签署，其目的是设计并发展可以燃用煤基氢气和合成气的，用于整体煤气化联合循环发电系统的燃气轮机，使其性能达到美国能源部设定的燃气轮机性能指标。

4.5.5.2 早期专利

研究某人的早期专利，可以发现其早期研发方向。通过筛选出李经邦博士早期的几篇专利申请，如表 4-5-2 所示，发现发明点主要涉及冷却通道壁上促进湍流的肋片、叶片顶部的发散冷却孔、冷却通道的内壁、分割和形状结构、隔壁上的冷却孔的设置方式。李经邦 1978 年博士毕业后即进入通用电气工作，因此早期申请均属于通用电气的申请。专利主要布局在美国和欧洲。其中一项专利 US5156526 A 涉及楔形的蛇形冷却通道，是重要专利 US5660524A "Airfoil Blade Having a Serpentine Cooling Circuit and Impingement Cooling"（具有蛇形冷却回路和冲击冷却的翼型叶片）的改进基础。

4.5.5.3 近年专利

研究某人的近年专利，可以发现其近期的重点研发方向。通过筛选出李经邦博士最新的几篇专利申请，如表 4-5-3 所示，发现主要涉及对预旋、后缘冷却槽、隔壁的冷却气流通道的位置设置、隔壁的冷却气流通道结构、蛇形冷却通道以及叶片顶部的改进，除了 1 项西门子提出的 PCT 申请，其余申请基本都只在美国进行专利布局，都是个人申请。其中，有 2 项是美国能源部的政府资助申请，合同号为 DE-FC26-05NT42644。

表4-5-1 政府资助专利

公开号	优先权日	申请人/发明人	公开号中五局分布	附图	发明点
US2005008487 A1	2003-07-09	GENE；美国空军 F33615-02-C-2212	US；EP；JP	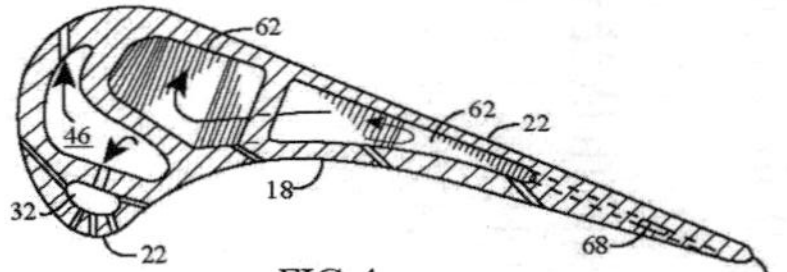 FIG.4 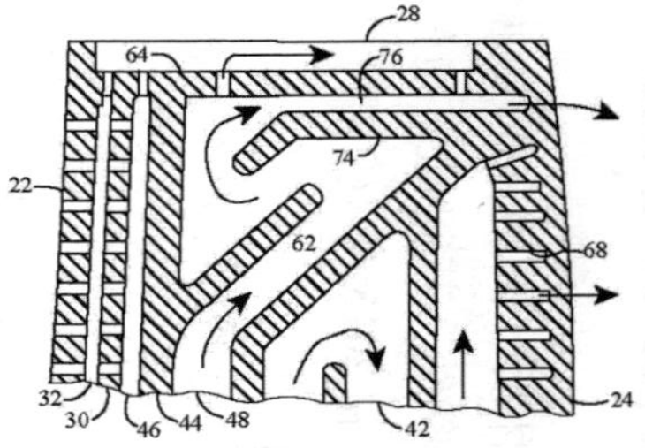 FIG.5	带孔的第一冷却桥(30)限定位于压力侧壁(18)和吸力侧壁(20)之间的前缘冷却通道(40)。带孔的第二冷却桥靠近吸力侧壁的第二冷却通道(42)。带孔的第三冷却桥(44)与第一冷却桥限定供给冷却通道(46)和挡板冷却通道(48)
US2005169752 A1	2003-10-24	GENE；美国空军 F33615-02-C-2212	EP；JP；US	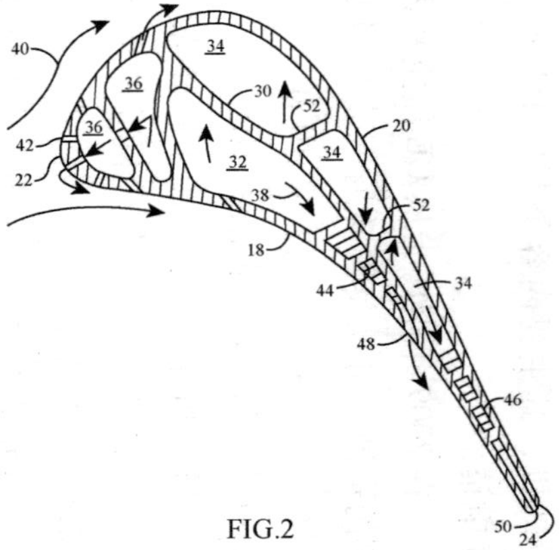 FIG.2	侧壁之间的隔板(30)在相反侧限定两个冷却回路(32,34)。一系列的回路(44,46)在回路的出口端从压力侧壁(18)向内延伸。销与回路兼各长度逐渐变短

续表

公开号	优先权日	申请人/发明人	公开号中五局分布	附图	发明点
US2005106020 A1	2003-11-19	GENE 美国国防部 F33615-02-C-2212	EP;JP;US	Fig.2 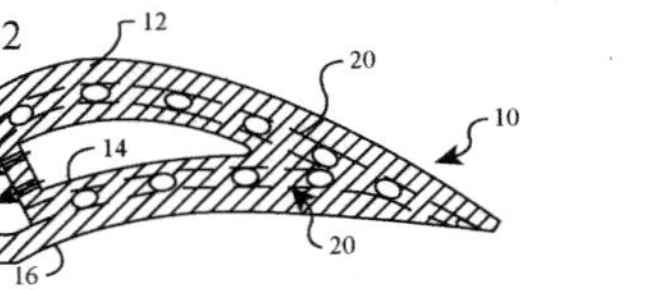　Fig.3 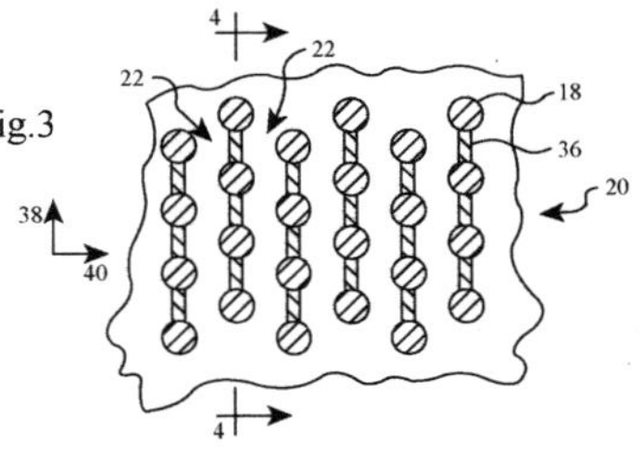	在叶片10的壁具有网眼冷却装置20，外部14之间的内部16和
US2005106021 A1	2003-11-19	GENE 美国国防部 F33615-02-C-2212	EP;US	Fig.2 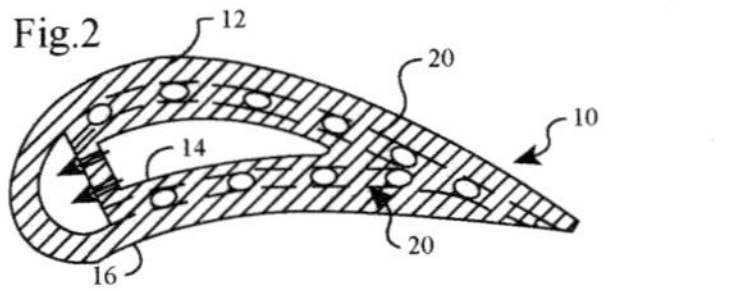　Fig.3 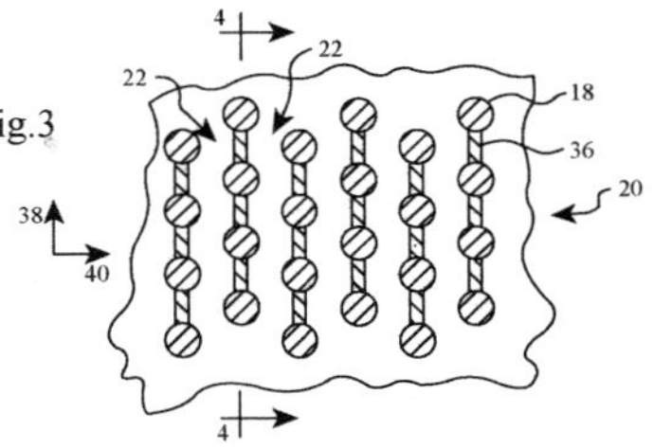	在叶片10的壁具有网眼冷却装置20，外部14之间的内部16和

续表

公开号	优先权日	申请人/发明人	公开号中五局分布	附图	发明点
US2005226726 A1	2004-04-08	GENE； 美国空军 F33615-02-C-2212	EP；JP；US	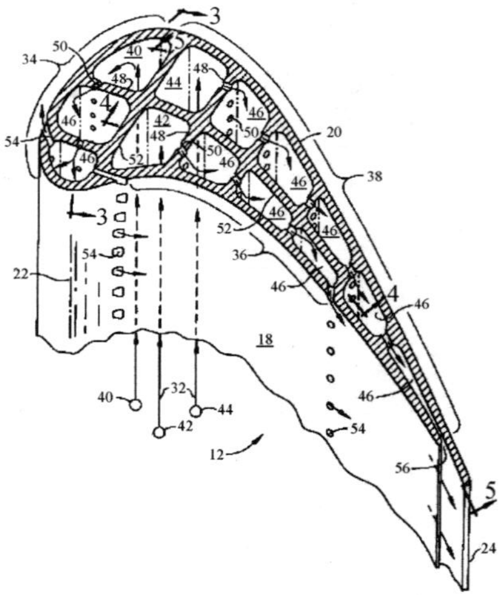	翼面（12）由相对的压力侧壁和吸力侧壁（18，20）在前缘和后缘结合在一起。翼面内部沿着后侧壁具有冷却回路。每个冷却回路具有从安装燕尾延伸的入口通道（14）。回路具有多个串联通道，并通过相应的带有冲击孔的部位隔开
US2005232769 A1	2004-04-15	GENE； 美国空军 F33615-02-C-2212	EP；JP；US	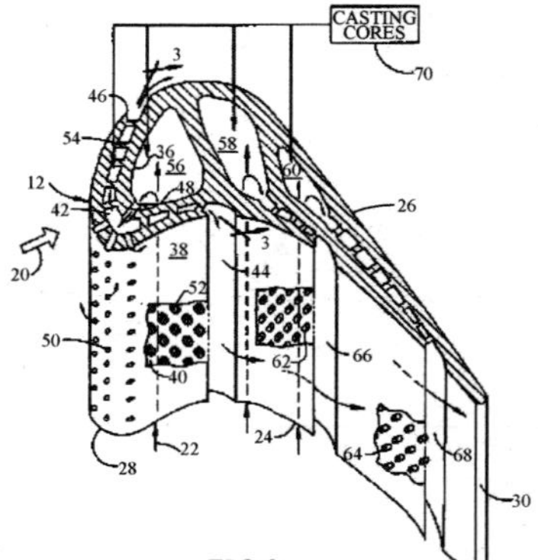 FIG.2	翼面（12）具有附加的隔热防护罩（38），与彼此隔开的向外凸起的端桥（36）限定桥通道（40）。保护罩具有前缘（28），并沿着压力和吸力侧壁（24，26）侧向通道包围端桥。多个冷却通道（58，60）位于端桥后方，用于冷却后缘

续表

公开号	优先权日	申请人/发明人	公开号中五局分布	附图	发明点
US2005286998 A1	2004-06-23	GENE；美国空军 F33615-02-C-2212	EP；JP；US		一组组合的人字形气膜冷却孔(34,36)。孔纵向外表面的人口和外表面的人字形出口(42)间在纵向和横向上岔开。每个孔具有圆柱形进口孔(44)从入口开始终止于一对具有相同波峰形成的翅槽，一组成干壁(38)形纵向延伸，并在内表面的人字形壁(32)之间
US2008080979 A1	2005-02-21	GENE；美国国防部 F33615-C-2212	US		陶瓷芯，蛇形冷却通道靠近翼面侧面

续表

公开号	优先权日	申请人/发明人	公开号中五局分布	附图	发明点
US2008145234 A1	2006-12-19	GENE 美国国防部 N00019-04-C0093	EP;JP;CN;KR;US		铸造型芯(36),具有从平台(14)延伸一跨度的翼型(12),平台整体的结合到翼型(16),包括多个横向相邻的杆(38,40),延伸多个间距对应翼型中的冷却通道(3-7);结合到主杆在多个副杆以下隔开的翼柄(44)以对应燕尾中的入口通道(34);整体的结合到翼柄并延伸达到副杆的球状部分(46);在球形部分聚集在一起并向外辐射的多个副柱(48)以便整体地结合不同的副杆
US2012014808 A1	2010-07-14	LEEC-I 美国能源部 DE-FC26-05NT42644	US		蛇形冷却通道(54A,54G)形成于内壁(50,52)的空腔。冷却入口通道沿着压力侧壁延伸

续表

公开号	优先权日	申请人/发明人	公开号中五局分布	附图	发明点
US2013149169 A1	2013-02-06	CAMP – I; LEEC – I 美国能源部 DE – FC26 – 05NT42644	US		冷却槽(36)冷却外壁(41,43)的内表面(48,50)。内表面(48,50)具有翅片(44),其横截面中间的高度较高。槽的内表面(52,54)具有收敛的腰部
US2013156579 A1	2013-02-14	LEEC – I; MARR – I; MEER – I; MILL – I; SCHR – I; THAM – I 美国能源部 DE – FC26 – 05NT42644	US		涉及预旋(18):周边空气冷却源(12)通过预旋(18)上的导向叶片(46,48)之间的喷嘴(44)向涡轮叶片(22)的冷却通道(26)吹入冷却气体

表 4-5-2 早期专利申请

公开号	优先权日	申请人/发明人	公开号中五局分布	附图	发明点
US4627480 A	1983-11-07	PA-GEN ELECTRIC[US] IN-LEE CHING-PANG[US]	US		涉及冷却通道壁上促进湍流的肋片:叶片的冷却通道16壁上设置有成40-90度的肋22a,22b
US4893987 A	1987-12-08	PA-GEN ELECTRIC[US] IN-LEE CHING PANG; VAUGHN EUGENE THOMAS; PALMER NICHOLAS	US;JP;EP		涉及叶片顶部的发散冷却孔:叶片顶部30具有发散冷却孔17,分为圆柱形部分36和圆锥形部分38,圆锥形38的锥角为23～53度,圆柱形长度是发散冷却孔总长度的32%～62.5%

续表

公开号	优先权日	申请人/发明人	公开号中五局分布	附图	发明点
US5002460 A	1989-10-02	PA - GEN ELECTRIC [US] IN - LEE CHING - PANG [US]; BROOKS ROBERT O [US]	US;JP	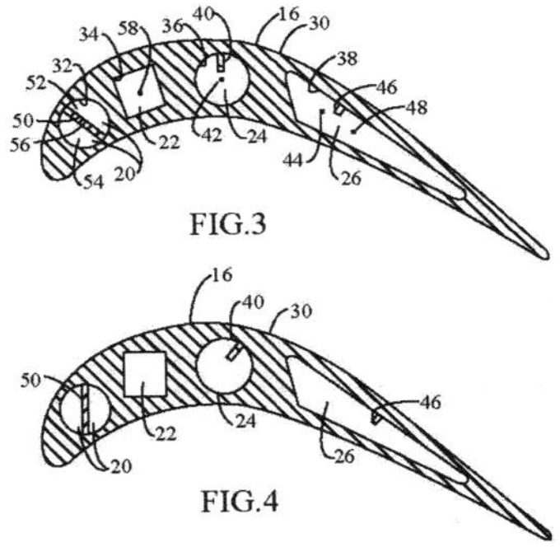 FIG.3 FIG.4	涉及冷却通道:冷却通道20、22、24、26具有中心线56、58、42、48,冷却通道24、26分别具有螺旋鳍片40、46,冷却通道20具有将其分割为两部分的隔板50,冷却通道22内表面34具有扭转螺纹
US5704763 A	1990-08-01	PA - GEN ELECTRIC [US] IN - LEE CHING - PANG [US]	US	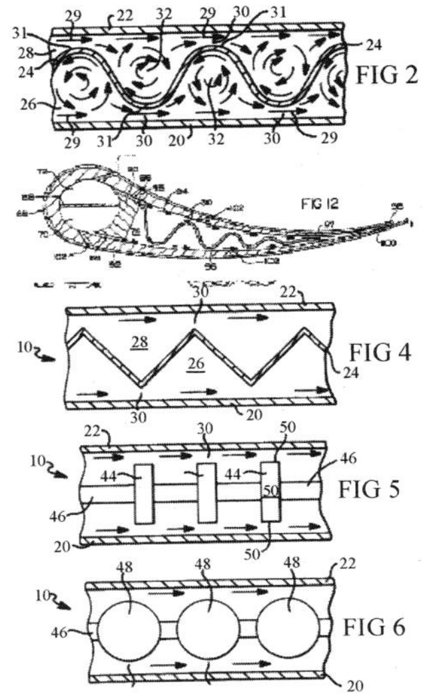 FIG 2 FIG 4 FIG 5 FIG 6	涉及冷却通道:与后缘相通的冷却通道被隔板分割成两个子通道,隔板为正弦波纹状、三角波纹状、板状等

续表

公开号	优先权日	申请人/发明人	公开号中五局分布	附 图	发明点
EP0475658 A1	1990-09-06	PA – GEN ELECTRIC [US] IN – LEE CHING – PANG [US] YOUNG CHUNG – DER [US]	EP	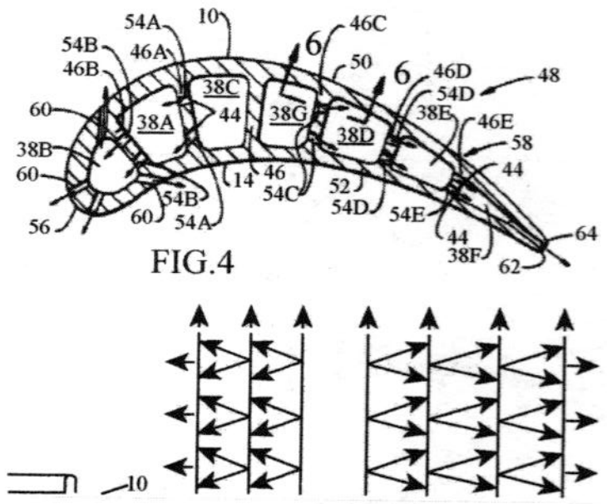 FIG.4	涉及隔壁上的冷却孔的设置方式：隔壁46向前缘56方向具有隔壁46A,46B，隔壁46向前缘64方向具有隔壁46C,46D,46E，隔壁46A,46B,46C,46D,46E上的成对冷却孔44分别具有成对轴54A,54B,54C,54D,54E
US5156526 A	1990-12-18	PA – GEN ELECTRIC [US] IN – LEE CHING – PANG [US] THOMAS JR THEODORE T [US]	US	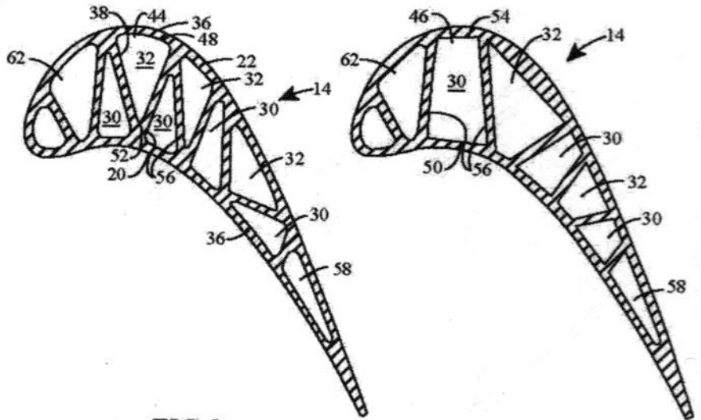 FIG.3 FIG.4	涉及蛇形冷却通道的形状结构：蛇形冷却通道为楔形

表 4-5-3 近年专利布局

公开号	优先权日	申请人/发明人	公开号中五局分布	附 图	发明点
US2013156579 A1	2013-02-14	LEE CHING-PANG [US] THAM KOK-MUN [US] SCHROEDER ERIC [US] MEEROFF JAMIE [US] MILLER JR SAMUEL R [US] MARRA JOHN J [US]	US		涉及预旋冷却源(18):周边空气(12)通过预旋上的导向叶片(46,48)之间的喷嘴(44)向涡轮叶片(22)的冷却通道(26)吹入冷却气体
US2013149169 A1 对流冷却	2013-02-06	CAMPBELL CHRISTIAN X [US] LEE CHING-PANG [US]	US		对后缘冷却槽(36)的改进:冷却槽(36)的外壁(41,43)的内表面(48,50)。内表面(48,50)具有翅片(44),其横截面中间的高度较高,槽的内表面(52,54)具有收敛的腰部

续表

公开号	优先权日	申请人/发明人	公开号中五局分布	附 图	发明点
US2013142666 A1 对流冷却	2011-12-06	(SIEI) SIEMENS ENERGY INCV LEE CHING–PANG [US] BROWN GLENN E [US] HENEVELD BENJAMIN E [US]	US; WO	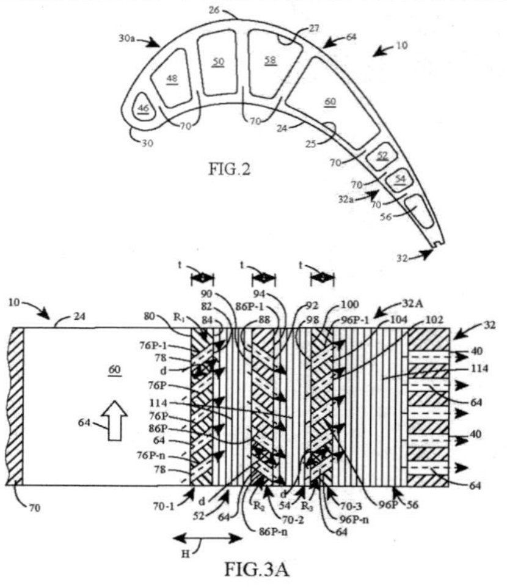 FIG.2 FIG.3A	对隔壁的冷却气流通道的结构改进：叶片（10）的翼面壁（12）具有多个内部隔壁（46, 48, 50, 58, 60）沿着第一和第二冷却室（60, 52）之间的隔壁（70）分割开。将冷却室分割开的多个第一和第二冷却气流通道（86P, 86S）。具有多个冷却通道（70-2）和第二冷却气流通道区域R1具有厚度t，即冷却室之间的距离。通道d的长度大于厚度t（通道相对于隔壁是倾斜的）
US2013064681 A1 气膜冷却	2011-09-09	LEE CHING–PANG [US]	US	FIG.1 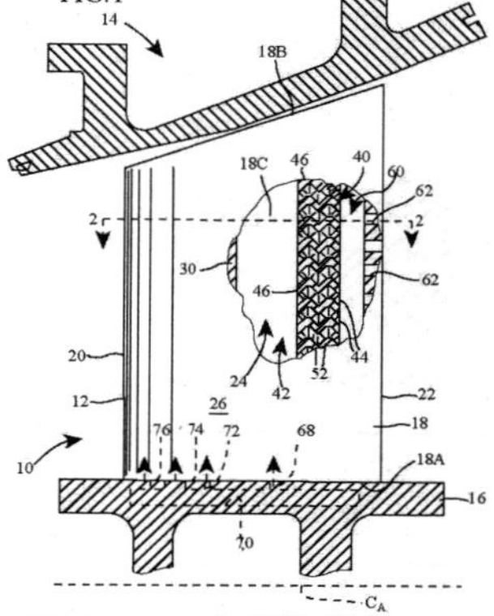	对冷却室空腔（42）与后缘（22）之间的隔壁的冷却流通道（44）的改进：具有凹陷的冷却通道（152）和湍流肋（152）

续表

公开号	优先权日	申请人/发明人	公开号中 五局分布	附图	发明点
US2013045111 A1	2011-08-18	LEE CHING – PANG [US]	US	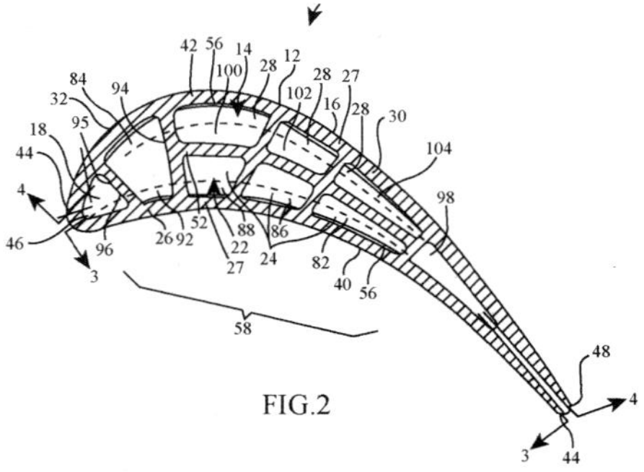 FIG.2	对蛇形冷却通道的改进：分为后缘（48）和前缘（46）之间靠吸力侧和靠近压力侧的蛇形冷却通道
US2012282108 A1	2011-05-03	LEE CHING – PANG [US] MHETRAS SHANTANU P [US] BROWN GLENN E [US]	US	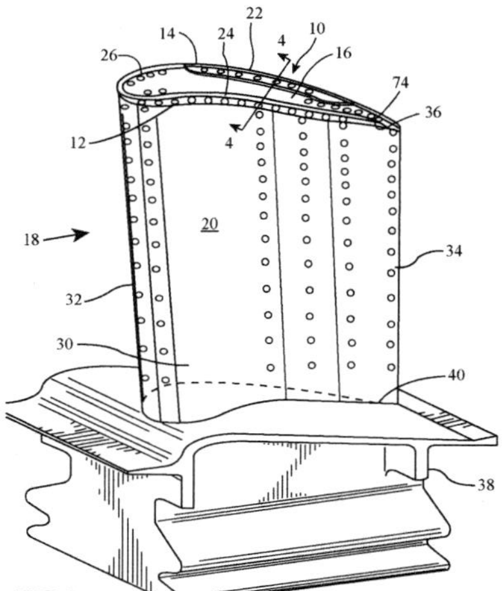 FIG.1	对叶片顶部的改进：叶片顶部 10 设置具有开槽的前缘 24 的吸力侧壁肋 14 和压力侧缘 12，前缘 24 具有带锥度的排气出口 28 的气膜冷却孔 26

续表

公开号	优先权日	申请人/发明人	公开号中五局分布	附 图	发明点
US2012269648 A1	2011-04-22	LEE CHING – PANG [US]	US	FIG 5 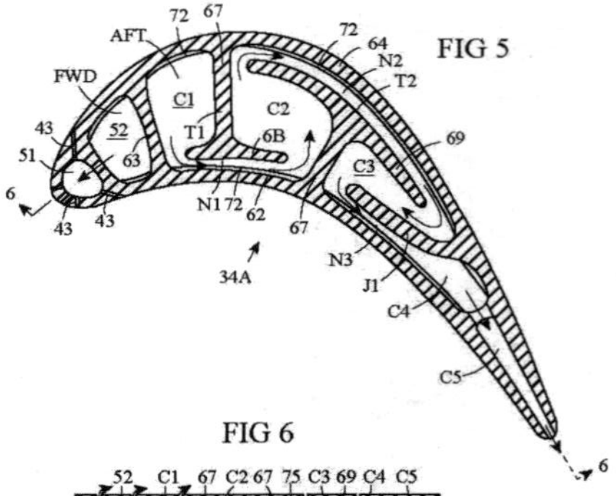 FIG 6 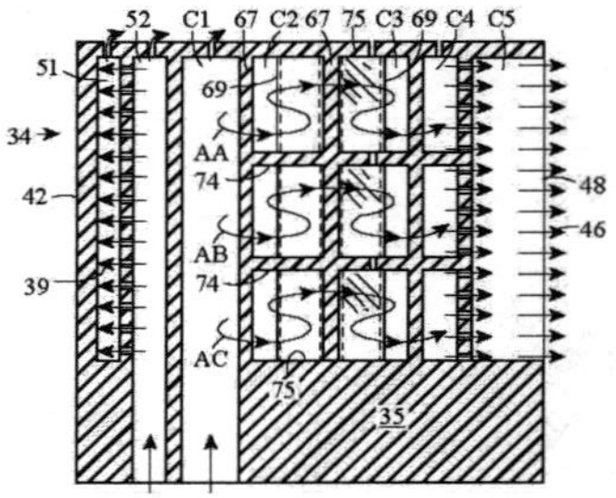	对蛇形冷却通道的改进：从压力侧壁 64 和吸力侧壁 62 延伸出 T 形部件，T 形部件的横边靠近压力侧壁 64 或吸力侧壁 62

4.6 本章小结

4.6.1 小结

一、通过对日本、美国、欧洲、中国公开的叶片冷却领域的专利申请进行分析，可以得出以下结论：

➢ 通用电气在日本、美国、欧洲、中国地区的叶片冷却领域专利份额均为第一名，而西门子也在以上地区的专利申请排在前5名；

➢ 中国申请人以高校和科研单位为主，在叶片冷却领域申请量较少，技术研发实力亟待加强，国内四大汽轮机厂在专利保护意识还相对缺乏，在研发各阶段尚未形成相应的专利保护策略；

➢ 美国佛罗里达涡轮机技术公司主要关注本国市场，没有去其他地区进行叶片冷却技术的专利布局；

➢ 英国罗罗公司对中国和日本市场关注较少，专利主要布局在欧洲和美国；

➢ 日本三菱重工、日立等在各地区都已形成专利布局，加紧对外扩张。

二、叶片冷却领域的专利申请主要集中在提高冷却效率、减少冷却介质消耗、防止应力集中。采用的技术手段主要为气膜冷却、对流冷却、冲击冷却。

1980年以前专利多是采用对流冷却提高冷却效率，近十年专利申请则相对集中在气膜冷却减少冷却介质消耗上。

三、李经邦博士是叶片冷却领域的重要发明人。1978～2009年在GE航空集团总部工作，其间，申请了一项重要的发明专利US5660524A "Airfoil Blade Having a Serpentine Cooling Circuit and Impingement Cooling"（具有蛇形冷却回路和冲击冷却的翼型叶片）。2009年从GE航空集团总部退休，随后（2009～2011年）被西门子聘请为顾问。

对李经邦博士重要专利进行改进共有58项专利，其中通用电气有25项专利申请，联合工艺10项，西门子7项，罗罗5项，佛罗里达涡轮机技术公司5项，阿尔斯通2项，斯奈克玛2项，霍尼韦尔2项。改进方案细分统计如表4-6-1所示。

表4-6-1 各公司改进方案统计

公司 \ 改进方向	冷却室结构	蛇形冷却通道	叶片前缘冷却	叶片顶端冷却	其他
通用电气	15	10	7	7	3
阿尔斯通	1				
佛罗里达涡轮机技术公司	4		3		

续表

改进方向 公司	冷却室结构	蛇形冷却通道	叶片前缘冷却	叶片顶端冷却	其他
霍尼韦尔	2		1		
罗罗	2				1
西门子	2	2	1	2	2
斯奈克玛		1			
联合工艺	4	2	2	1	3

通用电气的改进策略是单一结构的叶片→内腔变大的叶片→蜂窝结构的叶片→对称结构的叶片。阿尔斯通、罗罗、联合工艺、西门子、霍尼韦尔的改进方案是内腔变大的叶片，佛罗里达涡轮机技术公司的改进方案主要是对称结构的叶片。

每个改进方案所涉及的细节部位总结如下，详见本章表4-6-2~表4-6-9：

➢ 通用电气主要涉及对中间蛇形冷却通道、叶片顶部、叶片前缘、叶片后缘壁设置突起加强冷却、冷却室结构形状的改进；

➢ 阿尔斯通主要对分割冷却室的腹板的改进；

➢ 佛罗里达涡轮机技术公司主要是对蛇形冷却通道、靠近侧壁的冷却室和发散冷却回路的改进；

➢ 霍尼韦尔主要是对冷却通道铸芯、制造方法的改进；

➢ 罗罗主要是对冷却通道、冲击冷却、冷却室螺旋流向的改进；

➢ 西门子主要是对蛇形冷却通道、前缘冷却、叶片顶部的散热轨、吸力侧壁两排冲击冷却孔、叶片顶部导流栅、负载支柱的改进；

➢ 斯奈克玛主要是对冷却回路流向的改进；

➢ 联合工艺主要是对肋和气膜冷却孔、平台气膜冷却孔、交迭肋和冷却孔的配合结构、通道间的板条、叶片顶部肋上的孔、蛇形冷却通道和微小回路、内部冷却结构、三角形的蛇形冷却通道、带角度的内部肋板的改进。

4.6.2 附录

4.6.2.1 通用电气的改进（见表4-6-2）

表4-6-2 通用公司的改进方案

		通用电气改进方案1		
专利信息	公开号	US 5902093 A	优先权日	1997-08-22
	发明名称	Crack arresting rotor blade		

续表

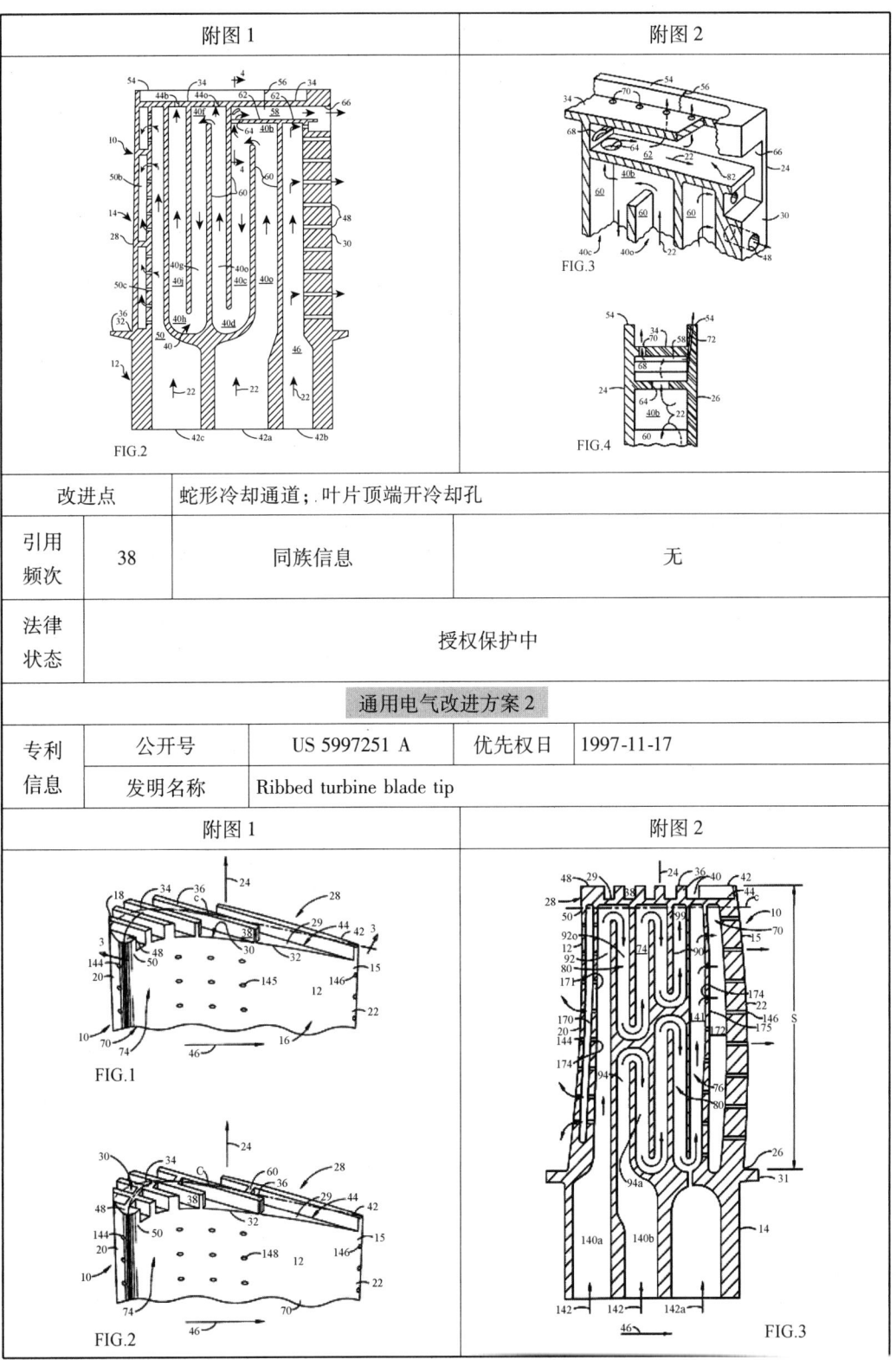

改进点	蛇形冷却通道；叶片顶端开冷却孔		
引用频次	38	同族信息	无
法律状态	授权保护中		

通用电气改进方案2

专利信息	公开号	US 5997251 A	优先权日	1997-11-17
	发明名称	Ribbed turbine blade tip		

续表

改进点	蛇形冷却通道；叶片顶端设置平行肋			
引用频次	25	同族信息	DE69828938D1，DE69828938T2，EP0916811A2，EP0916811A3，EP0916811B1	
法律状态	2011-12-7 因未缴费在美国失效			
通用电气改进方案3				
专利信息	公开号	EP 0916811 A2	优先权日	1997-11-17
	发明名称	Ribbed turbine blade tip		
附图1			附图2	

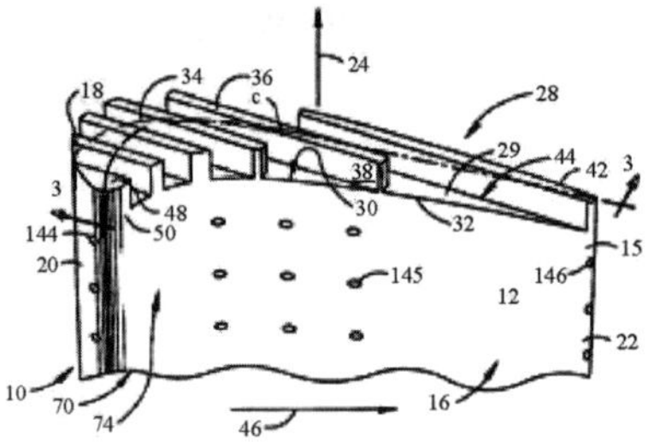

FIG.1

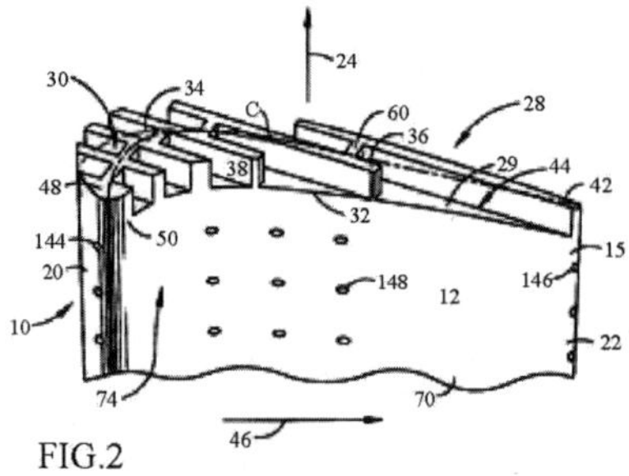

FIG.2

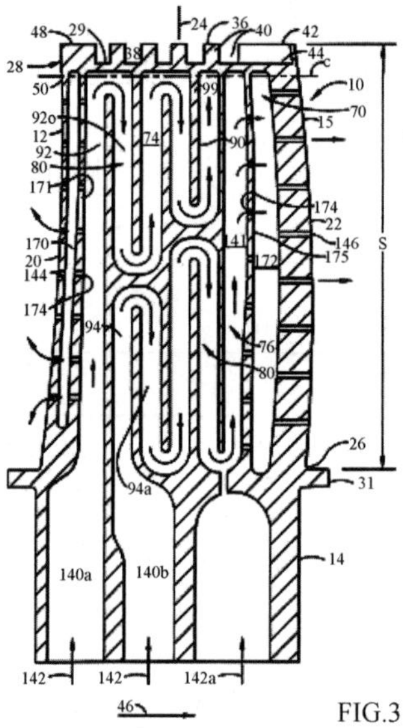

FIG.3

改进点	蛇形冷却通道；叶片顶端设置平行肋			
引用频次	5	同族信息	DE69828938D1，DE69828938T2，EP0916811A3，EP0916811B1，US5997251	
法律状态	授权保护中			
通用电气改进方案4				
专利信息	公开号	US 6220817 B1	优先权日	1997-11-17
	发明名称	AFT flowing multi – tier airfoil cooling circuit		

续表

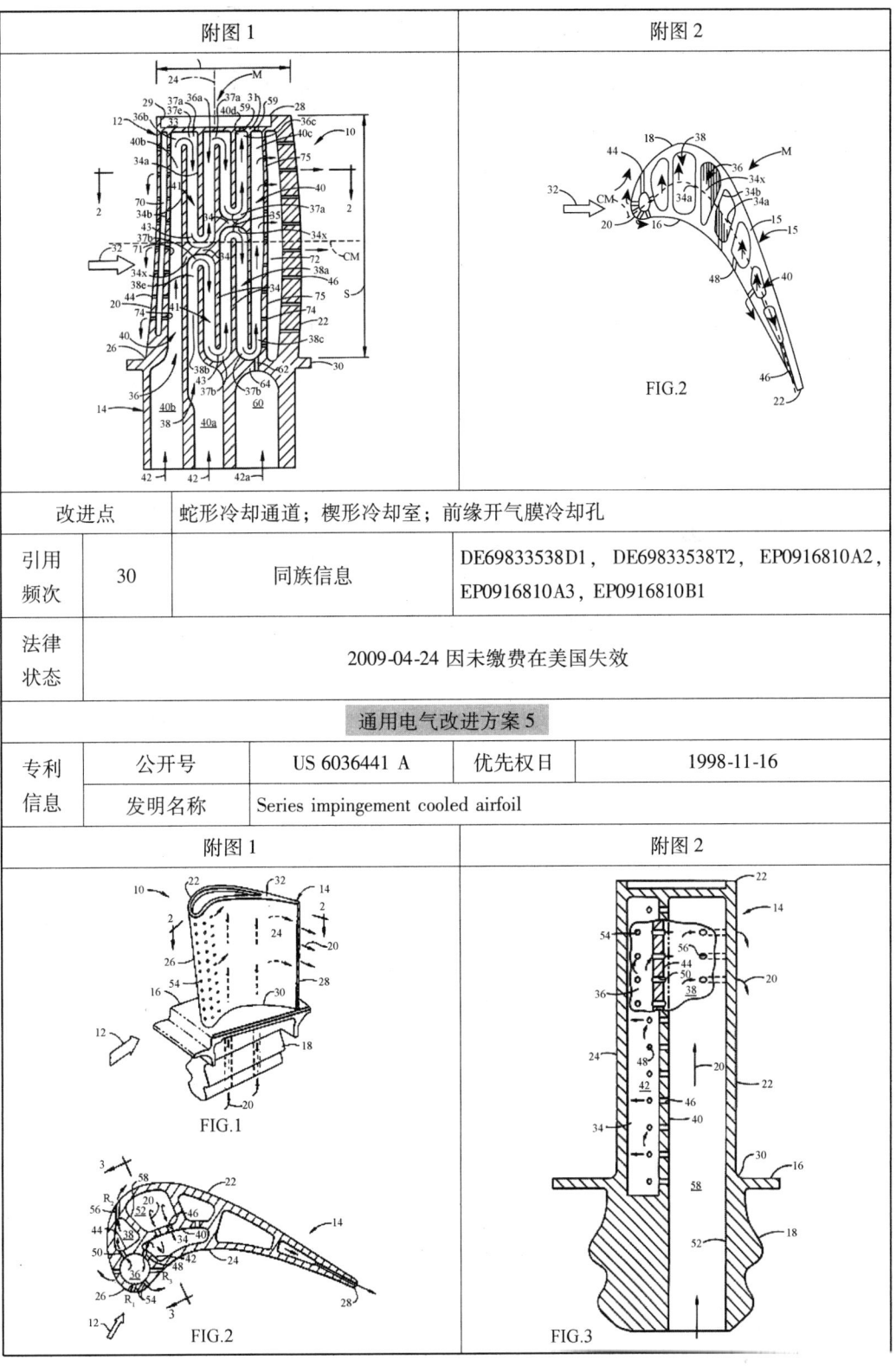

改进点	蛇形冷却通道；楔形冷却室；前缘开气膜冷却孔		
引用频次	30	同族信息	DE69833538D1，DE69833538T2，EP0916810A2，EP0916810A3，EP0916810B1
法律状态	2009-04-24 因未缴费在美国失效		

通用电气改进方案5

专利信息	公开号	US 6036441 A	优先权日	1998-11-16
	发明名称	Series impingement cooled airfoil		

113

改进点		前缘开气膜冷却孔；楔形冷却室；内壁大致位于压力/吸力侧壁中间并开冷却孔
引用频次	33	同族信息 EP1001135A2，EP1001135A3
法律状态		授权保护中

通用电气改进方案6

专利信息	公开号	US 6126396 A	优先权日	1998-12-09
	发明名称	AFT flowing serpentine airfoil cooling circuit with side wall impingement cooling chambers		

附图1	附图2
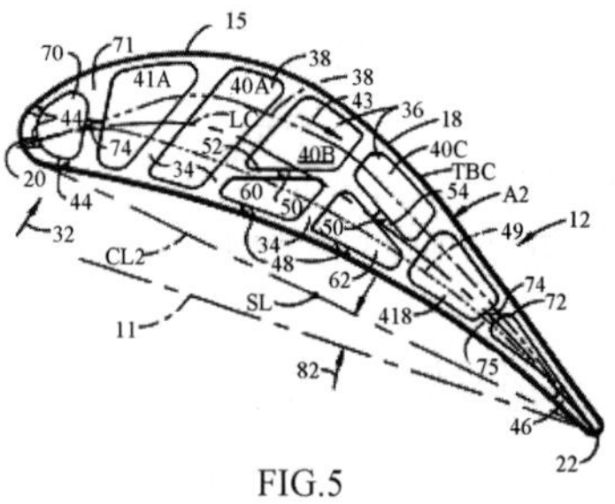 FIG.5 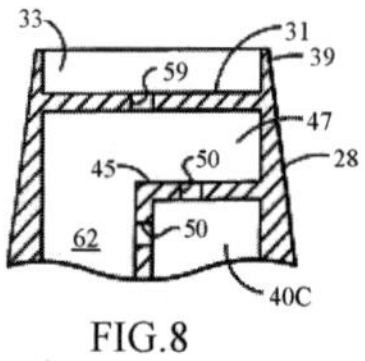 / FIG.8	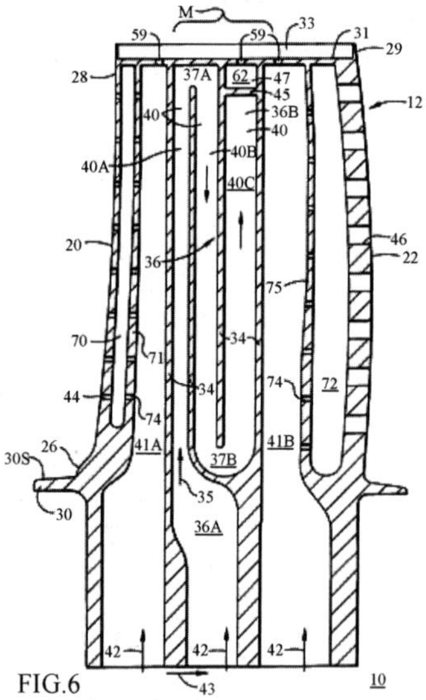 FIG.6

改进点		蛇形冷却回路；叶片顶端开冷却孔；平行的冷却室增设三角支撑肋
引用频次	24	同族信息 DE69924953D1，DE69924953T2，EP1008724A2，EP1008724A3，EP1008724B1
法律状态		授权保护中

通用电气改进方案7

专利信息	公开号	US 6168381 B1	优先权日	1999-06-29
	发明名称	Airfoil isolated leading edge cooling		

续表

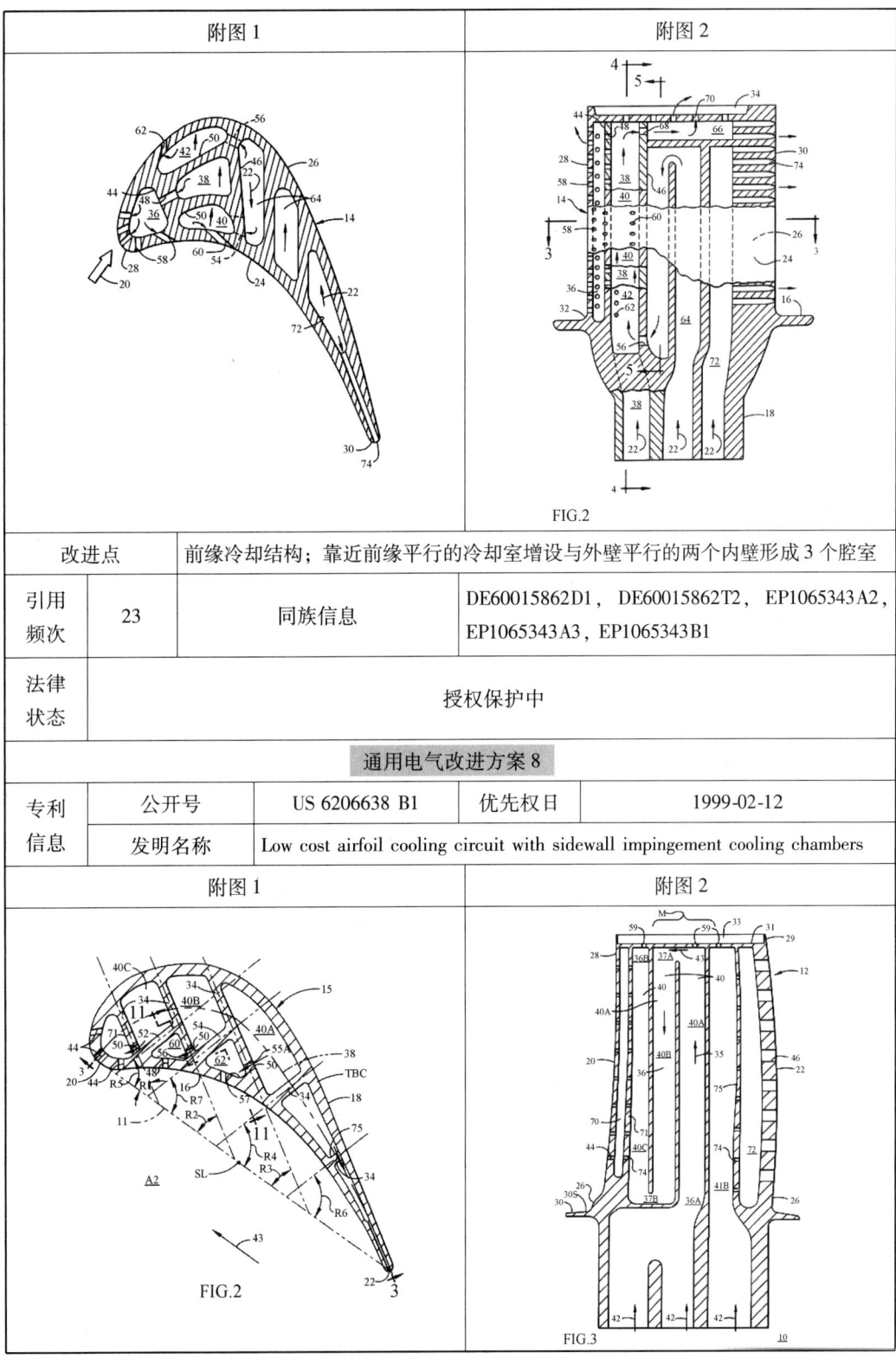

改进点	前缘冷却结构；靠近前缘平行的冷却室增设与外壁平行的两个内壁形成3个腔室		
引用频次	23	同族信息	DE60015862D1，DE60015862T2，EP1065343A2，EP1065343A3，EP1065343B1
法律状态	授权保护中		

通用电气改进方案8

专利信息	公开号	US 6206638 B1	优先权日	1999-02-12
	发明名称	Low cost airfoil cooling circuit with sidewall impingement cooling chambers		

续表

改进点	前缘冷却结构；靠近前缘平行的冷却室增设三角支撑肋；叶片顶部开冷却孔		
引用频次	51	同族信息	无
法律状态	2013-03-27 因未缴费在美国失效		

通用电气改进方案9

专利信息	公开号	EP 1008724 A2	优先权日	1998-12-09
	发明名称	Airfoil cooling configuration		

附图1	附图2
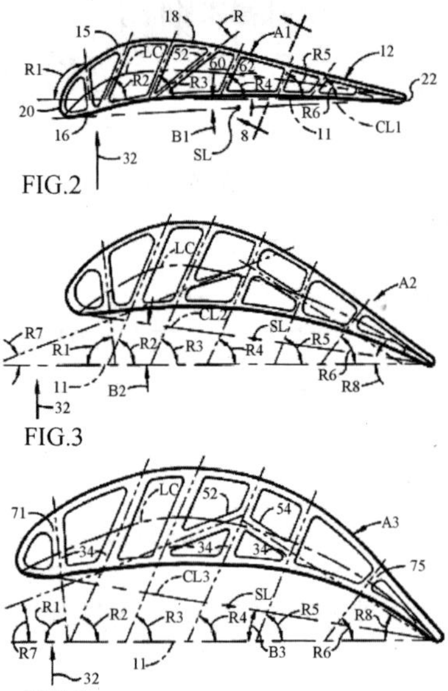 FIG.2 FIG.3 FIG.4	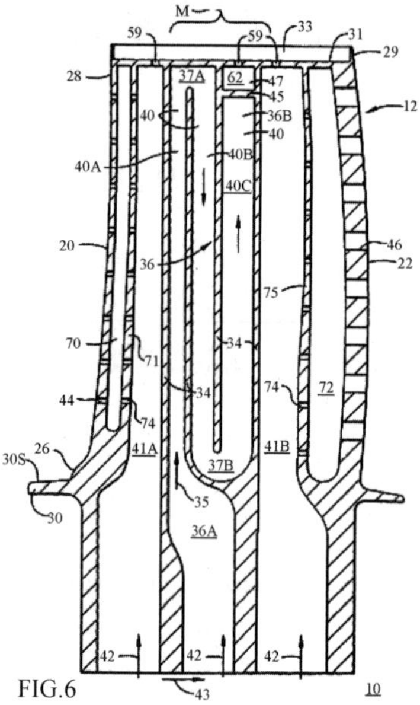 FIG.6

改进点	蛇形冷却回路；叶片顶端开冷却孔；平行的冷却室增设三角支撑肋		
引用频次	6	同族信息	DE69924953D1，DE69924953T2，EP1008724A3，EP1008724B1，US6126396
法律状态	2005-04-27 在欧洲专利局授权		

通用电气改进方案10

专利信息	公开号	US 6561758 B2	优先权日	2001-04-27
	发明名称	Methods and systems for cooling gas turbine engine airfoils		

续表

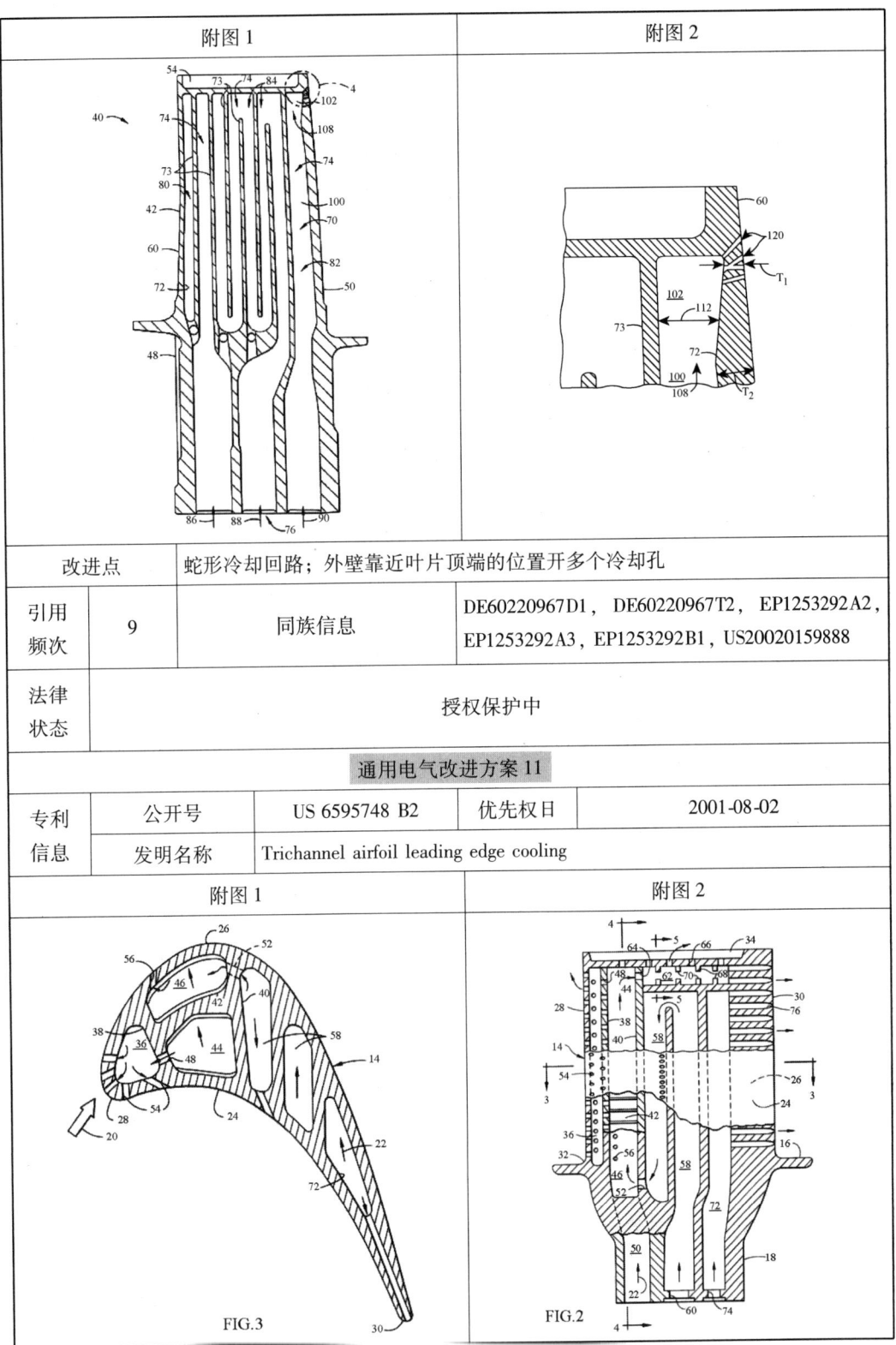

改进点	蛇形冷却回路；外壁靠近叶片顶端的位置开多个冷却孔		
引用频次	9	同族信息	DE60220967D1，DE60220967T2，EP1253292A2，EP1253292A3，EP1253292B1，US20020159888
法律状态	授权保护中		

通用电气改进方案11

专利信息	公开号	US 6595748 B2	优先权日	2001-08-02
	发明名称	Trichannel airfoil leading edge cooling		

续表

<table>
<tr><td colspan="2">改进点</td><td colspan="4">前缘冷却结构；楔形冷却室</td></tr>
<tr><td>引用频次</td><td>21</td><td colspan="2">同族信息</td><td colspan="2">无</td></tr>
<tr><td>法律状态</td><td colspan="5">授权保护中</td></tr>
<tr><td colspan="6">通用电气改进方案 12</td></tr>
<tr><td rowspan="2">专利信息</td><td>公开号</td><td>US 6832889 B1</td><td>优先权日</td><td colspan="2">2003-07-09</td></tr>
<tr><td>发明名称</td><td colspan="4">Integrated bridge turbine blade</td></tr>
<tr><td colspan="3">附图 1</td><td colspan="3">附图 2</td></tr>
<tr><td colspan="3">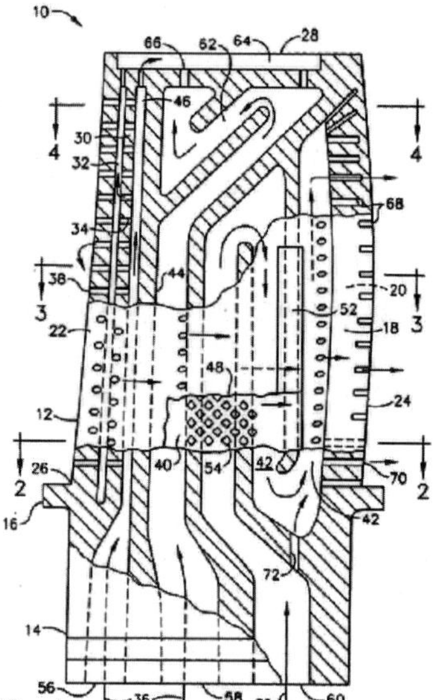

FIG. 1</td><td colspan="3">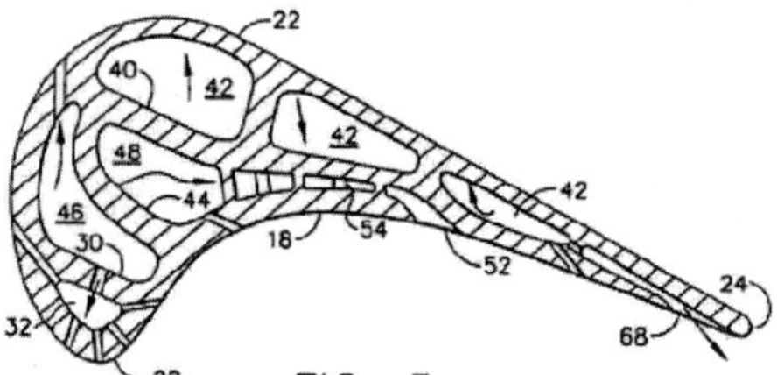

FIG. 3</td></tr>
<tr><td colspan="2">改进点</td><td colspan="4">前缘冷却结构；楔形冷却室；叶片顶部的冷却结构</td></tr>
<tr><td>引用频次</td><td>20</td><td colspan="2">同族信息</td><td colspan="2">DE602004000633D1，DE602004000633T2，EP1496204A1，EP1496204B1，US20050008487</td></tr>
<tr><td>法律状态</td><td colspan="5">2012-12-21 因未缴费在美国失效</td></tr>
<tr><td colspan="6">通用电气改进方案 13</td></tr>
<tr><td rowspan="2">专利信息</td><td>公开号</td><td>US 6984103 B2</td><td>优先权日</td><td colspan="2">2003-11-20</td></tr>
<tr><td>发明名称</td><td colspan="4">Triple circuit turbine blade</td></tr>
</table>

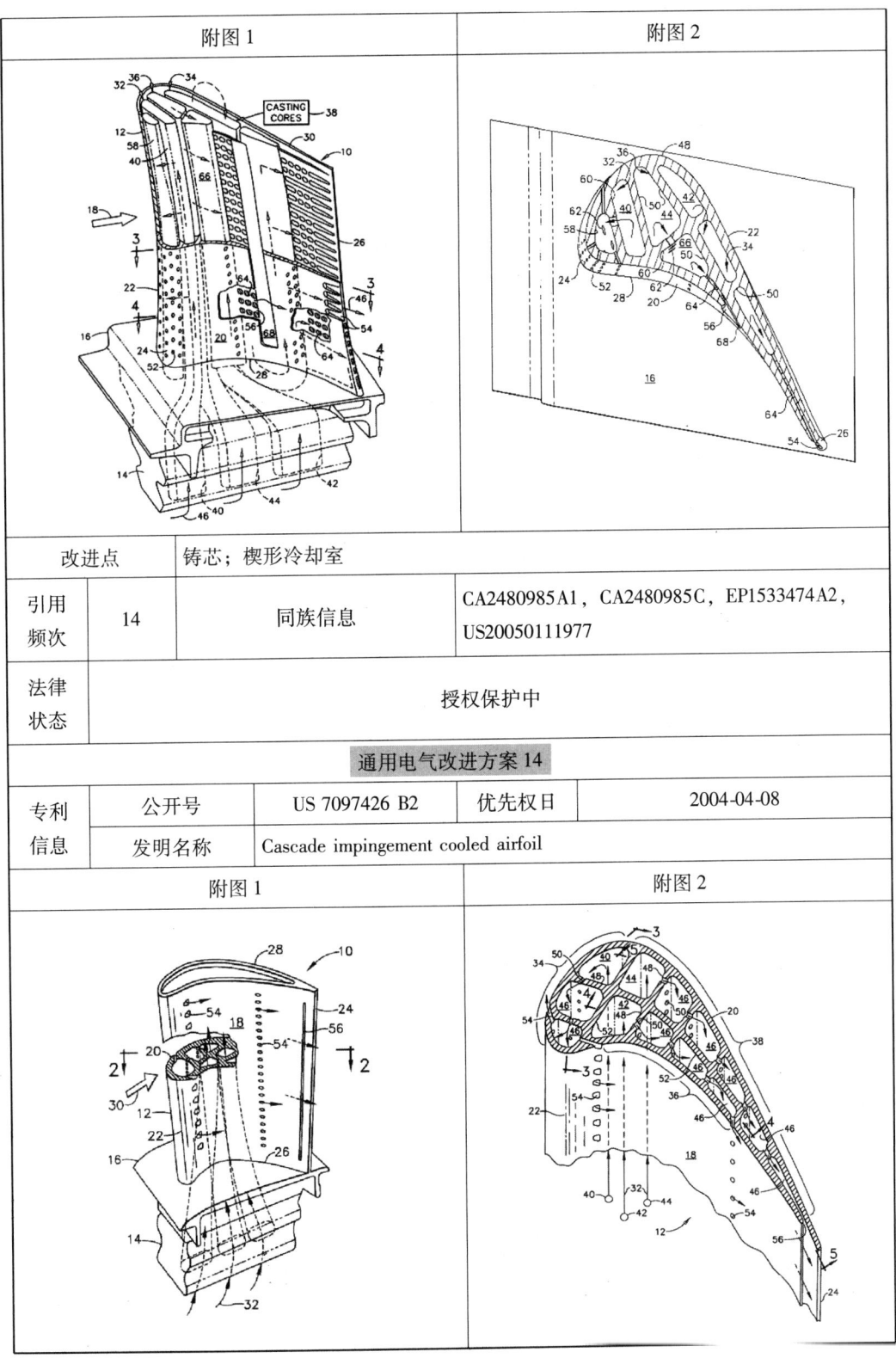

改进点	铸芯；楔形冷却室		
引用频次	14	同族信息	CA2480985A1，CA2480985C，EP1533474A2，US20050111977
法律状态	授权保护中		

通用电气改进方案 14

专利信息	公开号	US 7097426 B2	优先权日	2004-04-08
	发明名称	Cascade impingement cooled airfoil		

续表

改进点		冲击冷却；楔形冷却室	
引用频次	11	同族信息	EP1584790A2，US20050226726
法律状态		授权保护中	

通用电气改进方案 15

专利信息	公开号	EP 1496204 A1	优先权日	2003-07-09
	发明名称	Turbine blade		

附图1	附图2

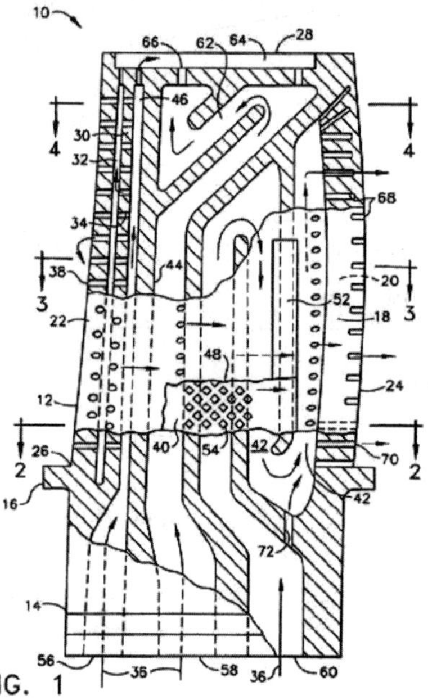

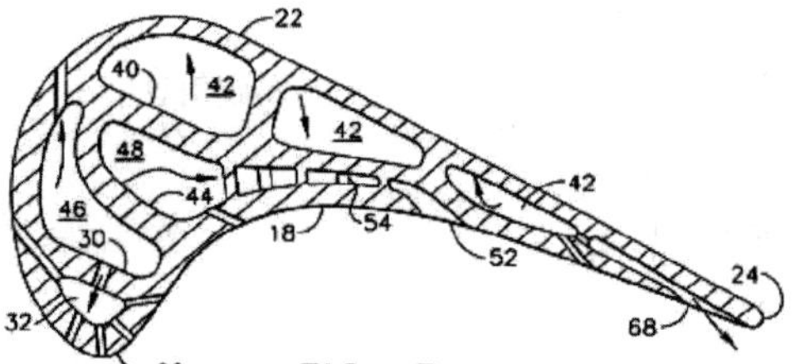

改进点		前缘冷却结构；楔形冷却室；叶片顶部的冷却结构	
引用频次	2	同族信息	DE602004000633D1，DE602004000633T2，EP1496204B1，US6832889，US20050008487
法律状态		2006-04-12 欧洲专利局授权	

通用电气改进方案 16

专利信息	公开号	US 7377746 B2	优先权日	2005-02-21
	发明名称	Airfoil cooling circuits and method		

续表

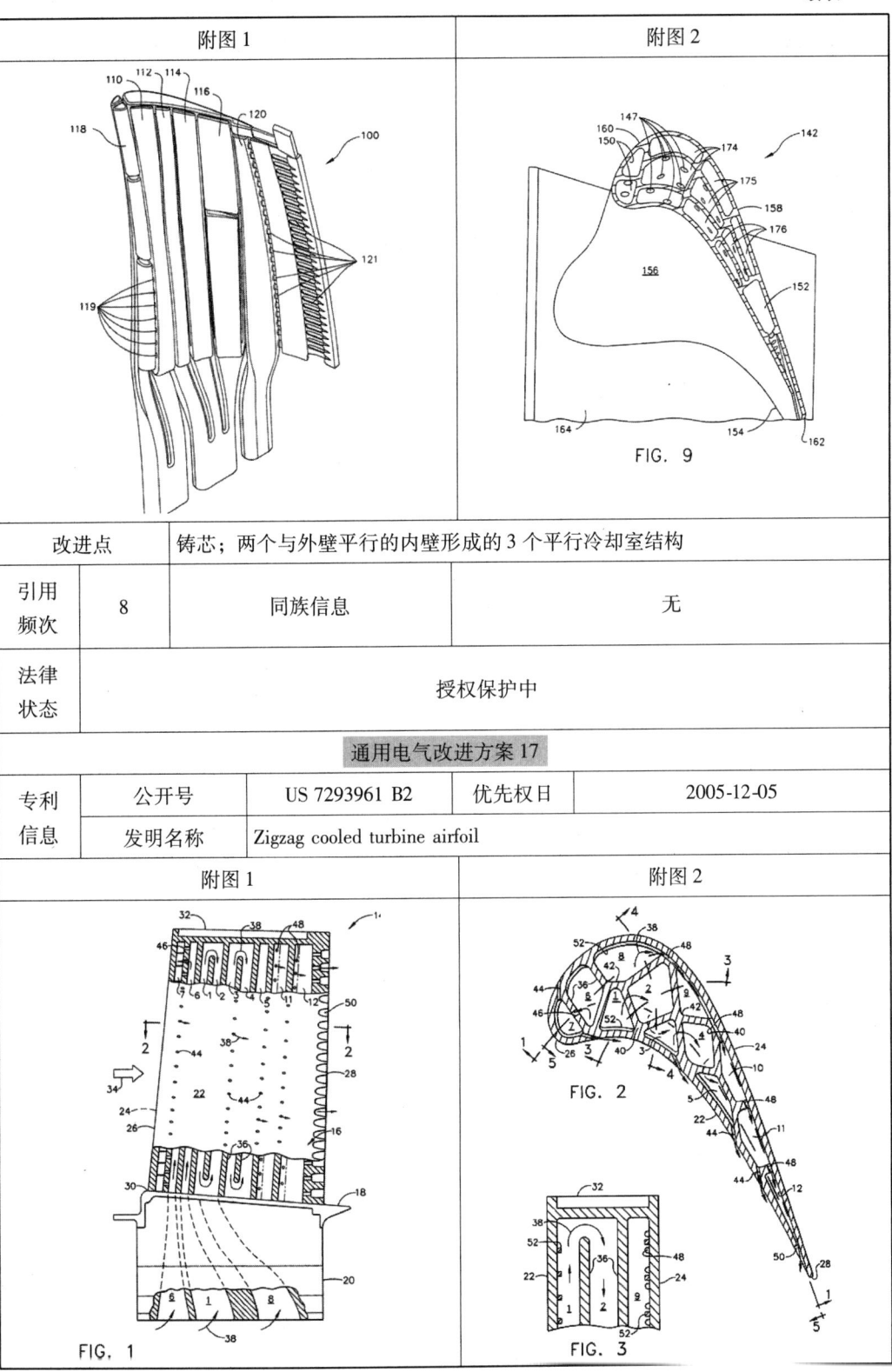

改进点	铸芯；两个与外壁平行的内壁形成的3个平行冷却室结构		
引用频次	8	同族信息	无
法律状态	授权保护中		

通用电气改进方案17

专利信息	公开号	US 7293961 B2	优先权日	2005-12-05
	发明名称	Zigzag cooled turbine airfoil		

续表

改进点		曲折形冷却回路；楔形冷却室结构；壁内侧扩大散热的小突起	
引用频次	8	同族信息	CN1982655A，CN1982655B，EP1793085A2，EP1793085A3，US20070128034
法律状态		授权保护中	
通用电气改进方案18			
专利信息	公开号	US 7296973 B2	优先权日	2005-12-05
	发明名称	Parallel serpentine cooled blade		

附图1	附图2
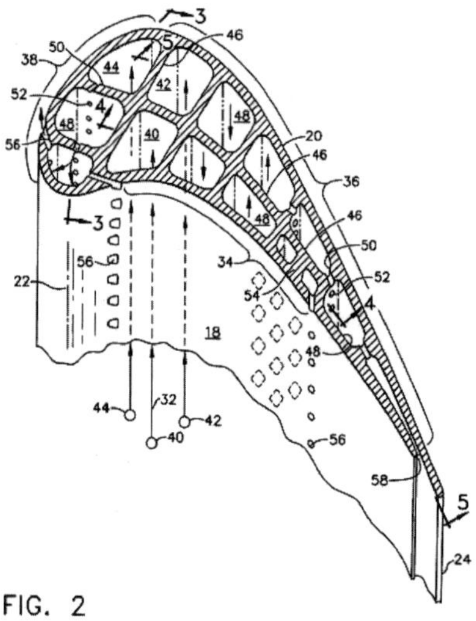 FIG. 2	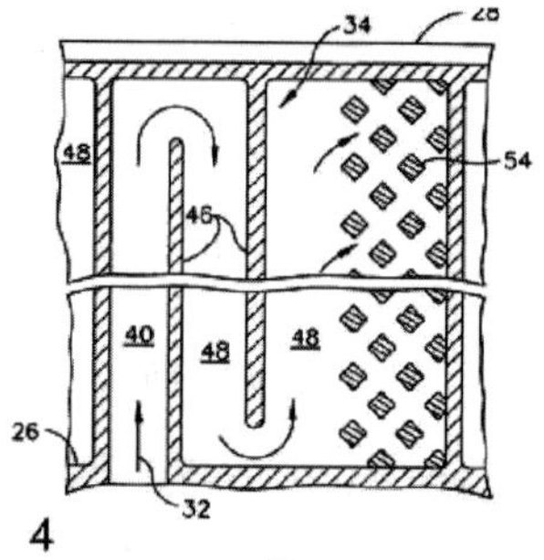 FIG. 4 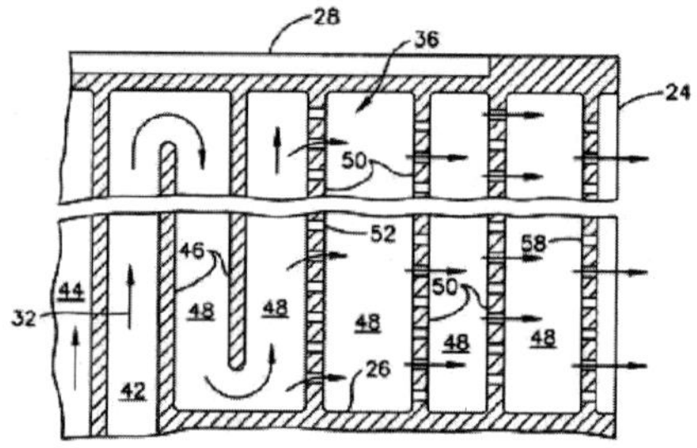 / FIG. 5

改进点		楔形冷却室结构；壁内侧扩大散热的矩形扰流柱	
引用频次	16	同族信息	CN1995708A，CN1995708B，EP1793084A2，EP1793084A3，US20070128032
法律状态		授权保护中	
通用电气改进方案19			
专利信息	公开号	US 7413001 B2	优先权日	2003-07-10
	发明名称	Synthetic model casting		

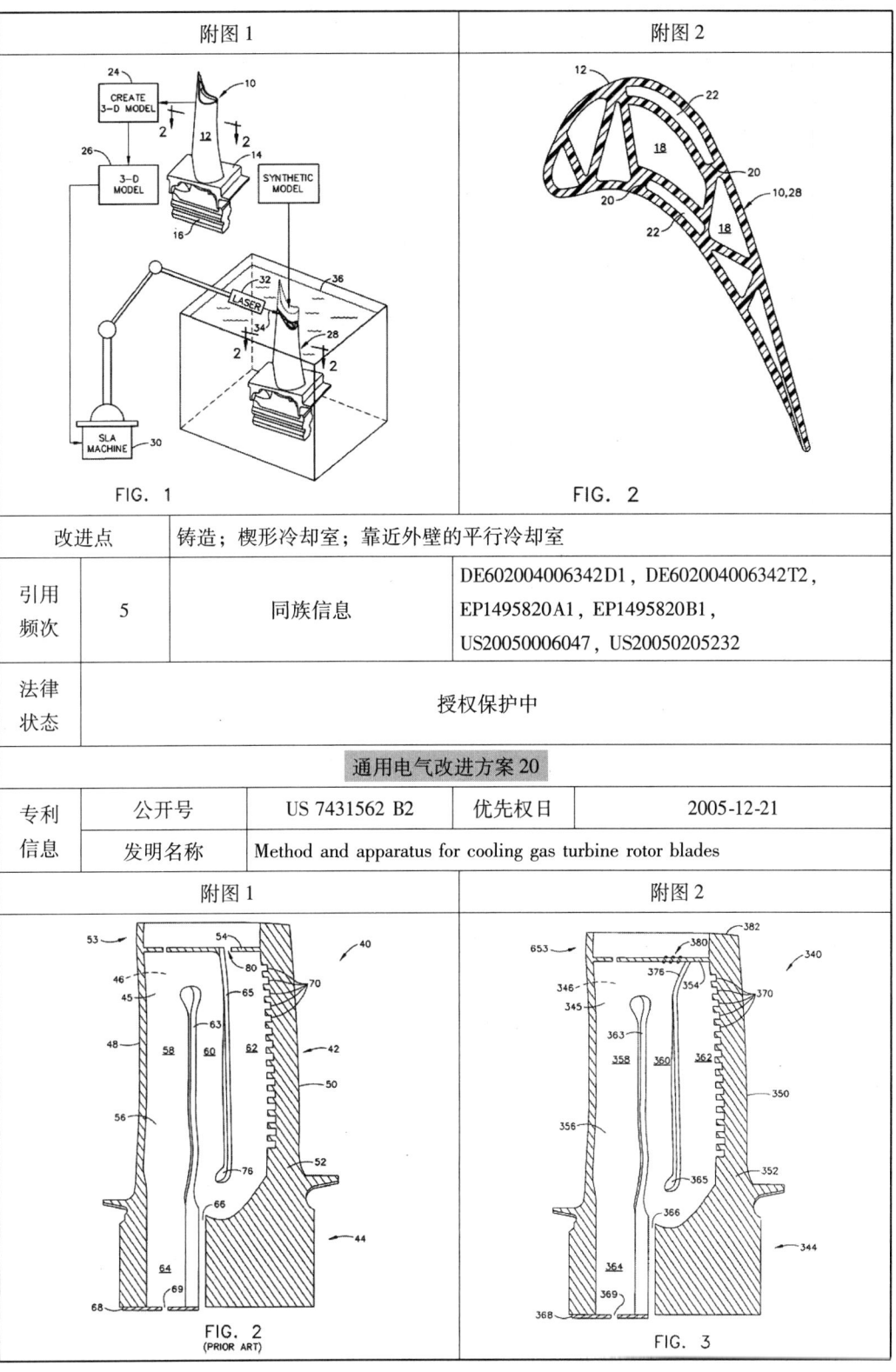

改进点		铸造；楔形冷却室；靠近外壁的平行冷却室		
引用频次	5	同族信息	DE602004006342D1，DE602004006342T2，EP1495820A1，EP1495820B1，US20050006047，US20050205232	
法律状态		授权保护中		
通用电气改进方案20				
专利信息	公开号	US 7431562 B2	优先权日	2005-12-21
	发明名称	Method and apparatus for cooling gas turbine rotor blades		

续表

改进点	壁内侧设置冷却翅片；叶片顶端冷却孔位置的改进			
引用频次	5	同族信息	无	
法律状态	授权保护中			
通用电气改进方案21				
专利信息	公开号	US 7431561 B2	优先权日	2006-02-16
	发明名称	Method and apparatus for cooling gas turbine rotor blades		
附图1			附图2	
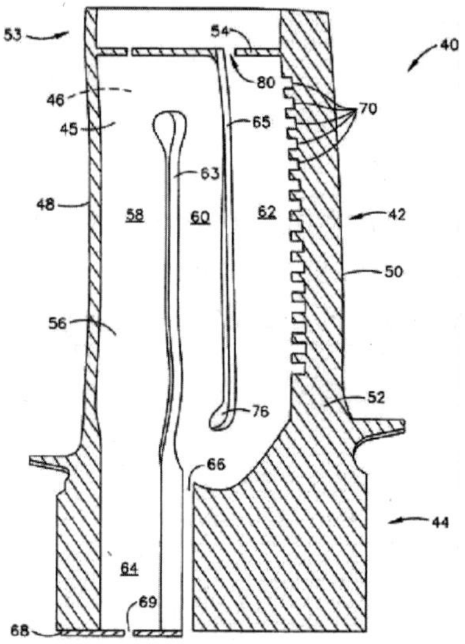 FIG. 2 (PRIOR ART)			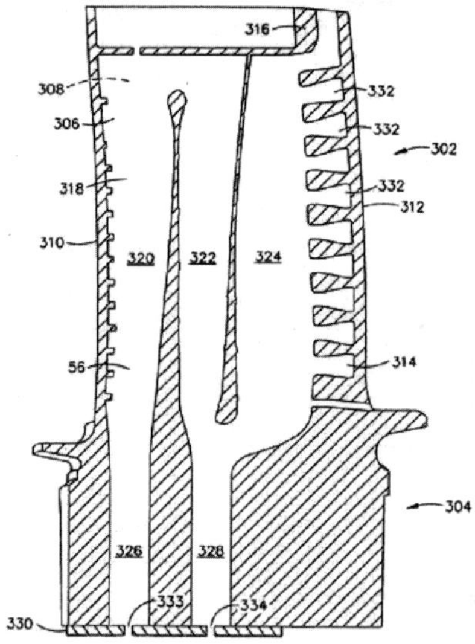 FIG. 3	
改进点	壁内侧设置冷却翅片；叶片顶端冷却孔位置的改进			
引用频次	0	同族信息	US20070189898，US20090137784	
法律状态	授权保护中			
通用电气改进方案22				
专利信息	公开号	US 7674093 B2	优先权日	2006-12-19
	发明名称	Cluster bridged casting core		

续表

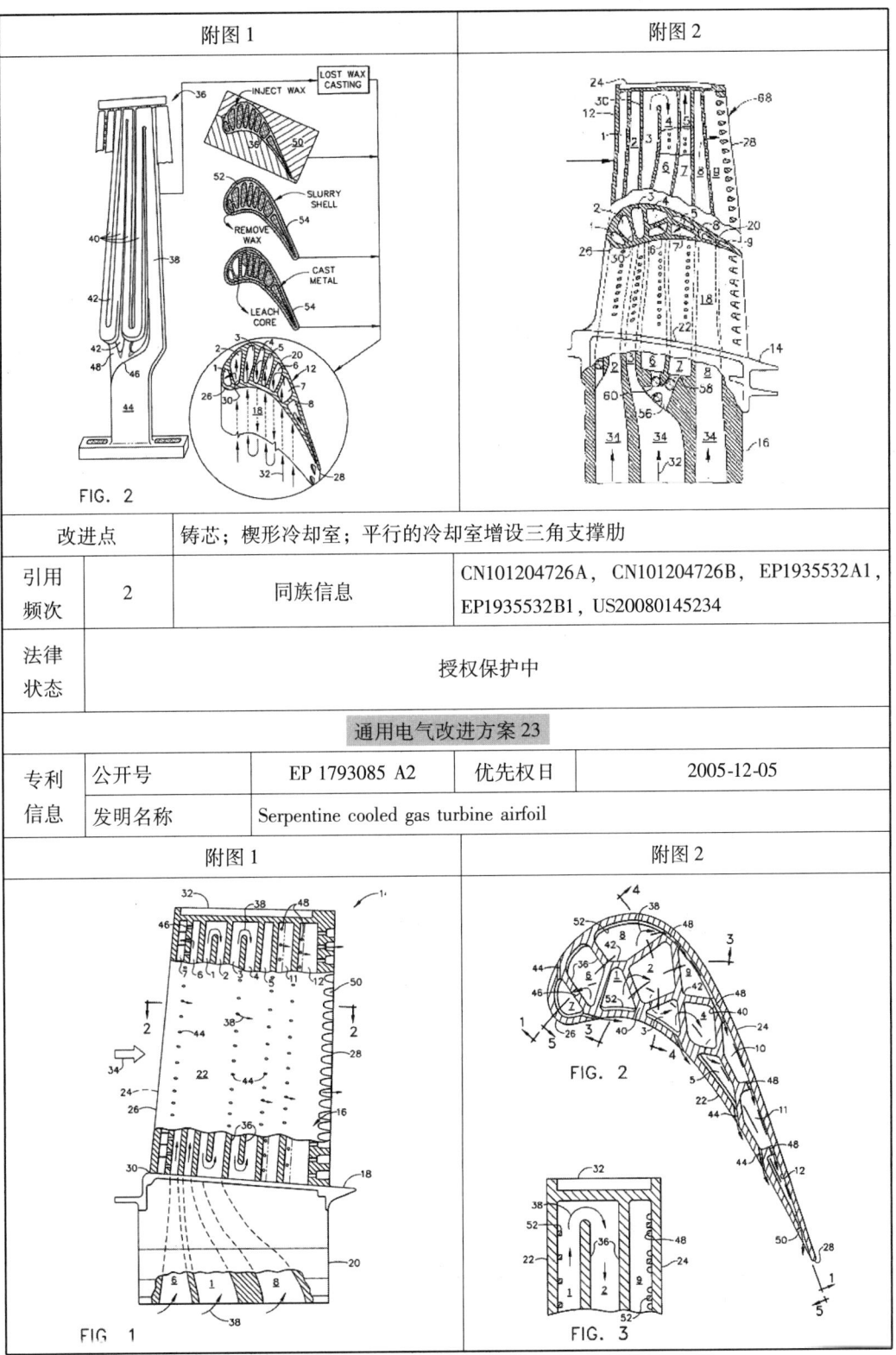

改进点		铸芯；楔形冷却室；平行的冷却室增设三角支撑肋
引用频次	2	同族信息	CN101204726A，CN101204726B，EP1935532A1，EP1935532B1，US20080145234
法律状态		授权保护中
通用电气改进方案23		
专利信息	公开号	EP 1793085 A2	优先权日	2005-12-05
	发明名称	Serpentine cooled gas turbine airfoil		

续表

改进点		蛇形冷却回路；楔形冷却室结构；壁内侧扩大散热的小突起			
引用频次	4	同族信息	CN1982655A，CN1982655B，EP1793085A3，US7293961，US20070128034		
法律状态		授权保护中			
通用电气改进方案 24					
专利信息	公开号	DE102008037534 A1	优先权日	2008-11-07	
	发明名称	Production of a gas turbine component			
		附图 1		附图 2	
改进点		铸造			
引用频次		同族信息		无	
法律状态		授权保护中			
通用电气改进方案 25					
专利信息	公开号	US 8052378 B2	优先权日	2009-03-18	
	发明名称	Film – cooling augmentation device and turbine airfoil incorporating the same			

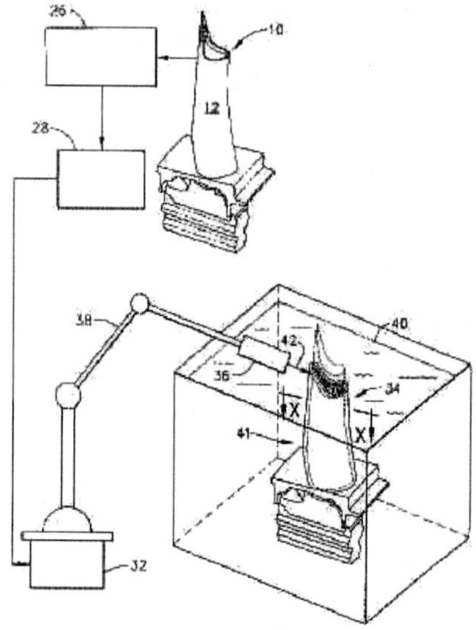

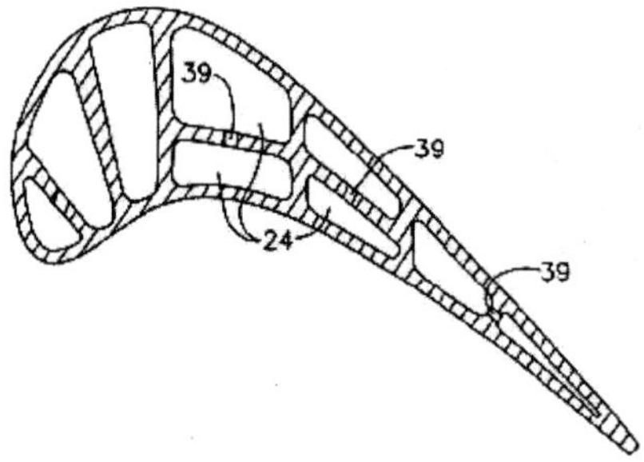

续表

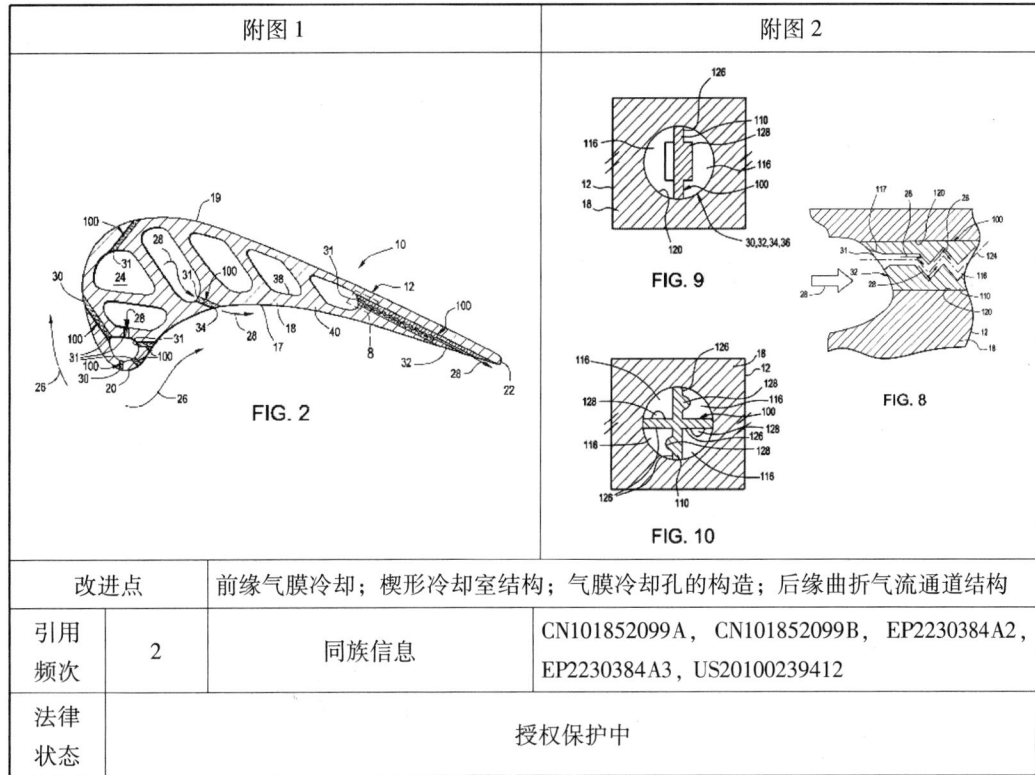

<table>
<tr><td colspan="3">附图 1</td><td colspan="2">附图 2</td></tr>
<tr><td colspan="3">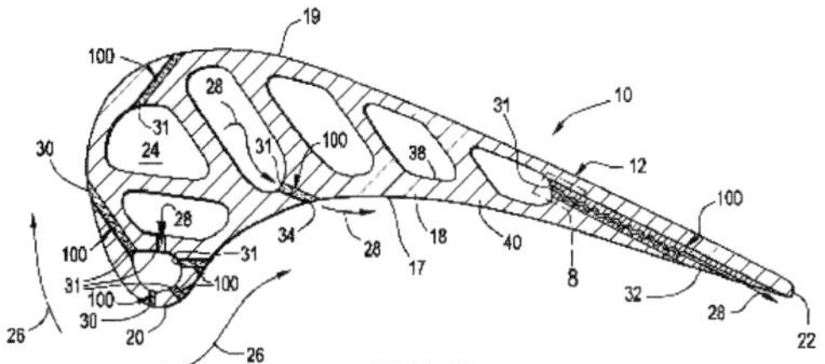
FIG. 2</td><td colspan="2">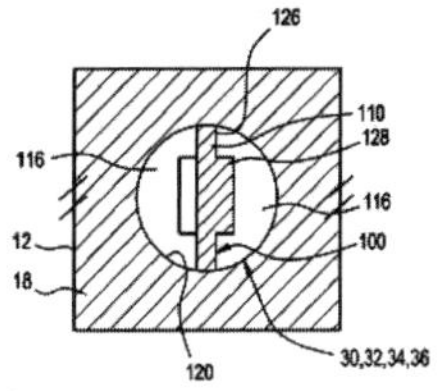
FIG. 9
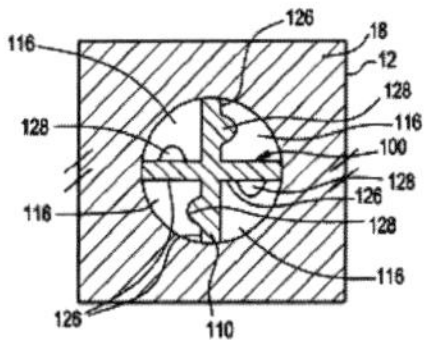
FIG. 10
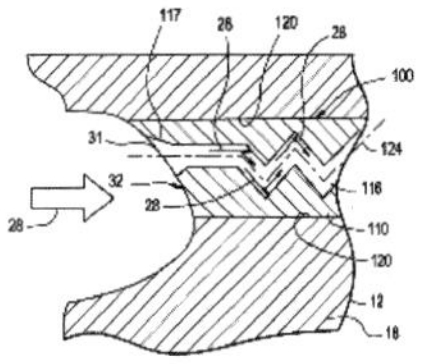
FIG. 8</td></tr>
<tr><td colspan="2">改进点</td><td colspan="3">前缘气膜冷却；楔形冷却室结构；气膜冷却孔的构造；后缘曲折气流通道结构</td></tr>
<tr><td>引用频次</td><td>2</td><td>同族信息</td><td colspan="2">CN101852099A，CN101852099B，EP2230384A2，EP2230384A3，US20100239412</td></tr>
<tr><td>法律状态</td><td colspan="4">授权保护中</td></tr>
</table>

4.6.2.2 阿尔斯通的改进（见表 4-6-3）

表 4-6-3 阿尔斯通的改进方案

<table>
<tr><td colspan="5">阿尔斯通改进方案 1</td></tr>
<tr><td rowspan="2">专利信息</td><td>公开号</td><td>EP 2107215 A1</td><td>优先权日</td><td>2008-03-31</td></tr>
<tr><td>发明名称</td><td colspan="3">Gas turbine airfoil</td></tr>
<tr><td colspan="3">附图 1</td><td colspan="2">附图 2</td></tr>
<tr><td colspan="3">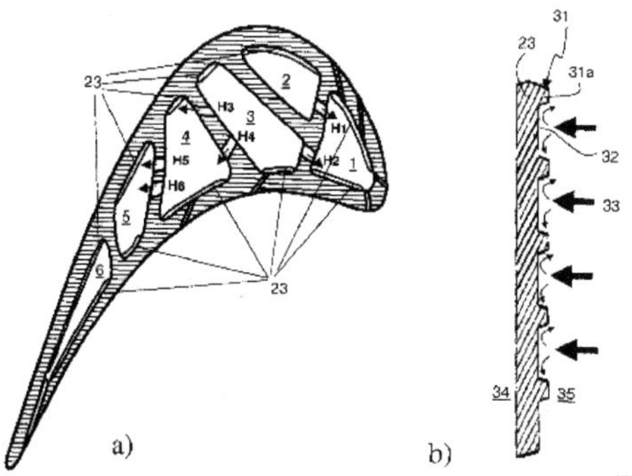
FIG. 7</td><td colspan="2">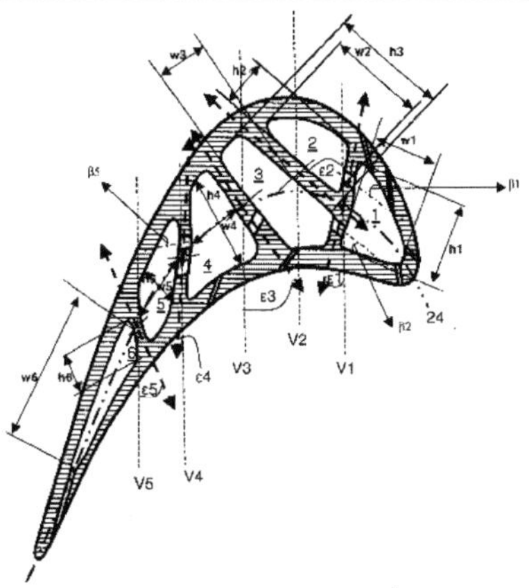</td></tr>
</table>

续表

改进点		楔形冷却室结构；内壁开冷却孔；壁内侧设置扰流块		
引用频次	1	同族信息	CN101550843A，US8231349，US20100254824	
法律状态		授权保护中		

阿尔斯通改进方案2				
专利信息	公开号	US 8231349 B2	优先权日	2008-03-31
	发明名称	Gas turbine airfoil		
附图1 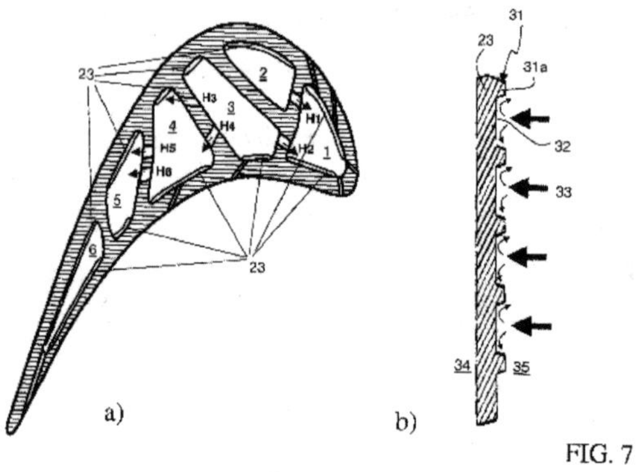			附图2 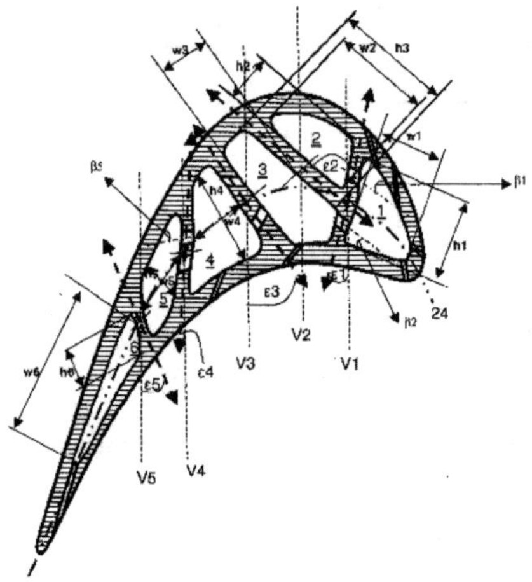	
改进点		楔形冷却室结构；内壁开冷却孔；壁内侧设置扰流块		
引用频次	0	同族信息	CN101550843A，EP2107215A1，US20100254824	
法律状态		授权保护中		

4.6.2.3 佛罗里达涡轮机技术公司的改进（见表4-6-4）

表4-6-4 佛罗里达涡轮机技术公司的改进方案

佛罗里达涡轮机技术公司改进方案1				
专利信息	公开号	US 7481622 B1	优先权日	2006-06-21
	发明名称	Turbine airfoil with a serpentine flow path		

续表

附图1	附图2
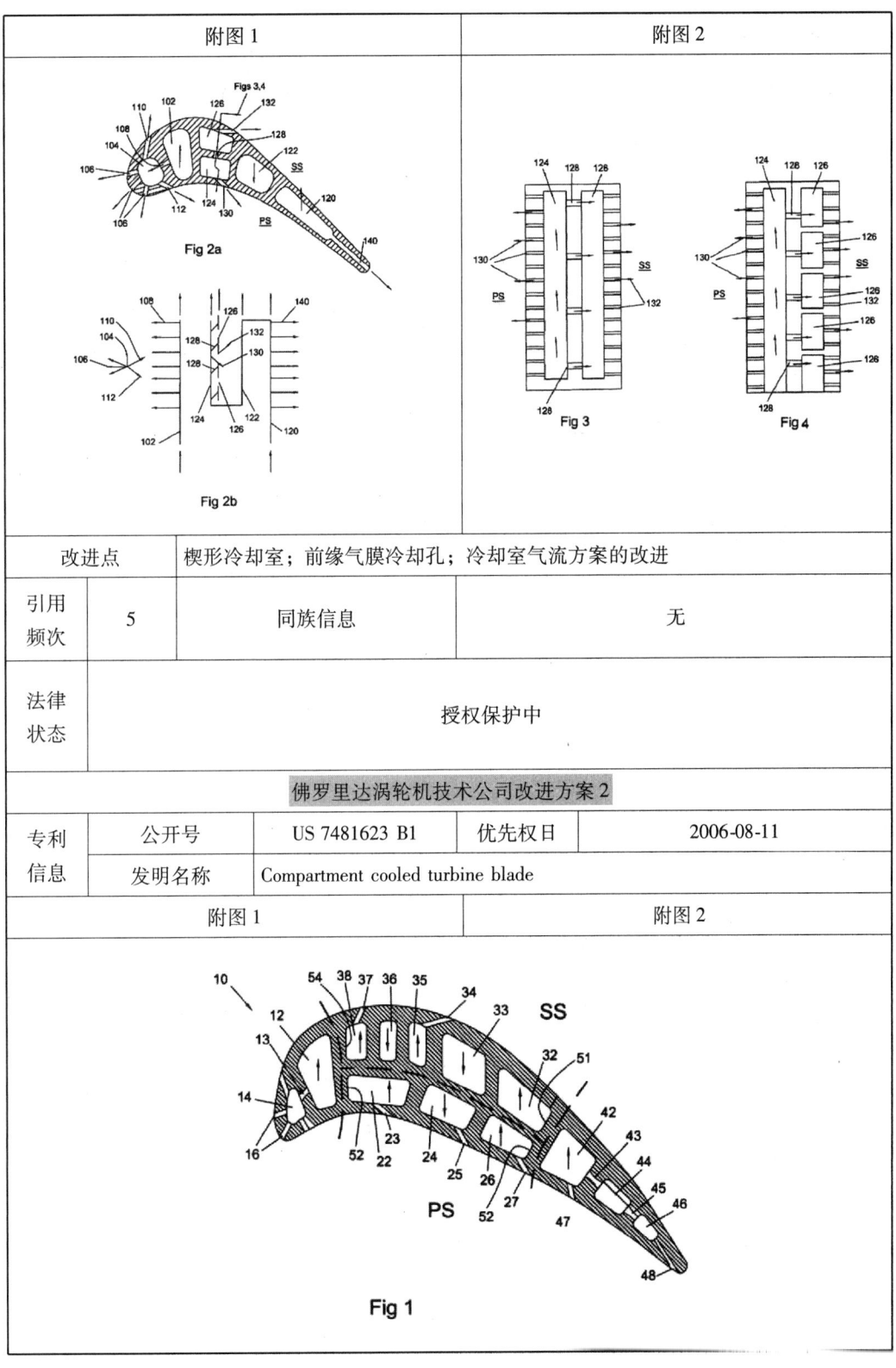	

改进点	楔形冷却室；前缘气膜冷却孔；冷却室气流方案的改进	
引用频次	5	同族信息	无
法律状态	授权保护中	

佛罗里达涡轮机技术公司改进方案2

专利信息	公开号	US 7481623 B1	优先权日	2006-08-11
	发明名称	Compartment cooled turbine blade		

附图1	附图2

续表

改进点	楔形冷却室结构；前缘开气膜冷却孔；大致位于吸力/压力侧壁中间的内壁			
引用频次	4	同族信息	无	
法律状态	授权保护中			
佛罗里达涡轮机技术公司改进方案 3				
专利信息	公开号	US 7530789 B1	优先权日	2006-11-16
	发明名称	Turbine blade with a serpentine flow and impingement cooling circuit		
附图 1		附图 2		
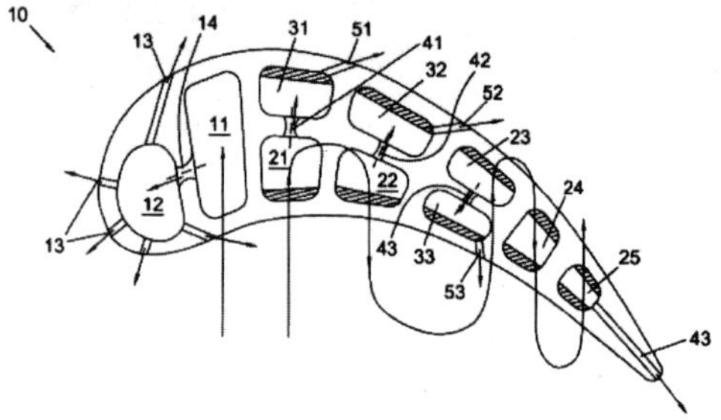		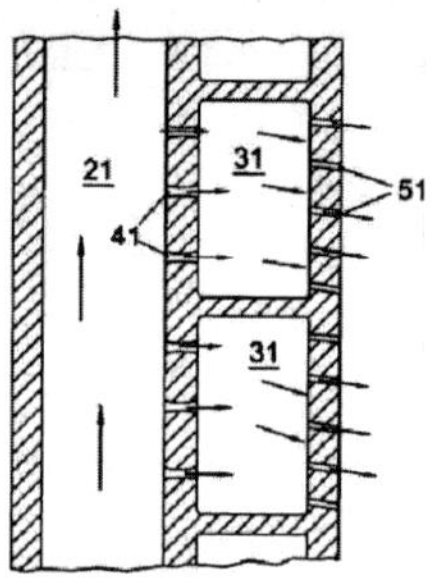		
改进点	楔形冷却室结构；前缘开气膜冷却孔；大致位于吸力/压力侧壁中间的内壁开冷却孔			
引用频次	4	同族信息	无	
法律状态	授权保护中			
佛罗里达涡轮机技术公司改进方案 4				
专利信息	公开号	US 7556476 B1	优先权日	2006-11-16
	发明名称	Turbine airfoil with multiple near wall compartment cooling		
附图 1		附图 2		
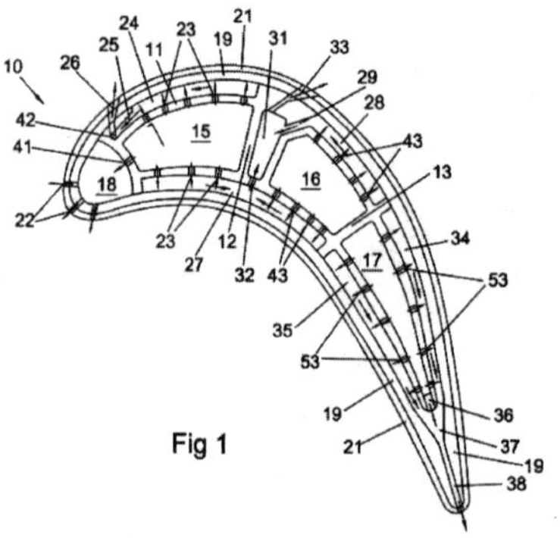 Fig 1		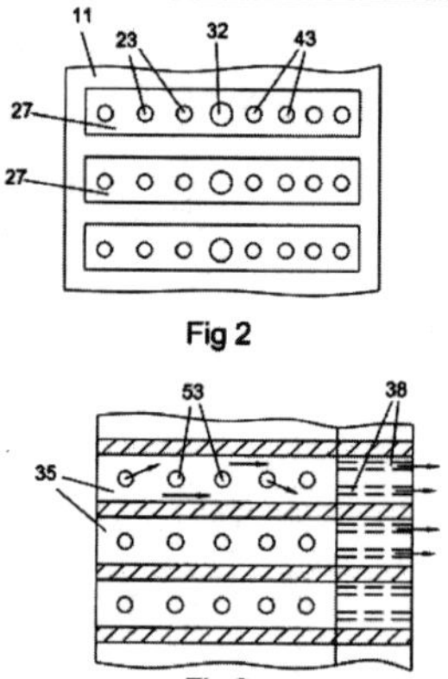 Fig 2 Fig 3		

改进点	与吸力侧壁和压力侧壁平行的内壁形成的靠近外壁的冷却室结构；后缘的扰流柱			
引用频次	3	同族信息		无
法律状态	授权保护中			
佛罗里达涡轮机技术公司改进方案5				
专利信息	公开号	US 7625180 B1	优先权日	2006-11-16
	发明名称	Turbine blade with near – wall multi – metering and diffusion cooling circuit		
	附图1		附图2	
	Fig 1	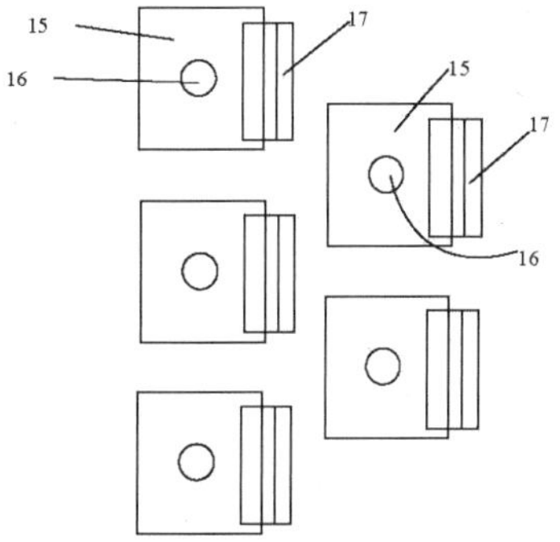	Fig 5	
改进点	与吸力侧壁和压力侧壁平行的内壁形成的靠近外壁的冷却室结构			
引用频次	8	同族信息		无
法律状态	授权保护中			

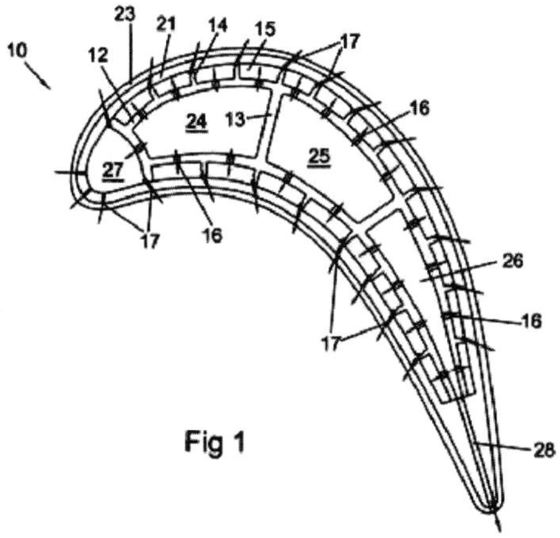

4.6.2.4 霍尼韦尔的改进（见表4-6-5）

表4-6-5 霍尼韦尔的改进方案

霍尼韦尔改进方案1				
专利信息	公开号	US 6974308 B2	优先权日	2001-11-14
	发明名称	High effectiveness cooled turbine vane or blade		

续表

附图1	附图2
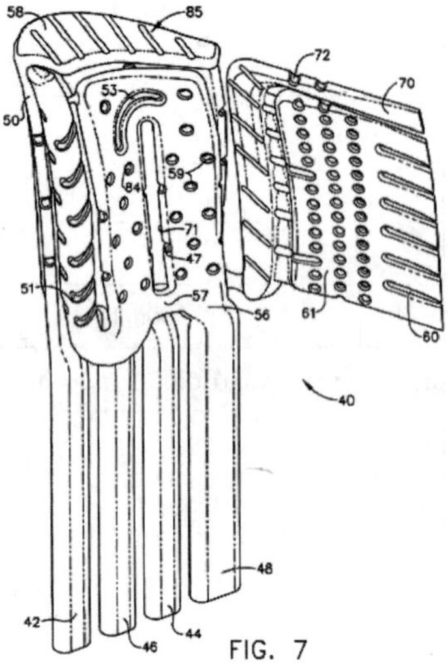 FIG. 7	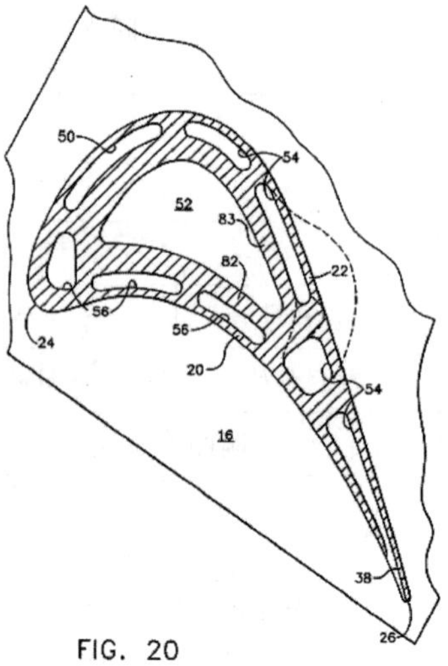 FIG. 20

改进点	铸芯；与吸力侧壁和压力侧壁平行的内壁形成的靠近外壁的冷却室结构		
引用频次	24	同族信息	CA2467188A1，CA2467188C，DE60231823D1，EP1444418A1，EP1444418B1，US20040076519，WO2003042503A1
法律状态	授权保护中		

霍尼韦尔改进方案2

专利信息	公开号	US 8292581 B2	优先权日	2008-01-09
	发明名称	Air cooled turbine blades and methods of manufacturing		

附图1	附图2
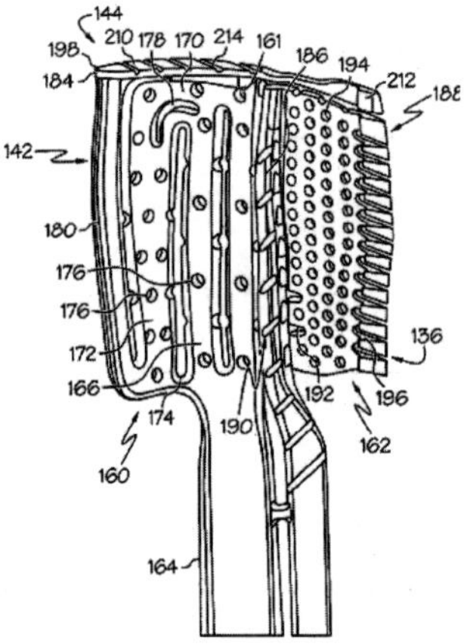	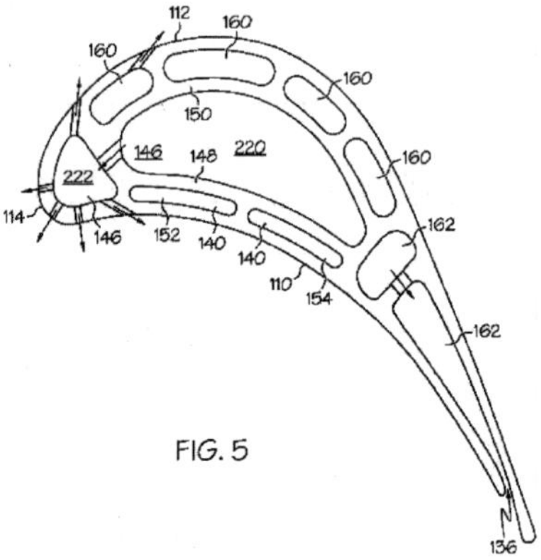 FIG.5

续表

改进点	靠近吸力侧壁和压力侧壁的冷却室结构;前缘开气膜冷却孔;冷却通道的加工工艺	
引用频次	0	同族信息 CA2643575A1,US20090175733
法律状态	授权保护中	

4.6.2.5 罗罗的改进（见表4-6-6）

表4-6-6 罗罗的改进方案

罗罗改进方案1				
专利信息	公开号	EP 1314855 A2	优先权日	2001-11-21
	发明名称	Gas turbine engine aerofoil		

附图1	附图2

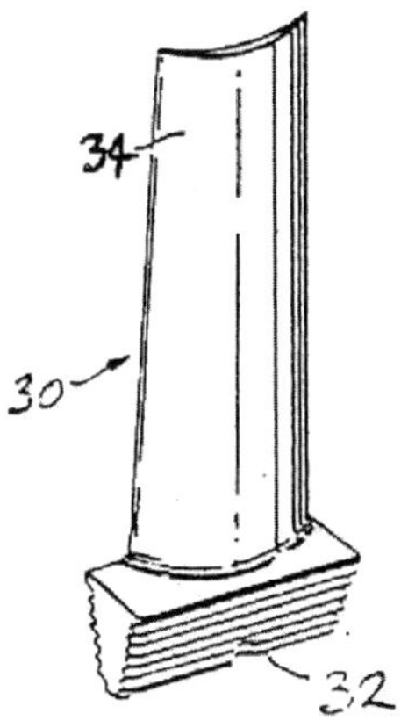

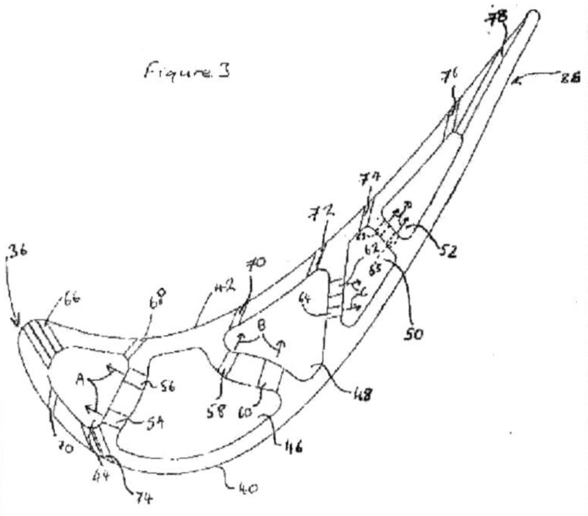

改进点	楔形冷却室结构;形成三角形冷却室的内壁开冷却孔	
引用频次	3	同族信息 EP1314855A3,US6837683,US20030133797
法律状态	授权保护中	

罗罗改进方案2				
专利信息	公开号	EP 1496203 A1	优先权日	2003-07-11
	发明名称	Turbine blade with impingement cooling		

续表

附图1	附图2
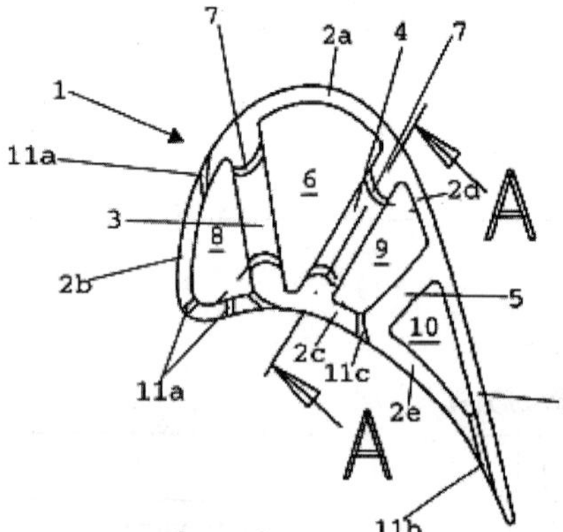 Fig. 1	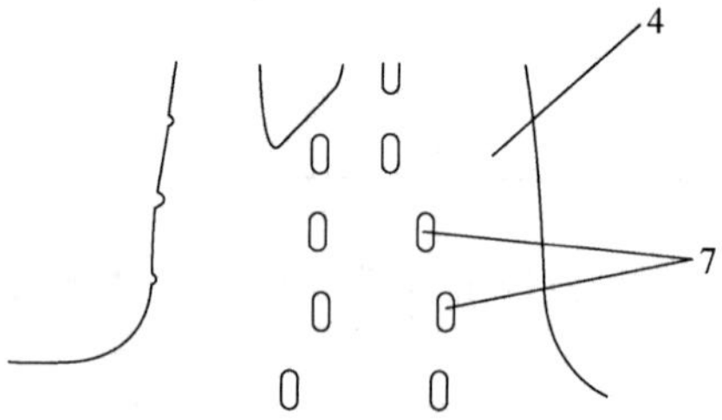 Fig. 2

改进点	楔形冷却室结构；形成三角形冷却室的内壁开冷却孔		
引用频次	3	同族信息	DE10332563A1，DE502004000285D1，EP1496203B1，US7063506，US20050111981
法律状态	授权保护中		

罗罗改进方案3

专利信息	公开号	EP 1630352 A1	优先权日	2004-08-25
	发明名称	Turbine component		

附图1	附图2
Fig.2. 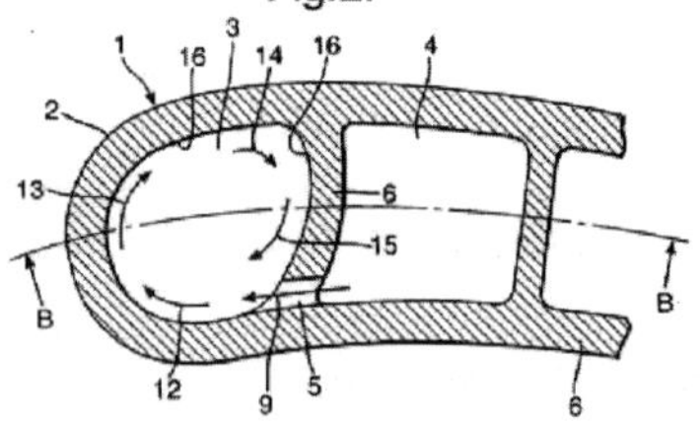	Fig.6. 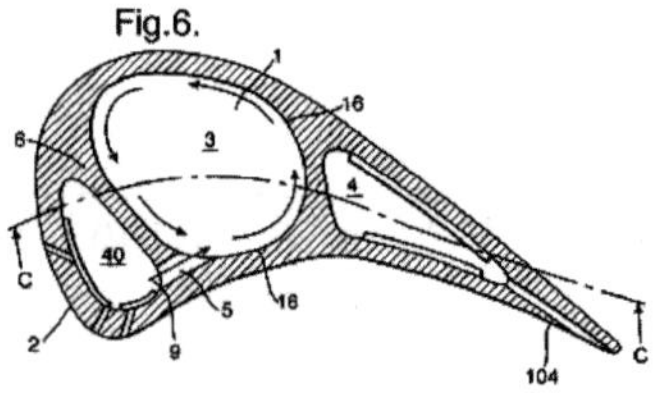

改进点	冷却室螺旋涡流		
引用频次	5	同族信息	DE602005012654D1，EP1630352B1，US7399160，US20060280607
法律状态	授权保护中		

续表

罗罗改进方案4			
专利信息	公开号	US 7063506 B2	优先权日	2003-07-11
	发明名称	Turbine blade with impingement cooling		
	附图1		附图2	
	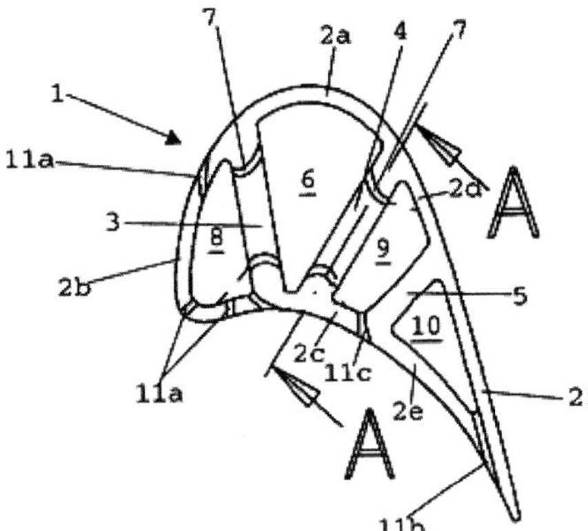 Fig. 1		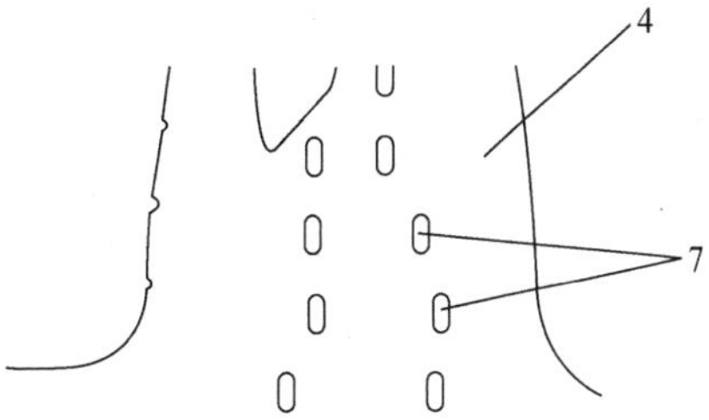 Fig. 2	
改进点	楔形冷却室结构；形成三角形冷却室的内壁开冷却孔		
引用频次	2	同族信息	DE10332563A1，DE502004000285D1，EP1496203A1，EP1496203B1，US20050111981
法律状态	授权保护中		

罗罗改进方案5			
专利信息	公开号	US 7399160 B2	优先权日	2004-08-25
	发明名称	Turbine component		
	附图1		附图2	
	Fig.2. 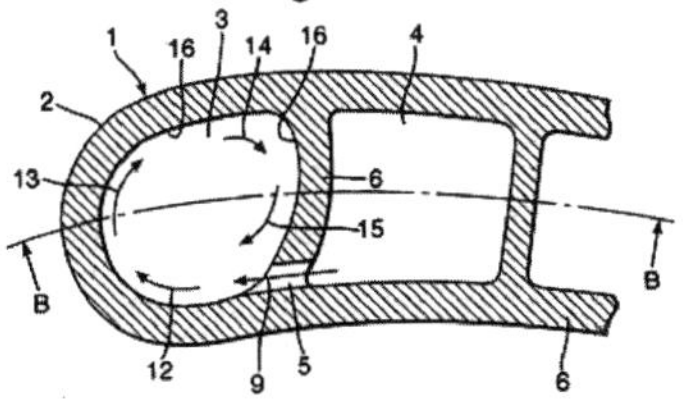		Fig.6. 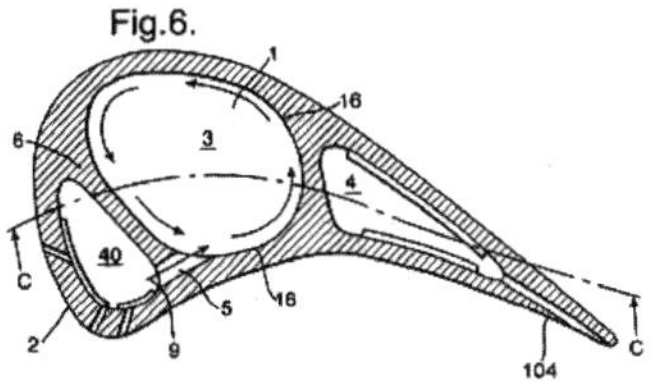	
改进点	冷却室螺旋涡流		
引用频次	2	同族信息	DE602005012654D1，EP1630352A1，EP1630352B1，US20060280607
法律状态	授权保护中		

4.6.2.6 西门子的改进（见表4-6-7）

表4-6-7 西门子的改进方案

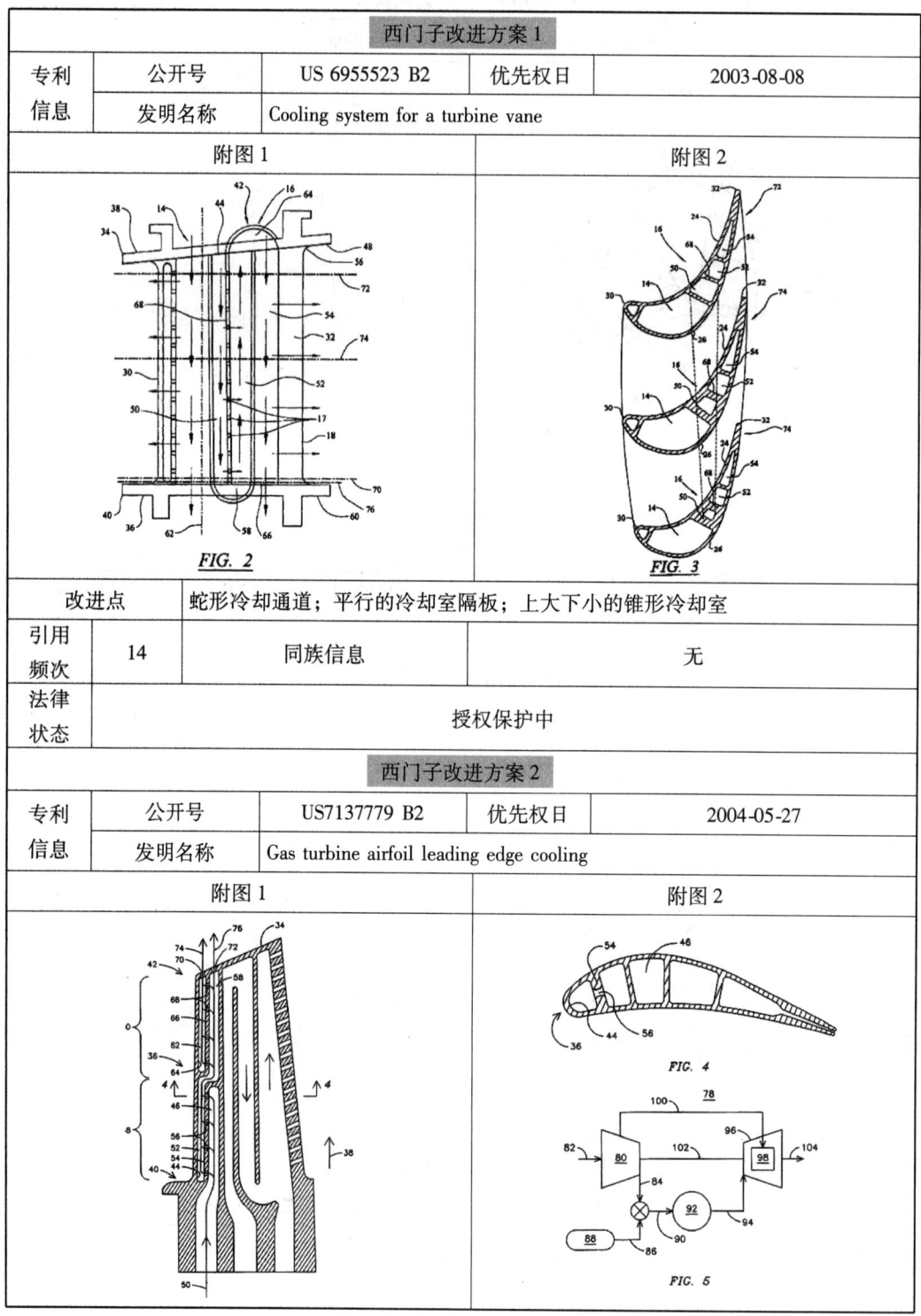

续表

改进点	叶片前缘；平行的冷却室隔板		
引用频次	7	同族信息	无
法律状态	授权保护中		

西门子改进方案3

专利信息	公开号	US8157505 B2	优先权日	2009-05-12
	发明名称	Turbine blade with single tip rail with a mid–positioned deflector portion		

附图1	附图2

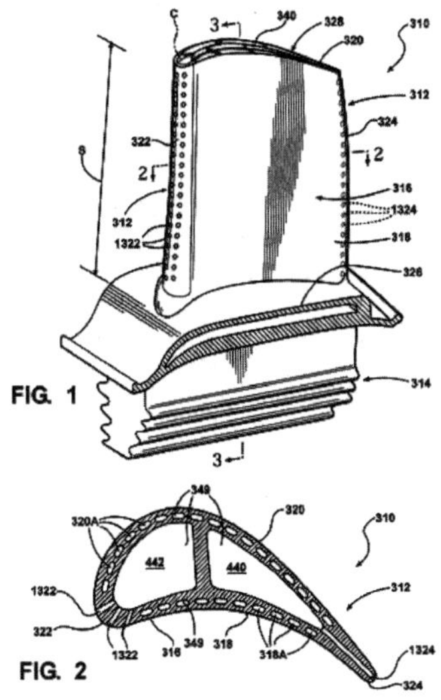

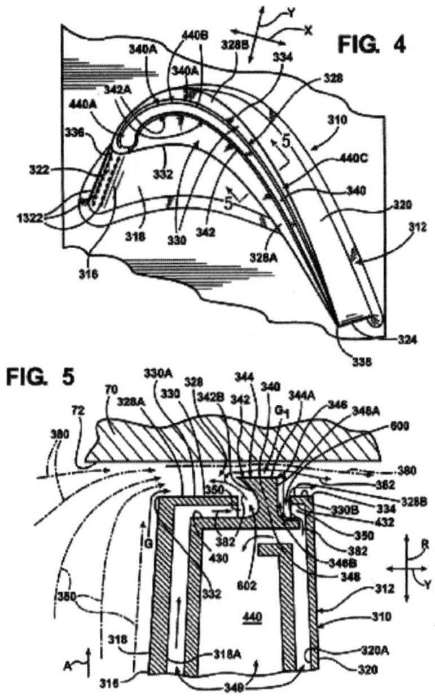

改进点	叶片顶部的散热轨结构；叶片前缘、压力侧壁、吸力侧壁的冷却孔结构		
引用频次	0	同族信息	无
法律状态	授权保护中		

西门子改进方案4

专利信息	公开号	US 8172507 B2	优先权日	2009-05-12
	发明名称	Gas turbine blade with double impingement cooled single suction side tip rail		

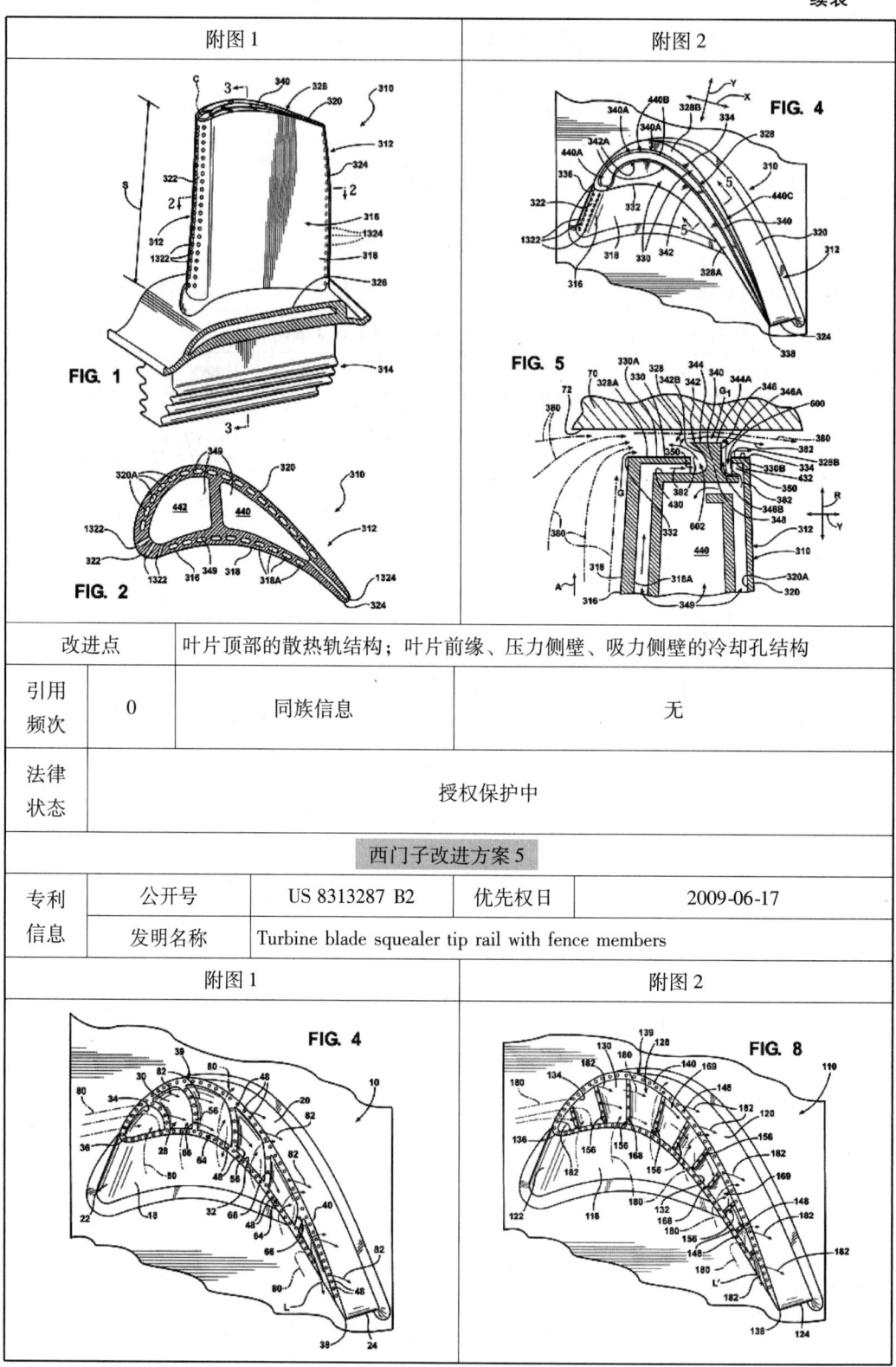

		续表	
改进点	叶片顶部的散热轨结构；叶片前缘、压力侧壁、吸力侧壁的冷却孔结构		
引用频次	0	同族信息	无
法律状态	授权保护中		
西门子改进方案5			
专利信息	公开号	US 8313287 B2	优先权日	2009-06-17
	发明名称	Turbine blade squealer tip rail with fence members		

续表

改进点	叶片顶部带有弧形或直线形导流栅的轨结构；轨顶的散热孔		
引用频次	0	同族信息	无
法律状态	授权保护中		

西门子改进方案6

专利信息	公开号	EP 2392775 A1	优先权日	2010-06-07
	发明名称	Blade for use in a fluid flow of a turbine engine and turbine engine		

附图1	附图2
Fig. 1 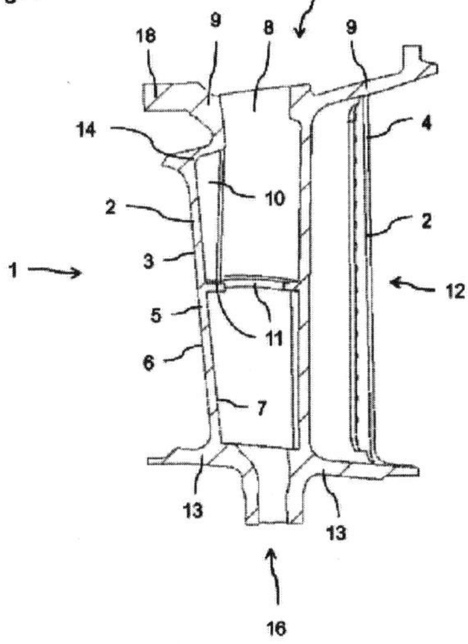	Fig. 2 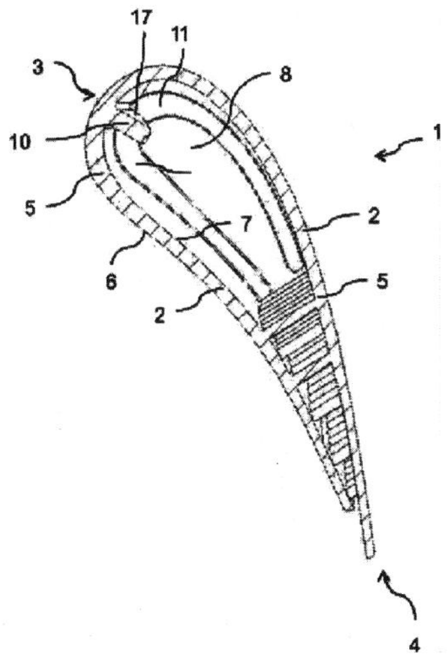

改进点	负载支柱；一体式空腔		
引用频次	0	同族信息	CN102918229A，EP2542762A1，US20130209230，WO2011154195A1
法律状态	申请中		

西门子改进方案7

专利信息	公开号	WO 2011154195 A1	优先权日	2010-06-07
	发明名称	Cooled vane of a turbine and corresponding turbine		

续表

附图1	附图2
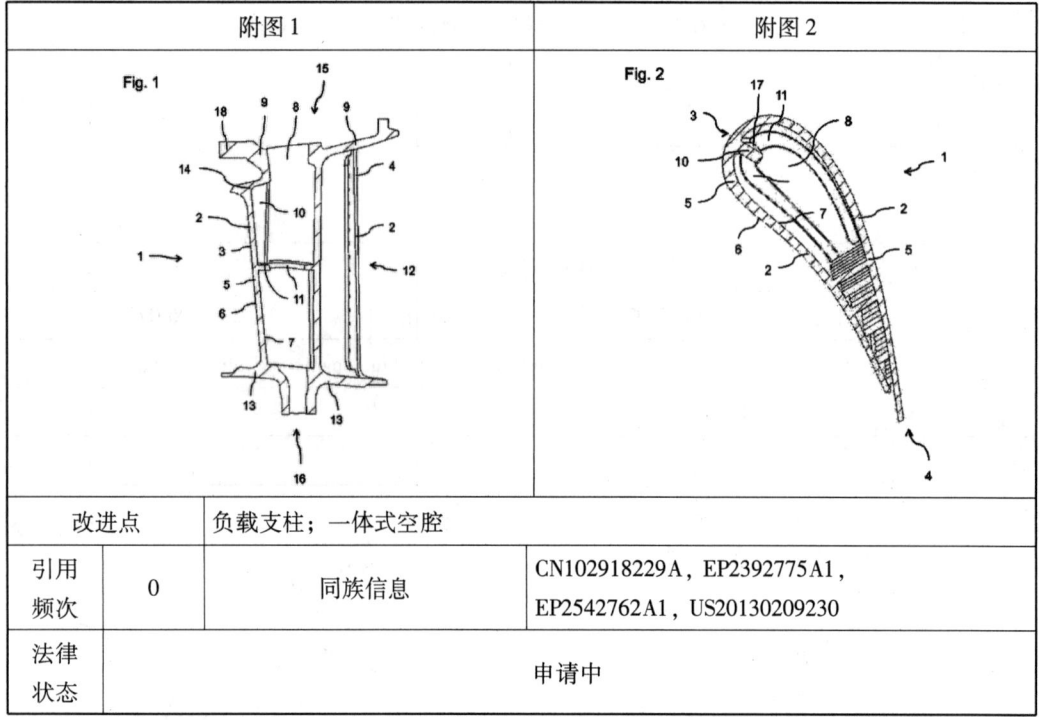	

改进点	负载支柱；一体式空腔	
引用频次	0	同族信息	CN102918229A, EP2392775A1, EP2542762A1, US20130209230
法律状态	申请中		

4.6.2.7 斯奈克玛的改进（见表4-6-8）

表4-6-8 斯奈克玛的改进方案

斯奈克玛改进方案1				
专利信息	公开号	US 6705836 B2	优先权日	2001-08-28
	发明名称	Gas turbine blade cooling circuits		
附图1			附图2	

续表

改进点	冷却回路		
引用频次	30	同族信息	CA2398663A1，CA2398663C，DE60208648D1，DE60208648T2，EP1288439A1，EP1288439B1，US20030044277
法律状态	授权保护中		

斯奈克玛改进方案2			
专利信息	公开号	EP 1288439 A1	优先权日	2001-08-28
	发明名称	Cooling fluid flow configuration for a gas turbine blade	

附图1	附图2
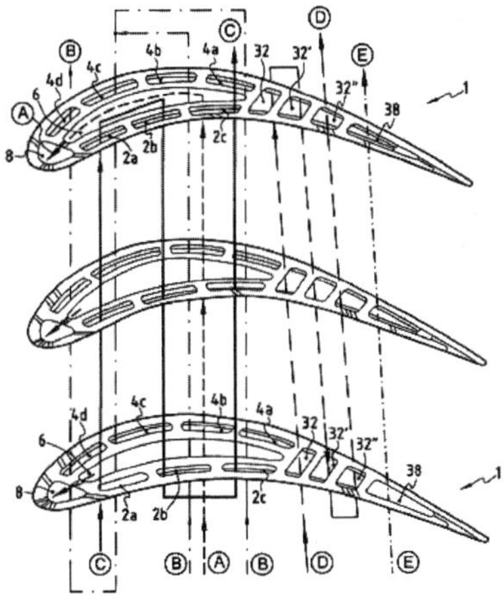 FIG.5	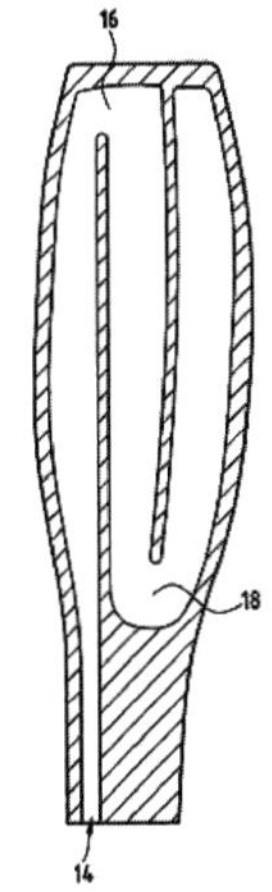 FIG.2 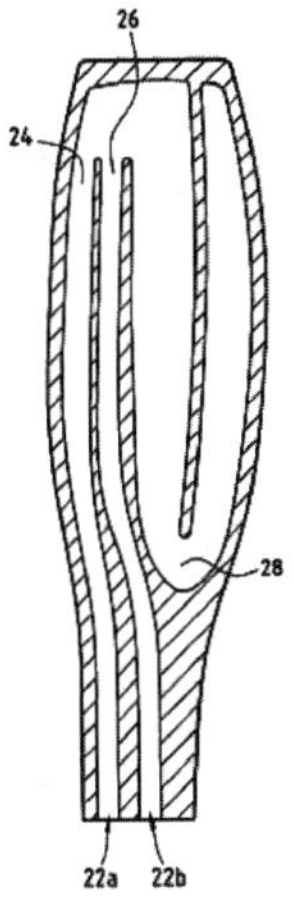　FIG.3

改进点	冷却回路		
引用频次	3	同族信息	CA2398663A1，CA2398663C，DE60208648D1，DE60208648T2，EP1288439B1，US6705836，US20030044277
法律状态	授权保护中		

4.6.2.8　联合工艺的改进（见表4-6-9）

表4-6-9　联合工艺的改进方案

联合工艺改进方案1			
专利信息	公开号	US 6283708 B1	优先权日	1999-12-03
	发明名称	Coolable vane or blade for a turbomachine	

续表

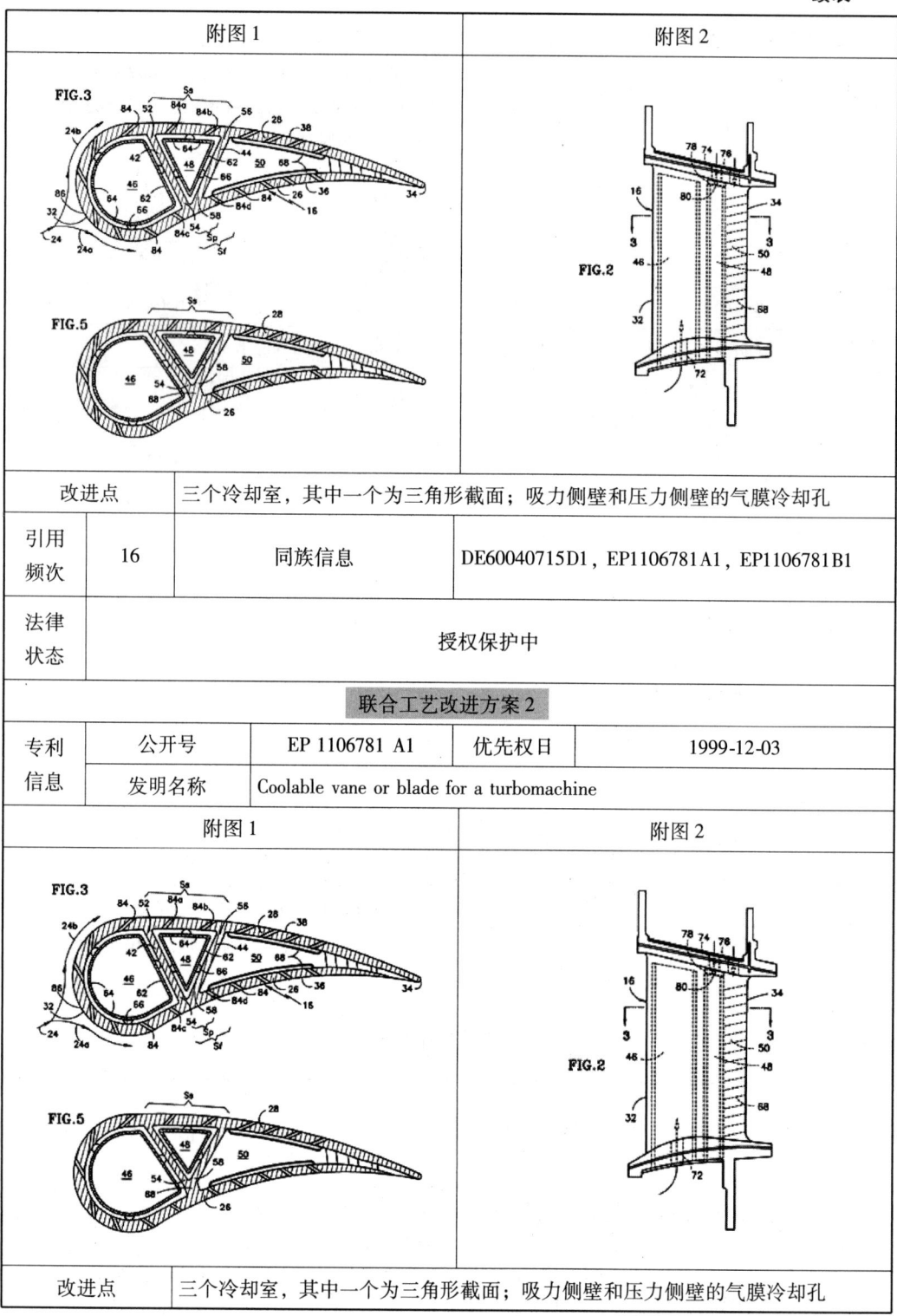

改进点	三个冷却室，其中一个为三角形截面；吸力侧壁和压力侧壁的气膜冷却孔		
引用频次	16	同族信息	DE60040715D1，EP1106781A1，EP1106781B1
法律状态	授权保护中		

联合工艺改进方案2			
专利信息	公开号	EP 1106781 A1	优先权日	1999-12-03
	发明名称	Coolable vane or blade for a turbomachine		

| 改进点 | 三个冷却室，其中一个为三角形截面；吸力侧壁和压力侧壁的气膜冷却孔 |

续表

引用频次	2	同族信息	DE60040715D1，EP1106781B1，US6283708
法律状态		授权保护中	

联合工艺改进方案3			
专利信息	公开号	EP 1593812 A2	优先权日	2004-05-06
	发明名称	Cooled turbine airfoil		

附图1	附图2
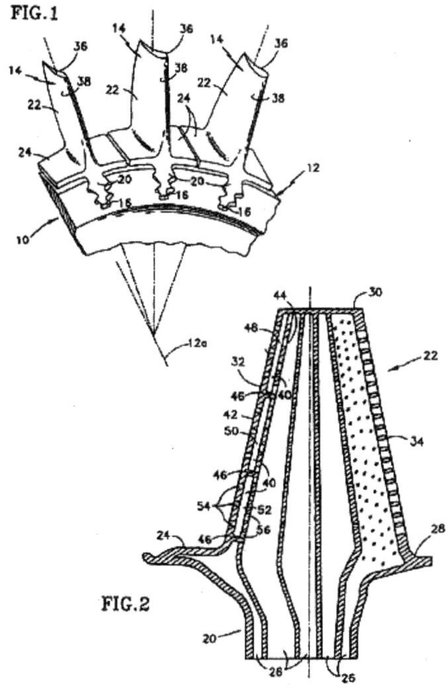 FIG.1 / FIG.2	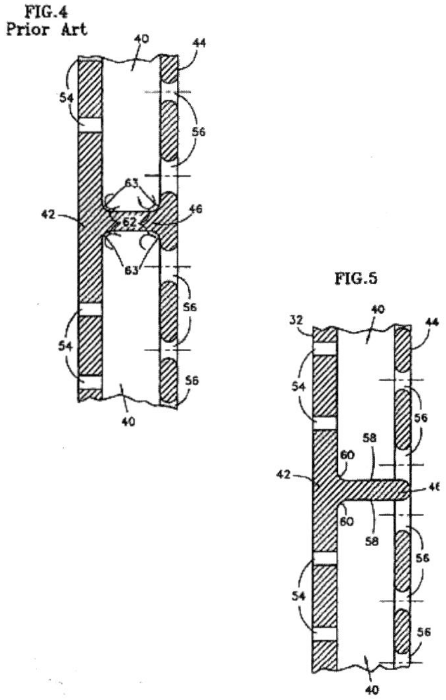 FIG.4 Prior Art / FIG.5

改进点	交迭肋和冷却孔的配合结构
引用频次	2	同族信息	CA2500503A1，EP1593812A3，EP1593812B1，US7018176，US20050249583
法律状态	2013-07-31 欧洲专利局授权

联合工艺改进方案4			
专利信息	公开号	US 7708525 B2	优先权日	2005-02-17
	发明名称	Industrial gas turbine blade assembly		

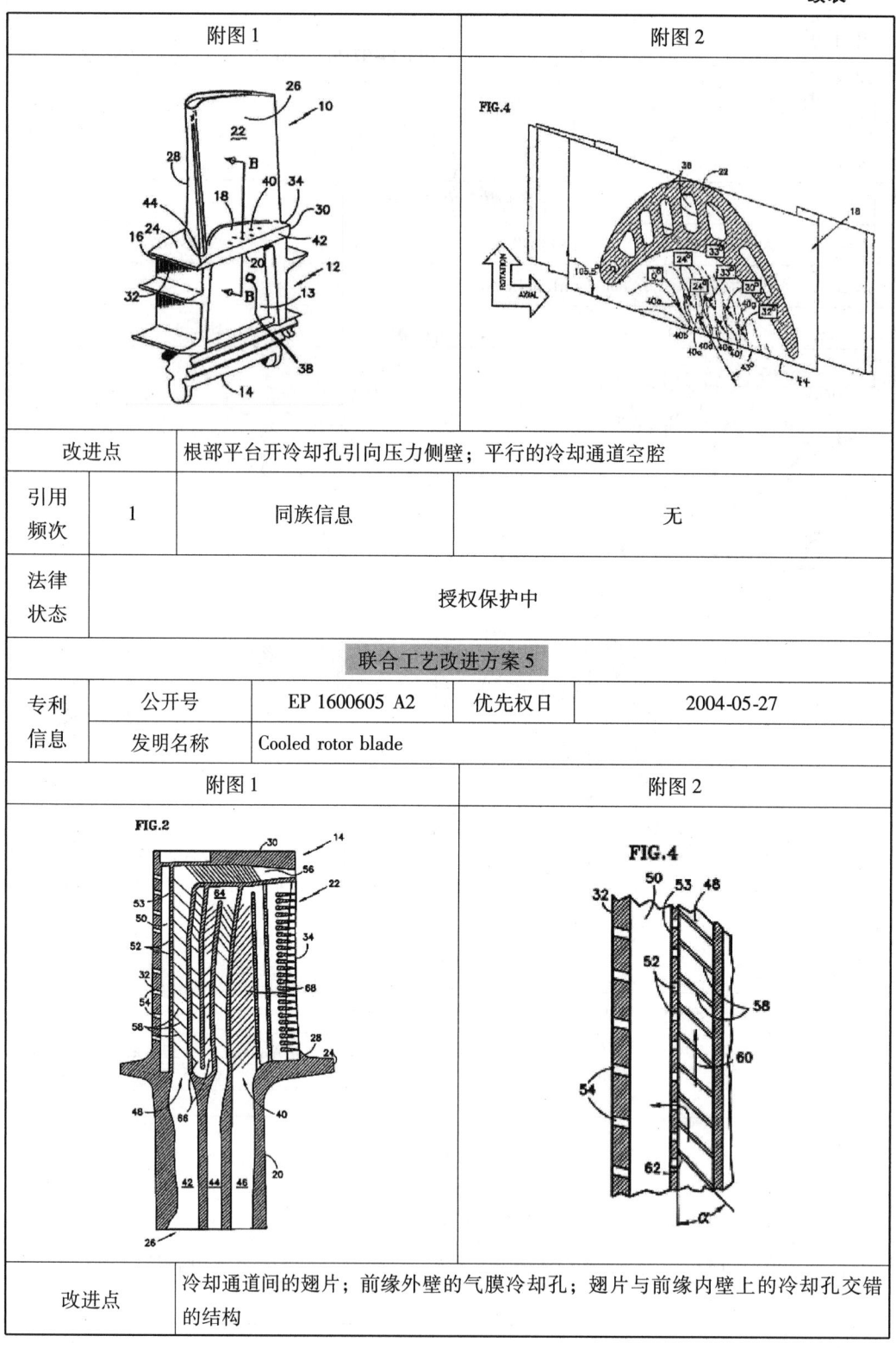

附图1	附图2

改进点	根部平台开冷却孔引向压力侧壁；平行的冷却通道空腔	
引用频次	1	同族信息	无
法律状态	授权保护中	

联合工艺改进方案5

专利信息	公开号	EP 1600605 A2	优先权日	2004-05-27
	发明名称	Cooled rotor blade		

附图1	附图2

改进点	冷却通道间的翅片；前缘外壁的气膜冷却孔；翅片与前缘内壁上的冷却孔交错的结构

续表

引用频次	0	同族信息	EP1600605A3,US7195448,US20050265844
法律状态	授权保护中			

联合工艺改进方案6

专利信息	公开号	EP 1605136 A2	优先权日	2004-05-27
	发明名称	Cooled rotor blade		

附图1	附图2

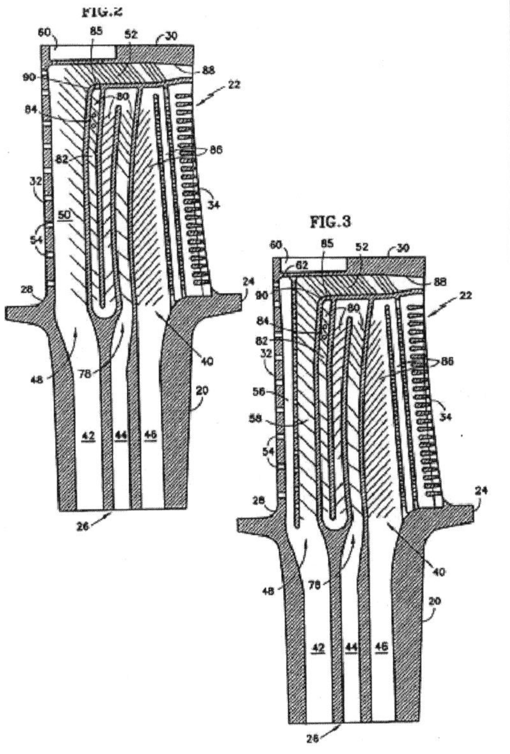

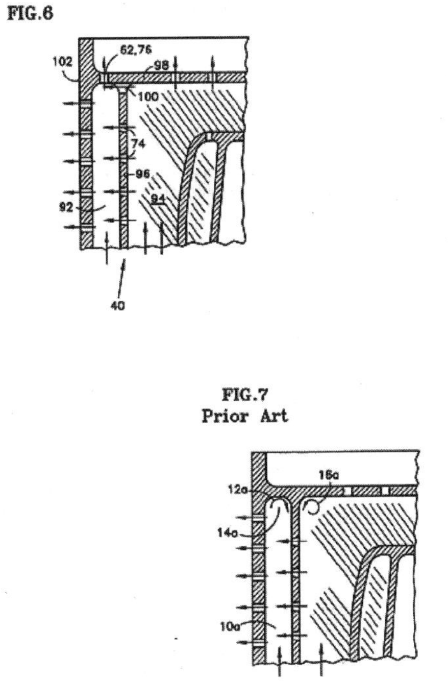

改进点	冷却通道间的翅片；前缘内壁靠近叶片顶端开冷却孔的结构
引用频次	3	同族信息	EP1605136A3,EP1605136B1,US20050265839
法律状态	2012-08-15 欧洲专利局授权		

联合工艺改进方案7

专利信息	公开号	EP 1669546 A2	优先权日	2004-11-02
	发明名称	Airfoil with three-pass serpentine cooling channel and microcircuit			

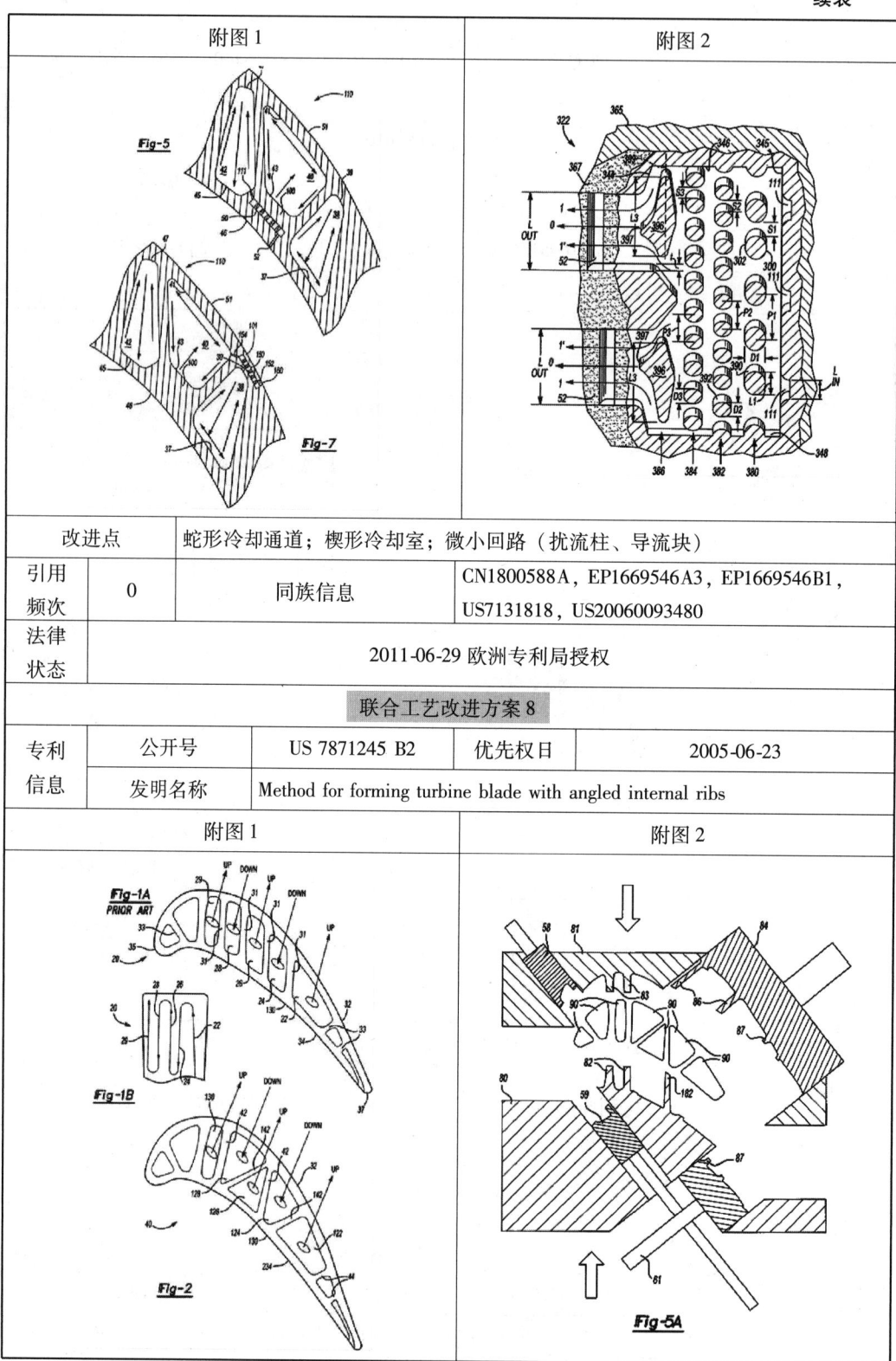

改进点	蛇形冷却通道；楔形冷却室；微小回路（扰流柱、导流块）		
引用频次	0	同族信息	CN1800588A，EP1669546A3，EP1669546B1，US7131818，US20060093480
法律状态	2011-06-29 欧洲专利局授权		

联合工艺改进方案 8

专利信息	公开号	US 7871245 B2	优先权日	2005-06-23
	发明名称	Method for forming turbine blade with angled internal ribs		

改进点		楔形冷却室；带有角度的肋	
引用频次	0	同族信息	US7569172，US7862325，US20060292005，US20090258102，US20090269210
法律状态		授权保护中	

联合工艺改进方案9

专利信息	公开号	US 8172533 B2	优先权日	2008-05-14
	发明名称	Turbine blade internal cooling configuration		

附图1	附图2
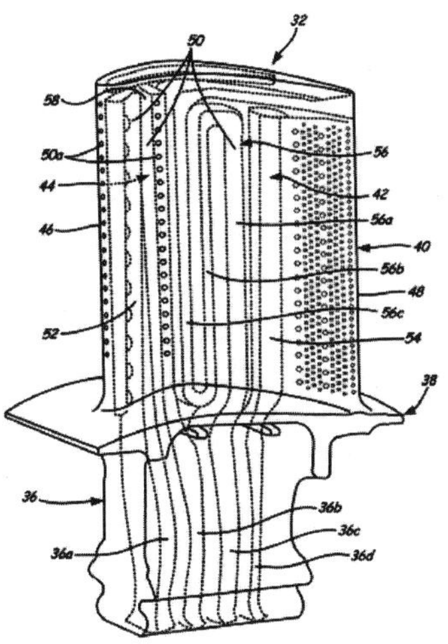 FIG.2	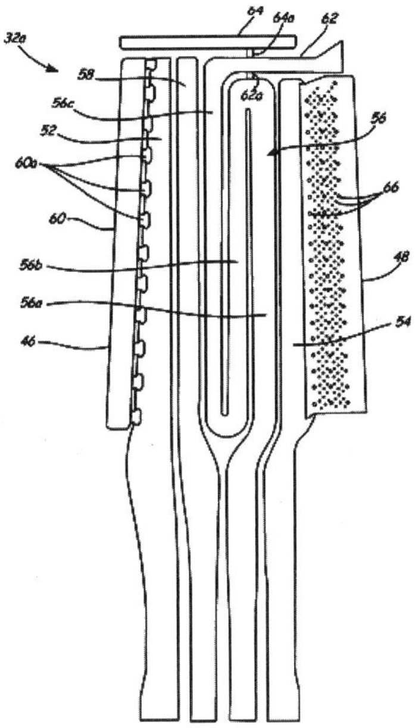 FIG.3

改进点		冷却回路结构	
引用频次	0	同族信息	EP2119872A2，EP2119872A3，US20090285684
法律状态		授权保护中	

联合工艺改进方案10

专利信息	公开号	US 8177507 B2	优先权日	2008-05-14
	发明名称	Triangular serpentine cooling channels		

续表

附图1	附图2
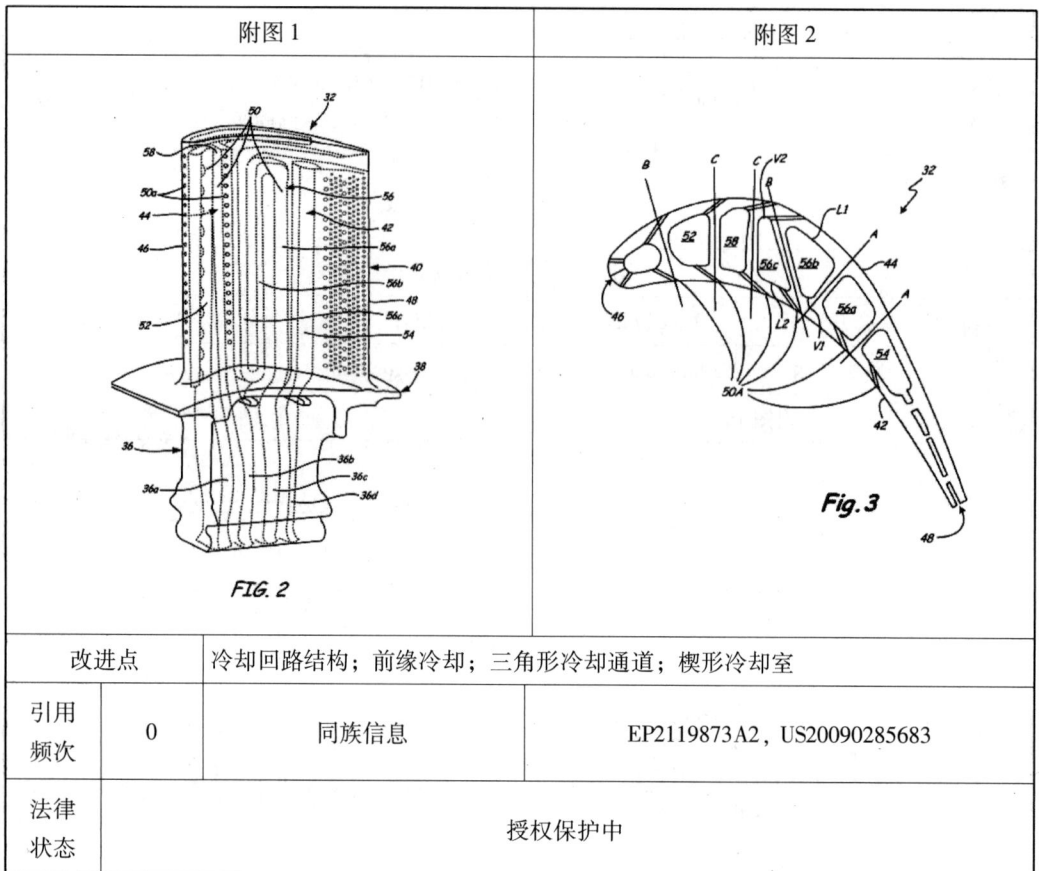	

改进点	冷却回路结构；前缘冷却；三角形冷却通道；楔形冷却室	
引用频次	0	同族信息 EP2119873A2，US20090285683
法律状态	授权保护中	

第5章 火焰筒冷却

本章主要分析燃气轮机的重要技术点：燃烧室火焰筒冷却技术。高温部件一直是燃气轮机研究的重点，本章主要通过对重点技术的专利态势分析、重要专利技术和申请人技术分布等方面的分析来使大家深入了解燃烧室火焰筒冷却技术方面的专利发展状况。本章的数据分别来源于德温特（WPI）专利数据库和中国专利文献数据库（CNPAT），检索日期截至2013年5月，其中德温特专利数据库检索得到的专利申请共1101项，中国专利文献数据库检索得到的专利申请共107项。

5.1 概述

5.1.1 简介

燃烧室最主要的高温部件是火焰筒（参见图5-1-1），燃烧室中火焰筒的工作条件是极为恶劣的。在高温、高压的燃烧火焰和热燃气的作用下，火焰筒承受着高强度的热负荷和热冲击负荷，有时还有一定程度的机械振动负荷。火焰筒常会发生裂纹、翘曲和变形等损坏现象，甚至还会出现脱焊、掉块、磨损和烧穿等故障。为了解决这些问题，确保安全和延长燃烧室的工作寿命，必须合理地组织火焰筒壁的冷却过程❶。

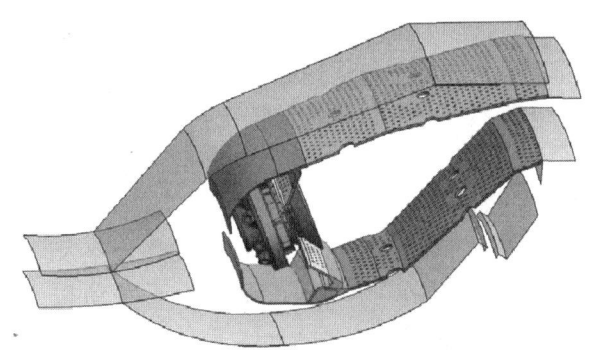

图 5-1-1 环形燃烧室扇区物理模型

发动机燃烧室冷却方式主要分为被动热防护和主动热防护两种❷。被动热防护技术主要运用在燃烧室温度很高的飞行器中，如国外大部分冲压发动机燃烧室都采用隔热

---

❶ 沈阳黎明航空发动机（集团）有限责任公司. 燃气轮机原理、结构与应用（上册）[M]. 北京：科学出版社，2002：326-327.

❷ 工璐. 某型驻涡燃烧室冷却技术研究[D]. 南京：南京航空航天大学，2011：1-3.

层烧蚀冷却这种被动冷却方式。由于航空发动机燃烧室温度相对于航天飞行器燃烧室较低，目前普遍采用的是主动热防护技术，即利用压气机后相对较冷的气体通过火焰筒上的冷却结构对火焰筒壁面进行冷却。

传统主动冷却技术主要是气膜冷却，即在壁面附近沿切线方向或用一定的入射角射入一股冷却气流，冷却气体通过火焰筒上的缝、孔、槽，沿火焰筒内壁面形成一层气膜。气膜一方面将高温燃气与壁面隔开，以避免高温燃气直接对壁面进行对流换热；另一方面将壁面的热量带走一部分，以降低壁面温度，起到保护壁面的作用。随着冷却技术的不断发展，冷却方式由简单的缝槽发展到鱼鳞孔和波纹槽，进而发展到复杂几何结构的全气膜冷却和复合气膜冷却壁。目前，常用的几种气膜冷却结构是：缝槽/隙气膜冷却、离散孔气膜冷却及复合气膜冷却。缝槽/隙气膜冷却结构简单工艺方便，但热态下容易变形，火焰筒结构稳定性差。离散孔结构简单工艺方便，但冷却效果较差。复合气膜冷却是对流、冲击及气膜的组合冷却形式，它充分利用冷却空气潜力强化冲击和对流冷却，可以减少冷却空气量，但结构复杂、重量大。

随着燃气轮机性能的提高，燃烧室温度大幅升高，燃烧用气量增加，可用于冷却的空气比例越来越小，这使得火焰筒冷却问题变得越来越突出。为解决这个问题，各相关机构都在努力研发新的冷却技术。目前的主要办法有复合冷却方式、多孔层板或瓦片结构和新型耐热材料（如在火焰筒表面涂隔热涂层和陶瓷基复合材料等）[1]。

5.1.2 火焰筒冷却技术分支

目前，燃气轮机火焰筒的冷却方式主要有气膜冷却、层板冷却、致密微孔冷却、陶瓷基复合材料和冲击冷却这几种方式。

5.1.2.1 气膜冷却

气膜冷却技术的特点是：冷却空气通过某种进气形式喷射进入火焰筒并贴着壁面向下游流动，在内壁面和热燃气之间形成一薄层保护性冷却气膜，将壁面与热燃气隔离。气膜冷却进气形式是确定气膜冷却设计性能优劣的关键部位[2]。

气膜冷却是较为传统的冷却方式。气膜冷却由于研究起步早，技术积累深厚，且具有高效可靠等优点，故广泛地应用于燃气轮机的燃烧室及涡轮叶片中。气膜冷却在英国空军研制的卓尔（THOR）BT-1液体冲压发动机、英国奥丁（Odin）MK801液体冲压发动机以及美国RJ43-MA-11液体冲压发动机中均有运用。缝槽气膜冷却（slot film cooling）火焰筒为美国通用电气发动机公司（GEAE）、英国罗罗（RR）设计生产的第三代发动机燃烧室的成熟结构。当火焰筒壁面采用缝槽气膜冷却时，冷却空气在缝槽出口火焰筒近壁处形成"气膜毯"，避免高温燃气与火焰筒壁面的直接接触。

---

[1] 王璐. 某型驻涡燃烧室冷却技术研究 [D]. 南京：南京航空航天大学，2011：4.
[2] 李彬. 冲击——致密微孔浮动壁火焰筒冷却研究 [D]. 南京：南京航空航天大学，2008：3.

5.1.2.2 层板冷却

层板冷却结构的层板由数层电化学腐蚀金属板扩散焊接而成。进出孔直径、孔间距、板厚、层板数以及层间结构均可优化，以改善流阻和换热特性。层间通道中有许多绕流柱可提高换热系数和增加换热面积。这种结构既增强了火焰筒壁内的换热性能，又解决了材料的耐久性问题。

这类层板结构形式的冷却气用量可比常规缝槽气膜冷却减少50%~70%。但是层板的缺点在于：生产工艺复杂，造价昂贵，通道易被氧化物堵塞引起流量变化，压力损失较大❶。

美、英、俄等燃气轮机先进国家自20世纪70年代就开展了层板冷却技术的大量研究，现已经达到工程应用水平。该结构不仅应用在燃气轮机领域，还运用在其他动力领域。例如，美国P&W公司子公司Detroit Diesel Allison（DDA）研发的Lamilloy和罗罗研制的Transplys是典型的层板全气膜冷却结构，在航空发动机和地面燃机的高温部件中已经得到应用。罗罗研制的"泰"发动机火焰筒掺混孔以前的壁面冷却段采用多孔层板结构。AADC公司先进的柔性火焰筒外环采用MA754材料多孔冷却层板Lamilloy，满足了IHPTET第II阶段性能、全寿命耐久性和寿命期成本的目标。美国在汽车发动机1GT505和火车动力AGTS上采用层板冷却结构后，火焰筒头部壁温从气膜冷却方式的1010℃下降到720℃，燃烧室使用总时数提高到3000小时。J79发动机加力燃烧室采用多孔层板冷却结构后，加力推力提高了6%。美国第四代战斗机F-22的动力装置F119涡扇发动机的加力燃烧室和喷口隔热板采用了IcoloyMA956合金多孔层板冷却结构。美国联合攻击战斗机（JSF）高性能涡扇发动机F136的主燃烧室采用了多孔层板冷却火焰筒，耐热能力得到极大提高。

5.1.2.3 致密微孔冷却

致密微孔壁冷却（参见图5-1-2）是一种较为便宜实用的准发散冷却结构形式。致密微孔壁冷却方式是在火焰筒壁面上加工出大量非常密集的离散气膜孔，冷气流从这些孔中以一定的入射角射入流过壁面的热主流中，将主流与壁面隔离，起到保护壁面的作用。致密微孔壁冷却与传统气膜冷却相比，孔的直径要小得多，合理的孔径既不易被外来物阻塞，又有适当的流通能力。微孔通常与壁面有一夹角，这样在微孔的侧表面可获得较大的换热面积并可减弱小孔射流与热燃气的掺混，有利于形成保护性气膜。致密微孔壁复合冷却的原理是通过大量密集的气膜小孔在壁面尽可能形成完整覆盖的冷却气膜，从而达到由多孔介质而形成的发散冷却的效果。同时由于其致密性，气膜小孔内对流换热非常显著可以进一步对壁面进行冷却。总的来说，致密微孔

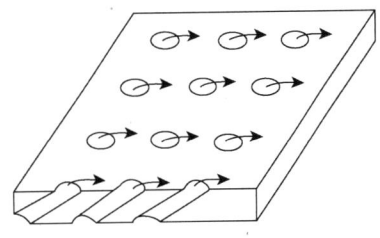

图5-1-2 致密微孔结构

---

❶ 李彬. 冲击——致密微孔浮动壁火焰筒冷却研究［D］. 南京：南京航空航天大学，2008：7-8.

壁复合冷却包含了冷侧气膜小孔内对流换热和热侧气膜冷却这些冷却方式❶。

多斜孔全气膜覆盖冷却是一种较为先进的高效火焰筒冷却方式。由于多斜孔气膜冷却结构简单，目前在军、民用燃气轮机上得到广泛应用。20 世纪 90 年代的 YF 120 采用了多斜孔冷却，其冷却总效率达 90% 左右。从 1994 年开始，英国 Rolls – Royce 公司研制了一种新型的 RB – 715 低污染轴向台阶式燃烧室❷，其中采用了致密微孔冷却结构。波音公司的大型 777 客机的 GE90 系列的涡扇发动机和美国航母新型舰载机——超级黄蜂 F/A – 18F 的 F414 涡扇发动机中都采用了致密微孔冷却结构❸。Rolls – Royce 公司的 RB – 715 燃烧室也采用了致密微孔壁复合冷却技术，并且发现在冷却空气用量减少 40% 的情况下，致密微孔壁复合冷却的冷却效果仍可以达到 90%，而且它们的燃烧室出口温度场比较均匀。

5.1.2.4 陶瓷基复合材料

陶瓷基复合材料（CMC）是一种多层结构材料，其内层（热面）是耐高温陶瓷材料，作为受热体；外层（冷面）是耐高温合金材料，作为承力体；内外两层之间是多孔柔性层（也称"屈服层"），一方面可释放部分热应力；另一方面也可使冷却气均匀通过，在陶瓷的热表面形成保护性气膜。相对气膜冷却的金属制成的火焰筒燃烧室而言，CMC 火焰筒的燃烧室具有结构紧凑、制造成本低、无需冷却、燃烧效率高达 99.9%、放热率高达 1032W/m³/Pa 的优点。由于陶瓷基复合材料（CMC）火焰筒可比常规气膜冷却相对减少 80% 以上的冷却气量，国外对此投入了大量物力和人力进行研究。陶瓷基复合材料目前在火焰筒上已经得到广泛应用。

美国从 1971 年就开始了陶瓷用于燃气涡轮机的可行性验证。霍尼韦尔公司和通用电气的 XTC97 第三阶段 JTAGG（联合涡轮先进燃气发生器）核心机的高温升燃烧室采用具有新型头部的陶瓷基复合材料（CMC）火焰筒。在目标油气比下，燃烧室出口温度分布系数低，具有更高的性能。❹ 通用电气在陶瓷基复合材料燃烧室计划中在 XTC76/3 核心机上验证了能满足 IHPTET 第二阶段和第三阶段温度目标的陶瓷复合材料火焰筒。AADC 公司先进的柔性火焰筒其内环为碳化硅纤维增强的碳化硅基复合材料，能满足 IHPTET 第二阶段性能、全寿命耐久性和寿命期成本目标。❺

5.1.2.5 冲击冷却

冲击冷却多与其他冷却结构结合，组成复合冷却结构。这种复合冷却结构相比于单一的冷却结构，冷却效果要好得多。常见的复合冷却模式有气膜—冲击冷却和冲

---

❶ 张晶. 火焰筒多斜孔壁传热特性研究及一维壁温设计程序开发 [D]. 南京：南京航空航天大学，2010：11.

❷ Gerendas M., Hoschler K., Schiling Th., Development and Modeling of Angled Effusion Cooling for the BR715 Low Emission Staged Combustor Core Demonstrator, Roll – Royce Deutschland Ltd. &Co. KG.

❸ 梁春华. 现代典型军民用涡扇发动机的先进技术 [J]. 航空科学技术，2004（90）：20 – 24.

❹ IHPTET 计划中 JTAGG 的技术进展 [J]. 燃气涡流试验与研究，2003（2）：13.

❺ 程波. 航空发送机双层壁火焰筒冷气设计研究 [D]. 成都：电子科技大学，2011：22.

击—致密微孔冷却。

在复合冷却方式中,气膜+冲击冷却是一种常用的复合冷却方式,其冷却效率明显高于纯气膜冷却。E3 计划中研究了冲击/气膜双层冷却结构这种浮动壁火焰筒结构。HOST 计划采用冲击/气膜复合冷却浮动壁结构,使热应力和疲劳裂纹减少至最小,基本上消除了低循环疲劳寿命损伤模式,并在 TF30-P-100 发动机燃烧室上得到验证。IHPTET 计划验证了在宽广油气比范围和高温升情况下,冲击/气膜浮动壁燃烧室只需要极少冷却空气的能力。这些研究成果在 V2500,PW6000 和 F119 等军、民用燃气轮机上成功应用,其燃烧室设计寿命达 9000 小时,翻修寿命更高达 18000 小时。

冲击—致密微孔壁冷却结构形式为双层壁结构形式,外层称为冲击壁,冲击壁上分布着垂直于内层壁面的冲击孔;内层称为致密微孔壁,与热燃气接触,致密微孔壁上密集分布着与壁面有一夹角的气膜微孔。通过调整冲击壁和致密微孔壁的开孔率、孔径大小、冲击间距等,可优化其流动和换热特性。该冷却技术可充分利用冲击冷却换热系数高的特点强化壁内换热。气膜微孔与壁面倾斜,增大了换热表面积,并使热侧气膜更加贴壁,减弱冷却流与热燃气的掺混,形成良好的全气膜保护。通过壁间压降分配可以优化换热和流阻之间的关联。

5.2 全球专利申请分析

本节主要从火焰筒冷却专利技术的申请趋势、地域分布、主要申请人和专利技术流向等方面出发,对火焰筒冷却进行专利分析。

5.2.1 申请趋势

从图 5-2-1 和图 5-2-2 可以看到,在 1984 年之前,燃烧室火焰筒冷却技术处于技术的积累时期,每年的申请量较少,申请人的数量也不多,并且专利申请主要集中在美国。尤其是在 1973~1979 年,专利申请量出现了一个小的峰值,这得益于 20 世纪 70 年代中期至 80 年代初期美国开展的"高效节能发动机(E3)研究计划",其间,美国企业提出了大量专利申请,使得该段时期的专利申请量出现一个小峰值。

1985~2001 年,火焰筒冷却技术进入一个成长期,专利申请量总体上呈缓慢向上发展的趋势,专利申请人的数量也缓慢增加。其原因主要是随着燃气轮机技术的不断发展,燃气轮机性能逐渐提高,对于高温部件的冷却要求也越来越高,这促使各大公司和研发机构必须研发更有效的火焰筒冷却结构来进行冷却,因此研究者在该领域投入了大量的时间和精力。

从 2002 年至今,火焰筒冷却技术得到了快速的发展,其间虽然也有反复,但是总体态势是持续增长。这段期间,申请人的数量继续增加,燃气轮机火焰筒冷却得到了更多的关注,各大公司的申请量明显大幅度上升,这说明前期的研究成果得到了体现,同时也说明随着燃气轮机功率的增大,对高温部件的冷却要求越来越高,迫使研究人员加快了研究的步伐,新的冷却形式以及各种复合冷却模式成为专利申请的热点。

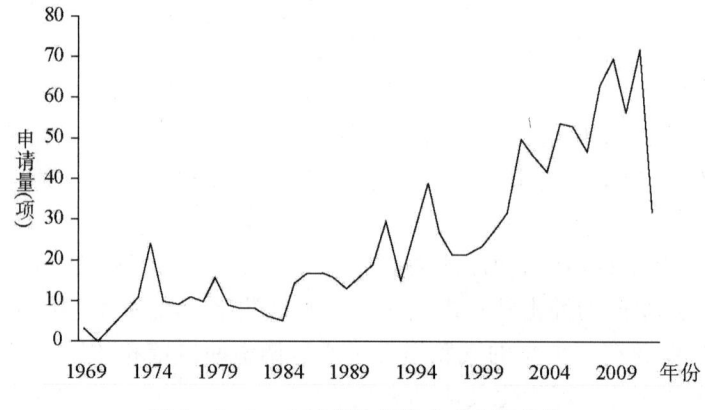

图 5-2-1 火焰筒冷却的全球申请趋势

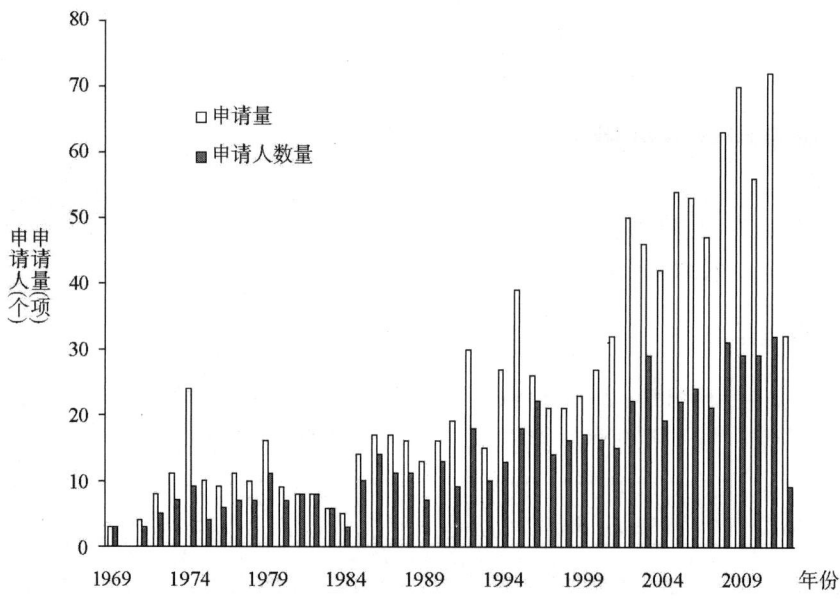

图 5-2-2 火焰筒冷却技术的申请量和申请人数量的发展趋势

5.2.2 地域分布

图 5-2-3 中显示了火焰筒冷却技术全球专利申请的首次申请国家和专利申请国别的分布图。从首次申请国别的分布图中可以看到,在首次申请的国家中,美国的专利申请量最大,占全球申请量的一半以上,达到了 58%,这说明美国在燃气轮机火焰筒冷却方面技术创新能力强并且保持着相当活跃的程度。究其原因,主要在于美国政府的大力支持和对燃气轮机技术的重视。例如美国政府先后推行了 E3、IHPTET、ATS、

CAGT 等多项计划，通过这些计划，美国政府给予企业资助和大力的扶持，促使各大企业加大研发力度，取得了卓越的成效。目前美国在该领域占有绝对的优势。排名第二、第三、第四的分别为日本，英国和德国，它们分别占全球申请量的 11%、7% 和 6%。从图中可以看到，中国申请量仅占到 2%，这是因为中国在燃气轮机上一直引进国外的技术，自己研发的实力不足，拥有自主知识产权的燃气轮机技术非常少，导致该领域的申请量非常少，就发展状况来看，国内一些企业或者研发机构尚处于专利申请的初级积累阶段。

从专利申请国别分布图来看，美国、欧洲、日本、德国、中国分列第一到五位。美国虽然仍然排在第一，但是相比首次申请的份额来说，份额变不断减少，由此可见，美国作为一个主要的技术创新国家，不仅在本国进行专利申请，还将专利输出到了其他国家，专利布局意识强烈。反观我国，虽然在首次申请国别中所占据的份额小，但是在专利申请国别中所占份额增大，这说明中国自己的专利虽少，但其他国家却很注重在中国的专利布局。中国企业应当引起重视，并制定自己的专利战略。

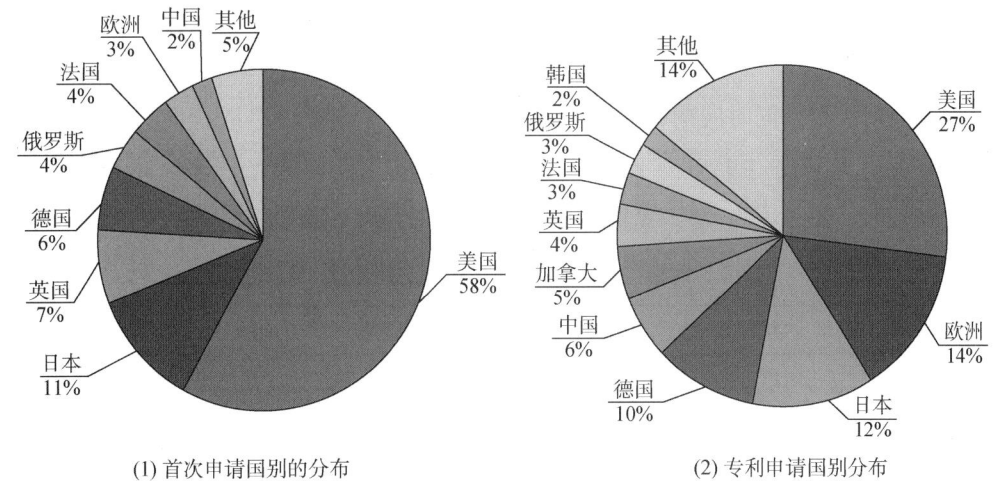

(1) 首次申请国别的分布　　(2) 专利申请国别分布

图 5-2-3　火焰筒冷却技术首次申请国别和专利申请国别的分布

5.2.3　主要申请人

从图 5-2-4 中可以看到，火焰筒冷却技术的申请人主要集中在美国、日本、英国和德国。全球共一百多位申请人，其中排名前五位的申请人依次为美国通用电气（共 260 项，占总申请量的 26%）、美国联合工艺公司（共 149 项，占总申请量的 15%），德国西门子（共 66 项，占总申请量的 7%），英国罗罗（共 66 项，占总申请量的 6%），法国斯奈克玛（共 34 项，占总申请量的 4%）。申请人主要为公司或者研究机构，基本上没有个人，这说明该技术是一个技术水平要求和产业化较高的技术，个人很难进入该领域。而美国通用电气和联合工艺公司两者申请的总量已经占据了总申请量的 41%，这说明相比其他国家，美国对于燃气轮机火焰筒冷却技术相当地重视，也说明它们在该技术上占有绝对的优势。

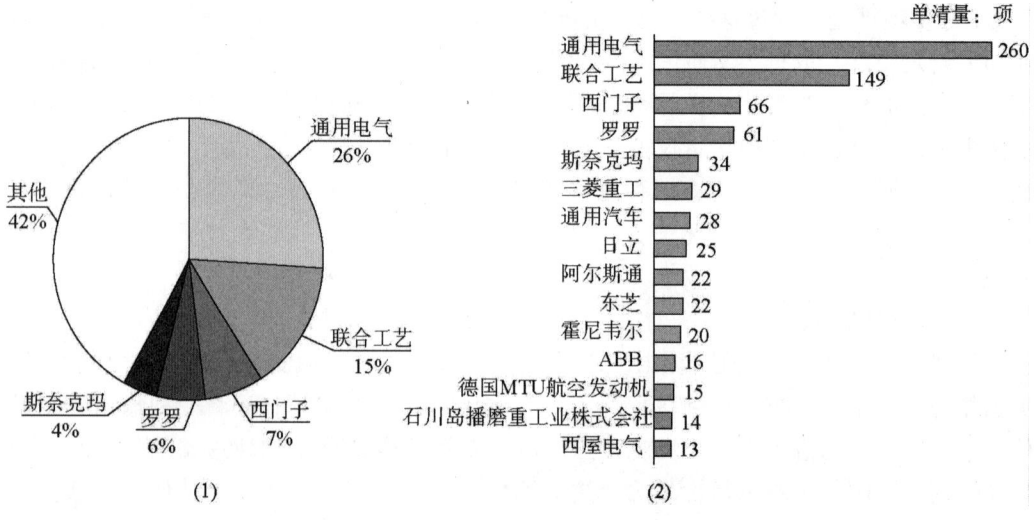

图 5-2-4 火焰筒冷却技术的主要申请人申请量分布

5.2.4 技术流向

多边申请量是指同时向两国以上提出申请的专利,该多边申请量反映了一个国家和地区专利水平和海外申请的能力。下面主要研究中国、日本、韩国、美国和欧洲(以下简称"五国")的多边申请量。如表 5-2-1 所示。

表 5-2-1 全球发明专利五国流向

国家	中国	日本	韩国	美国	欧洲
中国	27	0	0	0	0
日本	6	119	5	25	20
韩国	1	1	7	1	1
美国	128	195	37	642	294
欧洲	6	7	2	15	31

在五国的专利申请中,多边申请占全部申请比例最大的是美国,占全部申请的51%,其次是欧洲(49%)、韩国(36%)、日本(32%),而中国则没有多边申请。从五国申请流向表中可以看到,虽然韩国的比例高于日本,但是从数量上来看,韩国的申请量是非常少的,这说明韩国在燃气轮机火焰筒冷却方面技术力量还是比较薄弱,但是它们具有较强的专利布局意识。而美、欧、日三方申请人在燃气轮机火焰筒冷却方面不仅具有较强的技术实力,而且相当注重燃气轮机火焰筒冷却技术的海外专利布局,而我国在专利输入输出方面存在巨大逆差。我国近年虽然对燃气轮机加大了研究力度,但是由于我国燃气轮机技术起步晚,技术落后,其专利申请多涉及一些外围专利申请,未涉及核心技术,而且专利布局意识薄弱,专利申请仅限于在中国申请,并

未想到在国外进行专利布局,这充分说明了我国燃气轮机火焰筒冷却技术与先进国家之间的技术差距以及专利意识的巨大差距。

5.3 主要申请人专利分析

燃烧室火焰筒冷却可以分为气膜冷却、冲击冷却、层板冷却、复合材料、致密微孔冷却和其他冷却方式。本节针对四个主要的申请国家美国、德国、英国和日本中申请量排名靠前的通用电气、西门子、罗罗和三菱重工四个公司来具体分析它们在专利申请上所涉及的技术分支,以进一步了解它们的专利布局。

5.3.1 通用电气

5.3.1.1 申请趋势

通用电气是燃气轮机技术领域全球申请量排名第一的申请人,其在燃气轮机火焰筒冷却技术方面的专利申请也同样排名第一,其中通用电气在燃气轮机火焰筒冷却技术方面的专利申请量占据全球专利申请总量的22.5%,占据中国专利申请总量的33%。

从通用电气的申请量年度分布情况来看,通用电气在1990年之前申请量较少,之后逐渐增长,并且分别在1992年、2002年和2011年出现了三次小高峰。在1992年左右的小高峰中,专利申请主要涉及气膜冷却和冲击冷却;在2002年左右的小高峰中,专利申请除了涉及气膜冷却和冲击冷却,还有大量专利申请涉及复合材料;在2011年左右的小高峰中,专利申请主要涉及气膜冷却和冲击冷却,还有部分涉及致密微孔冷却。其中,气膜冷却和冲击冷却为传统的冷却方式,而复合材料和致密微孔冷却都是近年来新发展的冷却方式。由此可见,通用电气一直以气膜冷却结构和冲击冷却结构为主要的研发对象,并列发展其他新型冷却结构的模式、开展燃气轮机火焰筒冷却技术方面的研发工作(见图5-3-1)。

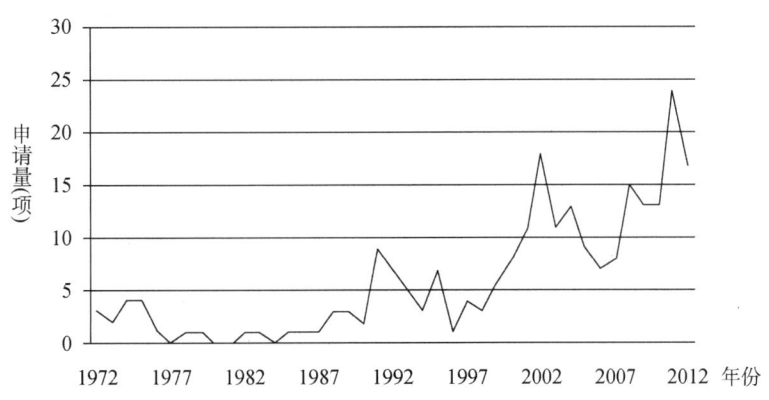

图5-3-1 通用电气火焰筒技术申请量年度分布情况

通用电气的专利申请基本上都在美国提出,主要进入欧洲、日本、中国、德国等国家,其中进入欧洲的专利申请占总申请量的56.67%,进入日本的专利申请占总申请量的49.58%,进入中国进行申请的约占总申请量的38.75%,进入德国的专利申请占总申请量的 35.83%，由此可见通用电气除了注重本国的市场，还比较关注欧洲、日本、中国、德国的市场。

5.3.1.2 技术发展状况

从图 5-3-2、图 5-3-3 可知，从通用电气专利申请涉及的技术分支来看（见图 5-3-2），约有 34% 的专利申请涉及气膜冷却，35% 的专利申请涉及冲击冷却，11% 的专利申请涉及复合材料，并有 4% 的专利申请涉及致密微孔冷却，而没有关于层板冷却的专利申请。因此，该公司的主要的研发和申请的重点在于基础的冷却结构，即气膜冷却结构和冲击冷却结构。从气膜冷却、冲击冷却随年份申请量分布图来看，这两种冷却结构从早期到现今一直都有专利申请，这说明气膜冷却结构和冲击冷却结构研究起步较早，通用电气早期投入了大量研究成本对其进行研究，并且取得了一定的成果，相关的技术积累较为深厚。由于这些冷却结构由于具有生产工艺简单、冷却效果高效可靠等优点，目前已经广泛应用于通用电气生产的燃气轮机的燃烧室火焰筒以及涡轮叶片中。

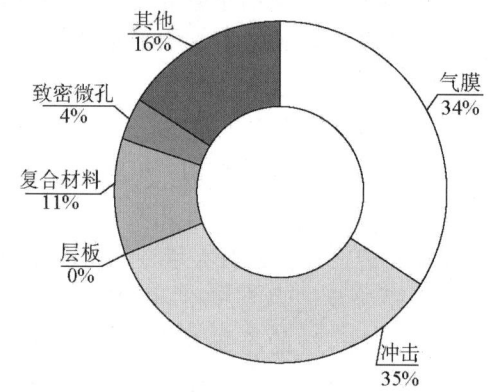

图 5-3-2 通用电气技术分支比例图

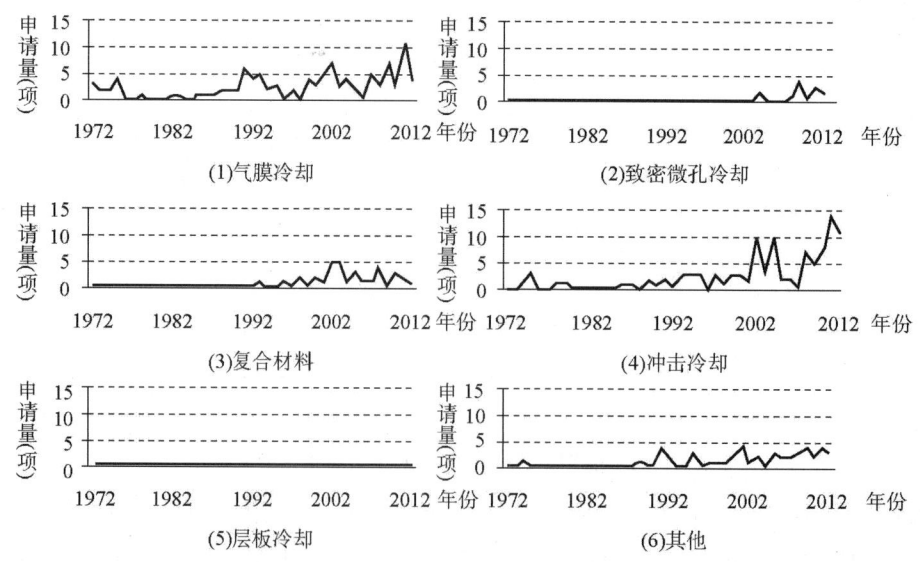

图 5-3-3 通用电气各个技术分支随年代申请量分布图

在美国政府 IHPTET 计划的推动下，为了使飞机发动机性能提高一倍，通用电气的研发人员不仅对燃烧室火焰筒冷却结构进行研究，对火焰筒的高温材料也开展了进一步的研究。在该计划下，陶瓷基复合材料得到了快速发展，从 1992 年至今，陶瓷基复合材料的研发一直保持在活跃的状态。

通用电气公司从 2004 年之后开始进行致密微孔冷却结构的研究，并且陆续进行了专利申请，但是申请比较集中的时间在 2008 年之后。该结构是一种先进的冷却结构，结构简单，通用电气的专利申请对其进行的改进点大多集中在对斜孔的分布方式、孔隙、间距以及倾斜角度的选择等方面。

虽然通用电气对于气膜冷却、冲击冷却、陶瓷基复合材料和致密微孔都有研究，但是通用电气对于层板冷却结构并未投入精力进行研究，分析其原因，可能由于罗罗早已经申请了 2 项关于层板冷却的基础专利，并且已经应用到产品中，为了避开其他公司的强项，通用电气将更多的研发精力投入到了其他的冷却方式上。

5.3.1.3 重要专利

（1）US5279127 A

缝槽气膜冷却火焰筒为美国通用电气设计生产的第三代发动机燃烧室的成熟结构。通用电气于 1992 年 9 月 4 日申请的专利 US5279127A 公开的是一种槽缝式气膜冷却的燃烧室衬套。如图 5-3-4 所示。该专利是槽缝式气膜冷却的重要专利，从图 5-3-5 的 US5279127 A 的历年引证频次可以看到，该专利自申请后几乎年年均被引用，说明该专利在业内一直得到持续的关注，并且在 2003 年达到一个高峰。从 US5279127 A 自引和他引的图中可以看到，自引的频率在 2000 年前与他引的频率持平，而在 2000 年之后，自引的频率要高于他引的频率，从引用 US5279127A 的申请人排名来看，引用该专利的主要申请人为通用电气自身，这说明通用电气一直致力于该方面的研究，且一直在对该技术进行持续的改进。从引用 US5279127A 的国家/地区布局图来看，该技术主要分布在美国、欧洲、日本和德国。

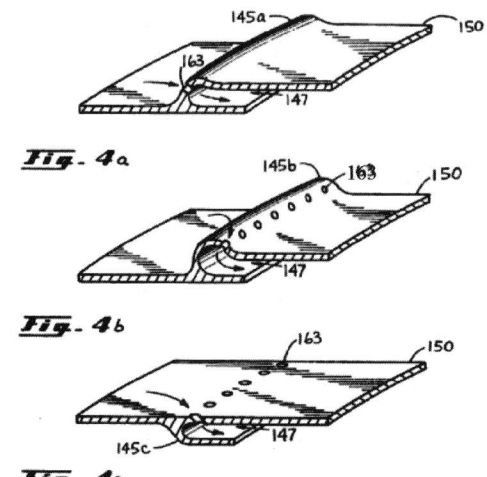

A gas turbine engine combustor is provided with a combustor liner film cooling means having a slotted nugget or ring for starting a cooling film on and upstream of a multi-hole single wall sheet metal combustor liner which is generally annular in shape and having disposed therethrough a multi-hole film cooling means which includes at least one pattern of small closely spaced film cooling holes sharply angled in the downstream direction. In one embodiment the cooling holes are angled in a circumferential direction which generally coincides with the swirl angle of the flow along the surface of the liner. Another embodiment provides a that the annular liner is corrugated so as to form an axially extending wavy wall to help resist buckling which is particularly useful for outer liners in the combustion section of aircraft gas turbine engines and in the exhaust section of gas turbine engines and afterburners.

图 5-3-4　专利 US5279127A 的槽缝式冷却结构

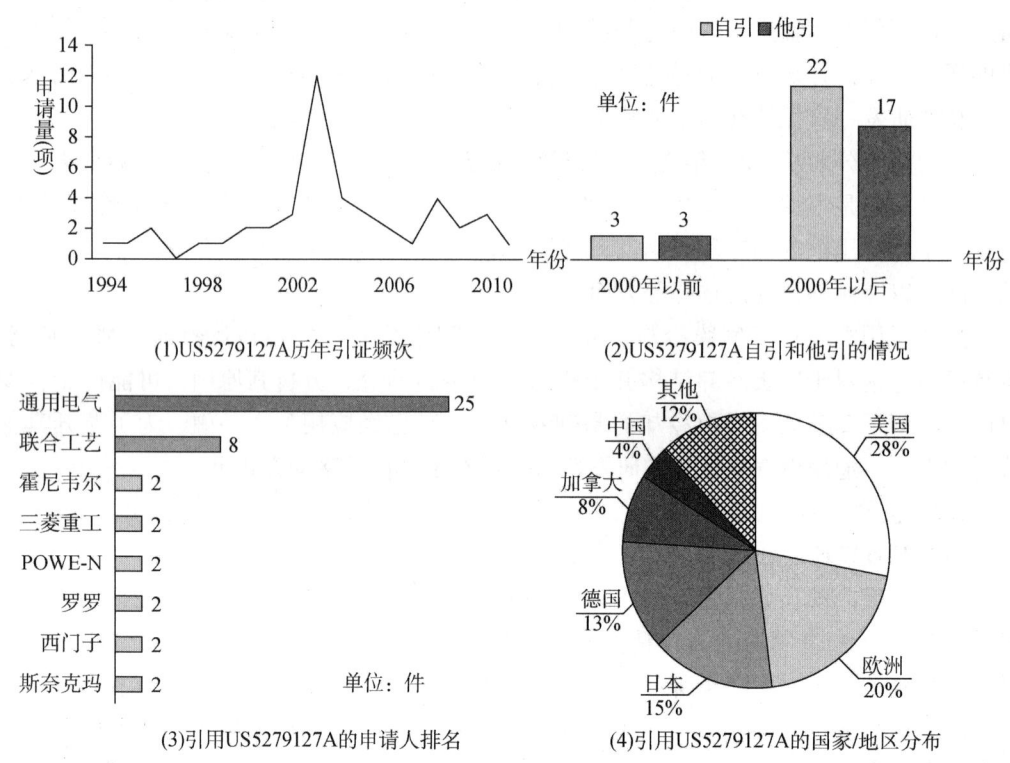

图 5-3-5 引用专利 US5279127A 的各种分析图

(2) US2003027013 A1

申请日：2001 年 7 月 31 日

申请人：通用电气

通用电气于 2001 年 7 月 31 日申请的专利 US2003027013 A1 公开的是一种 CMC 多层结构（见图 5-3-6）。该申请主要公开了一种热障涂层，涂层 10 包括覆在黏结涂层 14 上的热隔离陶瓷层 12，所述黏结涂层 14 覆在金属合金底层 16 上。用于底层的合适材料包括铁、镍、钴基超级合金。黏结涂层 14 必须是抗氧化的材料并且通常在其表面上形成有氧化铝层 18。其中陶瓷层由大约 4%（重量百分比）的氧化钇，0%～1% 的二氧化铪

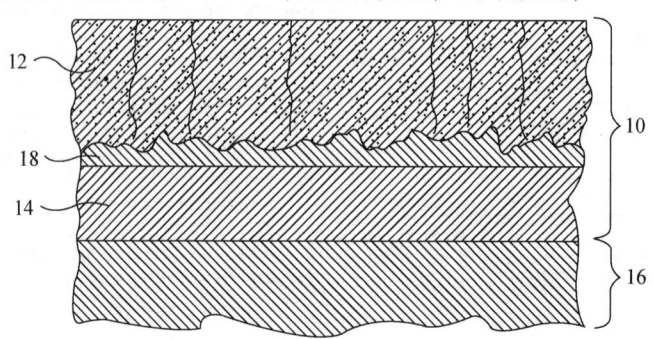

图 5-3-6 专利 US2003027013 A1 的 CMC 多层结构

和一定平衡量的氧化锆组成。该涂层提供了较好的性能，降低了成本，简化了加工工艺。目前，霍尼韦尔和通用电气的 XTC97 第三阶段 JTAGG（联合涡轮先进燃气发生器）核心机的高温燃烧室采用了具有新型头部的陶瓷基复合材料（CMC），具有更高的性能。

除此之外，通用电气针对陶瓷基复合材料进行了一系列的研究和改进，表 5-3-1 中列出了相关专利申请。

表 5-3-1 通用电气 CMC 技术的相关专利

专利号	申请日	进入国家	发明点
US2003129338 A1	2001-12-20	US, EP, JP, KR, DE	连续纤维增强 CMC 材料包括在一起的至少第一和第二组波浪型纤维束用于形成渗入集体材料的预型件
US2005142395 A1	2005-06-30	US, EP, JP, SG	陶瓷合成物包括大于或者等于91%（莫尔百分比）的氧化锆，和最多9%的稳定组分。稳定组分包括氧化钇、氧化钙、氧化钪、氧化镁等金属氧化物和或者4%~6%的橡胶和0.8%~2%的氧化镧
US2005282032 A1	2003-12-30	US, EP, WO, JP, CA, SG, BR	燃烧器组件具有至少两个焊接在一起的组件，热喷涂金属黏结涂层设在焊接区域的表面上，陶瓷涂层通过热喷涂不超过10微米的颗粒而层积，陶瓷涂层形成一个小于黏结涂层的表面的外表面
US2010154422 A1	2008-12-19	US, EP, WO, JP, CA	包含钙镁硅铝酸盐（CMAS）缓释组合物的热障涂层，其中钙镁硅铝酸盐（CMAS）缓释组合物从 zinc aluminate spinel, alkaline earth zirconates, alkaline earth hafnates, hafnium silicate, zirconium silicate, rare earth gallates, rare earth phosphates, tantalum oxide, beryl, alkaline earth aluminates, rare earth aluminates 中选取
US2010159151 A1	2008-12-19	US, EP, WO, JP, CA	制造环境热障涂层和具有 CMAS 缓释组合物的陶瓷组分的方法
US2010069226A1	2008-09-17	US, EP, JP, CN	涉及一种氧化物/氧化物 CMC 基体，其包含混入该基体中的稀土磷酸盐黏结剂，在该基体上的绝缘层，或者包含这二者
US2010162715 A1	2008-12-31	US, EP, JP, CN	涉及用于增强涡轮发动机部件的热传递的方法和系统，其包括将具有高热导率的含金属敷层应用到涡轮机部件的冷侧面上，从而增强离开部件的热传递。该含金属敷层可被粗糙化以改善热传递。敷层可以是 NiAl 结合敷层，其具有大于约50%重量的铝含量

续表

专利号	申请日	进入国家	发明点
US2011027467 A1	2009-11-30	US, EP, JP	涉及一种采用烧结工具制造环境热障涂层的方法
US2011151132 A1	2010-03-31	US, EP, JP, WO, CA	一种涂敷适于暴露在高温环境下的物件的方法，包括设置基体，在基体的一部分上设置黏结涂层，在黏结涂层上设置涂层，该涂层包括陶瓷内层和含有氧化铝的外层，其中含有氧化铝的外层包括0%~50%（重量）二氧化钛，陶瓷内层可采用热喷涂技术、物理气相沉淀技术或者溶液等离子喷涂技术中的一种设置，含有氧化铝的外层可采用悬浮液等离子喷涂技术、溶液等离子喷涂技术和高速氧燃料技术中的一种设置

（3）US6205789 B1

通用电气于1998年11月13日申请的专利US6205789 B1公开的是一种多孔气膜冷却燃烧器衬套。如图5-3-7所示。该燃烧器衬套具有一个壳体，该壳体上设有第一和第二组冷却孔50和52。第二组冷却孔52相比于第一组冷却孔50设置地更加密集。冷却孔44在轴向上从冷侧38向热侧36朝下游以角度A倾斜并且在周向上以角度B倾斜，其中角度A优选为15°到20°，角度B对应于穿过燃烧室的流动涡流，通常在30°到65°之间。该专利US6205789 B1公开的是一种典型的致密微孔冷却结构，这种冷却结构通过大量倾斜小孔使火焰筒壁总冷却面积极大增加。通过采用小孔进气抽吸火焰筒冷侧气体附面层，增强了背部的换热能力，可在火焰筒壁热侧形成全气膜保护。这种致密微孔冷却技术目前在GE发动机（GE90）上已成功应用❶，冷却效率高达90%，

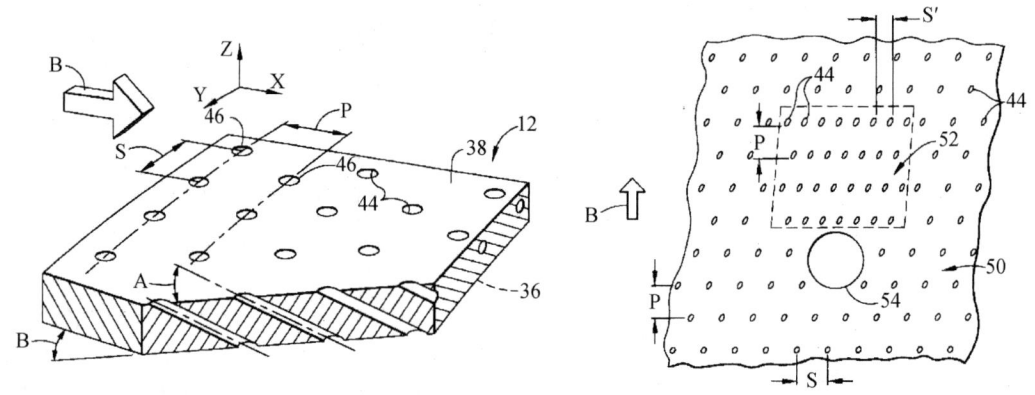

图5-3-7 专利US6205789B1的致密微孔冷却结构

---

❶ 陈光. 用于波音777的GE发动机研制、设计特点[J]. 中国民用航空, 1995 (03): 38-42.

并且使得用于冷却火焰筒的空气量减少了40%。这种冷却结构不仅使燃烧室出口温度均匀，而且缩短了燃烧室的长度。致密微孔冷却技术不仅用于先进的军用发动机中，而且对燃用天然气的重型燃气轮机也适用。

通用电气针对致密微孔冷却结构还进行了一系列的研究，并且提交了许多专利申请，表5-3-2中列出了部分相关专利申请。

表5-3-2 通用电气致密微孔冷却技术相关专利

专利号	申请日	主要结构图
US6513331B1	2001-08-21	
US2010011773 A1	2006-07-26	
US2006196188A1	2005-03-01	
US5233828 A	1992-09-24	

续表

专利号	申请日	主要结构图
US5241827 A	1991-05-03	
US6145319 A	1998-07-16	
US6408629 B1	2000-10-03	

续表

专利号	申请日	主要结构图
US2006059918 A1	2004-09-03	
US2003200752 A1	2002-04-29	

5.3.2 西门子

5.3.2.1 申请趋势

除了通用电气以外，西门子是燃气轮机市场的另一个领导者。虽然西门子在燃气轮机火焰筒冷却技术方面的专利申请量排名第三，但相关的专利申请数量并不多。与排名第一的通用电气相比,西门子的专利申请数量仅占通用电气申请量的1/4,可见西门子在燃气轮机火焰筒冷却技术方面投入的研发力量远不如通用电气。

从西门子的申请量年度分布情况图来看(见图5-3-8),西门子关于火焰筒冷却的专利申请起步较晚,发展比较缓慢。西门子的专利申请分布并不均匀,年均申请量不过几件。西门子的专利申请量仅在2005~2006年有一个小增幅,其间的专利申请主要涉及复合材料。西门子除了西门子公司参与火焰筒冷却技术的研发外,还有多个子公司也参与研发,包括西门子能源公司(SIEMENS ENERGY INC)、西门子电力股份有限公司(SIEMENS POWER GENERATION INC)、西门子西屋公司电力公司(SIEMENS WESTINGHOUSE POWER CORP)。就专利申请的比例来看,西门子公司的申请量占51%,西门子能源公司的申请量占32.7%,西门子电力股份有限公司的申请量占22.4%,西门子西屋公司电力公司的申请量占14.3%,其中有不少专利申请都是这些公司的联合申请。由此可见,这些公司之间存在频繁的技术交流和合作,这些联合申请的技术含量相对较高。但是,通过分析西门子在该领域的发明人,发现同一个发明人的专利申请最多不超过3件,可见西门子在该领域投入的研发精力不多。

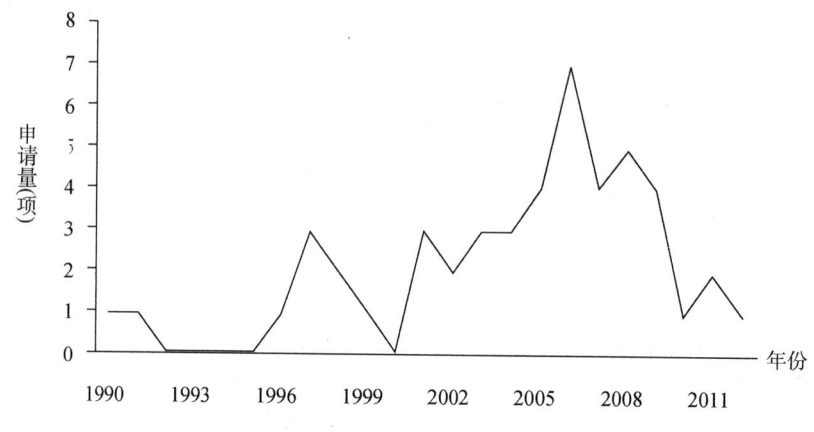

图5-3-8 西门子火焰筒冷却技术申请量年度分布情况

西门子的专利申请一半以PCT的方式提出申请,主要布局在欧洲、美国和日本,也有少量申请进入中国、德国等国家。由此可见,西门子重点关注的是欧洲、美国、日本的市场。

5.3.2.2 技术发展状况

从西门子专利申请涉及的技术分支来看(见图5-3-9),约有24%的专利申请涉及气膜冷却,26%的专利申请涉及冲击冷却,20%的专利申请涉及复合材料,并有10%的专利申请涉及致密微孔冷却,1%的专利申请涉及层板冷却。各个技术分支的专利申请大多集中在2005年之后(见图5-3-10),早期申请较少,可见西门子早期并未投入大量的研发力量对火焰筒冷却技术进行研究。

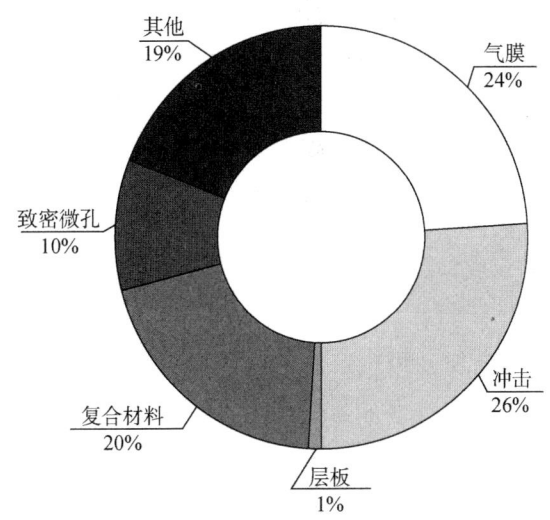

图 5-3-9　西门子技术分支比例图

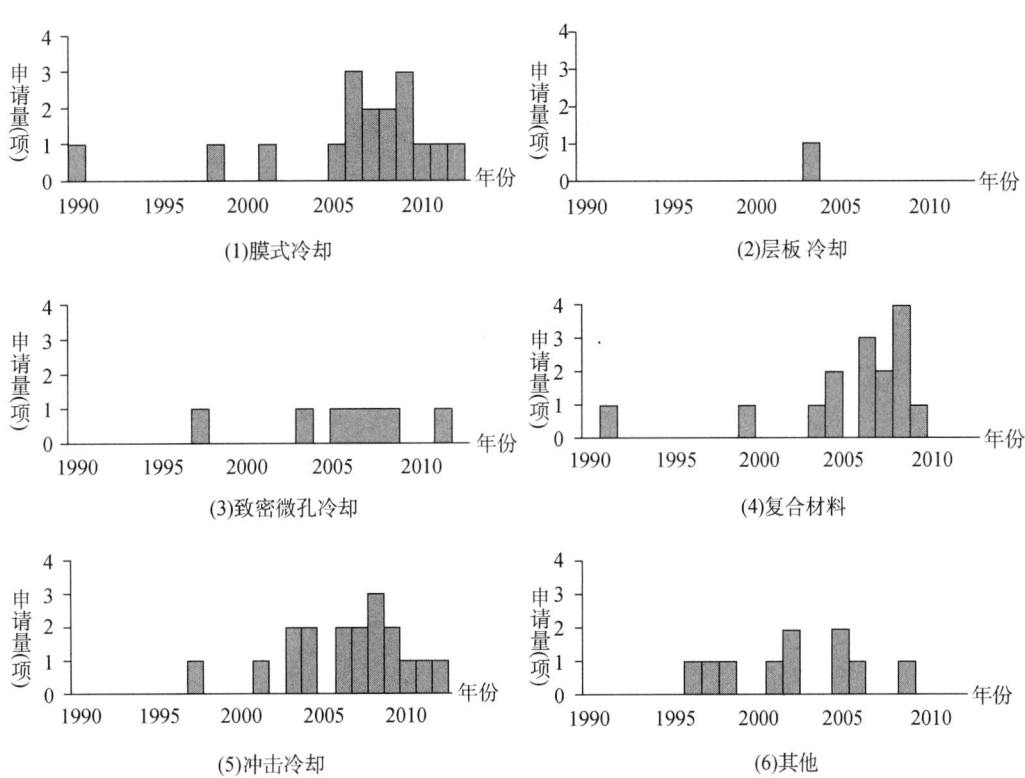

图 5-3-10　西门子各个技术分支随年份申请量分布图

从西门子专利申请涉及的技术分支来看，该公司主要的研发和申请的重点在于气膜冷却结构、冲击冷却结构和复合材料，而层板冷却和致密微孔冷却两个技术分支则一直不是研发的重点。气膜冷却是西门子较早开始研发的一个技术分支，作为一项基础的冷却技术，西门子一直都有专利申请提出。冲击冷却作为另一项基础的冷却技术，起步晚于气膜冷却，研发力度也不是很大，一直处于缓慢发展的状态。在气膜冷却结构、冲击冷却结构和复合材料这三个重点技术分支中，西门子给予复合材料这一技术分支更多的热情和关注。在各个研究机构和各大公司对陶瓷基复合材料的研究如火如荼的进行时，西门子也投入了大量的研发力量对其进行研究，并且在较短时间内申请了多项专利。

5.3.3 罗罗

罗罗是世界第二大航空发动机生产商，仅次于通用电气，是全球船用推进系统和能源领域的主要供应商。1915 年开始设计生产飞机发动机，后来，成为英国喷气发动机的主要生产者、世界军用和民用喷气发动机的最大制造厂家之一。1971 年 2 月为美国洛克希德公司生产 RB-211 喷气发动机，后因经营亏损而破产，由英国政府收购，改为国营，并沿用原名。罗罗的制造汽车、柴油机及通用发动机的部门仍为私营，称罗尔斯—罗伊斯汽车公司。该公司的产品主要为飞机发动机，可用来装配西方各国制造的近 70 种军用和民用飞机。罗罗已累计向世界范围的用户交付了 54 000 台燃气轮机。

罗罗在中国已有 40 多年。从 1962 年达特发动机为中国维克斯子爵号飞机提供动力开始，罗罗与中国企业的合作就没有中断过，尤其是近年来的合作更为频繁和密切。在 2004 年，罗罗赢得价值 1.5 亿美元的中国西气东输管道压缩设备合同，和中国东方航空公司 4.5 亿美元为 20 架 A330-300 提供遄达 700 发动机的订单。在 2005 年，中国国际航空公司股份有限公司与罗罗签署价值 8 亿美元遄达 700 发动机合同以及长期服务协议；罗罗还获得为中国南方航空公司订购的 A380 飞机提供遄达 900 发动机的订单。在 2006 年，东方航空公司再次向罗罗订购遄达 700 发动机作为 A330 飞机的动力并与其签署长期服务协议。

5.3.3.1 申请趋势

罗罗在燃气轮机领域占有重要的地位，在火焰筒冷却技术领域中全球申请人排名中罗罗位列第四。罗罗在该技术上起步早，发展缓慢。在 2005 年之前，相关的专利申请数量略少，且一直有起伏。在 2010~2011 年有一个小高峰，专利申请量有所增加，这期间的专利申请主要涉及气膜冷却、冲击冷却和致密微孔冷却的复合冷却模式（见图 5-3-11）。

罗罗的专利首次申请大部分都在英国提出，少量在德国提出。在德国提出的专利申请主要由劳斯莱斯有限公司及两合公司（ROLLS-ROYCE DEUT LTD & CO KG）提出。罗罗的专利申请主要进入美国、欧洲和德国，其中进入美国的专利申请占总申请量的 77.78%，进入德国的专利申请占总申请量的 42.86%，进入欧洲的专利申请占总申请量的 41.27%。因而罗罗除了注重本国的专利布局，焦点集中在美国、德国和欧洲的市场。在这三个市场中，尤其关注美国市场。与通用电气和西门子的策略不同，罗罗进入日本的专利申请仅占总申请量的 0.05%，进入中国的专利申请为零，由此可

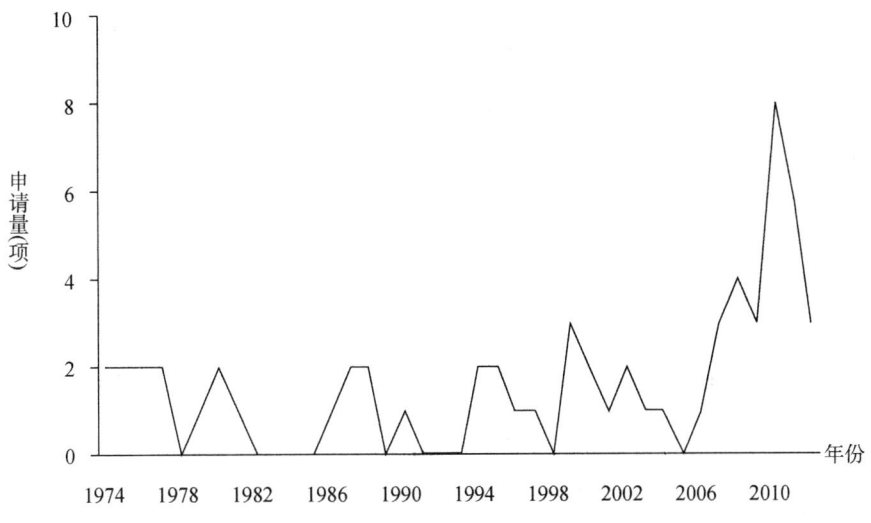

图 5-3-11　罗罗火焰筒技术申请量年度分布情况

见，罗罗并不关注日本和中国市场，并未在日本和中国进行火焰筒冷却技术的专利布局。此外，罗罗以 PCT 形式进行申请的专利申请量也很少，仅占到总申请量的 0.03%。可以看出，罗罗公司的专利申请具有一定的地域局限性。

5.3.3.2　技术发展状况

从罗罗专利申请涉及的技术分支来看，约有 33% 涉及气膜冷却，22% 涉及冲击，12% 涉及复合材料，并有 18% 涉及致密微孔，5% 涉及层板冷却。如图 5-3-12、图 5-3-13 所示。

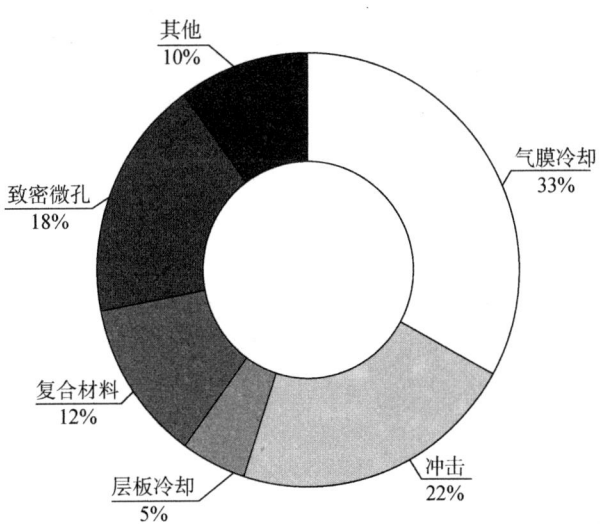

图 5-3-12　罗罗技术分支比例图

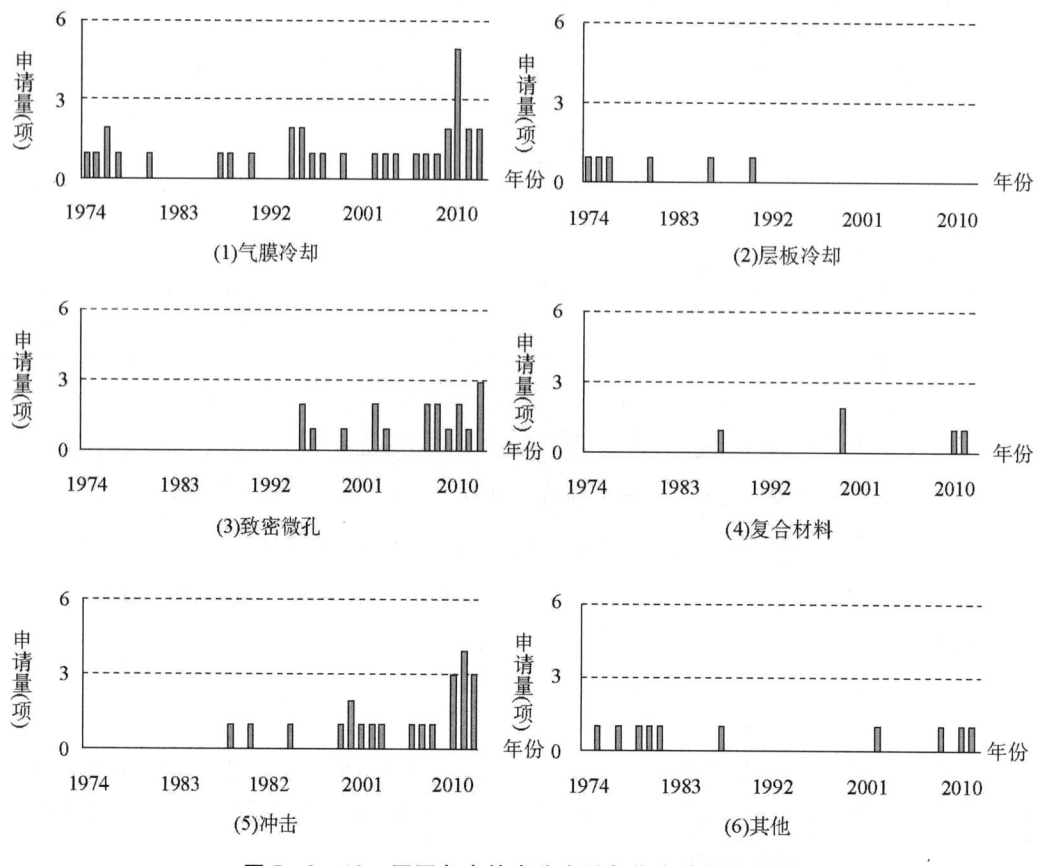

图 5-3-13　罗罗各个技术分支随年代申请量分布图

罗罗各项冷却技术分支相对于其他公司发展较为平衡，尤其是对其他公司并不重点关注的层板冷却技术，早期在罗罗这里得到了较高的关注度并且取得了一定的研究成果。罗罗研制的 Transplys 是典型的层板全气膜冷却结构（涉及专利 GB1530594A 和 GB1550368A），在航空发动机和地面燃机的高温部件中得到应用，例如罗罗研制的"泰"发动机火焰筒掺混孔以前的壁面冷却段采用了这种多孔层板结构。层板冷却结构内部传热效果好，所以层板冷却结构早期得到了研究者很多关注。但是，层板冷却结构加工复杂，成本高，不宜用焊接，一旦用焊接，焊缝处内部冷却空气流路会被破坏。这些缺点阻碍了层板冷却结构的发展，也阻碍了层板结构的继续发展，罗罗也一直在寻求解决方法。

5.3.3.3　重要专利

（1）GB1530594A

罗罗于 1974 年 12 月 13 日提交了一份发明人为 JAGNANDAN KUMAR BHANGU、BBRIAN DRAYCOTT EDWARDS、发明名称为"涉及多孔层板材料的改进"的发明专利申请，公开号为 GB1530594A（见图 5-3-14）。

该专利公开了一种用于燃气轮机高温部件的多孔层板材料，该材料能够忍受更高的温度。该专利的多孔层板包括至少两层邻近的板，它们面对面粘结在一起。每层板都设有多个孔,每对邻近板中的至少一个的邻近面设置成与邻近板的所有孔相互连通。第一板设有多个对称设置的孔和对称设置的通道,并且通道仅设在一面上。所述孔和通道通过电化学蚀刻加工而成。第二板也设有多个对称设置的孔和对称设置的通道,通道也仅设在一面上,且第二板上的孔的数量是第一板的2倍或4倍。具有较大横截面积的孔的板暴露于高温中,具有较小横截面积的孔的板暴露于冷却流中。

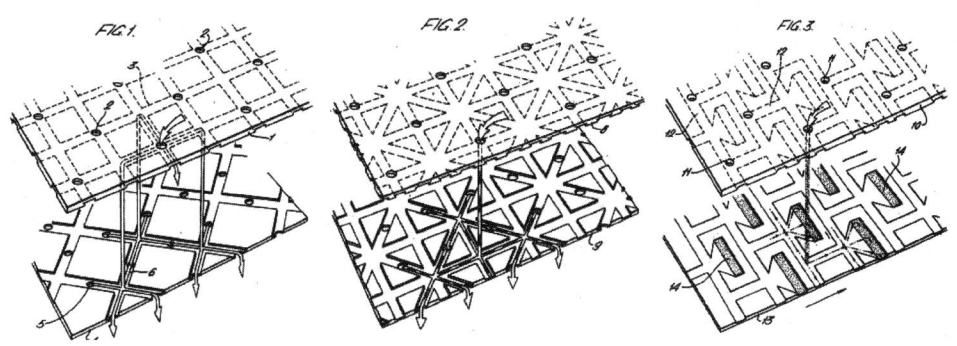

图 5 – 3 – 14　专利 GB1530594A 的层板冷却结构

罗罗的这项专利是一种典型的层板冷却,这种结构既增强了火焰筒壁内的换热性能,又解决了材料的耐久性问题。通过选择一些适当的设计参数,如孔间的距离、进出气孔的直径、层板的厚度、层板数目以及内部通道面积大小等,可以优化流动阻力和换热特性。通过减小这些参数,可以使层板内部结构接近微小毛细孔网,进而增大其内部传热面积,提高冷却效率。

(2) GB1550368A

研究发现,在夹层中有绕流柱的层板结构要比没有绕流柱的双层壁结构换热效果要好。因此罗罗在 GB1530594A 的基础上对层板冷却结构进行了进一步改进,于 1975 年 7 月 16 日提交了一份发明人为 JAGNANDAN KUMAR BHANGU、发明名称仍然为"涉及多孔层板材料的改进"的发明专利申请,公开号为 GB1550368A(见图 5 – 3 – 15)。

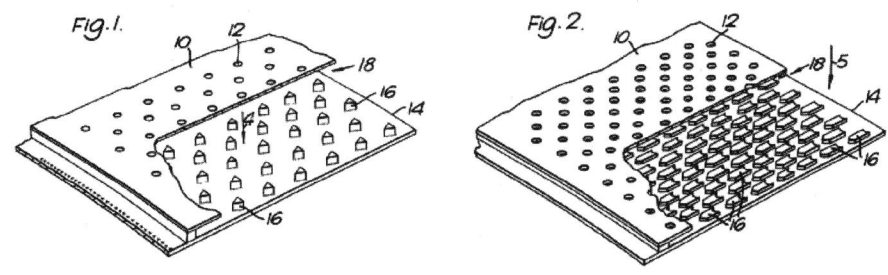

图 5 – 3 – 15　专利 GB1550368A 的层板冷却结构

GB1550368A 公开了一种用于燃气轮机高温部件的多孔层板结构。该结构包括第一板和第二板,其中第一板设有多个孔,第二板与第一板通过多个热导柱间隔开。所述孔和热导柱对称设置但不对齐,以使得孔与热导柱之间的空间连通。

US5791875A
GB2053450A
US5239823A
GB1530594A
FR2481742A
US5113648A
GB2077635A
WO8806257A1

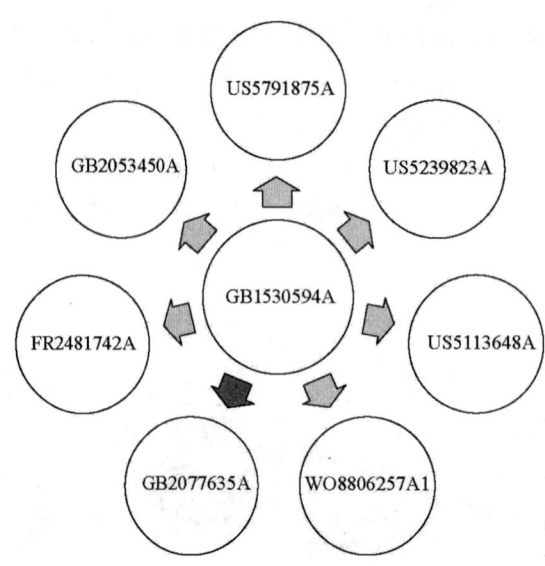

图5-3-16　专利GB1530594A的引证关系

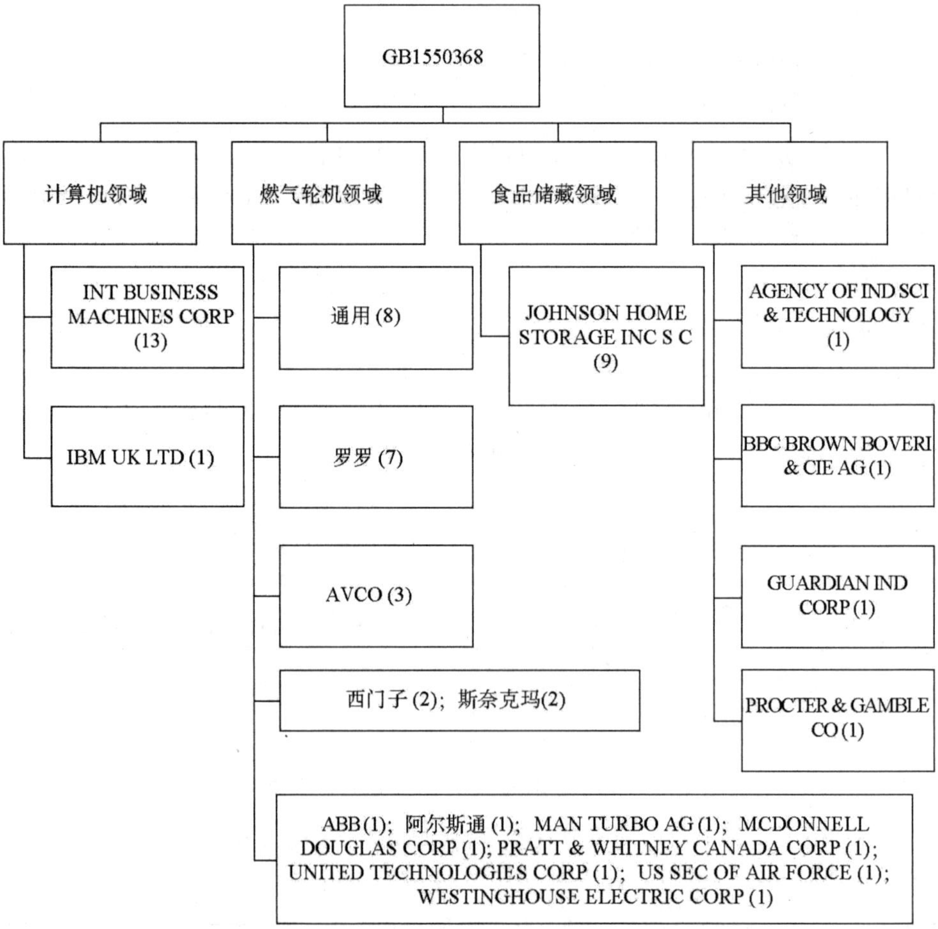

GB1550368
计算机领域
燃气轮机领域
食品储藏领域
其他领域
INT BUSINESS MACHINES CORP (13)
IBM UK LTD (1)
通用 (8)
罗罗 (7)
AVCO (3)
西门子 (2)；斯奈克玛(2)
ABB (1)；阿尔斯通 (1)；MAN TURBO AG (1)；MCDONNELL DOUGLAS CORP (1); PRATT & WHITNEY CANADA CORP (1); UNITED TECHNOLOGIES CORP (1)；US SEC OF AIR FORCE (1); WESTINGHOUSE ELECTRIC CORP (1)
JOHNSON HOME STORAGE INC S C (9)
AGENCY OF IND SCI & TECHNOLOGY (1)
BBC BROWN BOVERI & CIE AG (1)
GUARDIAN IND CORP (1)
PROCTER & GAMBLE CO (1)

图5-3-17　专利GB1550368A的引证关系

图 5-3-16 和图 5-3-17 是专利 GB1530594A 和 GB1550368A 的引证关系,从中可以看出,专利 GB1530594A 被自引 1 次,他引 6 次,而专利 GB1550368A 作为改进的专利,则被引用了 59 次,其中自引了 7 次,他引 52 次,明显多于 GB1530594A 的引用次数。引用 GB1550368A 的领域除了燃气轮机领域,还涉及计算机领域和食品储藏领域以及其他的领域,而在燃气轮机领域方面,引用专利 GB1550368A 的公司有 13 个,总数达到 30 件。由此可见,该专利技术引起了各个技术领域的广泛重视,对各领域的冷却技术起到了重要的推动作用。

5.3.4 三菱重工

5.3.4.1 申请趋势

三菱重工是通过对外来引进技术进行消化吸收,发展出自主知识产权的代表性企业。目前三菱重工已经成为具有先进燃气轮机技术水平和拥有众多专利技术的大型企业。

从三菱重工的申请量年度分布情况来看(见图 5-3-18),三菱重工关于火焰筒冷却的专利申请起步较晚,且申请量远远不如通用电气、西门子和罗罗,总申请量约为通用电气的 1/10。在 2002 年,专利申请量有一个小高峰,这时的专利申请主要涉及冲击冷却和气膜冷却。三菱重工的专利申请都在日本首次提出,其中有 76.92% 仅在日本本国进行申请,另外有少量的专利申请进入欧洲和美国,更少量进入中国和韩国。无论从专利申请的数量还是从专利申请进入的国家来看,三菱重工关于火焰筒冷却技术的专利布局重点在本国,而对于其他地域的专利布局基本上尚未形成。三菱重工由于早期购买美国西屋公司的燃气轮机技术进行生产,并未有自己的专利技术,因此早期专利申请较少。但是,随着不断的学习和创新,三菱重工逐渐拥有了自己的技术,并且逐渐向美国、欧洲提出专利申请。

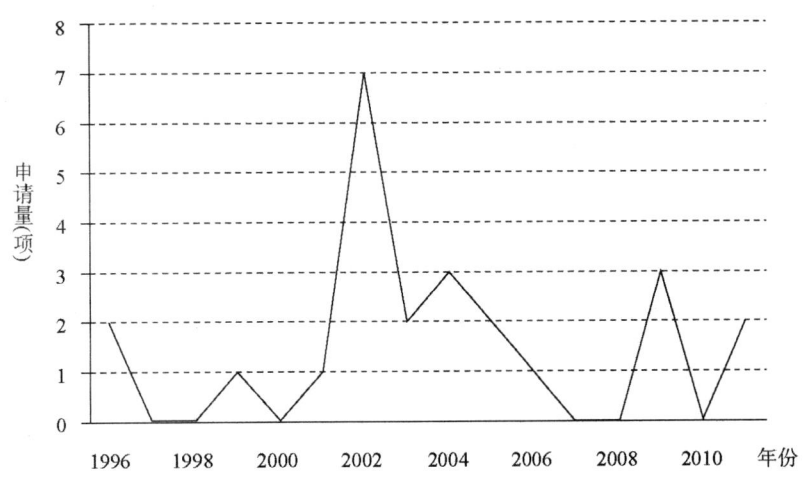

图 5-3-18 三菱重工火焰筒冷却技术申请量年度分布情况

5.3.4.2 技术发展状况

从三菱重工的专利申请涉及的技术分支来看，约有50%涉及气膜冷却，18%涉及冲击冷却，7%涉及复合材料，7%的专利申请涉及致密微孔冷却，没有涉及层板冷却的专利申请。从专利申请的类型来看，三菱重工的主要研发力量集中在基础冷却方式—气膜冷却上，对于先进的冷却方式—致密微孔冷却和复合材料也投入了一定的研发力量，对于层板冷却则没有研究。如图5-3-19、图5-3-20所示。

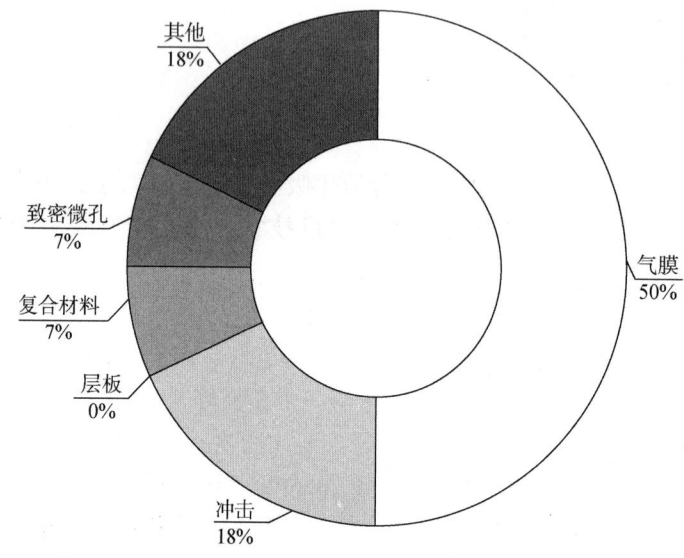

图5-3-19 三菱重工技术分支比例图

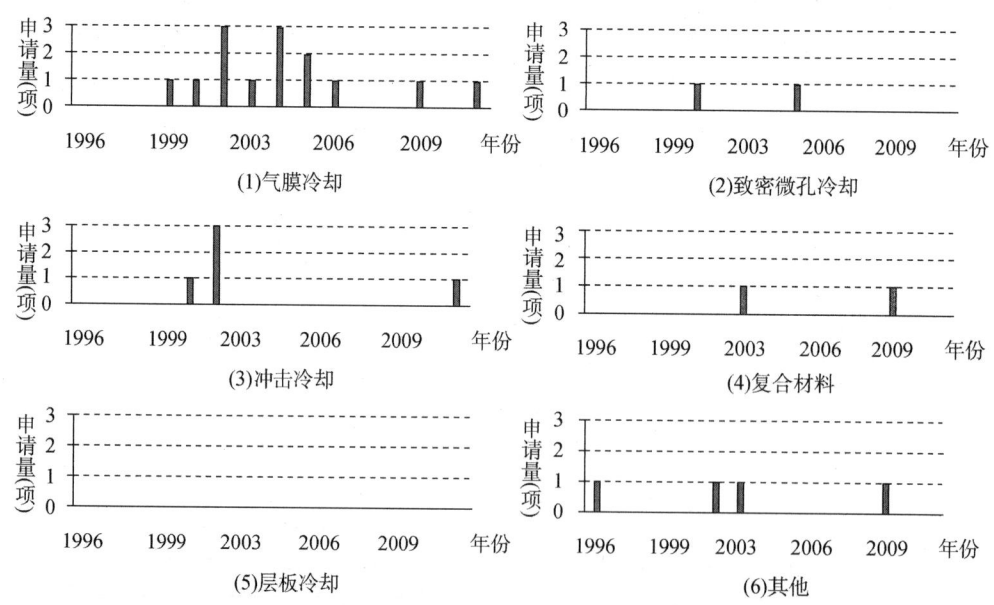

图5-3-20 三菱重工各个技术分支随年代申请量分布图

5.3.5 四大公司技术分布比较

从总体上看，无论是通用电气、西门子，还是罗罗和三菱重工，它们的研究重点都放在基础冷却结构—气膜冷却和冲击冷却上，相比较其他的冷却方式所占的份额要更大。这是因为气膜冷却和冲击冷却为基础的冷却方式，结构简单、加工容易、冷却效果好，因此研究人员一直致力于改进这些基础的冷却结构，力求使它们达到更好的冷却效果。

具体到各个公司，其研究重点又各有不同。通用电气主要的研发点在于基础冷却结构，多涉及气膜冷却和冲击冷却。除了基础冷却结构，通用电气对于复合材料的研究也投入了大量的精力，并且取得了不错的成果，但是通用电气对于层板冷却结构并未投入精力进行研究。罗罗对于层板冷却结构的研究相比于其他公司，投入的研究精力相对较多，在早期取得了较好的研究成果。罗罗将层板冷却结构应用到了航空发动机和地面燃机的高温部件中。西门子对于复合材料的相关技术研究较多，而三菱重工的研究重点也主要在基础冷却结构。从专利申请量来看，三菱重工在火焰筒冷却方面投入的研发力度要比其他三个公司要少，专利申请数量明显少于其他三个公司，对于各个技术分支研发的力度不够。

5.4 技术路线图

为了清楚地了解火焰筒冷却技术的发展脉络和技术演进的情况，本节在前面对全球专利数据样本进行分析的基础上结合企业关注的重要专利，给出了火焰筒冷却各个技术分支的技术发展路线图。

图 5-4-1 显示了燃气轮机火焰筒冷却技术的技术路线图。从图 5-4-1 中可以看出，气膜冷却、冲击冷却、致密微孔冷却和层板冷却这四个技术分支关联性较强，而复合材料这个技术分支相对独立。这主要是因为气膜冷却、冲击冷却、致密微孔冷却和层板冷却涉及结构，复合材料涉及材料，而结构和材料之间的关联性不是很强。

气膜冷却是一项传统的冷却技术，早期的气膜冷却是简单的缝槽结构（US5279127A）。缝槽气膜冷却结构简单工艺方便，但热态下容易变形，火焰筒结构稳定性差。因此，之后出现了鱼鳞孔和波纹槽结构，这种结构相对于缝槽气膜冷却结构要稳定。近年，气膜冷却多与其他冷却形式（例如冲击、致密微孔、对流等）结合形成复合气膜冷却结构（US6655146A）。这种复合冷却结构充分利用了各个冷却结构的优点，可以减少冷却空气量。但是它也存在结构复杂、重量大的缺点。

冲击冷却多与其他冷却形式结合形成复合冷却形式。早期冲击冷却多与气膜冷却、对流冷却或者气膜和对流冷却结合形成复合冷却结构（EP1084371B1）。

罗罗早期申请的专利 GB1530594A、GB1550368A 公开了一种典型的层板冷却结构。这种结构既增强了火焰筒壁内的换热性能，又解决了材料的耐久性问题。但是层板冷却结构加工复杂、成本高，不宜用焊接。一旦用焊接，焊缝处内部冷却空气流路会被

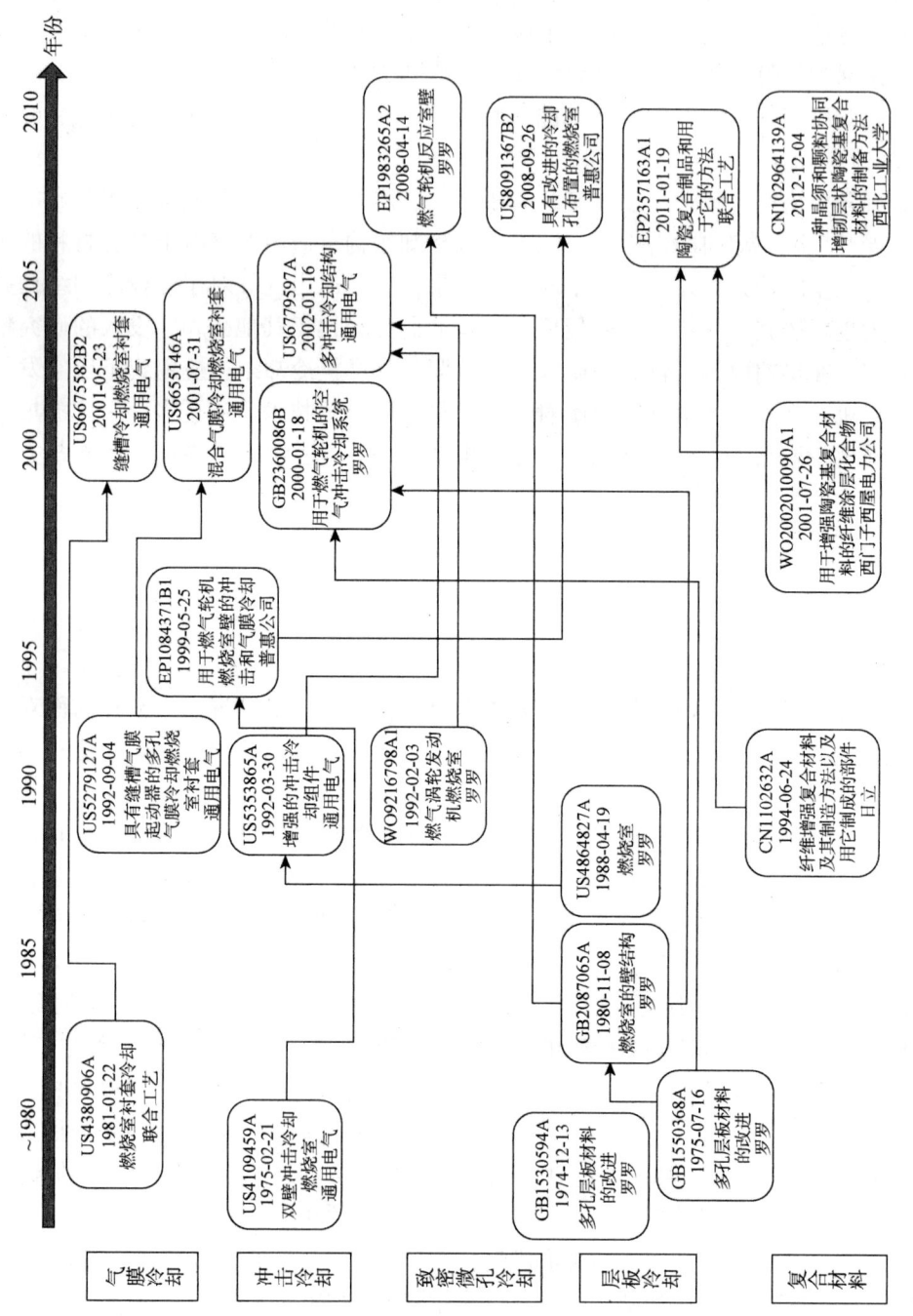

图5-4-1 燃气轮机火焰筒冷却技术的技术路线图

破坏。在研究该冷却结构的申请人方面，除了罗罗，其他各大公司对于层板结构的研究热情并不高。由于上述缺点的存在以及投入的研发力量有限，层板冷却技术发展缓慢，专利申请逐渐减少。

近年来，致密微孔冷却结构得到了迅速发展。致密微孔冷却结构由于结构简单、造价便宜而受到研究者的青睐。涉及致密微孔的专利申请的改进点大多对布置方式、孔径大小和倾斜角度进行改进。随后，研究人员发现冲击/致密微孔复合冷却结构的冷却效果要比单一使用致密微孔的冷却结构的冷却效果要好得多，因此以冲击/致密微孔复合冷却形式为主的专利申请（WO9216798A1、EP1983265A2）逐渐增多。

除了致密微孔冷却结构，近年来发展迅速的冷却技术还有陶瓷基复合材料。陶瓷基复合材料作为发动机热端结构材料具有耐高温、高强度和高刚度、相对重量较轻、抗腐蚀等优点，但是，其脆性却极大地限制了它的推广。研究人员也一直致力于改进这一缺陷。早期的陶瓷基复合材料为非连续纤维增强陶瓷基复合材料，通过将颗粒、晶须等增强物加入到基体材料中来提高材料的韧性（CN1102632A）。随后研究人员发现，在材料中添加 SiC 纤维、C 纤维及氧化物纤维等制成的连续纤维增强陶瓷基复合材料，可大幅度提高材料的韧性（WO2002010090A1）。近年来，研究人员模拟自然界贝壳的结构，设计出层状陶瓷复合材料。这种独特的结构不仅使得陶瓷材料克服了单体时的脆性，而且在保持高强度、抗氧化的情况下，可大幅度提高材料的韧性和可靠性（CN102964139A）。

5.5 重要专利列表

本节考虑了技术点、指定国家、引用频次、企业关注度等多个因素，给出重要专利列表（表 5-5-1），其中对冷却性能、复杂性、造价、是否方便维修等相关信息都给予注释。

表 5-5-1 火焰筒冷却技术重要专利

序号	专利号	申请日	申请人	火焰筒冷却结构	指定国家	引用频次	企业关注度	冷却性能	复杂性	造价	方便维修
1	US4302941A	1980-04-02	UNITED TECHNOLOGIES CORP	气膜	DE；FR；BE；GB；NO；SE；US；IL	39	非常关注	较好	最低	便宜	方便
2	US4380906A	1981-01-22	UNITED TECHNOLOGIES CORP	气膜	DE；FR；BE；GB；NL；SE；US；IL；BR；CA	17	非常关注	较好	最低	便宜	方便

续表

序号	专利号	申请日	申请人	火焰筒冷却结构	指定国家	引用频次	企业关注度	冷却性能	复杂性	造价	方便维修
3	GB2176274A	1985-06-07	RUSTON GAS TURBINES LTD	冲击/致密微孔	EP；US；GB；DE；JP	12	关注	很好	居中	居中	居中
4	US4267698A	1979-05-01	BBC BROWN BOVERI & CIE AG	气膜	DE；US；CH；GB；JP	7	关注	较好	最低	便宜	方便
5	US4916906A	1988-03-25	GEN ELECTRIC	冲击/气膜	US；FR；GB；IT；DE；CA；AU；IL	39	非常关注	好	居中	居中	居中
6	EP741268A	1996-04-19	UNITED TECHNOLOGIES CORP	气膜	EP；US；JP；DE	33	非常关注	较好	最低	便宜	方便
7	US4642993A	1985-04-29	AVCO CORP	气膜	EP；US；CA；BR；DE；JP	16	非常关注	较好	最低	便宜	方便
8	US5363654A	1993-05-10	GEN ELECTRIC	冲击	US；EP；DE；JP	38	很关注	较好	最低	便宜	方便
9	US5782294A	1995-12-18	UNITED TECHNOLOGIES CORP	冲击	US	24	非常关注	较好	最低	便宜	方便
10	EP974735A	1999-07-14	GEN ELECTRIC	冲击/气膜	EP；US；JP	23	非常关注	好	居中	居中	居中
11	GB1530594A	1974-12-13	ROLLS ROYCE	层板	DE；US；IT；FR；GB；JP	7	一般	好	最高	最高	不便
12	GB1550368A	1975-07-16	ROLLS ROYCE	层板	DE；US；FR；GB；JP	59	关注	好	最高	最高	不便
13	US4695247A	1986-02-26	AGENCY OF IND SCI & TECHNOLOGY	冲击/气膜	GB；US；JP	56	一般	好	居中	居中	居中

续表

序号	专利号	申请日	申请人	火焰筒冷却结构	指定国家	引用频次	企业关注度	冷却性能	复杂性	造价	方便维修
14	GB2087065A	1980-11-08	ROLLS ROYCE LTD	层板	FR；US；DE；GB；JP	35	一般	好	最高	最高	不便
15	US2010170257 A1	2009-01-08	GEN ELECTRIC	冲击/致密微孔	US；CN；EP；JP	0	很关注	很好	居中	居中	居中
16	US2010069226A1	2008-09-17	GEN ELECTRIC	CMC	US；CN；EP；JP	0	非常关注	好	低	居中	居中
17	US20100376 20A1	2008-08-15	GEN ELECTRIC	冲击/致密微孔	US；CN；DE；JP	0	关注	很好	居中	居中	居中
18	EP2292977A2	2010-06-24	ROLLS–ROYCE PLC	冲击/致密微孔	EP；US；GB	0	非常关注	很好	居中	居中	居中
19	EP2508803A2	2012-03-15	ROLLS–ROYCE PLC	冲击/致密微孔	EP；US	0	很关注	很好	居中	居中	居中
20	WO9948837 A1	1999-02-11	SIEMENS WESTINGHOUSE POWER	CMC	WO；EP；US；JP；KR；DE	80	非常关注	好	低	便宜	居中
21	WO0030268 86A2	2002-09-17	SIEMENS WESTINGHOUSE POWER	CMC	WO；EP；US；JP；DE；CA	64	非常关注	好	低	便宜	居中
22	US20030595 77A1	2001-09-24	SIEMENS POWER GENERATION INC；SIEMENS WESTINGHOUSE POWER	CMC	US；EP；WO；JP；KR；DE	34	一般	好	低	便宜	居中
23	US4312186 A	1979-10-17	GEN MOTORS CORP	层板	GB；US；CA	11	关注	好	最高	最高	不便
24	US4751962A	1986-02-10	GEN MOTORS CORP	层板	US；JP；EP；DE	2	关注	好	最高	最高	不便
25	EP1983265A	2008-04-14	ROLLS ROYCE DEUTSCHLAND	冲击/致密微孔	EP；US；DE	1	很关注	很好	居中	居中	居中

续表

序号	专利号	申请日	申请人	火焰筒冷却结构	指定国家	引用频次	企业关注度	冷却性能	复杂性	造价	方便维修
26	WO2004040108 A1	2003-05-01	POWER SYSTEMS MFG LLC	致密微孔	US；EP；WO；JP；KR；MX；IL；DE；CA；AU	13	很关注	好	较低	便宜	方便
27	US2003167772 A1	2001-08-21	GEN ELECTRIC	气膜	US；EP；JP；CA；SG；MX；BR；CA	11	很关注	较好	最低	便宜	方便
28	US2005081526A1	2003-10-17	GENERAL ELECTRIC CO	冲击/气膜	US；EP；CA；CN；JP；DE	4	非常关注	好	居中	居中	居中
29	US5467815 A	1993-12-28	ABB RES LTD	冲击	DE；US；JP	27	非常关注	较好	最低	便宜	方便
30	US5329761 A	1993-06-14	GEN ELECTRIC	冲击/气膜	US；EP；CA；DE；JP	22	非常关注	好	居中	居中	居中
31	US5279127 A	1990-12-21	GENERAL ELECTRIC CO	气膜	US；CA；EP；JP	45	非常关注	较好	最低	便宜	方便
32	US2003027093A1	2001-07-31	GENERAL ELECTRIC CO	气膜	EP；JP；US；DE	13	很关注	较好	最低	便宜	方便
33	US2003027013 A1	2001-07-31	GENERAL ELECTRIC CO	CMC	EP, US, JP, KR	11	非常关注	好	低	便宜	居中
34	US20031299338 A1	2001-12-20	GENERAL ELECTRIC CO	CMC	US, EP, JP, KR, DE	10	很关注	好	低	便宜	居中
35	US2005282032 A1	2003-12-30	GENERAL ELECTRIC CO	CMC	US, EP, WO, JP, CA, SG, BR	0	很关注	好	低	便宜	居中

续表

序号	专利号	申请日	申请人	火焰筒冷却结构	指定国家	引用频次	企业关注度	冷却性能	复杂性	造价	方便维修
36	US2010154422 A1	2008-12-19	GENERAL ELECTRIC CO	CMC	US, EP, WO, JP, CA	0	关注	好	低	便宜	居中
37	US2010159151 A1	2008-12-19	GENERAL ELECTRIC CO	CMC	US, EP, WO, JP, CA	0	很关注	好	低	便宜	居中
38	US2010069226A1	2008-09-17	GENERAL ELECTRIC CO	CMC	US, EP, JP, CN	0	很关注	好	低	便宜	居中
39	US2010162715 A1	2008-12-31	GENERAL ELECTRIC CO	CMC	US, EP, JP, CN	0	关注	好	低	便宜	居中
40	US2011027467 A1	2009-11-30	GENERAL ELECTRIC CO	CMC	US, EP, JP	0	很关注	好	低	便宜	居中
41	US2011151132 A1	2010-03-31	GENERAL ELECTRIC CO	CMC	US, EP, JP, WO, CA	0	关注	好	低	便宜	居中
42	US5279127 A	1992-09-04	GENERAL ELECTRIC CO	气膜	US, EP, JP, CA	45	非常关注	较好	最低	便宜	方便
43	US4380906A	1981-01-22	UNITED TECHNOLOGIES CORP	气膜	KR, JP, IT, FR, BE, SE, BR, DE, IL, NL, AU, CA, GB, US	18	非常关注	较好	最低	便宜	方便
44	US4655044A	1983-12-21	UNITED TECHNOLOGIES CORP	气膜	JP, EP, US	31	非常关注	较好	最低	便宜	方便
45	US4622821A	1985-01-07	UNITED TECHNOLOGIES CORP	气膜	JP, EP, IL, US	17	非常关注	较好	最低	便宜	方便

续表

序号	专利号	申请日	申请人	火焰筒冷却结构	指定国家	引用频次	企业关注度	冷却性能	复杂性	造价	方便维修
46	WO9963274A1	1999-12-09	PRATT & WHITNEY CANADA	冲击/气膜	WO; EP; JP; DE; CA; US	11	非常关注	好	居中	居中	居中
47	US5687572	1997-11-18	ALLIED-SIGNAL INC	气膜	US	24	非常关注	较好	最低	便宜	方便
48	EP1001222A2	2000-05-17	GENERAL ELECTRIC CO	致密微孔	US; DE; EP; JP	13	非常关注	好	较低	便宜	方便
49	EP0972992A2	1999-07-12	GENERAL ELECTRIC CO	致密微孔	EP, US, JP, DE	28	很关注	好	较低	便宜	方便
50	JP2003214185A	2003-07-30	MITSUBISHI JUKOGYO KK	蒸汽冷却	JP	5	非常关注	好	居中	便宜	方便
51	US2006042255 A1	2006-03-02	GENERAL ELECTRIC CO	新型冷却结构	US; DE; JP; CN	12	非常关注	好	居中	便宜	方便

5.6 本章小结

本章主要通过对火焰筒冷却技术的专利统计定量分析与重要专利定性分析相结合的方式，对燃气轮机火焰筒冷却技术专利状况进行了深入的分析与研究。总体上看，美、欧、日等发达等发达国家或地区已在该领域的技术研发上取得明显优势，并在专利布局上积极行动。优势企业在全球范围内进行了广泛的申请专利，已形成了较为系统与完善的专利布局体系。反观我国在该领域技术起步晚，发展慢，创新度不高。通过前面的分析，本报告形成了下述有关该技术领域的意见和建议，供企业参考。

（1）加强复合冷却方式的研究力度

随着燃气轮机性能的提高，燃烧室内温度大幅升高，对于火焰筒冷却的要求越来越高。目前，基本的冷却模式，例如气膜冷却、冲击冷却均为各个公司的发展重点，而且技术较为成熟，改进的空间不大，而且单一的冷却模式已经远远不能满足目前火焰筒冷却的要求。而将各种冷却方式组合在一起的复合冷却方式结合了各种冷却方式的优点，能够很好的满足火焰筒冷却的要求。目前，各大企业的申请保护的专利均涉及复合冷却方式，而且复合冷却方式的改进和发展空间还比较大，各种冷却结构组合的复合冷却方式也可以有很多种，我国企业也可在该方面多投入一些研发力量进行研究，并且申请相关专利。

（2）集中力量攻克行业内未突破的技术瓶颈

从几个火焰筒冷却技术分支来看，气膜冷却、膜式冷却已经是发展成熟了冷却方式，层板冷却则在发展的时候遇到技术瓶颈，申请逐渐减少。但是层板冷却结构的优点在于内部传热效果好，该技术对于其他领域，例如食品储藏领域，计算机散热领域都有一定的借鉴意义。但是由于层板冷却存在加工复杂，成本高，不宜用焊接等缺点，而这些缺点一直未得到有效的解决，因而层板冷却技术发展变缓。我国企业对于该技术可以给予更多的关注，如果能够解决技术障碍，那么将具有不错的前景。

（3）加强新技术的研发

致密微孔和陶瓷基复合材料都是较为新的冷却技术。目前各大企业的申请量正投入研发力量进行研究，专利申请量还不是很多。我国企业也可以相应地投入研发力量进行研究，并且对研究成果申请专利，进行自己的专利布局。目前国内一些企业和科研院所等已经对致密微孔冷却进行了研究并申请了一些专利。建议国内企业在申请专利的同时，可以密切关注国外的相关专利申请，合理规避。

（4）鼓励企业与高校/科研院所之间开展合作研发，联合申请专利

目前我国主要从事燃气轮机火焰筒冷却研发的申请人以高校与科研院所为主体，但实际应用率较低。这不仅不利于该行业的健康发展，对高校/科研院所自身而言也是对资源造成的极大浪费。如果能建立起企业与高校/科研院所之间的技术研发与成果应用对接通道，通过合理有效的技术与专利转让机制，促使专利权能够在其创新主体与市场主体之间畅通流动，那么则可以真正实现其实用价值。

第6章 燃料喷嘴

为深入分析燃气轮机行业重点技术，本章着重研究了燃料喷嘴的专利申请状况，并研究了当前重点关注的干式低 NOx（DLN）燃烧技术。通过分析技术发展历程，梳理了 DLN 燃烧室中燃料喷嘴的技术发展路线图。在此基础上，按照重要专利筛选标准，并参考技术专家的建议，给出了代表性专利。

本章报告的统计分析基础为 2013 年 5 月 31 日提取的已公开全球专利数据和中国专利数据，经检索，全球相关专利为 3780 项，中国相关专利为 734 件。

6.1 概述

在燃气轮机燃烧室中，燃料喷嘴起到混合燃料与空气以及稳定燃烧过程的作用。燃料喷嘴区域的结构形式对燃烧室内部的流动和燃烧方式起到决定性的作用，进而直接影响到燃烧室燃烧产物的排放[1]。而且，燃料喷嘴作为燃烧室的重要组件，其性能的优劣将直接影响点火、燃烧效率、燃烧稳定性、温度分布和排气污染等方面的性能，同时也会影响火焰筒和涡轮叶片的寿命[2]。因此，燃气轮机技术的进步与燃料喷嘴技术密切相关。

自美国环保总局 1973 年公布飞机发动机污染物排放标准以来，随着人们环保意识的日益增强以及世界各国排放标准的制定和不断提高，对燃气轮机燃烧室的污染物排放提出了日益严格的限量规定。基于低排放燃烧室设计原理，近三十年来，世界各大燃气轮机研发机构及燃气轮机制造厂商均投入大量的人力和物力，对燃气轮机低排放燃烧室开展了大量的研究工作，开发出了多种燃气轮机燃烧室低排放技术。通过采用这些低排放技术，燃气轮机燃烧室排放物中 UHC 减少了 90%，CO 和 NOx 分别减少了 80% 和 30%。

通用电气[3]分析认为，扩散燃烧室的热声振荡与喷嘴压比和燃料种类密切相关。当喷嘴压比低于某些临界值时，燃烧室会出现振荡燃烧现象。当燃料种类或燃烧系统特性改变后，临界喷嘴压比值也会改变。如燃烧室中由单喷嘴结构改为多喷嘴结构[4]，可

---

[1] 郭培卿. 双旋流合成气非预混燃烧特性的实验研究与数值模拟 [D]. 上海: 上海交通大学, 2011.
[2] 甘晓华. 航空燃气轮机燃油喷嘴技术 [J]. 国防工业出版社, 2006 (1): 1–17.
[3] H. E. Miller. Development of the GE Quiet Combustor and Other Design Changes to Benefit Quality [R]. GE Power Systems, 1988, Ger–3551.
[4] 宋权斌, 房爱兵, 徐纲, 徐燕骥, 邢双喜, 黄伟光. 不同喷嘴结构合成气燃烧室动态特性的实验研究 [J]. 工程热物理学报, 2011 (6): 1053–1057.

以使得燃烧室的压力振荡减轻。通用电气的 DLN 燃烧室、E 级和 F 级的合成气燃烧室都采用了多喷嘴技术，除显著降低了燃烧室的噪声以外，还降低了燃烧室的磨损、减少了运行费用、提高了在线率和延长了检修间隔时间。因此，当前的燃料喷嘴大多数都由早年的单喷嘴结构改为多喷嘴结构。

目前，燃烧室低排放技术主要有湿式低排放（WLE）和干式低排放（DLE）两种。其中，干式低排放技术主要有：贫燃预混预蒸发燃烧（LPP）、贫燃预混燃烧（LP）、贫燃直接喷射燃烧（LDI）、富态—淬冷—贫态燃烧（RQL）、选择催化还原燃烧（SCR）、分级燃烧（SC）以及可变几何燃烧（VVG）等。

从世界各大燃气轮机研发机构及燃气轮机制造公司所申请的专利可以看出，大量的关于各项低排放技术的专利主要集中在过去的二十多年中，并且先进的干式低排放技术基本主要集中在国外几家大公司手中。本章将在第6.3节对干式低 NOx（DLN）燃气轮机的燃料喷嘴进行详细分析。

6.2 专利申请分析

6.2.1 申请趋势

为了研究燃料喷嘴专利技术的发展情况，本报告对全球专利申请数据按时间顺序进行了统计分析。全球专利申请趋势以及中国专利申请趋势如图6-2-1所示。

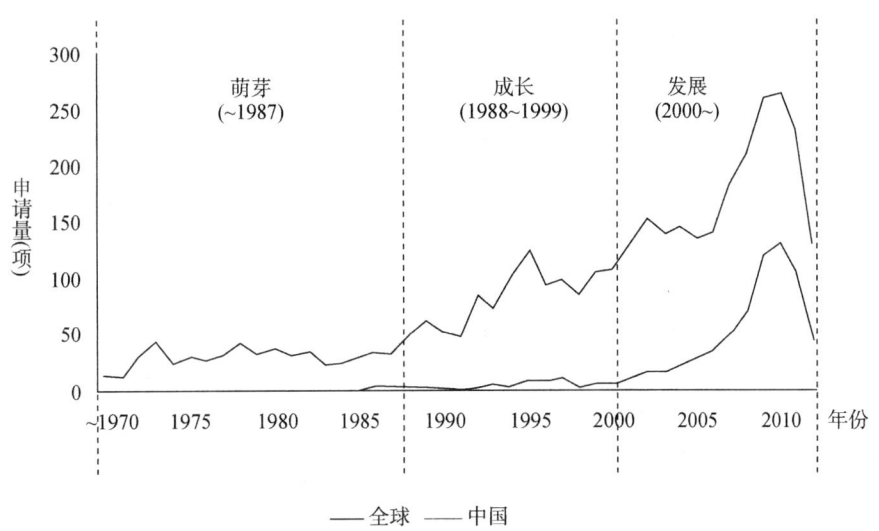

图6-2-1 燃料喷嘴全球以及中国专利申请趋势

从专利申请趋势看，可以认为全球范围的燃料喷嘴技术专利申请经历了一个波动上升式的发展过程，大致可以分为以下三个阶段。

（1）萌芽期（~1987年）

在1987年之前，燃料喷嘴领域在全球的专利申请较少，平均每年的申请量不足40

项,处于对技术改进的初步探索阶段。只有几家大公司在该领域申请了相关专利。作为早期专利申请的代表,英国罗罗和美国通用电气都在燃气轮机方面有所涉足,它们也是最早在燃料喷嘴方面提出专利申请的大公司。图 6-2-2 示出了罗罗在 1967 年申请的有关燃料喷嘴的专利,图 6-2-3 示出了通用电气在 1968 年申请的有关燃料喷嘴的专利。

罗罗申请专利的发明名称是"FUEL INJECTOR FOR GAS TURBINE ENGINES"(燃气涡轮发动机的燃料喷嘴),发明人是 BRYAN ROBERT HOWARD,申请日是 1967 年 2 月 22 日,公开号是 GB1134390A。罗罗还就该专利向美国、德国、法国递交了申请。该专利的引用频次为 52 次,说明该基础专利的重要性。通用电气申请专利的发明名称是"DUMMY SWIRL CUP COMBUSTION CHAMBER"(漩涡杯状燃烧室),发明人是 PIERCE LOWELL JACKSON,申请日是 1968 年 5 月 24 日,公开号是 US3512359A。通用电气还就该专利向法国、比利时、德国、英国递交了申请。该专利的引用频次为 31 次。

(2) 成长期(1988~1999 年)

从 1988 年开始,专利申请量和申请人数量同时开始增加。这一时期的专利申请总体趋势明显增长。以天然气为燃料的燃气轮机联合循环,是一种高效率、低污染的发电方式,燃料喷嘴是燃烧天然气燃料的关键部件。由于其优越性,20 世纪 80 年代以来燃气轮机技术进入了一个高速发展时期,国外大公司相继推出了先进的大功率高效率的重型燃气轮机。在该时期,发展了以 E/F 级燃气轮机为代表的燃用天然气的联合循环发电站,产生了大量的以天然气为燃料的燃料喷嘴专利技术。

(3) 发展期(2000 年~)

从 2000 年开始,燃料喷嘴领域的专利申请进入了高速发展期,专利申请量大幅增长。2007 年专利申请量达 183 项,2008 年申请量猛增到 212 件,2009 年继续快速增长到 259 项,2010 年的申请量为 263 项。在这一时期,随着燃气轮机的发展,透平进气温度越来越高,相应排气中 NOx 的含量也越来越多。很多国家环境保护法规要求越来越严。为了降低 NOx 的排放量,世界各大燃气轮机研发机构及燃气轮机制造公司相继提出了大量的关于各项低排放技术的专利,其中许多技术都是围绕燃料喷嘴作出的改进。例如若干类型的使用干式低 NOx(DLN)燃烧器的设计,通常对反应区或燃烧区上游的燃料流和气流进行预混合,以便通过多个预混合燃料喷嘴降低 NOx 排放物。同时还使用合成气、氢燃料等气体燃料的燃料喷嘴技术,从而实现低近零排放的目的。

从图 6-2-1 中可以看出,中国专利申请趋势与全球专利申请趋势较为一致,在 1985~1999 年,专利申请量较少。2000 年以后,燃料喷嘴领域的专利申请逐年大幅上升。这说明国外公司关注中国市场,并且国内申请人也逐渐开始对燃料喷嘴进行技术研发。

PATENT SPECIFICATION 1,134,390

DRAWINGS ATTACHED

Inventor: ROBERT HOWARD BRYAN

Date of Application and filing Complete Specification: 2 Nov., 1967.

No. 49829/67.

(Patent of Addition to No. 1,114,026 dated 20 March, 1967.)

Complete Specification Published: 20 Nov., 1968.

© Crown Copyright 1968.

Index at acceptance:—F4 TA2C
Int. Cl.:—F 23 d 11/10

COMPLETE SPECIFICATION

Fuel Injector for Gas Turbine Engines

We, ROLLS-ROYCE LIMITED, a British company, of Nightingale Road, Derby, Derbyshire, do hereby declare the invention, for which we pray that a patent may be granted to us, and the method by which it is to be performed, to be particularly described in and by the following statement:—

This invention concerns a fuel injector for a gas turbine engine, and is an improvement in, or modification of, the invention disclosed in our co-pending Application No. 8539/67 (Serial No. 1,114,026).

According to the present invention, there is provided a fuel injector for a gas turbine engine including a hollow central body, an outer body which at least partly surrounds said central body and defines a flow passage therebetween, said flow passage and the interior of said central body being adapted to be supplied with compressed air, fuel supply means for supplying fuel to the internal surface of the central body to form an annulus of fuel flowing downstream therein, and deflecting means for deflecting the flow of compressed air from said interior in the direction of the flow of compressed air from said flow passage, said internal surface having an edge at which, in operation, substantially all the fuel supplied to the internal surface is detached therefrom, the internal surface being formed to direct the flow of fuel in a radially outward direction towards said edge, whereby the angular velocity of the fuel flowing along said internal surface towards said edge is reduced.

Said deflecting means is preferably secured to, and mounted coaxially of, said central body and defines an annular flow passage therebetween.

The downstream end portion of said deflecting means may be frustoconical and may flare radially outwardly, the part of the flow passage between said central body and said frustoconical downstream end portion having a minimum cross-sectional area in their radial plane which contains said edge.

The said downstream end portion preferably projects downstream of the said edge to an extent which is small compared with the total axial length of the deflecting means.

The external surface of said central body may flare radially outwardly at its downstream end, and the central body is preferably secured to said outer body.

The outer body may terminate at its downstream end upstream of said edge.

The fuel supply means may be arranged to direct the fuel tangentially to the said internal surface.

The fuel supply means preferably comprises a fuel feed annulus arranged about the said internal surface, and at least one passage leading tangentially therefrom and extending tangentially to the said internal surface.

The invention also includes a gas turbine engine combustion chamber provided with at least one fuel injector as set forth above.

The invention is illustrated, merely by way of example, in the accompanying drawings, in which:—

Figure 1 is a diagrammatic view, partly in section, of a gas turbine engine 10 having an outer casing 11 within which there are mounted, in flow series, compressor means 12, combustion equipment 13, turbine means 14 and an exhaust assembly 15.

Figure 2 is a sectional view of such a fuel injector.

Referring to the drawings, in Figure 1 there is shown a gas turbine engine 10 having an outer casing 11 within which there are mounted, in flow series, compressor means 12, combustion equipment 13, turbine means 14 and an exhaust assembly 15.

As can be seen more clearly from Figure 2, the combustion equipment 13 includes fuel injectors 16 each of which is mounted within a respective flame tube (not shown) which, in operation, is supplied with compressed air from the compressor means 12. Fuel is added in each flame tube to the compressed air to form a fuel/air mixture which is then ignited, and the combustion products, after being

[Price 4s. 6d.]

图6-2-2 罗罗的早期专利

United States Patent Office

3,512,359
Patented May 19, 1970

1

3,512,359
DUMMY SWIRL CUP COMBUSTION CHAMBER
Lowell Jackson Pierce, Melrose, Mass., assignor to General Electric Company, a corporation of New York
Filed May 24, 1968, Ser. No. 731,883
Int. Cl. F02c *3/00*
U.S. Cl. 60—39.74 **4 Claims**

ABSTRACT OF THE DISCLOSURE

An annular combustion chamber including a plurality of vortex air admission generators, wherein some of said generators include fuel nozzles for controlling combustion within the combustion chamber.

BACKGROUND OF THE INVENTION

Field of the invention

This invention relates generally to an apparatus for efficiently burning fuel in a jet engine combustion chamber which utilizes a vortex air admission for establishing discrete air flow patterns and for controlling combustion within these patterns. Specifically, the invention comprises an annular combustion chamber having a circumferential row of vortex air admission generators in the closed end thereof. Fuel is introduced into some but not all of the vortices while a limited amount of air to commence ignition is introduced into all of the vortices. The remaining air necessary for combustion is introduced through perforations in the annular combustion chamber. The arrangement provides an air flow and combustion pattern which includes a film of cooling air adjacent the walls of an annular combustion chamber, and a controlled pattern of burning fuel air mixture about a central low pressure core developed by the vortex generators.

Description of the prior art

A combination chamber, especially for jet engine application or other high speed flight applications, is subject to different environmental conditions and, thus, must overcome various problems associated with these conditions. For example, such a combustion chamber is generally positioned within a fast moving gas stream and must provide not only ignition of fuel in such a fast moving gas stream, but also continuation of the combustion process and full combustion of the fuel in a relatively short period of transit time.

With the advent of still higher jet flight speeds, and the desire for more power output per unit volume of combustion chamber, substantial efforts are being expended to provide such economical operations. However, basic features of air delivery and fuel combustion become more complicated because of the necessity of providing more air in the combustion chamber at higher velocities while still attempting to provide optimum ignition combustion and cooling characteristics. This, in turn, requires control of the incoming air through regulated air patterns and areas of low velocity. An annular combustion chamber as described herein will provide far more combustion volume than an equivalent can arrangement, but air ignition and general combustion control is more difficult because there is less area to provide air ignition and far more interference to discrete air flow patterns and combustion processes.

In solving some of the problems associated with air ignition and controlled combustion, your attention is directed to U.S. Pat. No. 3,134,229 which issued on May 26, 1964, and to FIGS. 1, 2 and 4 of the attached drawings. In order to provide better mixing, burning, and combustion control in an annular combustion chamber, the

2

Johnson patent provided an annular combustion chamber having a circumferential row of vortex air generators at the closed end as shown in FIG. 2. Fuel was introduced into all of the vortices and mixed with a limited amount of air in order to commence ignition, obtaining the remaining air necessary for combustion through perforations in the chamber. Your attention is directed to FIG. 2 which is an attempt to show the prior art and the problems associated therewith. Specifically, FIG. 2 discloses a sectional and elevated view of an annular combustion chamber having a plurality of voretx generators **20** positioned in the head end of the liner **11** in equidistant relationship about the periphery thereof. A preferred fuel delivery in this arrangement is by means of a fuel nozzle **16** in each opening **15** for each generator **20**. The fuel nozzle **16** may be of any well known type in the art to deliver a conical spray of fuel axially into the combustion chamber. In a high air velocity burner where transit time is reduced, rapid fuel-air mixing must take place together with a high rate of combustion near the head of the combustion chamber. Fuel injection into the vortical movement of the air from the vortex generators causes fuel particles to be taken out by the vortical movement of air for mixing and distribution throughout the turbulent whirling air mass. Ignition of the fuel is commenced by well known ignition devices such as sparking devices placed generally within the vicinity of the closed end. However, after careful study, it has been found that in between the swirl cups and removed from the swirl cups' field of influence, the air flow is forced downstream. This portion of the flow as disclosed in FIG. 4 by letter "B" contains a high percentage of raw fuel which has not been adequately mixed with recirculated gases. As a consequence a portion of the fuel passes out of the combustor without burning. Accordingly, this gives rise to poor combustion efficiency, an uneven temperature profile, high dome metal temperatures and high peak temperature factors.

Summary of the invention

As a result of the deficiencies noted above, the combustion chamber, as disclosed in the Johnson patent, does not burn the fuel entering the combustion chamber for maximum combustion efficiency. The present invention obviates some of the prior art deficiencies and is capable of adequately mixing the air flow with the fuel thereby controlling the air flow pattern developed within the burner for an efficient operation.

In the preferred embodiment disclosed herein, the invention relates to an annular combustion chamber around which a circumferential row of vortex air admission generators is placed. In order to insure maximum mixing of the air with the fuel and to control the air flow pattern developed within the burner, fuel is introduced into only a portion of all the vortices provided. The vortices, which do not have contained therein a fuel nozzle, act primarily as a control and mixing device for controlling the air flow pattern found within the burner in order to insure maximum mixing of the air with the fuel.

Accordingly, it is the object of this invention to provide a plurality of air admission vortex generators within an annular combustion chamber wherein better mixing, burning and combustion control is provided.

Another object of this invention is to provide a combination of controlled air flow patterns and combustion process within a combustion chamber.

These and other objects, advantages, and features of the subject invention will hereinafter appear and, for purposes of illustration, but not of limitation, an exemplary embodiment of the subject invention is shown in the appended drawing.

May 19, 1970 L. J. PIERCE 3,512,359

DUMMY SWIRL CUP COMBUSTION CHAMBER

Filed May 24, 1968

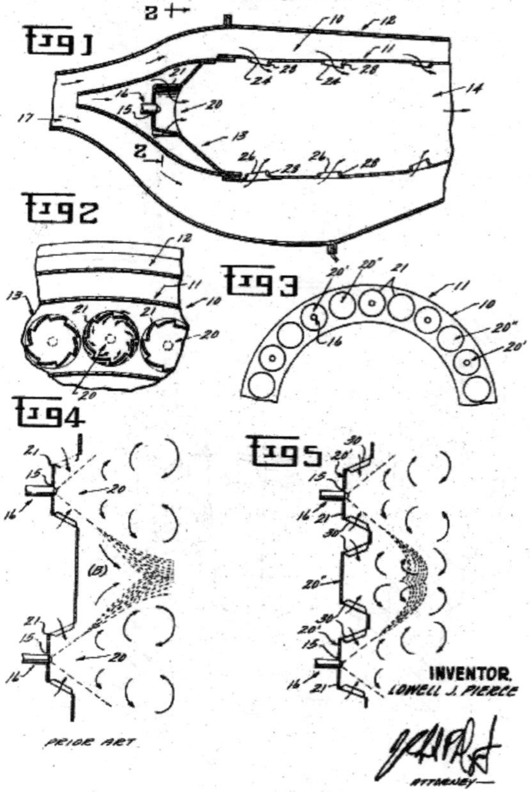

图6-2-3 通用电气的早期专利

6.2.2 地域分布

根据对优先权国别数据进行统计,表6-2-1和图6-2-4分别示出了燃气轮机的燃料喷嘴全球专利首次申请国/地区分布排名以及百分比。通常申请人首先在本土进行专利申请,之后再以此为优先权向其他国家递交申请,因此分析全球专利首次申请国/地区分布,能够反映出该国/地区在燃料喷嘴领域的原创能力。

表6-2-1 燃料喷嘴全球专利首次申请国/地区分布 单位:项

国家/地区 年份	~1990	1990~2000	2001~2005	2006~2012	总计
美国	205	222	255	374	1056
欧洲	60	168	117	280	625
德国	139	69	26	160	394
中国	0	5	2	136	143
日本	34	282	146	108	570
法国	20	23	17	87	147
俄罗斯	0	39	39	70	148
英国	92	40	14	33	179
苏联	61	24	0	0	85

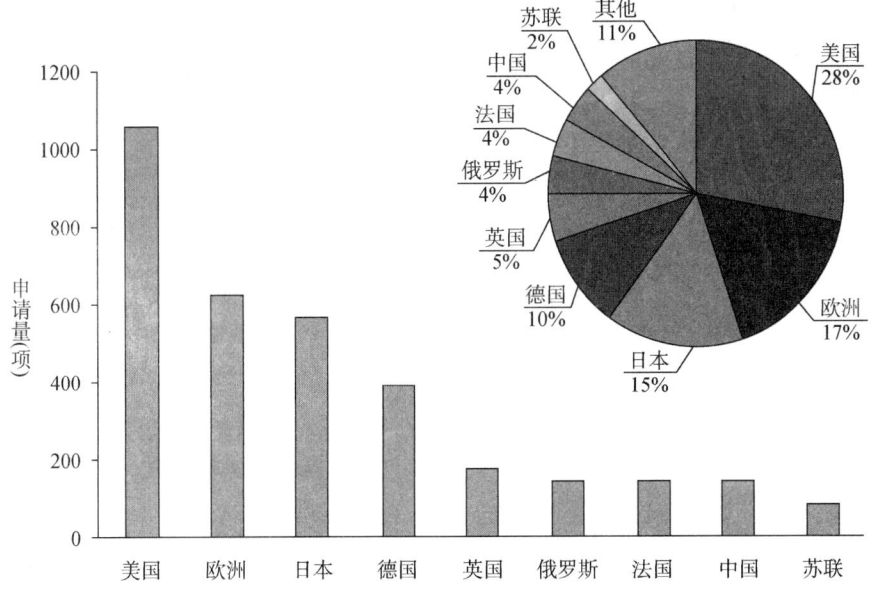

图6-2-4 燃料喷嘴全球专利首次申请国/地区分布

美国是燃料喷嘴技术最为先进的国家,一直保持在申请量第一的位置,总量占28%。以通用电气为代表性的美国公司具有对燃气轮机的燃料喷嘴的先发优势,时间累积以及技术底蕴较为厚重。按各国/地区历年申请总量总和进行排名,依次为:美国、欧洲、日本、德国、英国、俄罗斯、法国、中国、苏联。中国排名第八位,原创申请占全球原创申请的4%。以2006~2012年累计申请总量进行排名,依次为:美国、欧洲、德国、中国、日本、法国、俄罗斯、英国、苏联。美国和欧洲的排名不变,日本由第三位下降到第五位,中国排名上升到第四位。与此同时,许多国家在该领域的专利申请量有下降趋势,主要原因可能是某些早期研究生产燃气轮机的大公司后来由于种种原因被其他公司并购,或者转行等所致。

在燃料喷嘴领域,我国在2005年之前的首次专利申请累计不足十件。从年代分布看,我国在2006~2012年累计申请总量已升至第四位,上升幅度是全球第一(见图6-2-5)。这说明我国的企业以及高校等已经开始关注燃料喷嘴技术,意识到专利的重要性,并在努力尝试创新和保护。

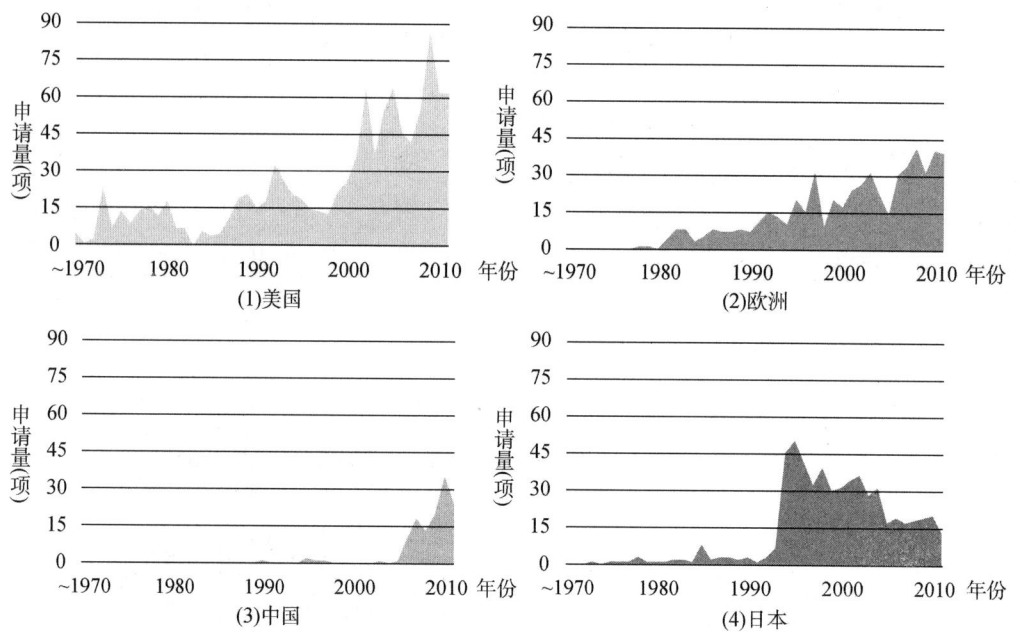

图6-2-5　燃料喷嘴全球专利首次申请国/地区申请量变化

但是,由图6-2-6可知,在中国的首次申请中,有51件实用新型专利申请,92件发明专利申请;从申请人的类型来看,个人申请占较大比重;没有他国同族专利申请。同时,专利技术水平与美国、欧洲、日本、德国等相比也相差较大。

分析进入某一地区的专利是否公开,对于了解燃料喷嘴技术在该地区的技术发展有重要意义。某一企业在该地区申请专利,说明其对该地区的市场有极大兴趣。因此,通过对多个国家/地区公开的燃料喷嘴领域的专利申请进行分析,可以从专利方面反映出各国企业对该地区的重视程度。

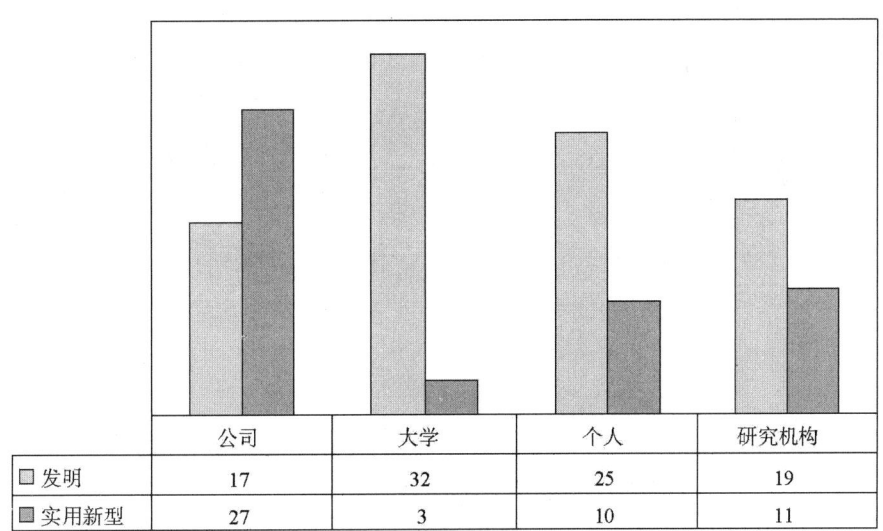

	公司	大学	个人	研究机构
□ 发明	17	32	25	19
□ 实用新型	27	3	10	11

图 6-2-6 燃料喷嘴中国专利申请原创申请类型

表 6-2-2 和图 6-2-7 分别是燃料喷嘴全球专利申请目标国/地区分布以及百分比分布。燃料喷嘴全球专利申请目标国/地区分布排名前五名依次为：美国、日本、欧洲、德国和中国。可以看出，美国、日本、欧洲、德国一直保持着较高的专利申请比例，尤其是美国，历年专利申请量持续第一。

表 6-2-2 燃料喷嘴全球专利申请目标国/地区分布　　　　　　单位：项

年份 国家/地区	~1990	1990~2000	2001~2005	2006~2012	总计
美国	385	504	440	887	2216
中国	15	60	98	561	734
日本	63	484	320	534	1401
欧洲	90	288	262	526	1166
德国	263	313	159	260	995
法国	146	73	49	173	441
俄罗斯	3	88	81	136	308
英国	222	56	26	52	356
苏联	60	9	0	0	69

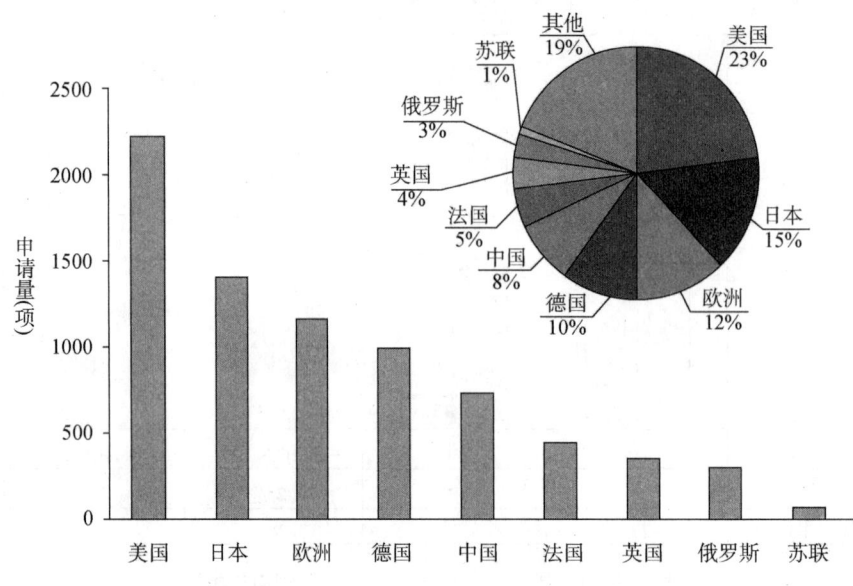

图 6-2-7 燃料喷嘴全球专利申请目标国/地区分布

在燃气轮机的燃料喷嘴领域，我国在 2000 年之前的专利申请累计不足 100 件。但是我国在 2006~2012 年累计申请总量为 561 件，已超过日本和欧洲上升至第二位，我国的上升幅度是全球第一（参见图 6-2-8）。这说明外国公司越来越关注中国市场，正紧锣密鼓地在中国进行专利布局。在我国技术水平相对落后的时期，外国公司的专利布局将极大地限制并阻碍我国在燃气轮机领域的发展和创新。图 6-2-9 是燃料喷嘴领域在中国的专利申请类型，从图中可以看出外国公司申请的全部是发明专利，而且比重极大。

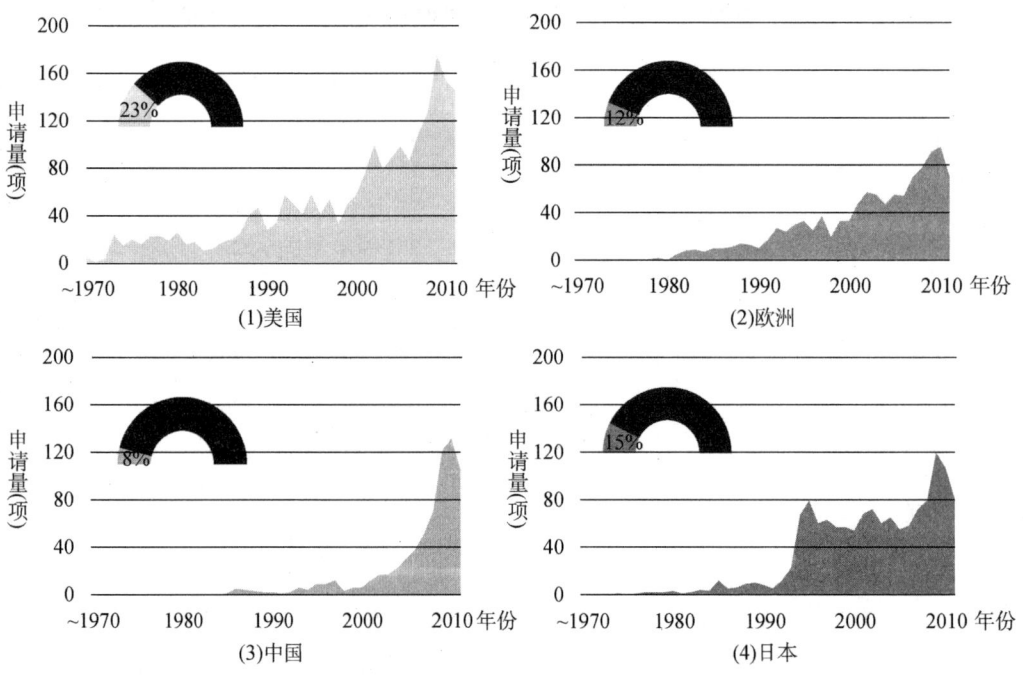

图 6-2-8 燃料喷嘴全球专利申请目标国/地区申请量变化

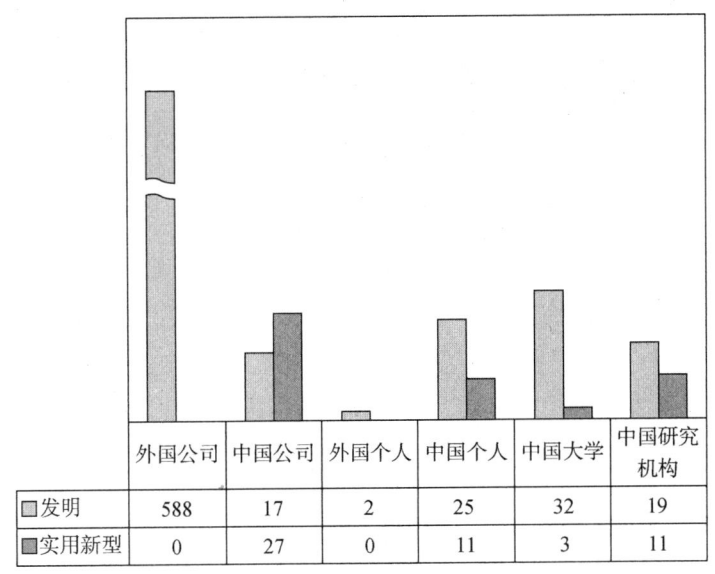

图 6-2-9 燃料喷嘴中国专利申请类型

6.2.3 主要申请人

从燃气轮机燃料喷嘴的 3780 项样本数据中统计出的前 20 名申请人排名如表 6-2-3 所示（注：这里的申请人排名不考虑并购情况，同一公司的分公司视为一个申请人）。

从表 6-2-3 可以看出，排名前 6 位的申请人依次是：通用电气（美国）675 项、联合工艺（美国）254 项、三菱重工（日本）185 项、斯奈克玛（法国）180 项、罗罗（英国）150 项和西门子（德国）146 项。

在全球排名前 20 位的申请人中，美国申请人所占比率最大，共 9 家公司，分别为：通用电气、联合工艺、SUNDSTRAND、DELAVAN、索拉透平公司、PARKER HANNI-FIN、西屋电气（被西门子并购）、MFG 动力系统公司和霍尼韦尔。

日本申请人分别为：三菱重工、日立、石川岛播磨、东芝和川崎重工业株式会社。

其余的申请人均为欧洲申请人，主要包括：法国的斯奈克玛和阿尔斯通，英国的罗罗，德国的西门子和 MTU 航空发动机，瑞士的 ABB 公司。

另外，通用电气、西门子等公司也越来越关注中国市场。近年它们向中国提交了许多专利申请，在各个领域进行专利布局，燃料喷嘴领域也不例外。

表 6-2-3 燃料喷嘴全球专利申请人前 20 名排名

排名	申请人	国别	全球申请量（项）	在华申请量（件）
1	通用电气	美国	675	340
2	联合工艺	美国	254	22
3	三菱重工	日本	185	21
4	斯奈克玛	法国	180	32

续表

排名	申请人	国别	全球申请量（项）	在华申请量（件）
5	罗罗	英国	150	0
6	西门子	德国	146	41
7	日立	日本	144	13
8	阿尔斯通	法国	105	24
9	石川岛播磨	日本	87	3
10	SUNDSTRAND	美国	68	0
11	ABB 公司	瑞士	66	16
12	DELAVAN	美国	52	0
13	东芝	日本	44	1
14	索拉透平公司	美国	38	6
15	PARKER HANNIFIN CORP	美国	37	1
16	西屋电气	美国	34	9
17	德国 MTU 航空发动机	德国	31	0
18	川崎重工业株式会社	日本	30	0
19	MFG 动力系统公司	美国	24	0
20	霍尼韦尔	美国	23	1

从表 6-2-4 前 10 位申请人专利申请区域分布来看，在美国的专利申请总量最大，日本次之，中国最少。其中排名第一和第二的申请人都是美国企业。各申请人最关注地都是本国市场（欧洲申请人大多数最关注欧洲市场）。通用电气对美国之外的其他国家也都投入了较大的精力，在日本、中国、欧洲和德国的申请量都很大。

在其他申请人中，排名第六位的西门子是在中国申请量排名第二的申请人。随着我国经济的快速发展，许多跨国公司都密切关注中国市场。例如通用电气、西门子以及三菱重工都分别和中国企业在燃气轮机领域进行合作，并进行了紧密的专利布局。总之，近年，中国已成为各国企业密切关注的潜力市场，在中国的专利布局范围在逐步扩大。

表 6-2-4 燃料喷嘴全球专利申请人专利布局

排名	申请人	国别	美国	日本	欧洲	中国	德国
1	通用电气	美国	622	368	274	340	269
2	联合工艺	美国	236	80	123	22	72
3	三菱重工	日本	41	173	29	21	22
4	斯奈克玛	法国	125	67	100	32	58

续表

排名	申请人	国别	美国	日本	欧洲	中国	德国
5	罗罗	英国	119	11	71	0	64
6	西门子	德国	99	33	106	41	25
7	日立	日本	40	122	35	13	13
8	阿尔斯通	法国	80	36	71	24	71
9	石川岛播磨	日本	4	85	3	3	2
10	SUNDSTRAND	美国	67	9	14	0	9

6.2.4 技术流向

数据表明，美国、日本、欧洲是燃气轮机燃料喷嘴技术的主要技术输出国/地区，同时中国是各国大公司密切关注的市场。因此本报告对这四个主要技术输出国/地区以及中国的专利申请流向进行了分析。

从图 6-2-10 可以看出，美国是最大的技术输出地。以通用电气为首的许多美国公司都掌握了大量的燃料喷嘴技术，它们不断地技术创新使得美国的专利输出量比其他四个国家/地区总输出量还多。美国对其他四个国家/地区的技术输入也远远超过其他国家/地区，其最关注的还是美国市场，同时也关注了欧洲、日本、德国和中国市场，尤其是近十年，美国公司在向其他国家进行技术输入的同时大多都会考虑中国市场，其在中国的专利申请量大幅增加。

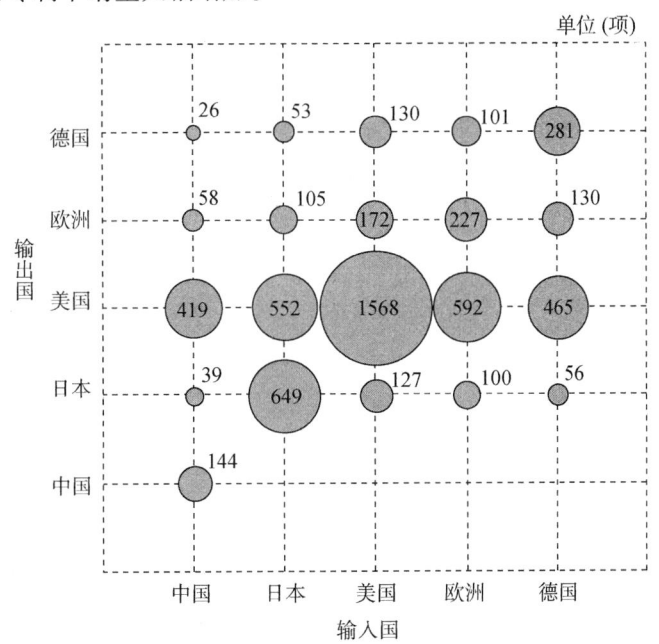

图 6-2-10 燃料喷嘴全球专利主要技术输出国技术流向

日本是第二大技术输出地，最关注的是本国市场，其次是美国、欧洲市场，在中国的申请量最少。这说明日本公司比较关注技术发达的欧美市场，目前对中国市场的技术输入较少。

总体来说，美国、欧洲、日本、德国的申请人在燃料喷嘴方面不仅具有较强的技术实力，而且相当注重该技术的海外专利布局。而中国技术创新主体仅在中国进行了专利申请，没有在其他国家/地区进行专利布局。中国技术创新主体在燃料喷嘴方面技术起步晚，大多数专利申请仅涉及一些外围专利申请，未涉及核心技术，目前无法展开全球专利布局。这充分体现了我国燃气轮机燃料喷嘴技术与先进国家之间存在技术差距。我国技术创新主体亟需在该领域进行技术创新，并考虑同时进行国外市场专利布局，避免日后遭遇专利侵权纠纷。

6.3 DLN 燃料喷嘴

燃气轮机一般燃用天然气、轻油或柴油等清洁燃料，其排放物中颗粒含量极低[1]，因而排气中烟尘含量低。排气污染物主要有未燃烧的碳氢化合物（UHC）、一氧化碳（CO）和氮氧化合物（NOx）三种。燃烧室的温度与过量空气系数（对污染物的产生起着支配的作用。由于燃烧技术的成熟和燃烧室结构的完善，目前先进燃气轮机的燃烧效率接近100%，排气中的 UHC 和 CO 极其微少，完全可以满足严格的环保要求。

但是，由于燃气轮机燃烧室中的火焰温度比较高，通常为1800℃～2000℃，高于空气中的 N_2 与 O_2 发生化学反应生成 NOx 的起始温度1650℃。因此在燃烧过程中必然会产生数量较多的 NOx，一般可达 200mg/m³，超过了许多工业化国家的环保要求指标。

目前，国外发达国家燃气轮机技术较为成熟，在降低 NOx 排放方面成效显著，已有多种降低 NOx 排放的燃烧技术[2]。其中，以基于稀相预混的干式低 NOx（DLN）燃烧技术发展最为成熟、应用最为广泛，并形成一系列具有代表性的燃烧器，如通用电气的 DLN -1 和 DLN -2x 系列，ABB 的 EV 燃烧器，西门子的 HR3 和三菱重工的 MK8 -4等。这些燃烧器的共同特点是：（1）采用径向燃料分级或多喷嘴的散点式燃料分级技术；（2）燃料经一系列喷孔分散供入；（3）来流空气湍流度高；（4）有足够长的预混距离，保证了可燃混合物具有足够高的空间均匀度和足够小的浓度脉动[3]。

本节首先介绍几个重要申请人在 DLN 燃烧室中燃料喷嘴方面的技术发展，然后通过分析技术发展历程梳理 DLN 燃烧室中燃料喷嘴的技术发展路线图。

---

[1] 潘科锋，卢如飞. V94.3A 燃气轮机 DLN 混合型燃烧器的低 NOx 排放特性［J］. 发电设备，2011（2）：103－105.

[2] 包文飞，李明，牟影，王巍龙. R0110 重型燃气轮机 DLN 燃烧室 NOx 排放特性研究［J］. 燃气涡轮试验与研究，2013（1）：40－62.

[3] Barthlott W, Neinhuis C. Purity of the Sacred Lotus, or Escape from Contamination in Biological Surfaces［J］. Planta，1997，202（1）：1－8.

6.3.1 重要申请人 DLN 燃料喷嘴简介

6.3.1.1 通用电气 DLN 燃料喷嘴简介

通用电气的 DLN 燃烧系统可以广泛的应用于各种燃气轮机,在帮助客户满足更加严格的排放标准的同时也能够满足客户对于成本的要求。自从 20 世纪 70 年代和 80 年代通用电气分别推出 DLN1 和 DLN 2 燃烧系统开始,通用电气一直着眼于极低的 NOx 排放来发展 DLN 技术,以满足当今及未来环境保护的需要。

DLN 燃烧系统分为 DLN -1,DLN -2,DLN -2 +,DLN -2.6 以及 DLN -2.5H,分别针对不同 GE 型号的燃气轮机❶。其中 DLN -1 燃烧系统是为满足美国环境保护局 75mg/L NOx(15% O_2)的目标而设计的,燃烧室是双级燃烧室。表 6 -3 -1 示出了通用电气的 DLN 系统/燃气轮机的部分信息❷。图 6 -3 -1 示出了通用电气的一种 DLN -2 + 燃料喷嘴结构。

表 6 -3 -1　DLN 系统/燃气轮机

干式低 NOx（DLN）燃烧系统	已验证的排放水平	维修间隔	应用机型
DLN 1 +	3ppm ~ 5ppm	最长 24,000 小时	6B 7E 7EA
DLN 2.6 +	9ppm ~ 25ppm	最长 24,000 小时	9FA 9FB

注：获得 GE ecomagination 认证的 DLN 1 + 和 DLN 2.6 + 燃烧系统融合了先进的技术以提高稳定性,降低排放和延长检修间隔。

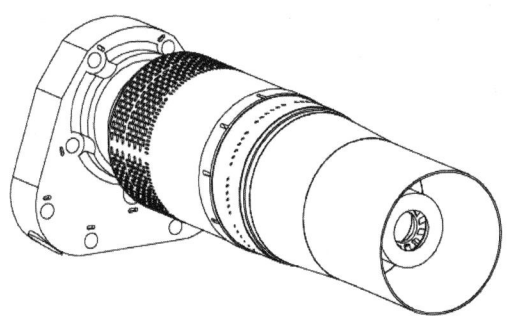

图 6 -3 -1　通用电气 DLN -2 + 燃料喷嘴结构

---

❶ 毛志伟,赵琦,马国珍. GE 公司干式低 NOx 燃烧系统的发展 [J]. 浙江电力,2005 (1): 16 -19.
❷ 通用电气. 燃气轮机产品 [EB/OL]. [访问日期不详]. http：//www. ge. com/cn/energy/solutions/s9/Copy% 20of% 20GEH12985H　CN. pdf.

6.3.1.2 西门子 DLN 燃料喷嘴简介

西门子 V94.3A 燃气轮机所采用的环形燃烧室，是由带 24 个周向布置的干式低 NOx 排放混合型燃烧器（DLN）组成，燃烧器由组合式燃烧器环（HBR）和环形燃烧室组成❶。"混合型"燃烧器既可以烧天然气，也可以烧轻油。轻油不是直接喷入燃烧空间，而是先行蒸发成气体后，再送入外旋流器与空气流混合成为稀释的可燃气体混合物，再进入燃烧空间燃烧。燃烧器并列布置在燃气轮机的四周，形成了所谓的环形燃烧室。这种结构相当紧凑，大大减少了冷却空气的消耗量，使透平入口处燃气的温度分布比较均匀，从而使燃气轮机的初温和性能都得以提高。而且燃烧器的尺寸比较小，使得环形燃烧器内的火焰较短，该火焰长约 1 m。

燃烧器的结构见图 6-3-2。图中还列出了燃油和燃料气供给位置及喷水（或蒸汽）的管路位置。其中内旋流器也称轴向旋流器，外旋流器也称角向旋流器。干式低 NOx 混合型燃烧器的外壳还装有高能点火装置，以点燃从轴向旋流器流出的扩散燃烧燃料气。

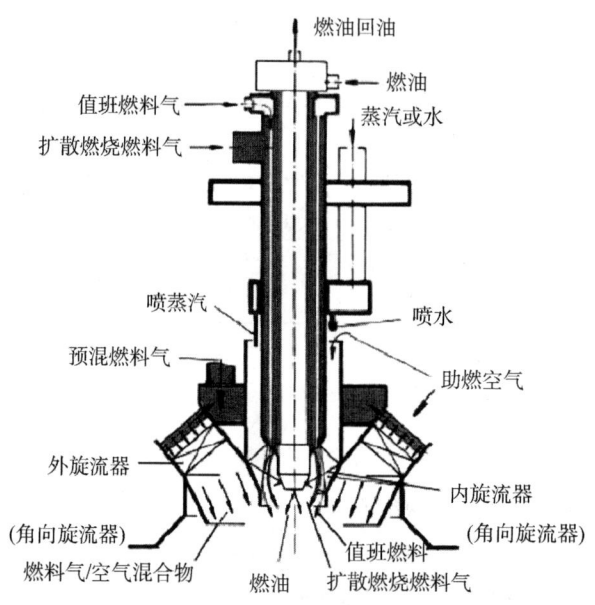

图 6-3-2 西门子 DLN 燃料器结构

6.3.1.3 三菱重工 DLN 燃料喷嘴简介

三菱重工燃机燃烧系统布置方式采用环型布置方式，它是由 20 个燃烧室，燃料喷嘴，8 号和 9 号燃烧室上的 2 个点火器和 18 号、19 号燃烧室上的 4 个火焰监测器组成。燃烧室是逆流、环管型、带旁路阀的预混干式低 NOx（DLN）燃烧室（如

---

❶ 潘科锋，卢如飞. V94.3A 燃气轮机 DLN 混合型燃烧器的低 NOx 排放特性［J］. 发电设备，2011（2）：103-105.

图6-3-3所示)❶。每个燃烧室由两个主要单元组成，即内筒及尾筒。燃烧器中装有预混合喷嘴、稳燃喷嘴。前者可改善燃料、空气的混合均匀度，保持较低的火焰温度，有利于减小 NOx 的生成；后者可在低燃料量时保持火焰稳定。燃烧天然气时，燃烧器即可实现低氮氧化物（NOx）排放，而无须注水来降低 NOx。这种干式低 NOx 燃烧器有两级燃烧组件及一个旁路阀。设立了能用最小的燃烧量稳定火焰的值班喷嘴，稳定了燃烧，防止了燃料与空气的比率的失衡。

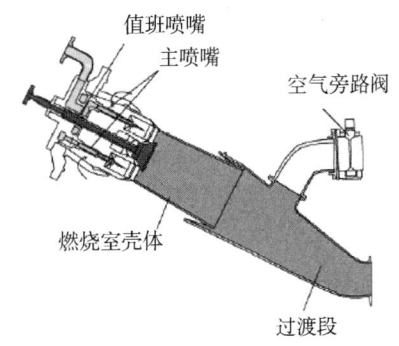

图6-3-3　三菱重工 DLN 燃料室结构

6.3.2　技术路线图

通过对全球专利数据样本引证绝对频次和相对频次的统计排序，结合产业发展状况，并根据国内企业专家对专利技术的筛选，本报告遴选出1990年以后，DLN 燃烧室中燃料喷嘴技术发展历程中具有代表性的18项专利，梳理了 DLN 燃烧室中燃料喷嘴技术的技术发展路线图。

图6-3-4显示了1990~2012年 DLN 燃烧室中燃料喷嘴技术的技术发展路线图。通用电气在 DLN 燃烧室中燃料喷嘴技术的专利申请量最多。在20世纪70年代通用电气就已经推出了 DLN 燃烧系统，并申请了与之相关的许多专利。根据燃气轮机的型号以及燃用材料的不同等设计了各种应用于 DLN 燃烧室的燃料喷嘴。例如通用电气在1992年申请的 US5259184 A，公开了一种为工业燃气轮机应用特别研制的新型干低 NOx 燃烧器。通过对多级燃料喷嘴的改进，使燃料和空气在燃烧前进行充份的预混合，最终使 NOx 值下降。其他公司也对燃气轮机预混燃烧室中燃料喷嘴进行改进，使 NOx 排放量符合标准，例如西门子的 US 6082111 A 和三菱重工的 US 6772594 B2。

在2000年之前，大多数 DLN 燃烧室中燃料喷嘴都使用天然气燃料和液体燃料。但是，目前一些已知的燃气轮机的燃烧系统燃烧合成气体。因此，通用电气在2007年申请的 US2009107105 A1 公开了一种用于在干式低 NOx 燃烧器内燃烧合成气的方法和装置。通用电气的 DLN-1 燃烧器设计成使用天然气燃料并能够以液体燃料进行操作的两级预先混合燃烧器。考虑到当前市场对合成气的需求，通用电气在2008年申请的 US20100162711 A1 涉及一种用于 DLN1 的双燃料主喷嘴，涉及主喷嘴以天然气和合成气操作的双气体燃料性能。

总体来说，随着 DLN 燃烧技术的快速发展，对 DLN 燃烧室中燃料喷嘴的关注度也越来越高，与之相关的专利申请量也越来越多。燃料喷嘴的改进涉及范围较广，主要包括对应不同的燃料选择、提高燃烧稳定性以及降低 NOx 排放等方面。

---

❶ 席亚宾. 三菱燃机低 NOx 燃烧室特点与燃烧控制［C］//2007中国机电工程学会年后论文集. 广东：2007.

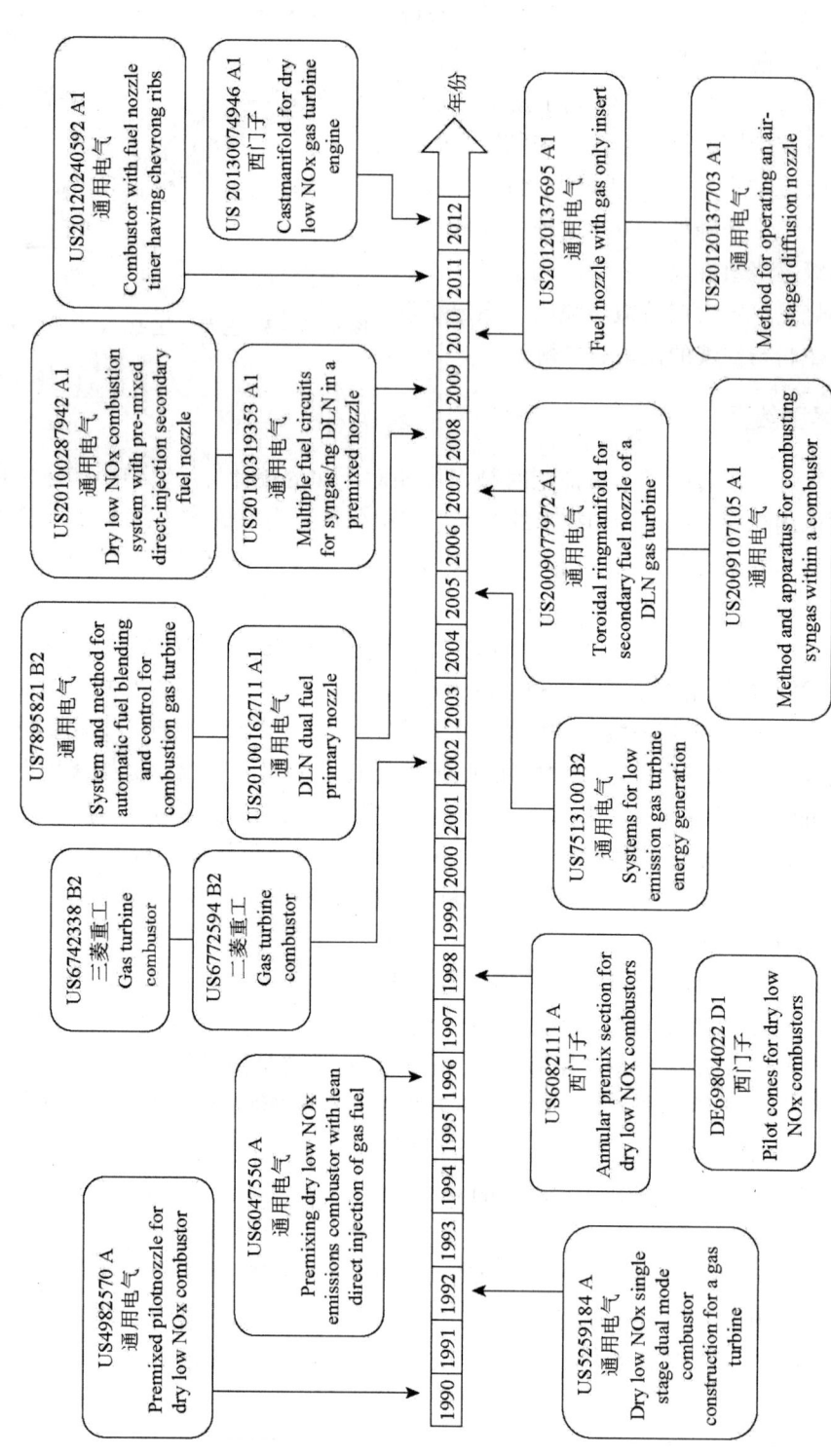

图6-3-4 DLN燃烧室中燃料喷嘴的技术发展路线图

6.4 重要专利

本节所提到的重要专利,是指在燃气轮机的燃料喷嘴技术领域受关注程度高、国内企业规避难度较大、最具有代表性的专利。

6.4.1 全球重要专利

燃气轮机燃烧常规碳氢燃料所产生的主要空气污染排放物为氮氧化物、一氧化碳及未燃的碳氢化合物。随着燃气轮机的发展,透平进气温度越来越高,相应排气中NOx的含量也越来越高。很多国家环境保护法规要求越来越严,为了降低NOx的排放量,各大燃气轮机主要生产厂家以及研究机构都致力于对燃料喷嘴进行改进,使其既保证燃烧效率,还能满足环保要求。根据重要专利筛选原则,同时考虑对于环保性的贡献,本节选取了一些重要专利,如表6-4-1所示。

表6-4-1 燃料喷嘴全球重要专利

序号	专利号	申请日	申请人	发明点	指定国家	国家数	法律状态	引用频次	环保指数
1	CN1106533C	1993-03-27	通用电气	单级双模式燃烧器,每一燃烧区有一扩散通道和一预混合通道,预混合通道跟配置于专用的预混合管内的若干预混合燃料分配管连通,预混合管适于把进入位于预混合管下游的单个燃烧区之前的燃料与燃烧空气混合	EP；US；DE；CN；NO；KR；JP；IN	8	欧洲、美国、德国、中国、挪威、韩国、日本、印度授权	66	★★★★☆
2	CN1090730C	1995-02-24	东芝	包括设置在各燃料供给系统上的预混合燃料供给部分以及扩散燃料燃烧用的燃料供给部分、切换这些燃料供给部分可只向预混合燃料或扩散燃烧用燃料任何一方供给燃料的控制装置。实现在整个负荷范围内的超低NOx,解决燃烧不稳定现象,高温化同时对壁面冷却	FR；GB；JP；CA；CN；US；KR	7	英国、加拿大、韩国、美国授权 2009年中国授权因费用终止	55	★★★★☆

续表

序号	专利号	申请日	申请人	发明点	指定国家	国家数	法律状态	引用频次	环保指数
3	CN1157563C	2002-02-28	日立	燃料和空气供给到燃烧室内，其中，燃料和空气作为大量同轴射流供给到所述燃烧室内	EP；CN；JP；US；DE	5	欧洲、中国、日本、美国、德国授权	52	★★★★☆
4	US5359847A	1993-06-01	西屋电气	燃烧室具有预混区和下游燃烧区。预混区具有环绕中心扩散型双燃料喷嘴的三个同心环通道。气体燃料歧管分配气体燃料环绕内通道和外通道。设置涡旋叶片环绕内通道和外通道，且环绕每个燃料喷嘴	US；EP；CA；TW；DE；ES；MX	7	欧洲、美国、德国授权	47	★★★★☆
5	CN1011064B	1988-09-03	日立	大量浓度稀的主预混合气体从主喷嘴以高速度喷往燃烧室内。而浓度大的副预混合气体从副喷嘴以低速度喷出，使之包围主预混合气体。着火性能好的副预混合气体首先被点燃，形成副预混合气体火焰，然后着火性能差的主预混合气体被副预混合气体火焰点燃	WO；EP；CN；US；JP；DE	6	欧洲、中国、美国、日本、德国授权 1998年中国授权因费用终止	44	★★★★☆
6	US6192688B1	2000-10-27	通用电气	主燃烧系统燃烧主反应区的燃料和空气的混合物，并且以基于燃气轮机负载范围确定的多个模式运行；副燃烧系统选择性地以多个燃气轮机模式中的高负载范围模式运行，并且包括稀薄直喷（LDI）燃料喷射器组件，燃烧系统燃烧燃料和副反应器中承载的流体的混合物	US；EP；DE；JP；KR	5	欧洲、日本、韩国、美国、德国授权	39	★★★★★

续表

序号	专利号	申请日	申请人	发明点	指定国家	国家数	法律状态	引用频次	环保指数
7	US5165241A	1991-02-22	通用电气	燃烧室包括混合通道、临近通道上游端的内和外反向旋转的漩流器以及轴向沿着且形成混合通道的中心体的燃料喷嘴。燃料喷嘴具有喷射燃料入混合通道的开口	US；EP；CA；DE；JP	5	欧洲、美国、日本、德国、加拿大授权	34	★★★★☆
8	US5404711A	1994-05-16	索拉透平	双燃料喷嘴，提供多个彼此连续成一线的预混室，喷射器可以仅使用气体燃料，液体燃料或者它们的混合	WO；US；EP；DE；JP；CA	6	欧洲、美国授权	33	★★★★☆
9	JP3962554B2	2001-04-19	三菱重工	由多个小孔组成的振荡阻尼孔形成在主喷嘴的下游侧壁中。沿着侧壁的下游内表面提供薄膜空气到主喷嘴下游的燃烧体积中，以减少在内侧表面附近区域的预混火焰的燃料空气比率，并抑制了燃烧体积中的振荡燃烧	EP；US；CA；JP；AR	5	日本、美国授权	32	★★★★★
10	US5685139A	1996-03-29	通用电气	在单级双模燃烧室中为每个燃烧室燃料喷嘴提供"保险"布置，使得如果发生急转到任一个或多个预混区域时，将会控制对燃烧室的损害，使之达到最小化	EP；US；JP；DE	4	欧洲、日本、美国、德国授权	32	★★★☆☆
11	US5423178A	1995-06-13	帕克汉尼芬	燃气轮机燃料喷嘴具有多个冷却通道，包括具有主喷嘴喷射端部的喷嘴壳体，以及包括燃料能够通过其喷射用于燃烧的主要喷嘴喷口和主辅助喷嘴喷口。这种结构可以确保供给流中的燃料在低燃料或高燃料条件下不会焦化或者渗碳	WO；US；EP；JP；DE；CA	6	美国、欧洲、日本、德国、加拿大授权	87	★★★☆☆

续表

序号	专利号	申请日	申请人	发明点	指定国家	国家数	法律状态	引用频次	环保指数
12	US6082111A	2000-07-04	西门子西屋	燃烧室包括扩散燃料喷嘴和带有叶片的旋流器，其产生能够混合燃料和压缩空气的湍流，将产生的燃料空气混合物提供给主燃烧区域	US	1	美国授权	44	★★★☆☆
13	US5408825A	1995-04-25	西屋电气	双燃料燃气轮机燃烧器，包括中心设置地双燃料喷嘴，其能够提供富燃料混合物。包括第一燃料引入设备和第二燃料引入设备，可以降低NOx排放	US；EP；CA；JP；DE；MX	6	美国、欧洲、德国授权	33	★★★☆☆
14	CN100416063C	2008-09-03	通用电气帕克汉尼芬	一种燃气轮机燃料喷射管包括单个供料带，供料带包括位于入口端和出口端之间基本上直的中间部分或弯曲部分。供料带在与内部燃料流动通道相连的入口端具有燃料进入孔。具有较低的阻力及相关流动损失，从而形成一种空气动力效率更高的结构	US；JP；EP；CN；DE	5	美国、日本、欧洲、中国授权	31	★★★★☆
15	EP791160A1	1997-08-27	西屋电气	双燃料燃气轮机燃烧器，包括双燃料喷射棒，通过预混通道提供贫液体或气体燃料混合物到二次燃烧区域	WO；US；EP；JP；DE；KR；TW；ES	8	美国、欧洲授权	27	★★★☆☆
16	US5435126A	1995-07-25	通用电气	燃料喷嘴用于燃气轮机燃烧室内的扩散和预混模式，具有限定在壳体和中心管之间的环形腔室，有第一和第二燃料供给通道。有利于空气和燃料的混合，优化排放	US；EP；CA；JP；DE	5	美国、欧洲、德国、日本、加拿大授权	27	★★★★☆

续表

序号	专利号	申请日	申请人	发明点	指定国家	国家数	法律状态	引用频次	环保指数
17	JP3364169B2	2003-01-08	三菱重工	燃气轮机燃烧室具有设置在燃烧室中心的引导喷嘴以及设置在周围的八个主喷嘴。能够消除空气流入其中的扰动，使得允许空气均匀流动，从而减少燃烧不稳定性	WO；JP；EP；US；CA	5	日本、美国、加拿大、欧洲授权	20	★★★★★
18	JP3956882B2	2007-08-08	日立	多个燃烧空气喷嘴位于引导燃烧器外侧以及预混燃烧器内侧，火焰稳定器径向设置在预混燃烧器出口。能够确保充分燃烧并减少氮氧化物排放	JP；EP；US	3	日本、美国授权	19	★★★★☆
19	US6321541B1	2001-11-27	帕克汉尼芬	燃气轮机的燃料喷嘴包括燃料分配喷嘴，其设置在供给带的外端并且连接内部燃料通道便于分配燃料	US	1	美国授权	19	★★★☆☆
20	US6848260B2	2005-02-01	西门子西屋	预混引导燃料歧管设置在主燃料预混段以及喷嘴的内、外部，用于提供预混燃料和空气到燃烧室。预混引导燃料歧管内设置热屏蔽以热绝缘歧管和预混引导燃料	US；EP	2	美国、欧洲授权	18	★★★★☆
21	US6675581B1	2004-01-13	MFG动力系统	燃气轮机的预混燃料喷嘴设有多个径向延伸的翅片，在翅片外表面设有喷射孔，槽流体连通。减少了氮氧化物的排放	US	1	美国授权	17	★★★☆☆
22	US5987889-A	1999-11-23	联合工艺	燃气轮机的环形燃烧室中设有燃料喷嘴，维持了低压力和低喷射燃料/空气比例下的稳定燃烧	US	1	美国授权	14	★★★☆☆
23	US6250063B1	2001-06-26	通用电气	一种操作燃气轮机燃烧室内喷嘴的燃料系统的方法	EP；JP；CZ；US；KR；DE	6	欧洲、日本、美国、韩国、德国授权	13	★★★☆☆

6.4.2 在华重要专利

6.4.2.1 外国申请人在华重要专利

目前我国申请人在燃料喷嘴高温部件方面的研究还处于初级阶段，与国外大公司相差较大，且没有向国外申请专利。与此同时，国外公司却在大力开展在中国的专利布局。如何在研发前进行专利分析避免自主研发成果落入其他企业的专利网，以及如何制定合适的专利申请保护策略是中国企业普遍面临的两个问题。本节以燃气轮机燃料喷嘴领域垄断企业在中国的专利申请数据为基础，通过与中国企业交流，筛选出一些重要专利，见表6-4-2。

表6-4-2　外国公司在华申请的重点专利

序号	专利号	申请日	申请人	发明名称	指定国家	授权国家	中国法律状态	推荐指数
1	CN100416063C	2003-06-04	通用电气、帕克—汉尼芬	燃料喷射器的层状燃料带	US; JP; EP; CN; DE	美国、日本、欧洲、中国	授权	3
2	CN100529548C	2005-06-30	通用电气	燃气涡轮燃烧室的多文丘利管燃料喷射器	US; JP; CN	美国、日本、中国	授权	4
3	CN100472047C	2005-09-30	通用电气	用于调整燃气轮机燃料喷嘴的燃料喷射组件的方法	US; EP; JP; CN; DE	美国、欧洲、中国	授权	4
4	CN101008497B	2006-12-12	通用电气	在二次燃料喷嘴中的独立导向燃料控制	US; EP; JP; CN	美国、中国	授权	4
5	CN101042242A	2007-03-22	通用电气	具有改进燃料销的次级燃料喷嘴和燃料分散方法	US; EP; JP; CN	欧洲	视撤	3
6	CN101158479A	2007-10-08	通用电气	用于天然气旋流稳定喷嘴的液体燃料增强和方法	US; DE; JP; CN; AU; IN	无	视撤	4
7	CN101201176B	2007-11-09	通用电气	用于增强预混合装置中混合的燃料喷射槽式喷嘴和方法	US; EP; JP; CN; KR	美国、中国、日本、韩国	授权	4
8	CN101535715B	2007-09-06	西门子	燃料喷射器喷嘴	GB; WO; EP; CN; US; RU	英国、苏联、中国	授权	3

续表

序号	专利号	申请日	申请人	发明名称	指定国家	授权国家	中国法律状态	推荐指数
9	CN101354141A	2008-07-24	通用电气	用于燃气涡轮发动机的燃料喷嘴及其制造方法	DE；US；CN；JP；CH	中国、瑞士	授权	4
10	CN101354142B	2008-07-25	通用电气	燃料喷嘴组件和方法	DE；CN；JP；US；CH	中国、瑞士、美国	授权	4
11	CN101392917A	2008-09-19	通用电气	用于干式低NOx燃气轮机的二次燃料喷嘴的圆形环歧管	DE；US；CN；JP；CH	无	授权后放弃	4
12	CN101424407A	2008-10-28	通用电气	用于罐状环形双燃料燃烧器的稀预混向心多环状分级喷嘴	DE；US；CN；JP；CH	无	视撤	3
13	CN101387410B	2008-08-21	通用电气	燃料喷嘴和用于燃料喷嘴的扩散尖端	DE；US；CN；JP；CH	美国、中国、瑞士	授权	4
14	CN101476725B	2009-01-04	通用电气	整体式燃料喷嘴进口流动调节器	DE；JP；US；CN；CH	中国、瑞士	授权	4
15	CN101493230B	2009-01-21	通用电气	经由喷嘴当量比控制的燃烧贫油熄火保护	DE；US；CN；JP；CH	中国	授权	4
16	CN101509670B	2009-02-12	通用电气	燃气涡轮发动机的燃料喷嘴及其制造方法	DE；US；CN；JP；CH	中国、美国	授权	3
17	CN101769531A	2009-12-30	通用电气	DLN双燃料主喷嘴	DE；US；JP；CN	无	在审	4
18	CN101532679A	2009-03-12	通用电气	贫燃料直接喷射燃烧系统	DE；US；JP；CN	美国	在审	4
19	CN101598337A	2009-04-03	通用电气	用于低排放燃烧器的康达式前导喷嘴	DE；CN；JP；KR；US	美国	在审	3

续表

序号	专利号	申请日	申请人	发明名称	指定国家	授权国家	中国法律状态	推荐指数
20	CN101793408B	2009-04-14	燃气涡轮机效率瑞典公司	燃烧器喷嘴	US；EP；JP；CN；KR；CA；AU；IN；TW；HK；IL；MX；BR；SG	美国、澳大利亚、韩国、加拿大、中国	授权	4
21	CN101666501A	2009-09-04	通用电气	用于涡轮机械燃烧器的辅助燃料喷嘴的涡流角	DE；US；JP；CN	无	在审	3
22	CN101676632A	2009-09-16	通用电气	用于合成气燃料喷嘴的可重复使用的焊接接头	DE；US；JP；CN	美国	在审	4
23	CN101900641A	2009-11-09	通用电气	用于检测燃气涡轮机的燃料喷嘴内火焰的系统和方法	US；EP；JP；CN	无	在审	3
24	CN101793400A	2009-12-04	通用电气	预混合式直接喷射喷嘴	US；EP；JP；CN	无	在审	4
25	CN102165253A	2009-03-03	西门子	燃气轮机的弹性燃料喷射器	WO；US；EP；CN	无	在审	3
26	CN102165258A	2009-09-25	西门子	燃料喷嘴	WO；US；EP；CN；JP；RU	无	在审	4
27	CN102317690A	2009-12-18	索拉透平公司	低串扰的燃气轮机燃料喷射器	WO；US；DE；CN	美国	在审	4
28	CN101776285A	2010-01-07	通用电气	用于涡轮发动机中的燃料喷射的方法和装置	US；EP；JP；CN	无	在审	4
29	CN101782019A	2010-01-07	通用电气	延迟贫喷射燃料喷射器构造	EP；JP；CN	无	在审	3
30	CN101818897A	2010-01-21	通用电气	用于预混合燃料喷嘴的可插入的预钻孔的旋流叶片	US；EP；JP；CN	无	在审	4
31	CN101929678A	2010-06-18	通用电气	用于预混喷嘴中合成气/NG DLN 的多燃料回路	US；DE；CH；JP；CN	无	在审	4
32	CN102012043A	2010-07-08	通用电气	整体燃料喷射器和相关制造方法	US；DE；CH；JP；CN	美国	在审	3

续表

序号	专利号	申请日	申请人	发明名称	指定国家	授权国家	中国法律状态	推荐指数
33	CN102022729A	2010-09-21	通用电气	通用多喷嘴燃烧系统和方法	US；DE；CH；JP；CN	美国	在审	4
34	CN102061998A	2010-11-12	通用电气	用于燃气涡轮发动机的燃料喷嘴组件及其制造方法	US；DE；CH；JP；CN	无	在审	4
35	CN102087026A	2010-12-07	通用电气	二次燃料喷嘴中的燃料喷射	US；DE；CH；JP；CN	无	在审	3
36	CN02575584A	2010-08-26	伍德沃德	内部嵌套式的面积可变的燃料喷嘴	US；WO；CA；EP；CN	无	在审	3
37	CN102575844A	2010-10-12	斯奈克玛	用于涡轮发动机的燃烧室的多点喷射器	FR；WO；CA；US；EP；CN；JP	法国	在审	3
38	CN102235245A	2011-04-29	通用电气	用于燃气涡轮机的流体冷却的注射喷嘴组件	US；EP；JP；CN	无	在审	4
39	CN102261673A	2011-05-26	通用电气	用于燃气轮机燃烧器的混合式双燃料喷嘴	US；EP；JP；CN	无	在审	4
40	CN102374535A	2011-06-13	通用电气	燃料喷射喷嘴主体上的有微坑的/有凹槽的面及相关方法	US；DE；CH；JP；CN	无	在审	3
41	CN102538011A	2011-11-04	通用电气	用于在燃料喷嘴组件中引导空气流的系统	US；DE；FR；JP；CN	无	在审	3
42	CN102859281A	2011-02-01	西门子	具有波瓣混合器的燃料喷射器和旋流器组件	EP；WO；US；CN	无	在审	3
43	CN102782411A	2011-02-24	斯奈克玛	用于涡轮机燃烧室的具有改善空气燃油混合物的喷气装置的喷射系统	FR；WO；CA；US；EP；CN	法国	在审	3

续表

序号	专利号	申请日	申请人	发明名称	指定国家	授权国家	中国法律状态	推荐指数
44	CN103003552A	2011-08-17	三菱重工	燃料喷嘴、具备该燃料喷嘴的燃气涡轮燃烧器及具备该燃气涡轮燃烧器的燃气轮机	US；WO；JP；KR；CN	无	在审	3
45	CN103119370A	2011-09-20	西门子	用于将乳状液喷射到火焰中的方法和设备	EP；WO；CN	无	在审	4
46	CN102589005A	2012-01-05	通用电气	燃料喷嘴被动吹扫帽流	US；DE；FR；JP；CN	无	在审	3
47	CN102589009A	2012-01-17	通用电气	用于燃料喷射器中的流控制的系统	EP；US；KR；CN；AU	无	在审	4
48	CN102607064A	2012-01-17	通用电气	燃烧室喷嘴及制造燃烧室喷嘴的方法	DE；US；JP；CN	无	在审	4
49	CN102679400A	2012-03-02	通用电气	具有预喷嘴混合帽盖组件的燃烧器	EP；CN；US	无	在审	4
50	CN102679399A	2012-03-15	通用电气	具有固定火苗用燃料喷嘴的燃气涡轮机燃烧室	EP；CN；US	美国	在审	4
51	CN102777932A	2012-05-04	通用电气	用于向燃烧器供应燃料的燃烧器喷嘴和方法	EP；CN；US	无	在审	3
52	CN102788369A	2012-05-18	通用电气	适应性燃烧室燃料喷嘴	EP；CN；US	无	在审	4
53	CN102788368A	2012-05-18	通用电气	用于供应燃料到燃烧器的燃烧器喷嘴和方法	EP；CN；US	无	在审	3
54	CN102818288A	2012-06-06	通用电气	在燃烧衬套上的集成式迟稀薄喷射和迟稀薄喷射套管组件	EP；CN；US	无	在审	3
55	CN102818283A	2012-06-06	通用电气	燃烧器喷嘴和用于改造燃烧器喷嘴的方法	EP；CN	无	在审	3
56	CN102913952A	2012-08-03	通用电气	关于将延迟贫喷射整合到燃式涡轮发动机中的组件和装置	EP；CN；US	无	在审	3
57	CN102997280A	2012-09-07	通用电气	用于燃气涡轮机的燃料喷嘴组件和使燃料流转向的方法	EP；CN；US	无	在审	3
58	CN103032895A	2012-09-28	通用电气	用于冷却多管燃料喷嘴的系统	EP；CN；US	无	在审	4

下面将着重分析几个有代表性的重要专利，从中了解外国企业的撰写习惯，发明要点以及我国申请人需要注意规避的地方。

（1）授权范围较大，需注意规避的专利

通用电气在 2008 年 7 月 25 日申请的 CN101354142A（于 2011 年 11 月 16 日获得授权）请求保护一种燃料喷嘴组件和方法。该专利目前已在中国、美国、瑞士获得授权，尤其是在中国授权的权利要求 1 的技术特征较少，概括了较大的保护范围。中国企业在研发、生产方面需要对其规避，该专利的具体信息见表 6-4-3。

表 6-4-3　CN101354142A 专利信息

公开号	CN101354142A
发明名称	燃料喷嘴组件和方法
同族	德国；日本；美国（授权）；瑞士（授权）；中国（授权）
中国授权权利要求1	一种燃料喷嘴组件，所述燃料喷嘴组件包括：喷嘴本体（114）；被可拆卸地定位在所述喷嘴本体（114）的内部上的孔口板（118）；和被一体成形在所述喷嘴本体（114）的外部上的套环（116），其中在所述喷嘴本体（114）与所述套环（116）之间形成了成一定角度的相交部（142）。
重要附图	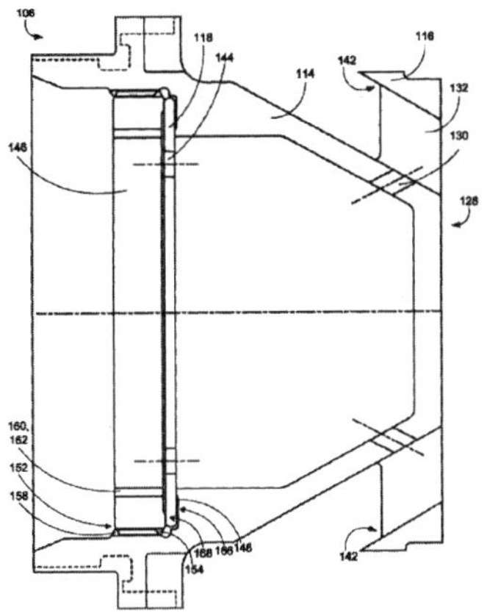 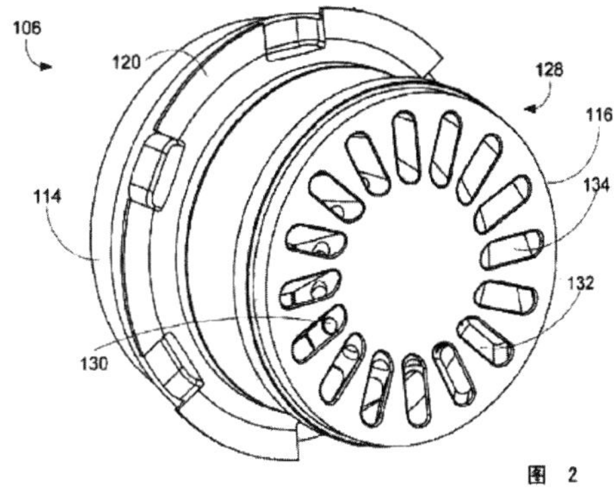

每个初级燃料喷嘴通常包括喷嘴本体、孔口板和套环。本领域技术人员经常利用例如钎焊或电子束焊等工艺将孔口板和套环联接到喷嘴本体上。这种工艺使得去除孔口板相对较为困难，有时不得不更换整个初级燃料喷嘴，或者在套环与喷嘴本体联结位置处形成的焊脚也会扰乱喷嘴本体出口端的气流，影响燃烧器的性能。因此，该专利的发明点在于使孔口板被可拆卸地定位在喷嘴本体内部上，且套环一体成形在喷嘴本体外部上。如果经证实该专利的这种制造方法较为实用，那么对于这样的保护范围很难对其进行规避。因此，中国企业可以考虑在该专利的基础上研发进行一些必要的外围或交叉专利，以更好解决实际问题；或者考虑跳出这个范围，研究一种新的解决现有缺陷的技术，从而避免侵权的发生。

（2）较小部件的专利申请，关注细微变化

通用电气在2009年12月4日申请的CN101793400A请求保护一种预混合式直接喷射喷嘴，该专利目前在各国均处于在审阶段。该专利的具体信息见表6-4-4。

表6-4-4 CN101793400A专利信息

公开号	CN101793400A
发明名称	预混合式直接喷射喷嘴
同族	欧洲；日本；美国；中国（在审）
权利要求1	1. 一种在燃料/空气混合管束（121）中使用的燃料/空气混合管（130），包括：沿管轴线（A）在入口端（134）与出口端（135）之间轴向地延伸的外管壁（201），所述外管壁（201）具有在具有内径的内管表面（203）与具有外管直径的外管表面（202）之间延伸的厚度；具有延伸穿过所述外管壁（201）的燃料喷射孔（142）直径的至少一个燃料喷射孔（142），所述燃料喷射孔（142）具有相对于所述管轴线（A）的喷射角，所述喷射角在大约20度至大约90度的范围内；在所述燃料喷射孔（142）与所述出口端（135）之间沿所述管轴线（A）延伸的凹进距离，所述凹进距离比所述燃料喷射孔直径大大约5倍至大约100倍。
重要附图	

利用燃料和空气的贫燃料预混合进行工作的干式低排放燃烧器存在许多问题。燃料和空气的可燃混合物存在于燃烧器的预混合段内，该预混合段位于燃烧器反应区的外部。一般而言，存在一定的整体燃烧管速度，在预混合器中的火焰速度高于该速度将会冲出至主燃烧区中。然而，有些燃料如氢气或合成气，具有较高的火焰速度，尤其是在预混合模式中燃烧时。由于有较高的紊流火焰速度和较宽的可燃性范围，故预混合式氢燃料燃烧喷嘴的设计就受到在合理的喷嘴压力损失时火焰稳定和逆燃的挑战。使用直接燃料喷射方法来扩散氢燃料燃烧会产生较高的NOx。在天然气作为燃料时，

具有足够火焰稳定裕度的预混合器通常可设计为具有适当低的空气侧压降。然而，对于更高反应性的燃料如高氢燃料而言，针对火焰稳定裕度和目标压降的设计就变得有挑战性。由于现有技术水平的喷嘴设计点可达到3000华氏度的整体火焰温度，故逆燃到喷嘴中会在极短的时间内造成对喷嘴的极大破坏。

该专利申请对于此细节问题进行了密切的关注。利用燃料和空气的贫燃料预混进行工作的干式低排放，设计出一种预混合式直接喷射喷嘴。通过对燃料/空气混合管束中使用的燃料/空气混合管进行改进，从而提供了良好的燃料空气混合。燃烧产生较少NOx和较低的流动压力损失转变成较高的燃气涡轮机效率。燃料喷嘴较为耐用，且可耐受火焰稳定和抗逆燃。

该申请的权利要求所要保护的主题是一种在燃料/空气混合管束中使用的燃料/空气混合管，针对该燃料/空气混合管的具体结构和尺寸撰写了权利要求。同时，该发明人还申请了与之相关的系列申请：CN101818901A（预混合式直接喷射盘），CN101858605A（预混合直接喷射器）等，对相关领域进行了紧密布局。

（3）政府资助项目

通用电气接受美国能源部的资助，共同对燃气轮机进行了研发。其中，某些合同项目涉及燃烧室以及燃烧中的燃料喷嘴设计。例如，合同DE-FC26-05NT42643的目的是设计并发展可以燃用煤基氢气和合成气的、用于整体煤气化联合循环发电系统的燃气轮机，使其性能达到美国能源部设定的燃气轮机性能指标。该合同中涉及燃料喷嘴的专利较多，部分专利列在表6-4-5中。

表6-4-5　合同DE-FC26-05NT42643中某些重要专利

公开号	发明名称
CN 102032594A	用于燃料喷射器的内部挡板
CN 102052689A	用于涡轮机喷射器的冲击插入件
CN 102374535A	燃料喷射喷嘴主体上的有微坑的/有凹槽的面及相关方法
CN 102606314A	用于多管式燃料喷嘴中的流量控制的系统
CN 102607062A	用于喷射燃料的系统及方法
CN 102620316A	用于在涡轮发动机中使用的燃料喷射组件及其组装方法
CN 103075745A	用于在涡轮发动机中使用的燃料喷射组件及其组装方法
CN 103075747A	用于涡轮发动机中的燃料喷射组件及其组装方法

这些专利分别涉及燃气轮机中的燃料喷嘴组件，通过对燃料喷嘴组件的创新设计，实现提高燃料喷嘴组件的使用寿命，并降低污染排放（例如氮氧化物NOx）。下面挑选其中一篇专利进行介绍。

专利（CN 102374535A）涉及用于针对在燃气轮机中的高氢燃料燃烧而优化的燃料喷射喷嘴的燃料喷头，该专利的具体信息见表6-4-6。高氢火焰大体上在喷射喷嘴主体面和/或在该喷射喷嘴主体周围的倾入平面区域之后稳定。然而该倾入区域受限于在全筒式燃烧器中的喷射喷嘴头的数量以克服通过管束的大压降。因此，仅有喷射喷嘴头面区域可被用于稳定高氢火焰。类似地，现有喷射喷嘴头仅具有有限的区域用来稳定火焰。该专利的燃料喷嘴的燃料喷头相对于没有表面凹陷的基本平坦的平面式的端面的燃料喷头，燃料喷头端面面积增加了。该表面凹陷会导致由在空气动力学上稳定的旋涡引起的回流区域的加宽和加长。改进的喷射喷嘴头设计进一步优化了高氢燃烧火焰的稳定性、改进逆燃容限以及进一步减少 NOx 排放。

表 6-4-6　CN 102374535A 专利信息

公开号	CN 102374535A
发明名称	燃料喷射喷嘴主体上的有微坑的/有凹槽的面及相关方法
同族	德国；美国；瑞士；日本；中国（在审）
权利要求1	1. 一种用于在燃气涡轮燃烧器中使用的燃料喷嘴（10）的燃料喷头（14），包括： 形成为带有上游端面（22）、下游端面（24）和在它们之间延伸的周壁（26）的基本中空的主体（20）； 沿轴向延伸穿过所述中空主体、在所述上游端面处带有入口（30）且在所述下游端面处带有出口（32）的多个预混合管或通道（28）；以及 其中，所述下游端面（24）的外表面形成为带有与基本平坦的平面式下游端面相比增加了所述外表面的总表面积以提供增强了燃料/空气混合的增大的回流型式的三维表面特征（44，56，64，76，80，82，90）。
重要附图	

6.4.2.2　中国申请人在华相关专利

近年，中国高校、研究所以及企业也注重在燃气轮机的燃料喷嘴领域的专利保护，陆续申请了一些专利，以下将列出燃气轮机燃料喷嘴领域的中国申请人的部分相关专利，详见表6-4-7。

表6-4-7 中国申请人的相关专利

序号	专利号	申请日	申请人	发明名称	解决技术问题	保护范围	中国法律状态
1	CN100504175C	2006-04-13	中国科学院工程热物理研究所	燃气轮机低热值燃烧室喷嘴结构与燃烧方法	采用扩散火焰同部分预混相结合的燃烧方法,来解决低热值燃料气燃烧时的燃烧不稳定和一氧化碳残留问题	适中	授权
2	CN101169251B	2006-10-26	中国科学院工程热物理研究所	燃气轮机合成气稀释扩散燃烧多喷嘴	适用于合成气的低污染物排放、低噪声。不存在贫预混燃烧中的燃烧不稳定、回火和热声振荡等问题	适中	授权
3	CN100590360C	2007-06-06	中国航空工业第一集团公司沈阳发动机设计研究所	一种多头部双燃料组合式喷嘴	解决目前使用单喷嘴工作时低负荷工况下喷嘴雾化效果不会、燃烧效率低以及采用多个双燃料喷嘴工作时结构复杂,安装维护不便等方面的问题	适中	授权
4	CN101285591B	2008-04-22	北京航空航天大学	一种一体化燃油喷射径向旋流器预混预蒸发低污染燃烧室	减小燃油喷射点到燃烧区入口的距离,从而减小燃烧室头部结构的轴向长度,同时有效降低燃烧室污染排放	适中	授权
5	CN100557318C	2008-04-22	北京航空航天大学	一种一体化燃油喷射轴向旋流器预混预蒸发低污染燃烧室	减小燃油喷射点到燃烧区入口的距离,从而减小燃烧室头部结构的轴向长度,同时有效降低燃烧室污染排放	适中	授权
6	CN100543371C	2008-04-25	北京航空航天大学	一种径向旋流器拐弯区液雾喷射预混预蒸发低污染燃烧室	减小燃油喷射点到燃烧区入口的距离,从而减小燃烧室头部结构的轴向长度,同时有效降低燃烧室污染排放	适中	授权
7	CN101275750B	2008-04-25	北京航空航天大学	一种径向旋流器拐弯区直接喷射预混预蒸发低污染燃烧室	减小燃油喷射点到燃烧区入口的距离,从而减小燃烧室头部结构的轴向长度,同时有效降低燃烧室污染排放	适中	授权
8	CN101629727B	2009-08-28	沈阳黎明航空发动机有限责任公司	一种低污染燃烧室的燃油喷嘴	可实现低污染燃烧	较小	授权
9	CN103062798A	2011-10-18	中航商用航空发动机有限责任公司	一种燃烧室燃油喷射和混合装置	有效改善周向供油的均匀性,结构简单,装配容易,供油的油路可以随燃油喷射和混合装置一同拆装	适中	未审

续表

序号	专利号	申请日	申请人	发明名称	解决技术问题	保护范围	中国法律状态
10	CN102393028B	2011-12-09	中国船舶重工集团公司第七〇三研究所	天然气燃料燃气轮机干式低排放燃烧室	为解决现有燃气轮机燃烧室中的燃气喷嘴为单级径向预混结构,燃料与空气的不能充分混合,导致燃气轮机燃烧室进口压力及其进出口温度不断提高的问题,提供了一种天然气燃料燃气轮机干式低排放燃烧室	较小	授权
11	CN102538016A	2012-01-11	哈尔滨工程大学	一种用于化学回热循环的内旋流式双燃料喷嘴	在气路中形成内部旋流流场,在更小的空间里燃烧更多的燃料且缩短火焰长度,不会对火焰筒壁面造成烧蚀	适中	未审
12	CN102538014A	2012-01-11	哈尔滨工程大学	一种用于化学回热循环的双燃料旋流雾化喷嘴	提供燃料的浓度分布更加合理,比较充分的雾化液体燃料,使燃烧室头部结构更加紧凑	适中	未审
13	CN102649187A	2012-05-22	哈尔滨汽轮机厂有限责任公司	一种燃气轮机燃烧室燃气喷嘴真空钎焊方法	解决现有技术焊接燃气喷嘴存在焊接质量差、焊接变形较大以及影响燃气轮机的生成周期和质量问题	极小	未审
14	CN102889616A	2012-09-29	中国科学院工程热物理研究所	一种基于文丘里预混双旋喷嘴的多点直喷燃烧室	采用多点喷射技术,加速燃烧区上油气的混合;加强雾化燃油和加强油气混合,保证污染物排放要求	适中	未审
15	CN102937300A	2012-11-28	哈尔滨汽轮机厂有限责任公司	一种燃气轮机用的稀释剂分级注入系统	解决现有燃气轮机用的稀释剂注入系统对稀释剂利用率低、注入量受限和NOx排放量仍然偏高的问题	适中	未审
16	CN103104936A	2012-12-24	哈尔滨汽轮机厂有限责任公司	一种用于组织大流量中低热值燃料燃烧的单元喷嘴	提供一种结合燃烧室使用的组织大流量中低热值燃料燃烧的单元喷嘴,使燃料喷嘴能够安全、稳定、高效地运行	略小	未审
17	CN103047682A	2012-12-27	中国燃气涡轮研究院	一种带预膜式喷嘴的部分预混预蒸发燃烧室	提供一种能够保证燃烧室性能并且降低污染排放的带预混预膜式喷嘴的部分预混预蒸发燃烧室	适中	未审

续表

序号	专利号	申请日	申请人	发明名称	解决技术问题	保护范围	中国法律状态
18	CN103148514A	2013-04-01	中国船舶重工集团公司第七〇三研究所	一种两级径向贫燃预混式低排放燃气喷嘴	提供一种两级径向贫燃预混式低排放燃气喷嘴，它通过采用两级径向旋流结构，利用贫燃预混燃烧技术，来实现降低燃气轮机污染物排放，提高燃气轮机环保能力	适中	未审

6.5 本章小结

燃料喷嘴是燃气轮机中的重要部件，其专利申请趋势与燃气轮机的全球专利申请趋势较为一致，都经历了萌芽期、成长期和发展期。随着世界各国排放标准的制订和不断提高，从2000年开始，燃料喷嘴领域的专利申请进入了高速发展期，专利申请量大幅增长。美国无论是作为技术输出国还是技术输入国，都是排名第一，最有代表的公司是通用电气。而中国在近十年中，无论是外国申请人还是中国申请人在华申请量都突飞猛进，说明国外公司越来越关注中国市场，而国内申请人也逐渐开展对燃料喷嘴的技术研发。遗憾的是，目前中国申请人在燃料喷嘴领域还没有向国外进行专利布局，主要原因在于技术相对较为落后。

本章着重研究了DLN燃烧室中燃料喷嘴的技术发展。DLN燃烧技术是当今燃气轮机领域中发展最为成熟、应用最为广泛的技术之一。因而，对应用于DLN燃烧室中的燃料喷嘴的改进就显得尤为重要。总体来说，随着DLN燃烧技术的快速发展，对DLN燃烧室中燃料喷嘴的关注度也越来越高，与之相关的专利申请量也越来越多。燃料喷嘴的改进涉及范围较广，主要包括对应不同的燃料选择、提高燃烧稳定性以及降低NOx排放等方面。

本章还列出了燃料喷嘴的重要专利，尤其是外国申请人在华专利，并着重分析了几个有代表性的专利。通过列出上述重要专利，希望中国企业能够了解该领域的重要专利、国外申请人在燃料喷嘴领域的关注点以及保护策略，在研发时注意规避已授权专利。

第 7 章 通用电气

通用电气是燃气轮机领域具有代表性的重要企业之一。本章从其发展概况出发，分析其全球专利和中国专利申请情况，研究了包括 DLN 燃烧系统、燃料多样化和新型材料的主要技术发展方向，并着重分析了通用电气与美国政府部门合作的专利申请，最后给出了通用电气的重要专利。

本章报告的统计分析基础为 2013 年 5 月 31 日提取的已公开通用电气全球专利数据和中国专利数据，经检索，全球相关专利为 6007 项，中国相关专利为 1792 件。

7.1 概述

美国通用电气公司（GE）是一家多元化的公司，始建于 1890 年，最初的名称是爱迪生通用电气公司。通用电气是道·琼斯工业指数 1896 年设立以来唯一至今仍在指数榜上的公司。通用电气现有 6 个产业部门：基础设施、工业、医疗、商务金融、消费者金融、NBC 环球。通用电气的产品和服务范围广阔，从军火、飞机发动机、发电设备、水处理和安防技术，到医疗成像、商务和消费者金融、媒体，客户遍及全球 100 多个国家，拥有 30 多万名员工。通用电气是基础设施技术服务全球领先供应商之一，包括飞机发动机、能源、石油和天然气、轨道交通和水处理技术等业务集团。单是能源方面，截至 2008 年，通用电气能源集团就为中国提供了 240 多台燃气轮机、70 台蒸汽轮机、307 台水电涡轮机、100 多台风电机组以及 32 项气化技术许可❶。早在 1906 年，通用电气就开始发展同中国的贸易，是当时在中国最活跃、最具影响力的外国公司之一。迄今为止，通用电气的所有工业产品集团已在中国开展业务，拥有 12000 多名员工，并建立了 50 多个经营实体。2007 年通用电气在中国的销售收入达 44 亿美元，2011 年销售额达 57 亿美元。

通用电气的重型燃气轮机产品处于全球领先水平，它有着不断创新的历史以及技术领先的优势，致力于在各个领域提供更加清洁高效的发电设备。一个多世纪以来，通用电气一直在燃气轮机技术方面进行着投资，从航空发动机和舰载燃气轮机到重型燃气轮机和工业燃气轮机，通用电气制造出了当今最高效且用途最广泛的燃气轮机。

在重型燃气轮机领域，从 1949 年起，当通用电气设计的燃气轮机成为第一台在电力服务领域（美国俄克拉荷马州的 Belle Isle 电站）应用的燃气轮机之后，在全公司的

---

❶ 经济日报多媒体数字报刊. 通用电气：能源利用添新"绿"[EB/OL].［2013 - 10 - 29］. http：//paper. ce. cn/jjrb/html/2008 - 09/04/content_28533. htm.

创新精神和努力实践以及通用电气全球研发的启动和严格的燃气轮机开发和验证项目的推动下，通用电气能源集团开发生产了范围广泛的，业界领先的燃气轮机群组。现在，通过已售 6000 多台燃气轮机的业绩以及超过 2 亿小时的运行经验，通用电气展示了其产品的可靠性和性能[1]。图 7－1－1 所示为通用电气重型燃气轮机。

图 7－1－1　通用电气重型燃气轮机

通用电气设计的燃气轮机具备优越的经济性，例如高效、燃料灵活、运行灵活、低排放以及高可靠性和可用率等。通用电气的燃气轮机可以使用多种燃料应用于多个领域，包括整体煤气化联合循环（IGCC）。这些燃料包括从低品质的钢厂高炉气到氢气的气体燃料；从轻油到重油的液体燃料以及各种各样的合成气。截至目前，通用电气能源集团已经在实践中成功地使用了 25 种不同的燃料。此外，通用电气燃气轮机的适应性广泛，可以满足客户的各种运行需求，包括燃料选择上的灵活性，对场地的适应性以及可以承担基本负荷运行、周期性运行以及尖峰负荷运行等多种运行模式。通用电气燃气轮机的应用范围涵盖了热电联产，区域供热，简单循环、联合循环或者 IGCC 发电，以及为石油天然气行业和工业领域提供机械驱动。

多年以来通用电气一直在全球燃气轮机市场中占据统治地位，其市场份额连续多年超过 40%，主要原因是其品牌效应以及通用电气销售的燃气轮机组合非常丰富。通用电气能够向市场提供的重型燃气轮机范围最广，从 26 MW 至 480 MW。通用电气在很多国家或地区占据强势地位，如在沙特阿拉伯、尼日利亚、西班牙、德国、南非和中国台湾等[2]。

通用电气的重型燃气轮机的结构是在航空发动机的基础上发展起来的，其汽缸形状、转子结构、燃烧室形式等许多方面保留着航空发动机的特点。如燃气透平初温高，采用分管型燃烧室等。汽缸为有水平中分面的铸钢结构，在压气机进出口、透平进出口及扩压器进口等处有垂直横分面，以便于维护和检修。在总体布置上为整体快装式

---

[1]　通用电气．燃气轮机产品［EB/OL］．[2013－10－29]．http：//www. ge. com/cn/energy/solutions/s9/Copy% 20of% 20GEH12985H－CN. pdf.
[2]　科学研究动态监测快报——先进能源科技专辑［M］．武汉：中国科学院国家科学图书馆武汉分馆．2010：18－19.

机组，出厂前整机安装在一个刚性底座上❶。

GE重型燃气轮机有三个方面的特点：系列化的设计、几何尺寸的模化和大投入的产品前期研究开发。

系列化设计的结果是形成了完整的轴流式压气机产品系列，在保持已有压气机的可靠性的同时，使压比、流量和效率逐步提高。详见表7-1-1。

几何尺寸的模化即在放大或缩小机械尺寸的同时降低或增加其转速，那么就能得到机械和气动性能的一组压气机和透平。这就是使得在产品发展的过程中能采用已经证明是成功的压气机和透平设计，可以最大限度地利用以前的设计经验。例如MS1002、MS5001、MS6001及MS9001就是在MS3002和MS7001的基础上用模化设计得到的，使它们能够获得相同的压比和循环效率。

表7-1-1 通用电气部分重型燃气轮机主要特性❷

型号	首台出厂年份	功率/kW	效率/%	压比	转速/rpm	进口温度	排气温度
PG5371（PA）	1987	26300	28.5	10.5	5094	963	487
PG6551（B）	1978	39160	31.8	11.8	5094	1104	541
PG6561（B）	1996	39620	31.9	12.0	5133	1104	532
PG6581（B）	1999	42100	32.1	12.2	5163	1104	544
PG6101（FA）	1993	70140	34.2	15.0	5254	1288	597
PG7121（EA）	1984	85400	32.8	12.6	3600	1104	537
PG7161（EC）	1994	116000	34.5	14.2	3600	1204	558
PG7241（FA）	1994	171700	36.2	15.5	3600	1297	596
PG9171（E）	1987	123400	33.8	12.3	3000	1124	538
PG9231（EC）	1994	169200	34.9	14.2	3000	1204	558
PG9311（FA）	1991	243000	36.4	15.0	3000	1288	589
PG9351（FA）	1996	255600	36.9	15.4	3000	1318	609
PG7001（H）	2001	260000	39.5		3600	1427	
PG9001（H）	2000	292000	39.5	23	3600	1427	

本报告将通用电气公司在本领域的专利申请按照主要部件分为四个一级分支，即压气机、燃烧室、透平、排气段，分别包括这些主要部件的结构、材料、制造方法、控制以及调试等。

---

❶❷ 董卫国．GE公司重型燃气轮机产品系列及其发展［J］．电力设备．2002（1）：1-2．

7.2 全球专利申请分析

7.2.1 申请趋势

在1970年之前,通用电气在重型燃气轮机方面的专利申请每年的申请量不足10项,处于对技术改进的初步探索阶段。由图7-2-1可知,1971~2000年,这一时期的专利申请量总体趋势是上涨的。在这一时期,逐渐形成了以燃烧室和透平为主的技术框架。从2000年起,由于美国政府鼓励企业创新和高新技术产业发展,同时通用电气参与了大量与政府合作的项目❶,企业本身也加大了技术研发投入,因此申请量增长迅速,并于2009年达到峰值。由于2012年的部分专利申请尚未公开,因此统计数据显示申请量较2000年后其他年份要少,但仍然高于2000年之前的申请量。

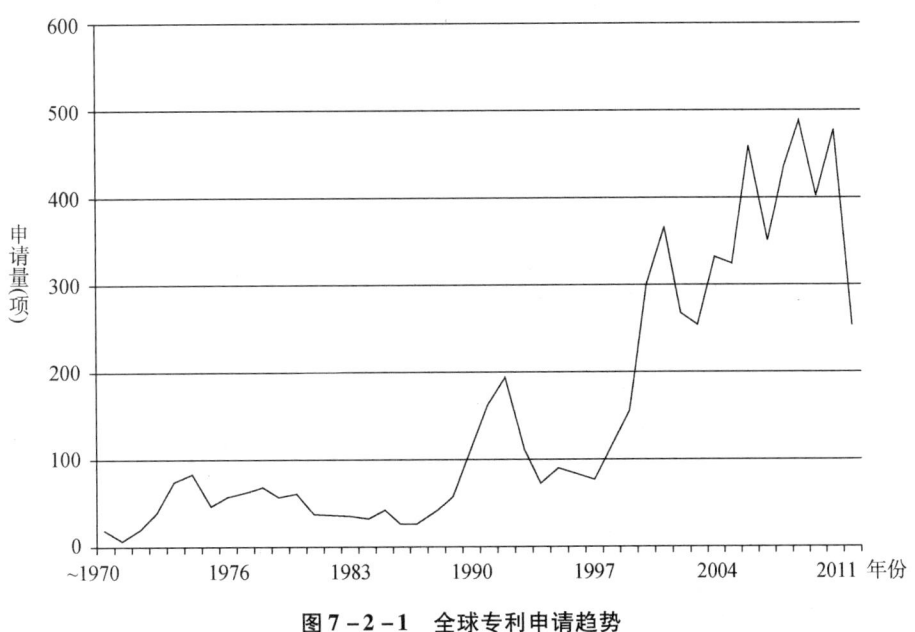

图7-2-1 全球专利申请趋势

图7-2-2和图7-2-3分别示出了各技术分支专利申请趋势,1970年之前处于技术改进的初步探索阶段,各技术分支的申请量都较小,没有明显的技术重点。从1973年开始至今,燃烧室和透平这两方面成为绝对的发明热点,可见通用电气对这两个技术分支非常重视,从另一方面也说明了该两个分支技术复杂,可改进的空间较大。就这两个技术分支相比,1973~1989年,它们的申请量互有起伏,从1989年至今,透平方面的申请量占据优势,其峰值出现于2006年,仅2006年的申请量就达到了278项。燃烧室方面的申请量峰值出现在2009年,年申请量为240项。由于2012年的部分

---

❶ 关于通用电气与政府合作的项目详情见本章第5节内容。

专利申请尚未公开，因此统计数据显示申请量较 2000 年后其他年份要少，但仍然高于 2000 年之前的申请量。

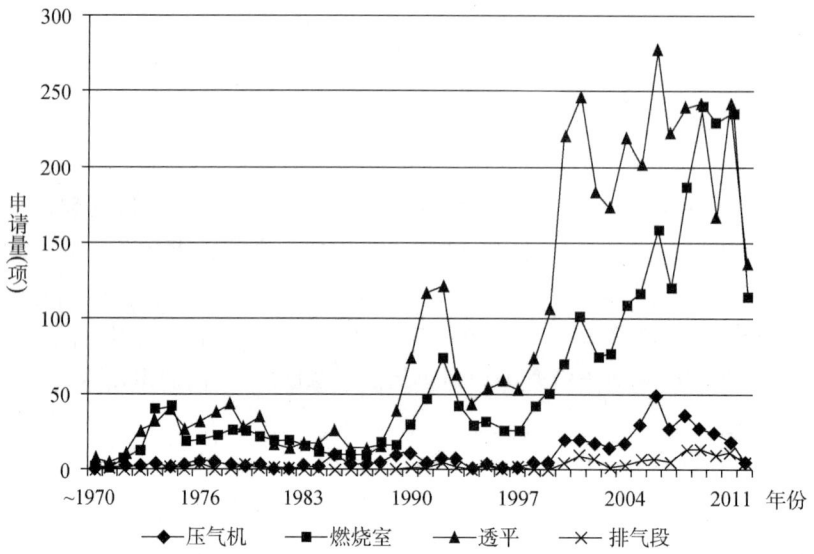

图 7-2-2　各技术分支专利申请趋势

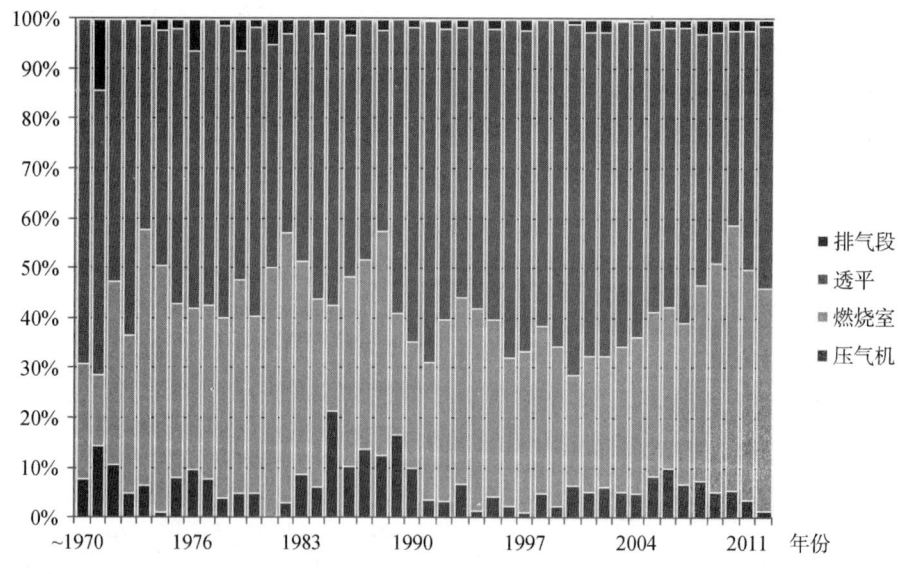

图 7-2-3　各技术分支专利申请百分比

从四个技术分支的总量来看，透平的专利申请量为 4048 项，占据总申请量的 56%，燃烧室的申请量为 2615 项，占据总申请量的 36%，这两个技术分支作为发明热点，占据了总申请量的 92%。另外压气机占总申请量的 6%，排气段占 2%。

7.2.2 地域分布

7.2.2.1 首次申请国家/地区构成比例

由图 7-2-4 可知，通用电气公司重型燃气轮机相关的专利首次申请量比重高达 96.9%。同时，对日本、中国、德国、法国，世界知识产权组织、俄罗斯、英国、欧洲专利局、加拿大的首次申请量分别占总申请量比重的 0.81%、0.32%、0.31%、0.24%、0.24%、0.22%、0.22%、0.18% 和 0.15%，均不足 1%。另外，对其他国家/地区的申请量总和占总申请量的 0.43%，也不足 1%。

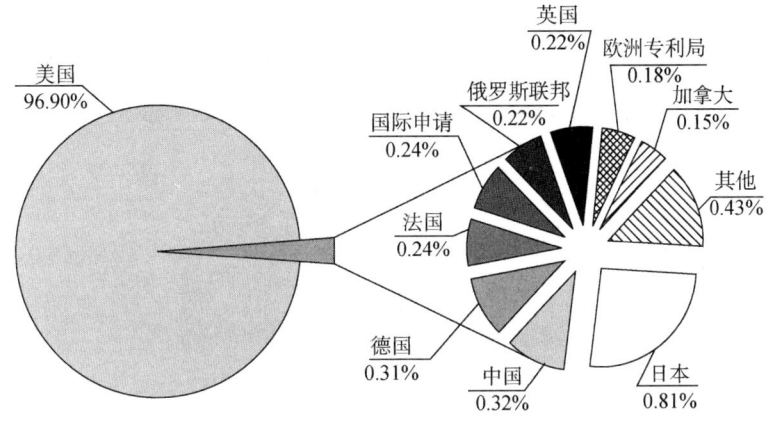

图 7-2-4　首次申请国家/地区构成比例

7.2.2.2 首次申请于美国的专利申请趋势

通用电气涉及重型燃气轮机的专利申请中，96.9% 的首次申请国是美国，因而通用电气首次申请于美国的历年专利申请趋势（图 7-2-5）与该公司的全球专利申请趋

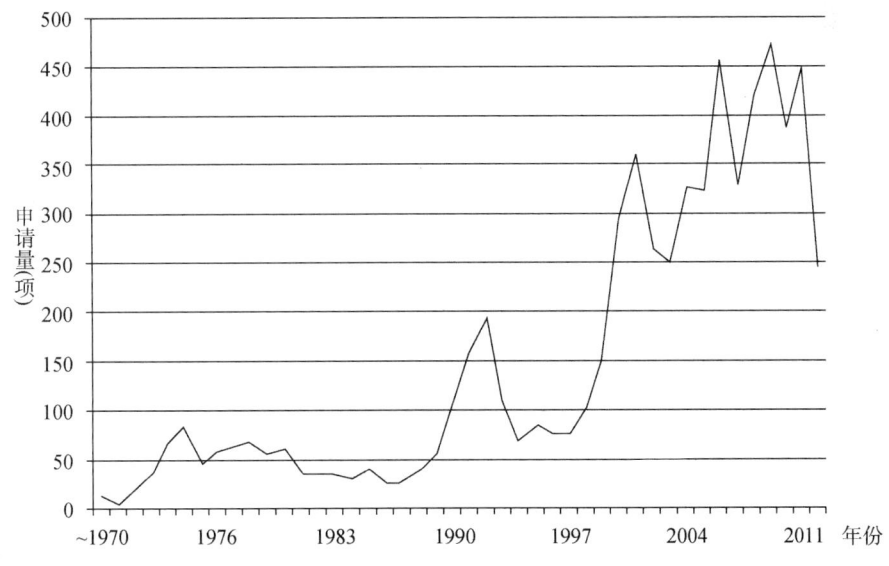

图 7-2-5　首次申请于美国的专利申请趋势

势规律类似，即：在1970年之前，每年的申请量不足10件，处于对技术改进的初步探索阶段。1971~2000年，这一时期的专利申请量总体趋势明显增长并有所起伏，这一时期逐渐构成以燃烧室和透平为主的技术框架。2000~2009年，申请量大幅增长，并于2009年达到峰值。

7.2.2.3 首次申请于美国的专利申请技术领域

图7-2-6表示的是首次申请于美国的专利申请的国际专利分类号（IPC）分布，这部分分类号涉及的技术主题属于前述压气机、燃烧室、透平和排气段等四个技术分支。主要分类号的含义如表7-2-1所示。

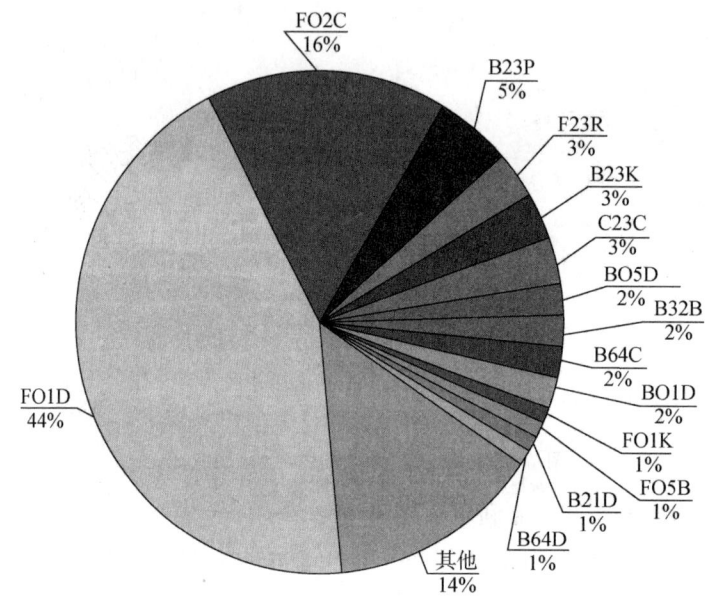

图7-2-6 首次申请于美国的专利申请技术领域

表7-2-1 本章涉及的IPC分类号含义

分类号	含义
F01D	非变容式机器或发动机
F02C	燃气轮机装置；喷气推进装置的空气进气道；空气助燃的喷气推进装置燃料供给的控制
B23P	金属的其他加工；组合加工
F23R	高压或高速燃烧生成物的产生，例如燃气轮机的燃烧室
B23K	钎焊或脱焊；焊接；用钎焊或焊接方法包覆或镀敷；局部加热切割，如火焰切割；用激光束加工
C23C	对金属材料的镀覆；用金属材料对材料的镀覆
B05D	一般喷射或雾化；对表面涂覆液体或其他流体的一般方法
B23B	机床；不包含在其他类目中的金属加工

续表

B64C	飞机；直升飞机
B01D	一般的物理或化学的方法或装置
F01K	蒸汽机装置；贮汽器；不包含在其他类目中的发动机装置；应用特殊工作流体或循环的发动机
B05B	喷射装置；雾化装置；喷嘴
B21D	金属板或管、棒或型材的基本无切削加工或处理；冲压
B64D	用于与飞机配合或装到飞机上的设备；飞行衣；降落伞；动力装置或推进传动装置的配置或安装

由图 7-2-6 可知首次申请于美国的专利申请主要集中于 F01D 和 F02C 领域，分别占总申请量的 44% 和 16%。其中 F01D 涉及的是非变容式机器或发动机，该小类涉及汽轮机和燃气轮机的叶片、转子、定子和控制等方面，该分类号主要侧重于可用于汽轮机和燃气轮机的具体结构。而 F02C 涉及燃气轮机装置的总体。

另外，通用电气在 C23C、B23P、B23K、F23R 等分类号中也具有一定量的专利申请，分别涉及用于重型燃气轮机的材料、金属加工、焊接、燃烧室等方面。

7.2.2.4 主要目标国家/地区申请量

由图 7-2-7 可知，通用电气作为美国的大型跨国公司，十分重视在美国本土的专利布局，以使其产品的生产和销售在美国得到保护；同时，美国的知识产权制度较为完善，申请人的利益可以得到较为有力的保护。另外，通用电气在重型燃气轮机领域的竞争对手主要集中于日本、德国、法国和英国（三菱重工、西门子、罗罗等），因

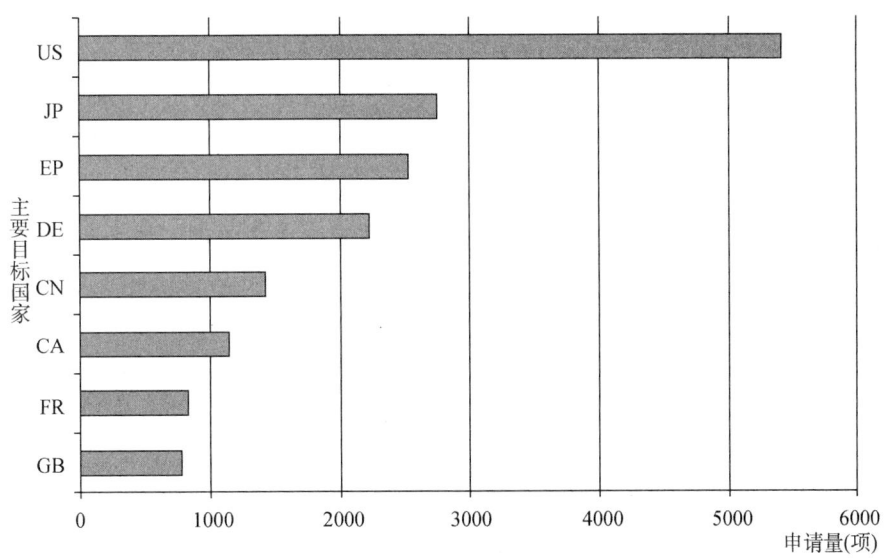

图 7-2-7 主要目标国家/地区专利申请量

此对这些国家以及欧洲专利局的申请量也占很大的比重。而中国作为重型燃气轮机的重要消费市场，也逐渐开始重视相关技术的引进、研发，因此也得到了通用电气的充分重视，指向中国的专利申请也较多，达到1400余项。

7.2.2.5 主要目标国家/地区专利申请趋势

由图7-2-8至图7-2-12可知，通用电气在除中国外的各主要目标国家/地区的专利申请量波动基本一致，其趋势与该公司的全球总申请量也保持一致，可见该公司从一开始就十分重视在这些国家的专利布局，以期在技术更新中占据优势。该公司对重型燃气轮机的技术研发和专利申请先后出现了三次高峰，分别出现于1992年、2001年和2009年，但仅在2005年以后，对中国的申请量才符合总体的趋势，说明中国的研发能力和市场在这之后才得到重视。

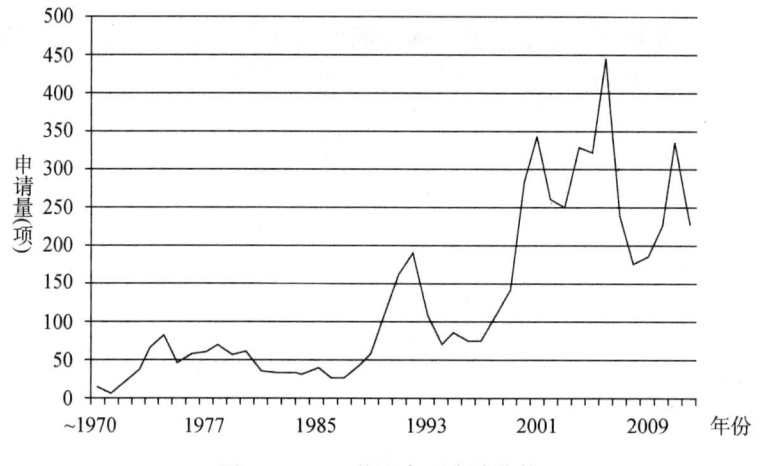

图7-2-8 美国专利申请趋势

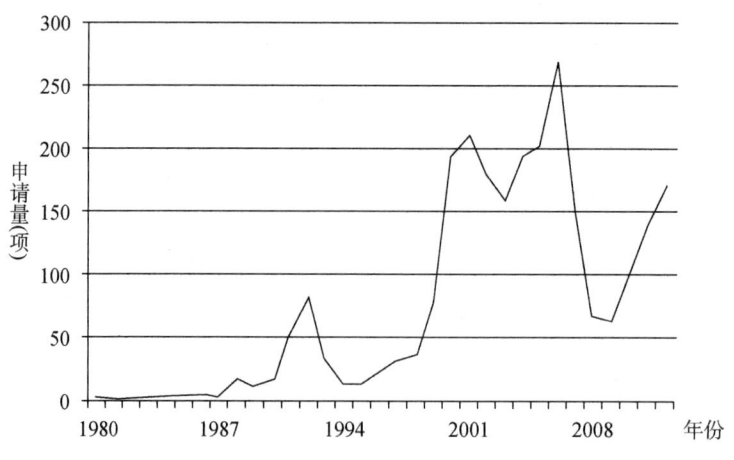

图7-2-9 欧洲专利申请趋势

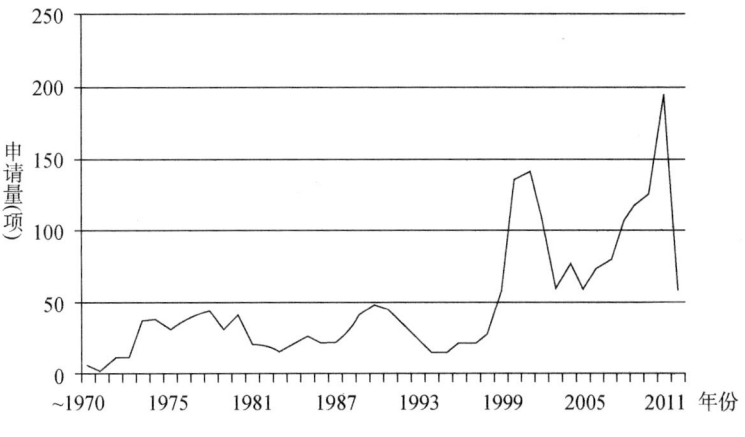

图 7-2-10　德国专利申请趋势

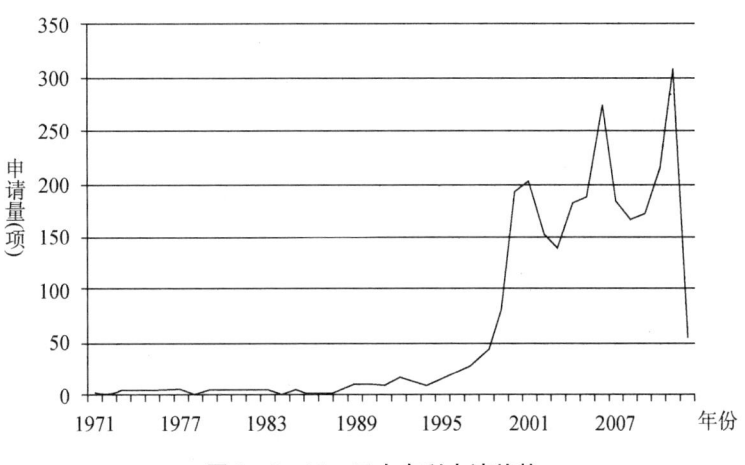

图 7-2-11　日本专利申请趋势

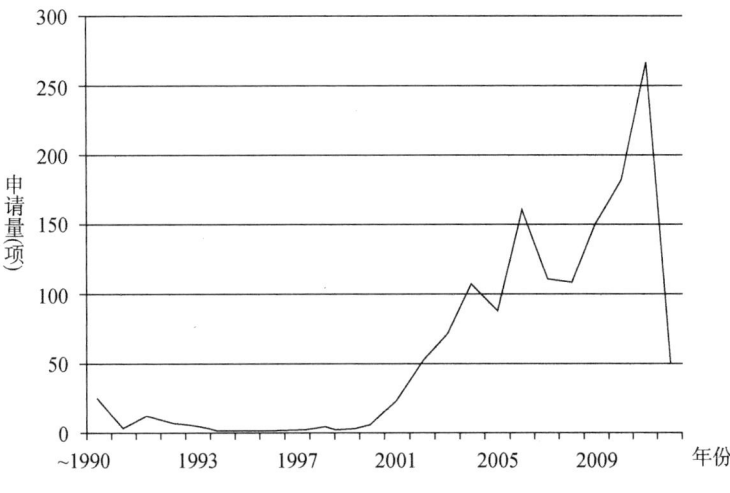

图 7-2-12　中国专利申请趋势

7.2.2.6 主要目标国家/地区的专利申请技术领域分布

由图 7-2-13 可知，通用电气指向美国、日本、欧洲、德国和中国的关于重型燃气轮机的专利申请主要集中于"非变容式机器或发动机"和"燃气轮机装置；喷气推进装置的空气进气道；空气助燃的喷气推进装置燃料供给的控制"领域，并在"金属的其他加工；组合加工、钎焊或脱焊；焊接；用钎焊或焊接方法包覆或镀敷；局部加热切割，如火焰切割；用激光束加工"和"对金属材料的镀覆；用金属材料对材料的镀覆"等领域中也具有一定量的专利申请。

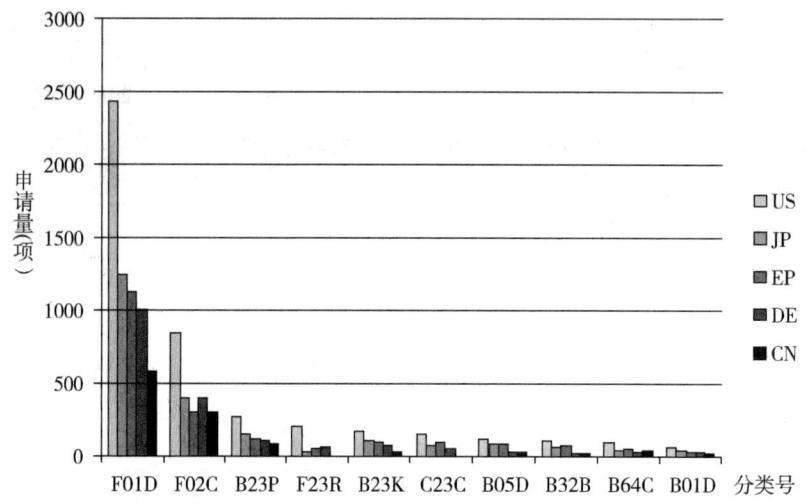

图 7-2-13 主要目标国家/地区的专利申请技术领域分析❶

7.2.2.7 主要目标国家/地区各技术分支的专利申请

由图 7-2-14 可知，通用电气在主要目标国家进行的与重型燃气轮机相关的专利申请在各技术分支中的分布基本一致，主要集中于透平和燃烧室这两个技术分支，尤

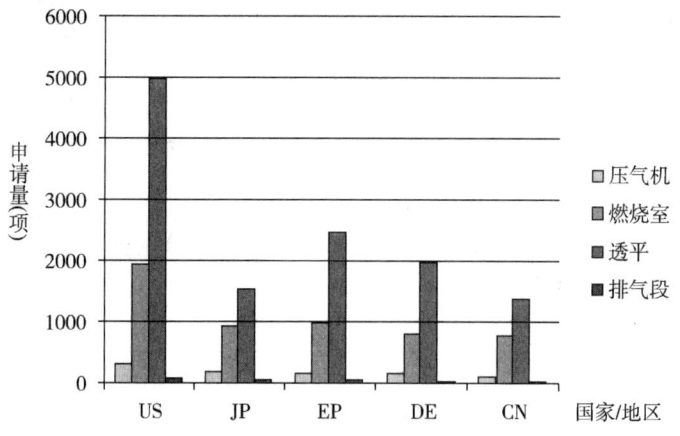

图 7-2-14 主要目标国家/地区各技术分支的专利申请

---

❶ IPC 含义详见表 7-2-1。

其是透平方面。此外，在日本关于燃烧室的专利申请所占的比重要大于其他国家/地区，因为在通用电气最主要的竞争对手之一三菱重工的专利申请技术构成中，燃烧室也是占据较大的比重❶，由此可见通用电气在保持自己专利申请的技术构成以透平为主的情况下，也会根据竞争对手的技术结构来进行有针对性的专利布局。

7.3 中国专利申请分析

7.3.1 申请趋势

由图7-3-1可知，1985~2002年，通用电气在燃气轮机领域在中国的专利申请量较少；从2003年开始，通用电气越来越重视中国市场，其申请量开始平稳增加；而在2009年之后，其专利申请量有了显著提高，并保持每年比上一年大幅度增长的趋势，在2012年，通用电气在中国的申请量达到321件，由于某些申请案件还没有公开，实际申请量将会更大。这些申请中除了两件早期的实用新型外，其余均为发明专利申请。

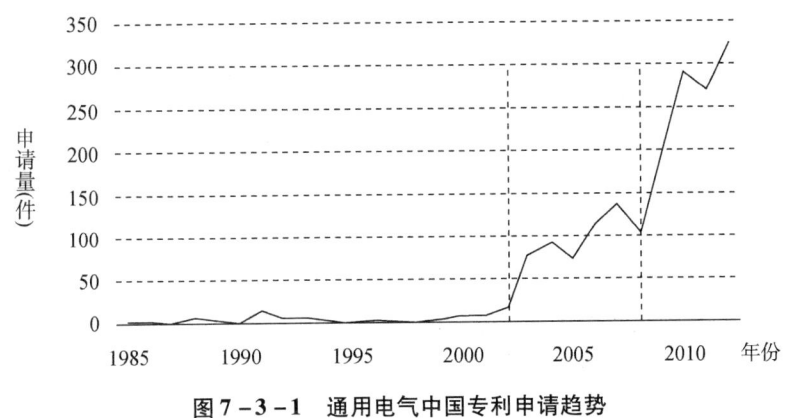

图7-3-1 通用电气中国专利申请趋势

7.3.2 技术分支

由图7-3-2可知，通用电气关于燃气轮机的专利申请超90%集中在透平和燃烧室这两个技术分支，其中透平分支最多，占49%，燃烧室分支占45%，而压气机分支占5%，排气段分支最少，仅占1%。这些技术分支不仅包括这些部件的结构，还涉及其材料、制造方法、测试、控制等，以及整机的运行、循环等。通用电气中国各技术分支历年申请量随年代的趋势大体一致，在2003年后申请量逐年增长迅速，说明通用电气从2003年开始越来越重视中国市场。

---

❶ 参见本报告第二章图2-3-2。

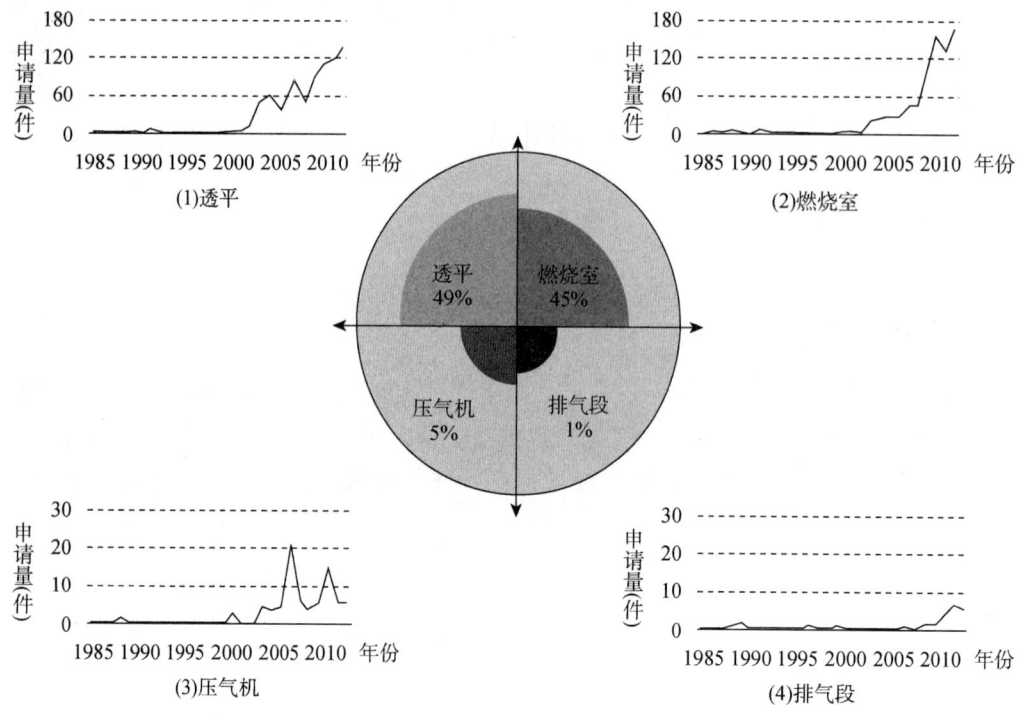

图 7-3-2 各技术分支专利申请趋势及比例

7.3.3 法律状态

图 7-3-3 示出了通用电气在中国专利申请的法律状态，通用电气在中国专利申请的已结案件数目较少，多数案子仍处于在审未结阶段，这与其在 2003 年后申请量急剧上升有关。通用电气在中国专利申请的授权有效专利达 22%，失效专利共占 10%，其包括驳回、视撤、有效期届满、费用终止、授权视为放弃等。

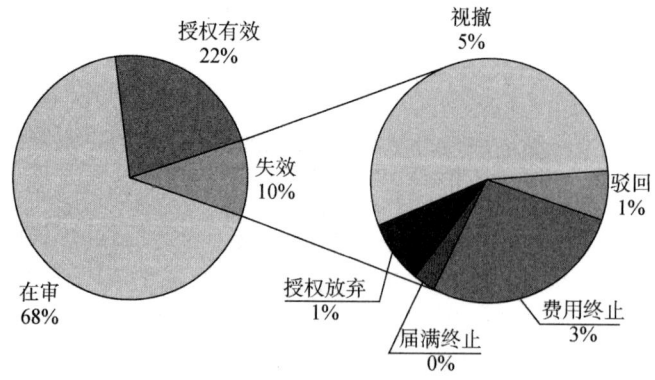

图 7-3-3 通用电气在中国专利申请的法律状态

7.3.4 发明人

图 7-3-4 是通用电气中国专利申请的发明人排序，专利申请在 30 件以上的发明

人有 6 人，在 20 件以上的达 17 人。庞大的发明人团队保证了通用电气的技术研发实力，而且个人或团队的多项申请保证了相应技术的持续发展和改进。

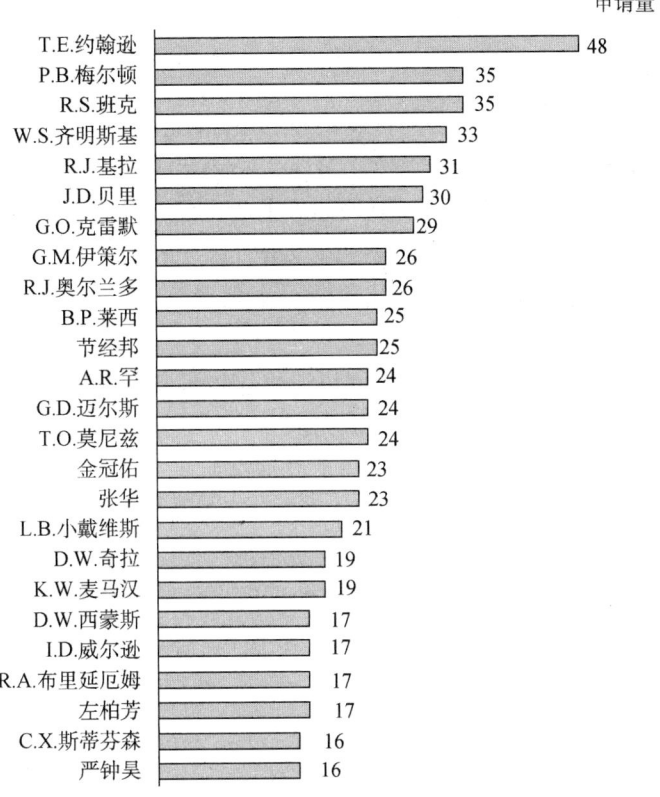

图 7-3-4　通用电气中国专利申请的发明人排序

申请量最多的是 T. E. 约翰逊，其专利申请都涉及燃烧室领域，由图 7-3-5 可知，他从 2005 年开始在中国申请专利，从 2008 年开始申请量逐年大幅上升，在 2010 年达 13 件。

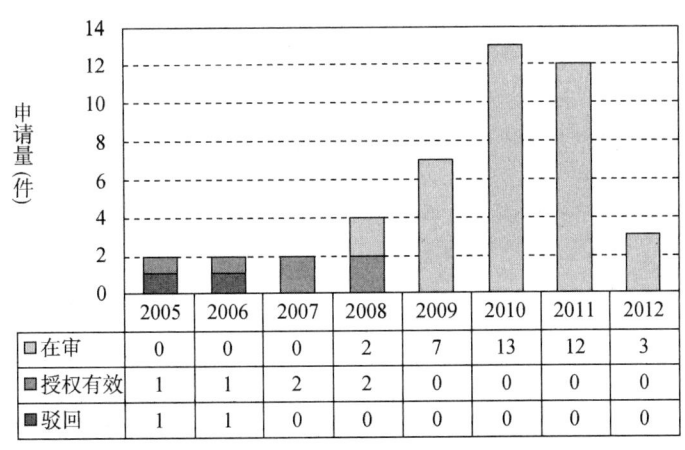

图 7-3-5　T. E. 约翰逊的专利申请趋势

7.4 技术发展方向

7.4.1 DLN 燃烧

NOx 浓度与反应温度和在反应区的停留时间成正相关系。基于这一原理，现代燃气轮机都是采用控制燃烧反应的峰值温度来减少 NOx 的生成。由于燃料在理论空气量条件下燃烧，反应温度最高，那么控制燃烧温度的办法就是使燃料在偏离理论空气量条件下燃烧。早期采用的是在燃烧区载喷入稀释用的蒸汽或水的方法来控制燃烧温度，即所谓的湿式 NOx 技术。其缺点是由于水或蒸汽中含有杂质，至使燃气轮机维护成本提高。

目前，F 级燃气轮机都采用空气替代蒸汽或水作为稀释剂，即所谓干式低 NOx 技术，在燃料进入燃烧区域前，与过量空气预先混合，然后进入燃烧区域燃烧，达到控制燃烧温度的目的。其优点是节约水、避免了微量杂质引起的维护成本提高。缺点是燃烧温度降低，燃烧火焰稳定性降低，CO 以及未燃尽碳氢化合物等排放呈增加趋势[1]。

通用电气通过不断加强的燃烧技术来达到更低的排放，DLN 燃烧系统可以广泛的应用于燃气轮机，在能够满足严格的排放标准的同时也能够满足客户对于成本的要求。自从 20 世纪 70 年代和 80 年代分别推出 DLN1 和 DLN2 燃烧系统开始，通用电气就一直着眼于极低的 NOx 排放来发展先进的 DLN 技术，以满足当今及未来环境保护的需要。

通用电气的 DLN 1 + 燃烧系统可以帮助客户满足日益严格的环保标准，与此同时将检修间隔延长至 24000 小时（基于天然气运行）。DLN 1 + 燃烧系统可以使 GE 的 6B、7E 和 7EA 燃气轮机的 NOx 排放控制在 5ppm 以内。对于不得不面对政府越来越严格的排放要求的电厂客户，通用电气的 DLN 1 + 技术提供了一个低成本的选择。客户不需要在现有机组上安装一套昂贵的选择性催化还原（SCR）系统来降低 NOx 排放，只需将现有的燃烧系统升级成为 DLN 1 + 系统即可，在有些情况下还可以同时降低 CO 的排放。将现有的 DLN 1 系统升级为 DLN 1 + 可以将 NOx 排放降低至 5ppm。

通用电气的 DLN 2.6 + 燃烧系统也是得到 ecomagination 认证的产品，它使 9FA 燃气轮机的 NOx 排放降低至 9ppm ~ 15ppm，并同时延长了检修间隔。在欧洲的电厂中，DLN 2.6 + 系统已经被证明是一个低成本的解决方案，否则这些电厂就需要安装昂贵的燃烧后减排 NOx 方案。使用 DLN 2.6 + 系统，这些电厂可以在非用电高峰时期使燃气轮机运行在较低负荷并且同时满足地方的排放要求，这可以有效地节省燃料并降低排放[2]。

通用电气的相关专利中，典型涉及 DLN 的有以下几项，见表 7 - 4 - 1。

---

[1] 黄素华，等. 干式低 NOx 燃烧器燃烧稳定性及监测探讨 [J]. 燃气轮机发电技术. 2010（12）：1 - 2.
[2] 通用电气. 燃气轮机产品 [EB/OL]. [2013 - 10 - 29]. http：//www. ge. com/cn/energy/solutions/s9/Copy% 20of% 20GEH12985H - CN. pdf.

表 7-4-1 涉及 DLN 典型专利

序号	公开号	申请日	发明名称
1	US20100319353A1	2010-06-18	用于预混喷嘴中合成气/NG DLN 的多燃料回路
2	US20100162711A1	2009-12-30	DLN 双燃料主喷嘴
3	US20090077972A1	2008-09-19	用于 DLN 燃气轮机的二次燃料喷嘴的圆形环歧管

US20100319353A1 涉及用于预混喷嘴中合成气/NG DLN 的多燃料回路。具体而言，涉及一种用于燃气轮机的燃烧系统中的燃烧装置的燃料/空气预混器，其包括空气进口、固定的喷嘴几何结构以及环形混合通道。燃料/空气预混器在环形混合通道中混合燃料和空气以喷射到燃烧器反应区中。多个燃料源与该固定的喷嘴几何结构连接，并且各燃料源可与该固定的喷嘴几何结构协作，以实现包括燃料类型、燃料掺杂、体积流量和压力比方面的变化的多种燃料流变化。

US20100162711A1 涉及 DLN 双燃料主喷嘴。具体而言，DLN 燃烧器的主喷嘴构造成选择性地燃烧第一气体燃料或者第二气体燃料，其中两种气体燃料可以具有迥然不同的能量含量。天然气可以为第一气体燃料，合成气可以为第二气体燃料。设置外燃料回路和内燃料回路以通过改变在两个燃料回路之间的燃料分流而有效控制燃料/空气的混合分布、动力学、主预点火和排放控制。内燃料回路可在扩散燃烧模式中以多种气体燃料运行。

US20090077972A1 涉及用于 DLN 燃气轮机的二次燃料喷嘴的圆形环歧管。具体地，提供了一种圆形环歧管，其用于有效地分散 DLN 燃气轮机燃烧器的二次燃料喷嘴中燃料和空气的预混合，以提供低氮氧化物排放的稳定燃烧。圆形环歧管环绕预混合体积中的二次燃料喷嘴组件的中心体毂体居中定位，预混合体积在喷嘴中心体毂体和中心体盖体之间。圆形环歧管接收来自喷嘴体的燃料，并将来自其下游表面上的多排喷孔的各喷孔的预混合燃料分配到气流中。排数及方位，每排喷孔的数量、尺寸和间隔及圆形环歧管在预混合体积内的径向位置被最优化以促进预混合。

7.4.2 燃料多样化

为了提高燃料利用率、降低燃料成本并使利润最大化，通用电气的燃气轮机可以使用多种燃料应用于多个领域，例如整体煤气化联合循环（IGCC）。这些燃料包括从低品质的钢厂高炉气到氢气的气体燃料；从轻油到重油的液体燃料以及各种各样的合成气。截至目前，通用电气能源集团已经在实践中成功地使用了 25 种不同的燃料。

为应对燃料挑战，通用电气致力于使用不同的燃料提供高效可靠的电力，包括使用可以减少碳排放的可再生燃料，来帮助电厂客户满足可再生能源配额制（RPS）的要求，并同时增加它们接受可再生能源额度的能力。通用电气的燃气轮机可以有效地利用液体燃料和气体燃料发电，并可以大幅减少 NOx，CO 和大灰尘颗粒的排放。通用电气还在大部分燃气轮机产品中对使用生物燃料进行了试验。截至2008年底，通用电气的轻型燃气轮机成功的使用生物柴油投入商业运行超过了22000小时。图7-4-1是通用电气的燃气轮机可燃用的代表性燃料。

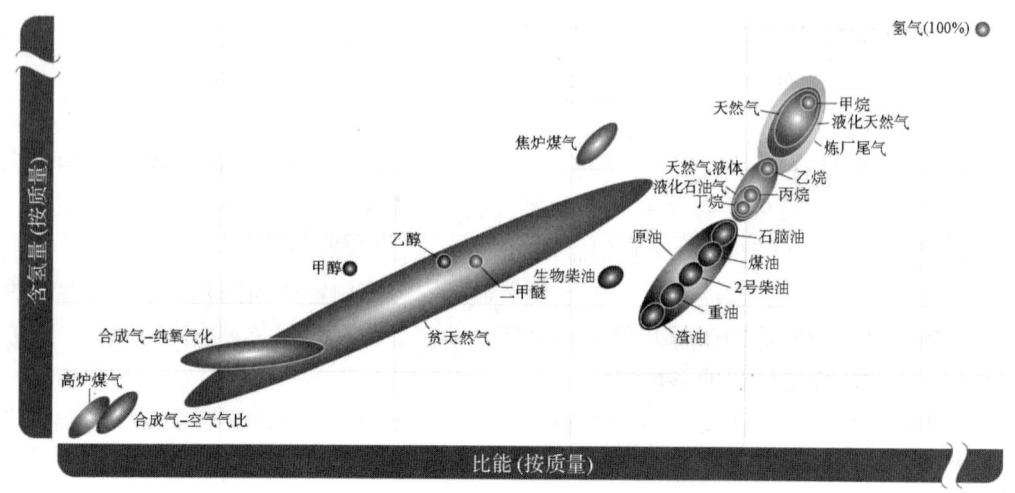

图7-4-1 通用电气燃气轮机可以使用的代表性燃料❶

通用电气向50Hz和60Hz市场都提供了可以使用合成气的燃气轮机。它们是为了使用低热值合成气而设计，满足合成气带来的挑战性的要求，并已经过了验证，可以提供高效率和高可靠性的性能。通用电气的合成气燃气轮机产品系列的功率范围从45MW到超过305MW。通用电气为世界范围内的煤基IGCC电厂和炼化厂提供的燃气轮机的总功率已经超过2.5GW；通用电气为钢厂提供的以钢厂工艺气为燃料的燃气轮机的总功率也已经累积了1GW。合成气燃气轮机已经累积了超过100万小时的使用低热值燃料的运行经验，同时也有使用替代燃料运行的经验。

先进的技术提供了更加出色的性能，通用电气的7F和9F合成气燃气轮机采用了先进的燃气轮机技术应用于低热值燃料和IGCC，提供了更加出色的性能水平。通用电气的先进技术得益于其在气化、透平技术以及IGCC领域大量的经验，包括低热值多喷嘴静音燃烧系统（MNQC），先进的Mark * VIe控制系统，以及可以在更高扭矩和温度下运行的强健的压气机和透平系统。

通用电气的燃气轮机可以适用于各种不同的气化技术，包括众多主流的采用纯氧气化技术和空气气化技术的气化炉供应商，而且对于各种不同的给料（包括高硫煤、低硫煤石油焦等）生成的合成气也有很好的适应性❷。表7-4-2涉及燃料多样化的主要专利。

---

❶❷ 通用电气. 燃气轮机产品［EB/OL］.［2013-10-29］. http://www.ge.com/cn/energy/solutions/s9/Copy%20of%20GEH12985H-CN. pdf.

表 7-4-2 涉及燃料多样化的主要专利

序号	公开号	申请日	发明名称
1	US20120186266A1	2011-01-21	经重整的多燃料预混合式低排放燃烧器和相关方法
2	US20120036863A1	2010-08-13	输送用于燃烧的各种涡轮燃料的方法、设备和系统
3	US20120079831A1	2010-10-05	对宽范围涡轮机燃料点火的方法、装置和系统

US20120186266A1 涉及经重整的多种燃料预混合式低排放燃烧器和有关方法。一种用于在燃气轮机中使用的、特别地构造成处理通往燃烧器的补充燃料给料的重整器，包括包含催化剂组分的重整器芯体和用于将重整器燃料混合物、空气和蒸汽（或者饱和的或者过热的）输送到重整器芯体中的入口流动通道。出口流动通道将产生的包含经重整和热裂化的烃和大量氢的重整物流输送出重整器芯体，以随后与主要燃烧器给料组合。因为重整器中的催化式部分氧化反应是高度放热的，所以使用用于在与重整物组合之前经历热裂化和汽化的第一和/或第二辅助燃气轮机燃料流的一个或多个热交换单元来传递（以及在热方面整合）该另外的热。组合的富含氢的给料显著地改进了燃烧器性能。

US20120036863A1 涉及输送用于燃烧的各种各样的涡轮燃料的方法、设备和系统。在运行燃气轮机时，在涡轮运行的多种阶段期间，在燃料的期望热值和用于可持续性燃烧的燃料的实际需要之间可存在差异。基于涡轮的运行需要和燃料成分的可燃度，通过调节燃料的燃料—空气比和燃料与空气的混合物的属性，可使得燃气轮机能够进行无贫燃熄火的贫燃可燃极限运行。

US20120079831A1 涉及对宽范围涡轮机燃料点火的方法、装置和系统。在操作燃气轮机的过程中，对于将被点火的供给燃料，在燃料的理想热值与燃料的实际需要之间可能存在差值。一方面，确定了与燃料分子量相关的燃料参数，如比重和压降。燃料可燃性基于燃料参数被计算，并且当需要将燃料的可燃性达成为预定值时被调节。另一方面，燃料的可燃性能够在燃料实际上不点火且也不直接知道燃料热值或其组分的情况下被计算出来。

7.4.3 新型材料

通用电气采用先进的材料为其燃气轮机的持续显著改进铺平了道路，现在，通过提供进气温度和效率更高的部件及机组设计，联合循环机组的效率已经高达60%。通用电气正在进行的研发工作预示着未来十年将见证燃气轮机进气温度、压力和输出功率的持续提高。

高温部件是燃气轮机中工况条件最严苛的部件。现在，高温合金的发展和加工工艺的改进可以允许高温部件在进气温度不断提高以及在离心力、热应力和振动应力共同作用的严苛条件下工作数千小时。通用电气的工程师继续引领着燃气轮机材料技术的发展，因为他们能够利用全世界产品最多样（范围从飞机发动机材料到高科技复合材料）的公司之一的实验室得到的知识和技术。他们已经利用这些资源和从在很多气候及使用不同燃料的条件下运行的 5000 多台燃气轮机收集到的数据来验证在要求工况条件下运行的材料。

自 20 世纪 60 年代中期以来通用电气一直使用熔蜡精密铸造技术制造喷嘴和叶片。这一铸造工艺允许使用难以成型或加工的合金，同时使内部冷却孔的设计更加灵活。例如，在这些铸件中大量使用陶瓷型芯来制造空冷通道，同时降低了铸件重量。通用电气使用的大多数喷嘴和叶片铸件采用传统的等轴精密铸造工艺制造。在该工艺中，熔融金属在低于 10 - 2 托（26Pa）的压力下铸入陶瓷模。在很多情况下采用真空条件，尤其是对于钴合金，防止高温合金中的活泼金属与大气中的氧和氮反应。通过对金属和浇铸模热条件的合理控制，熔融金属从模的表面向中心凝固，防止出现疏松，在浇铸时进行补缩处理。在过去 30 年生产了各种精密铸造叶片和喷嘴。

1 级叶片的工况条件最严苛，必须承受高温、高应力和恶劣环境的综合作用，通常是燃气轮机的极限部件。自 1950 年以来，透平叶片材料使用温度约提高了 472℃，平均每年约提高 10℃。叶片材料使用温度提高的重要性不言而喻：透平进气温度提高 56℃ 会使输出功率提高 8% ~13%，使简单循环机组的效率提高 2% ~4%。合金性能和加工工艺的提高在耗费大量财力和时间的同时，显著提高了能量密度和机组效率。20 世纪 70 年代以前，进气温度的提高主要依靠提高叶片材料使用温度来实现，70 年代以后，空冷技术的引入减弱了叶片材料使用温度提高的作用。同时，随着金属使用温度达到 870℃ 范围，叶片的热腐蚀成为超过强度的影响寿命的因素，直到防护涂层的引入。80 年代期间，研究重点转向两个方向：一是改进加工工艺，获得更高的叶片材料性能而不损失合金的抗腐蚀性能；二是研究先进的非常复杂的空冷技术获得更高的进气温度，满足新型 F 级燃气轮机的要求。

现在的研发重点是单晶工艺。通过控制单晶方向，单晶可以获得更高的高温强度，可以具有更好的综合性能。单晶中没有晶界，采用可控方向的单晶生产了叶片。由于去除了所有晶界及晶界强化添加剂，显著提高了合金的熔点，从而相应地提高了高温强度。单晶组织的横向蠕变和疲劳强度更高❶。表 7 - 4 - 3 是涉及燃气轮机热部件材料的主要专利。

表 7 - 4 - 3　涉及燃气轮机热部件材料的主要专利

序号	公开号	申请日	发明名称
1	US20070122266A1	2005-10-14	用于控制陶瓷基复合材料制品中的热应力的组件
2	US20070202269A1	2006-02-24	涡轮机引擎部件上的隔热涂层的局部修补工艺
3	US20080163785A1	2007-01-09	金属合金组合物及包含该组合物的物品

US20070122266A1 涉及一种用于控制在经受高温同时受到金属制品支承时存在于陶瓷基制品内的热应力的组件和方法。所述组件包括由金属材料形成的且具有相对设

---

❶ 通用电气. 先进燃气轮机材料和涂层 [EB/OL]. [2013 - 10 - 29]. http://www.docin.com/p - 98242404.html.

置的第一表面和第二表面的第一主体,以及由陶瓷基材料形成的且受到所述第一主体的第一表面支承的第二主体。所述第一主体和第二主体位于热气路中,从而使得第二主体与第一主体的第一表面直接受到流动热气的冲击。所述组件进一步包括从第一主体的第二表面中伸出的大致呈均匀图案的翼片,和/或位于所述第一主体与第二主体之间的界面结构,所述界面结构形状配合地将第二主体保持在第一主体上并且使第一主体与第一主体热绝缘。

US20070202269A1 涉及的对已经出现局部剥落的涡轮机部件上的隔热涂层系统进行局部修补的工艺包括用水对剥落区域进行局部清洗以从所述剥落区域上去除剥落碎片且在原有隔热涂层中形成渐缩轮廓;并且将粉末混合物局部热喷涂进入所述经过清洗的局部剥落区域内以形成修补的隔热涂层。在此还披露了轮叶涡轮机引擎部件的平台的修补工艺。

US20080163785A1 描述了在高温下保护燃气轮机部件的改进组合物。这些组合物为 MCrAlY 类型,其中 M 为镍,或者镍与钴和/或铁的组合。这些组合物还包含镧系元素,选自铪、锆、钛的第 4 族金属或这些金属的组合,及任选选自硅和/或锗的第 14 族元素。该组合导致 Al 保持特性的改善。该发明也公开了包含涂层的物品。

7.5 政府合作计划

7.5.1 简介

长期以来,世界发达国家一直把燃气轮机作为战略性产业,投入巨资研制和开发燃气轮机新产品、新技术,改善和提高燃气轮机的性能,极大地促进了燃气轮机产业的发展。发达国家都制定了扶持燃气轮机的产业政策和发展计划,如美国的 IHPTET 计划、ATS 计划(先进透平系统计划)、CAGT 计划(联合循环燃气轮机计划),欧盟的 EC-ATS 计划、日本的"新日光"计划和"煤气化联合循环动力系统"等,如表 7-5-1 所示,这些计划在极大促进了本国航空动力等发展的同时,还促进了本国燃气轮机的发展[1]。

在国际市场上,美国燃气轮机在技术水平和产量方面均具有领先地位,是其在贸易方面保持大量顺差的主要产业之一。为了保持在军事和商业竞争方面的领先地位,美国对下一代燃气轮机的发展,正在投入大量资金,实施多项大的发展计划。而通用电气作为燃气轮机方面排行第一的美国企业,深受美国政府重视,许多计划都与美国政府合作,这些计划包括 IHPTET 计划、ATS 计划、CAGT 计划、VAATE 计划等,都为先进燃气轮机技术的发展提供了技术基础。

(1) IHPTET (高性能涡轮发动机技术) 计划

1988 年,美国空军首先发起制订并实施 IHPTET (高性能涡轮发动机技术) 计划,

---

[1] 孔文俊. 燃气轮机的战略意义 [EB/OL]. [2013-10-29]. http://www.etp.ac.cn/hdzt/135zl/ghssdt/xjqxdljs/201206/t20120628_3606380.html.

空军、海军、陆军、国防部预研局、NASA和七家主要发动机制造商都参与了这项计划。计划总的目标是到2005年使航空推进系统能力翻一番，即推重比或功率重量比增加100%～120%，耗油率下降15%～30%。也就是说，要用15～20年时间取得过去30～40年取得的成就，生产和维修成本降低35%～60%。可以说，航空推进技术正呈现出一种加速发展的态势。

IHPTET计划采取变革性的技术途径，综合运用发动机气动热力学、材料、结构设计和控制方面突破性的成就，大大提高涡轮前温度，简化结构，减轻重量，实现最佳性能控制，最终达到预定的目标。

（2）ATS（Advanced Tubine Systems）计划

从1992年开始，美国能源部推出ATS计划，政府与工业界共同投资7亿美元历时8年（1992～2000年）资助进行新机型的开发，主要目标是：透平初温1427℃，系统效率约60%，以煤为燃料，更好的RAM性能，低水耗，低污染（Nox＜9ppm，CO＜10ppm）。

通用电气在这个项目的支持下开发了H型机组。开发和研究的新技术包括：增加压比，提高初温，采用DLN和催化燃烧系统，材料高温防腐，研制了隔热涂层和陶瓷基体合成燃烧室火焰管，以及陶瓷透平喷嘴和静子组件，先进的密封和冷却（蜂窝密封、蒸汽冷却）设计，长寿命的轴承等。1998年初，第一台9H型机组已在美国进行工厂试验，计划2002年投入商业运行。由于H级燃气轮机开发成功，通用电气公司又将某些H级技术反过来用到7FA型机组上，得到7FB型。这些技术包括：单晶叶片（单晶N4合金DSN4或GTD444），耐热涂层，三维气动力设计，更多冷却气膜等，使7FB型机组的压比提高到18.5，燃烧温度提高到1371℃。

（3）CAGT（先进燃气轮机合作）

美国和欧洲合作的CAGT计划：即先进燃气轮机（Collaborative Advanced Gas Turbine）合作计划，是一项由美国牵头，美、欧22个部门和公司参加的多国计划，主要是将波音777飞机配装的三种超级风扇发动机（GE90，PW4000和Trent）改为先进的工业燃气轮机。当前首要项目是ICAD（中间冷却）方案，透平转子前温度为1700K～1755K，简单循环效率为45%～47%。ICAD是实现更先进的循环－HAT的第一步。HAT循环的热效率可达61%～63%。

（4）VAATE（多用途、经济可承受的先进涡轮发动机）计划

VAATE计划发起于1999年，是一项美国国防部、国家航空航天局（NASA）、能源部和工业界的联合计划，由一个政府和工业界的联合指导委员会领导。

由于IHPTET计划在取得空中优势和商业竞争优势中的重要作用和已经取得的巨大成功，美国实施了IHPTET计划的后继计划——VAATE计划，其指导思想是在提高性能的同时，更加强调降低成本。VAATE的总目标是，在2017年达到的技术水平使经济可承受性提高到F119发动机的10倍。技术验证将分两个阶段进行。第一阶段到2010年，使经济可承受性提高到6倍；第二阶段到2017年使经济可承受性提高到10倍。

VAATE计划的愿景宣言说明了计划的本质："发展和验证在经济可承受性方面提

供革命性改善的先进多用途涡轮发动机技术，并将其应用到各种老的、新的和未来的军用推进和第二动力系统中，它具有明显的军民两用特性。"VAATE 计划的制订不仅是为了实现传统涡轮发动机部件的改进，而且是为了满足推进系统正在改变的要求，特别是向着更高的飞行高度和长的续航力的用途发展。

表 7-5-1 政府合作计划

项目名称	时间	参与单位	总目标	应用	经费
IHPTET	1988~2005	美国空军、海军、陆军、国防部预研局、NASA 和七家主要发动机制造商	到 2005 年使航空推进系统能力翻一番，即推重比或功率重量比增加 100%~120%，耗油率下降 15%~30%	军民用发动机的新型号研制和现有型号的改进改型	45 亿~50 亿美元
ATS	1992~2000	美国能源部主持，政府与工业界共同合作	透平初温 1427℃，系统效率约 60%，以煤为燃料，更好的 RAM 性能，低水耗，低污染	开发了 H 型机组	7 亿美元
VAATE	1999~2017	国防部、NASA、能源部和六家发动机制造商	通过三个重点研究领域的相互配合来实现经济可承受性提高到 10 倍的目标，即通用核心机、耐久性和智能发动机	有人驾驶航空器的发动机、无人机的发动机以及船用和地面燃气轮机	每年 3 亿多美元
CAGT		美国牵头，美、欧 22 个部门和公司参加	将波音 777 飞机配装的三种超级风扇发动机（GE90，PW4000 和 Trent）改为先进的燃气轮机		
EC-ATS	80 年代中期起	叶轮机械研究协会来协调和组织，成员包括 ABB，BMW，Daimler Benz，Rolls-Royce 和 Siemens	研究新一代高效率（简单循环效率为 40%，联合循环效率为 >60%）的先进燃气轮机		
月光计划❶	1978~	日本通产省工业技术院	开发高温高效燃气轮机		

7.5.2 与政府合作的专利申请

由美国政府发起并与通用电气合作的许多计划都涉及大量专利申请，通常在专利申请文件的说明书首页有明确声明，例如"关于联邦资助的研究与发展的声明：根据

---

❶ 日本发展高效率燃气轮机：1978 年，日本通产省工业技术院制订了主要内容为能源技术研究和开展"月光计划"，共有 5 个项目，第一个就是"先进燃气轮机"。日本的燃气轮机是靠与美国进行技术协作发展起来的，即购买生产许可证仿制美国的产品，而"月光计划"研制的高温高效燃气轮机则完全依靠日本自己掌握的技术来赶超国际水平了，这是日本燃气轮机行业的一个新的起点。另外，日本在开发高温的陶瓷燃气轮机上进展迅速。

美国能源部授予的合同号 DE - FC21 - 95MC31176，本发明在政府支持下作出，政府享有本发明的某些权利"。本节通过对通用电气在燃气轮机方面的所有专利进行全文检索，将在说明书中有声明的专利进行统计，共计 497 项，几乎占燃气轮机领域总申请的 10%。

由图 7 - 5 - 1 可知，早在 1978 年，美国政府就与通用电气合作申请 2 项专利，均涉及燃烧室领域。从 1999 年起，专利申请量剧增，在 2000 年达到 71 项，之后增长量下降，平均每年在 30 项左右。

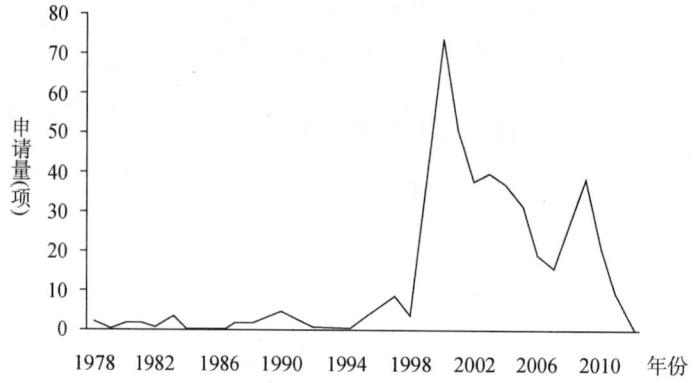

图 7 - 5 - 1　美国政府与通用电气合作的申请趋势

与通用电气合作的政府部门共有 19 个，由图 7 - 5 - 2 可知，这些合作的政府部门专利申请排名第一的是美国能源部（Department of Energy），共涉及 225 项专利，占总量的 50%。接下来依次为美国空军（Department of the Air Force）、美国海军（Department of the Navy）、美国宇航局（NASA）、美国陆军（Department of the Army）、美国国防部（Department of Defense）、国防部高级研究计划局（DARPA）等。

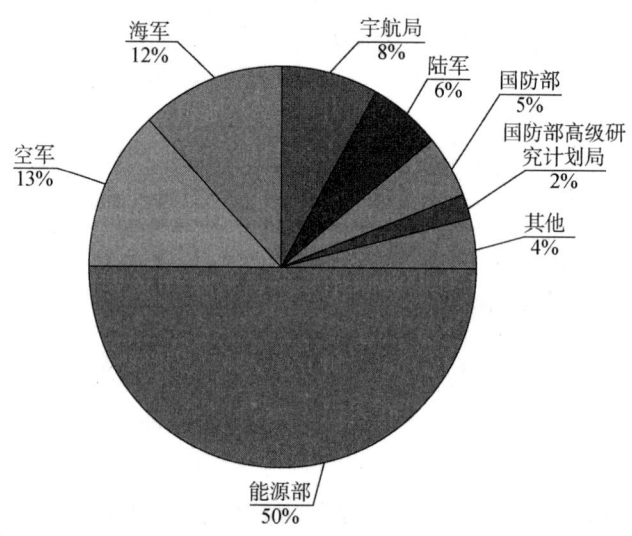

图 7 - 5 - 2　通用电气与各政府部门合作的专利申请量比例

图 7-5-3 示出了美国能源部与通用电气合作的涉及燃气轮机的专利申请趋势，能源部从 1978 年就开始与通用电气合作，对该公司燃气轮机领域的研究进行资助，鼓励其在燃气轮机领域的研发和创新。在 2000 年，他们合作申请的专利申请达 55 项，之后也一直保持合作关系，近年申请量也较大。能源部与用电气合作的项目累计有 22 个。

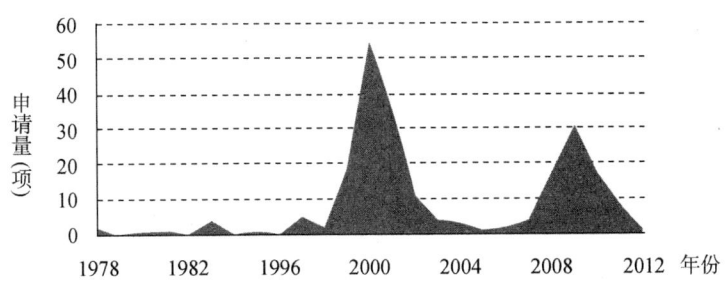

图 7-5-3 美国能源部与通用电气合作的申请趋势

由图 7-5-4 可知，通用电气与政府合作的涉及燃气轮机专利申请的分类号主要集中在透平、压气机、燃烧室的结构，另外还涉及制造、材料和控制。

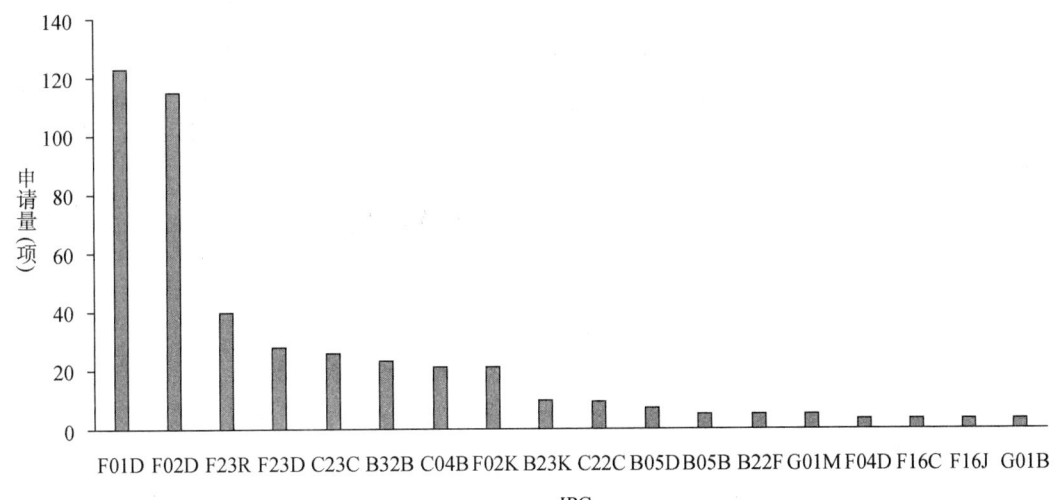

图 7-5-4 领域分布❶

通用电气与政府部门合作的专利申请中的 89% 已在美国授权。另外，涉及对欧洲、日本、韩国和中国的专利申请都有部分获得授权，参见图 7-5-5。除美国外的其他国家授权较少，主要原因在于这些专利通常先在美国递交申请，而进入其他国家较晚，故审查滞后，另外，这些案件虽然在美国被授予了专利权，但是其他国家都独立审查，也可能因不符合其他国家的专利法规而不能被授予专利权。

---

❶ IPC 含义详见表 7-2-1.

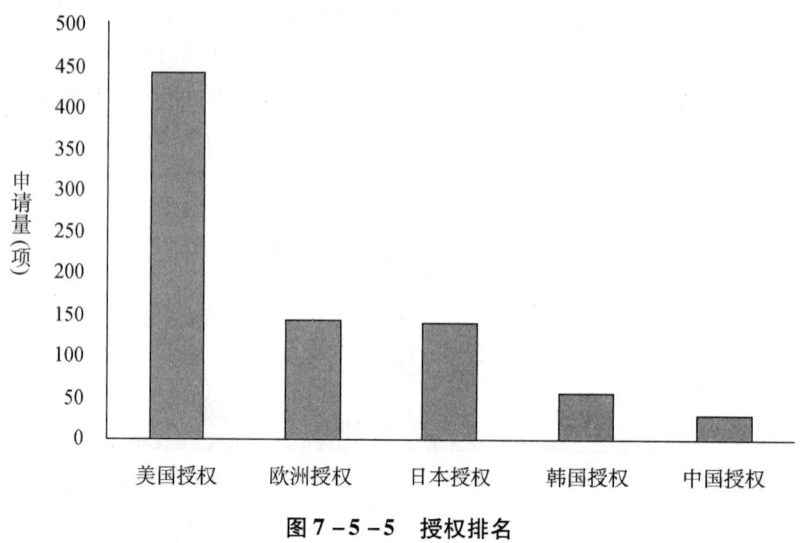

图 7-5-5 授权排名

7.5.3 与政府签署的合同

在通用电气与政府部门合作的专利中，共涉及合同 111 项，其中涉及专利申请量排名第一和第二的合同号为 DE-FC21-95MC31176 和 DE-FC26-05NT42643，该两项合同均由通用电气和美国能源部之间签署，涉及该两项合同的专利申请量分别为 113 项和 72 项（如图 7-5-6 所示）。申请量排在第三的是与美国海军、国防部以及联合攻击战斗机项目部共同签署的合同 N00019-96-C-1076。其余的合同分别是由通用电气与美国海军、空军、海军航空作战中心、宇航局等部门签署，但涉及的申请量较少，均在 20 项（含）以下。

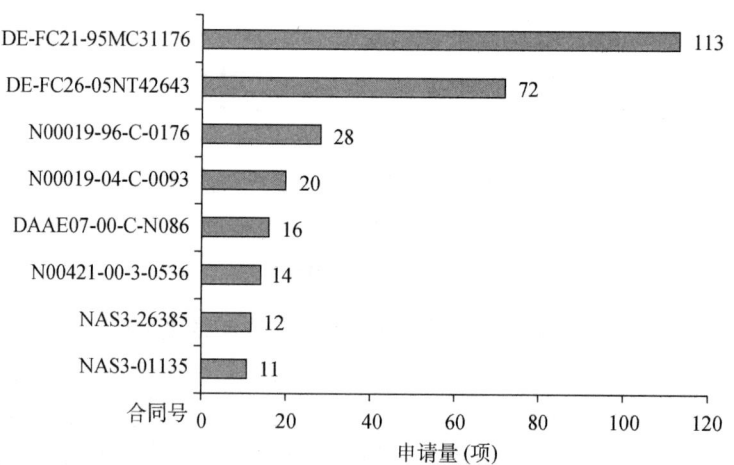

图 7-5-6 与政府签署的相关合同下的专利申请排名

(1) 合同 DE – FC21 – 95MC31176

本合同涉及通用电气与美国能源部的合作计划 ATS（Advanced Turbine System），旨在发展高效率、环保性以及经济性更好的发电用重型燃气轮机，对关键元器件和技术细节进行研发和试验验证。参见图 7 – 5 – 7，涉及该合同的专利申请于 1997 年开始，止于 2003 年，大量专利申请集中于 1999～2001 年，分别为 13、53、35 项，其余年份则较少。本合同涉及的专利申请的技术领域主要是非变容式机器或发动机以及燃气轮机装置、喷气推进装置的空气进气道、空气助燃的喷气推进装置燃料供给的控制等方面。

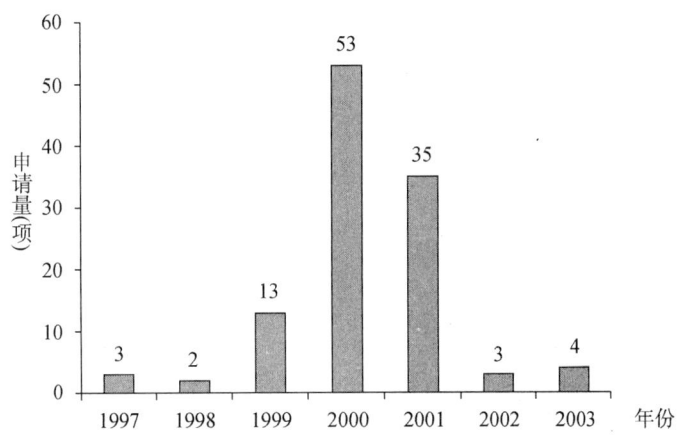

图 7 – 5 – 7　与合同 DE – FC21 – 95MC31176 相关的专利申请趋势

(2) 合同 DE – FC26 – 05NT42643

本合同依然是由通用电气和美国能源部所签署，其目的是设计并发展可以燃用煤基氢气和合成气的，用于整体煤气化联合循环发电系统的燃气轮机。其性能达到美国能源部设定的燃气轮机性能指标。如图 7 – 5 – 8 所示，涉及该合同的专利申请始于 2007 年，申请量最大的年份为 2009 年，年申请量为 29 项。由于该合同重点关注的是燃料方面的改进，因此涉及该合同的专利申请的技术领域主要集中于燃烧室方面。

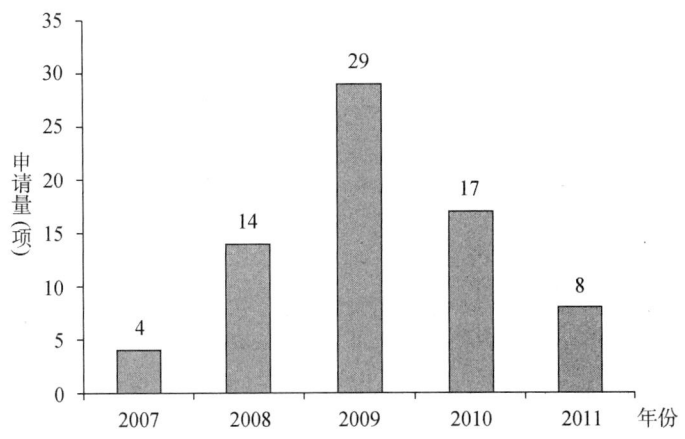

图 7 – 5 – 8　与合同 DE – FC26 – 05NT42643 相关的专利申请趋势

(3) 合同 N00019 – 96 – C – 0176

本合同涉及的主要是航空发动机,由通用电气与美国海军、国防部以及联合攻击战斗机项目部共同签署。由图 7 – 5 – 9 可知,涉及本合同的专利申请持续时间比较长,从 1999 年至 2011 年间几乎每年都有申请,但单年的申请量较小,均在 10 项以内,申请量最大的 2004 年年申请量也只有 6 项。涉及该合同专利申请的技术领域覆盖面也比较广,重点集中于压气机、燃烧室、材料、涂/镀层、透平以及叶片等方面。

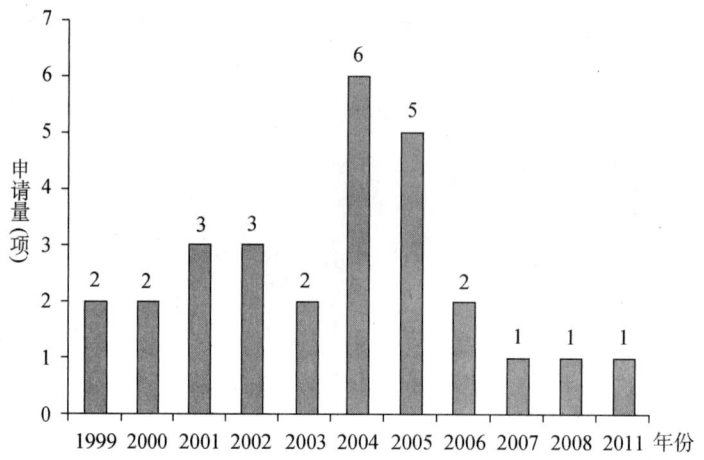

图 7 – 5 – 9　与合同 N00019 – 96 – C – 0176 相关的专利申请趋势

(4) 合同 N00019 – 04 – C – 0093

本合同仍然是涉及航空发动机,由通用电气在 2009 年 8 月 15 日与联合攻击战斗机项目部和美国海军签署。其主要内容是开发 JSF F136 战斗机的推进系统。如图 7 – 5 – 10 所示,本合同涉及的专利申请始于 2006 年,申请量最大的年份也是 2006 年;持续至 2010 年,每年的申请量均在 10 项以下。涉及本合同的专利申请的技术领域主要是非变容式机器或发动机方面,占总申请量的一半以上,另外在燃气轮机装置、喷气推进装置的空气进气道、空气助燃的喷气推进装置燃料供给的控制方面,金属的其他加工、

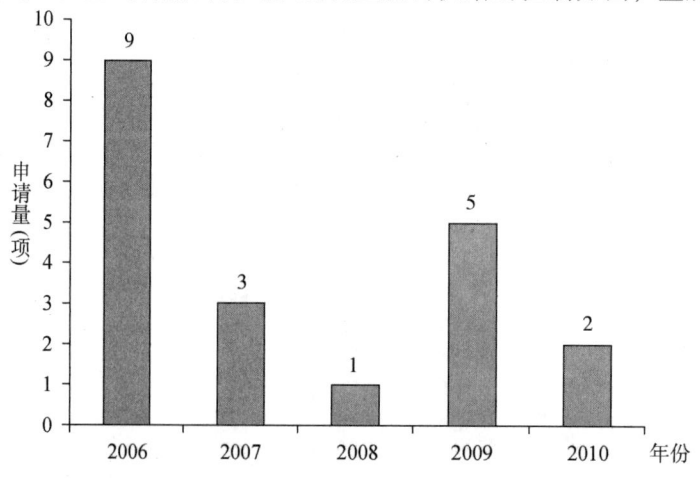

图 7 – 5 – 10　与合同 N00019 – 04 – C – 0093 相关的专利申请趋势

组合加工方面，对金属材料的镀覆、用金属材料对材料的镀覆方面等均有少量申请。

(5) 合同 DAAE07-00-C-N086

本合同是通用电气与美国国防部以及美国陆军签署的，主要涉及艾布拉姆斯主战坦克的动力系统。参见图 7-5-11，涉及本合同的专利申请量最大的年份是 2003 年，年申请量为 10 项，其余年份申请量均不超过 2 项。涉及的技术领域有三个：喷气推进装置燃料供给的控制（F02C）、高压或高速燃烧生成物的产生（F23R）和非变容式机器或发动机（F01D），其专利申请量对应为 10 项、3 项和 3 项。

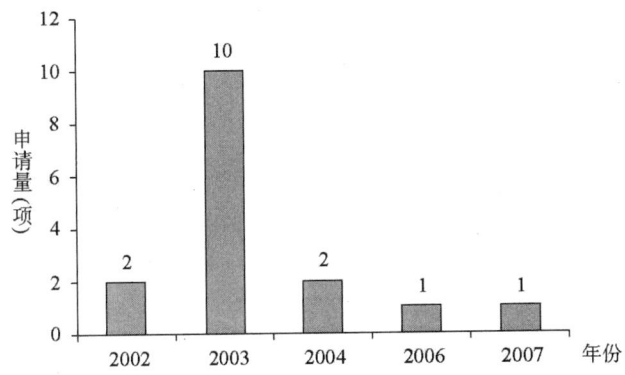

图 7-5-11 与合同 DAAE07-00-C-N086 相关的专利申请趋势

7.5.4 主要发明人

图 7-5-12 是通用电气参与政府合作项目的发明人按专利申请量的排名，其中申请量最大的 LACY B，参与了 47 项相关发明，排名第二的 LEE C 参与的发明数量为 44 项，排名第三至五的发明人 SPITSBERG I、ZIMINSKY W 和 YORK W D 参与的发明数量分别为 28、24 和 22 项。在本文中重点关注排名前五位的发明人的具体情况。

表 7-5-2 详细列举了上述五位发明人参与专利申请的相关信息。

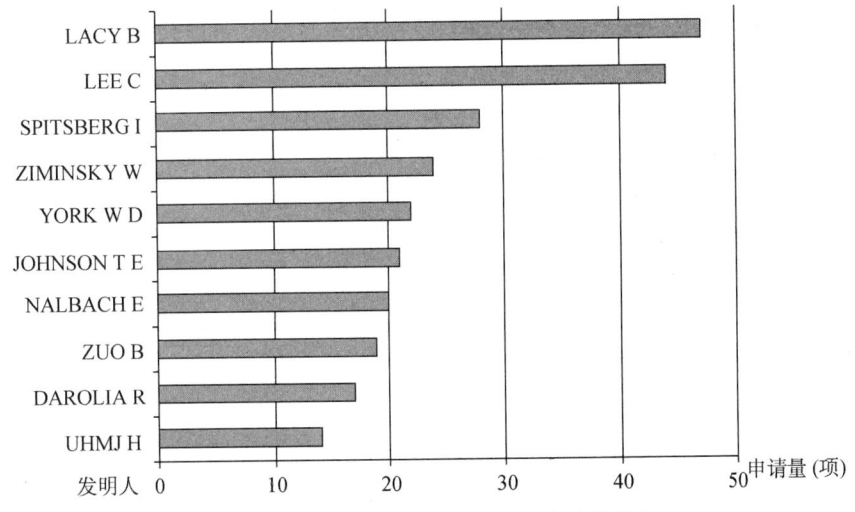

图 7-5-12 发明人参与的专利申请量排名

表7-5-2 主要发明人的专利信息

发明人	专利数（项）	合同号	政府部门	专利申请	主要领域
LACY B	47	DE-FC26-05NT42643	能源部	US20070741483A；US20070741502A；US20080123876A；US20080175050A；US20080181329A；US20080222423A；US20080245266A；US20080249158A；US20080253268A；US20080254903A；US20090350134A；US20090357638A；US20090358805A；US20090365382A；US20090389994A；US20090394544A；US20090425293A；US20090434695A；US20090435651A；US20090495918A；US20090495951A；US20090508545A；US20090555129A；US20090567022A；US20090568348A；US20090570678A；US20100707754A；US20100775401A；US20100790675A；US20100900072A；US20100943978A；US20100943981A；US20110006695A；US20110929878A	燃烧室、叶片等
LEE C	44	F33657-86-C-2136	空军	US19880245181A；US19890421912A；US19890422178A；US19890421905A	航空发动机
		DE-FC21-95MC31176	能源部	US20000650864A；US20000734035A；US20000737089A	燃烧室、材料、涂层、金属加工等
		F33615-02-C-2212	空军；国防部	US20030616023A；US20030692700A；US20030718003A；US20030718465A；US20030720045A；US20040820325A；US20040824922A；US20040874900A；US20040881506A	航空发动机
		F33615-C-2212	国防部	US20050062001A	空气、燃料供给
		NAS3-01135	宇航局	US20050106198A	叶片、金属加工等
		N00019-04-C-0093	政府；海军；国防部	US20060565176A；US20060565229A；US20060565253A；US20060565387A；US20060565447A；US20060565472A；US20060641286A；US20080233847A	叶片、金属焊接、金属加工、材料、涂层等
		W911W6-07-2-0002	陆军	US20080330783A	叶片

续表

发明人	专利数（项）	合同号	政府部门	专利申请	主要领域
SPITS BERG I	28	F33615-98-C-2893	空军	US20030707543A；US20010921806A；US20030249564A；US20040904325A	叶片材料、涂层等
		N00019-96-C-0176	海军；国防部；联合攻击战斗机项目部	US20040925125A；US20050160164A；US20020317759A；US20030748520A；US20040921515A	燃气轮机、叶片材料、涂层等
		N00019-96-C-1076	海军	US20040001983A	叶片涂层等
		N00421-00-3-0443	海军；海军研究中心；海军航空作战中心飞行部	US20030707197A；US20030748519A；US20050288366A；US20030748517A；US20070899331A；US20040006367A	叶片材料、涂层等
		N00421-00-3-0536	海军	US20050040157A；US20050040158A；US20050040855A；US20050160185A；US20070899336A；WO2004US06292A；US20070977336A；WO2004US06368A；WO2005US40156A	叶片材料、涂层等
		NAS3-26385	宇航局	US19980039477A；US20030248635A	材料、焊接、表面处理、涂层等
ZIMIN SKY W	24	DE-FC26-05NT42643	能源部	US20070741502A；US20080181329A；US20080202791A；US20080222423A；US20080245266A；US20080249158A；US20080254903A；US20080256901A；US20090356799A；US20090356828A；US20090358805A；US20090365382A；US20090389994A；US20090394544A；US20090417896A；US20090465805A；US20090499772A；US20090555129A；US20090559522A；US20090570678A；US20090575929A；US20100707754A；US20100835227A	燃烧室、燃料喷嘴、焊接工艺、材料等
		DE-FC26-05NT4263		US20080169865A	燃烧室、叶片等

续表

发明人	专利数（项）	合同号	政府部门	专利申请	主要领域
YORK W D	22	DE-FC26-05NT42643	能源部	US20080181329A；US20080190918A；US20080249158A；US20080256901A；US20090356799A；US20090358805A；US20090360449A；US20090365382A；US20090389994A；US20090394544A；US20090417896A；US20090425293A；US20090435651A；US20090495918A；US20090495951A；US20090555129A；US20090559522A；US20090575929A；US20090614884A	燃烧室、叶片、燃料供给、叶片材料等
		DE-FC26-05NT4263		US20080260451A	金属材料、燃烧室等

（1）LACY B

由图7-5-13可知，LACY B参与发明的活跃期是2008~2010年，这三年参与的专利申请量占其总申请量的89%，其参与的专利申请涉及的技术领域主要有燃气轮机装置、喷气推进装置的空气进气道、空气助燃的喷气推进装置燃料供给的控制方面以及喷射装置、雾化装置、喷嘴方面。

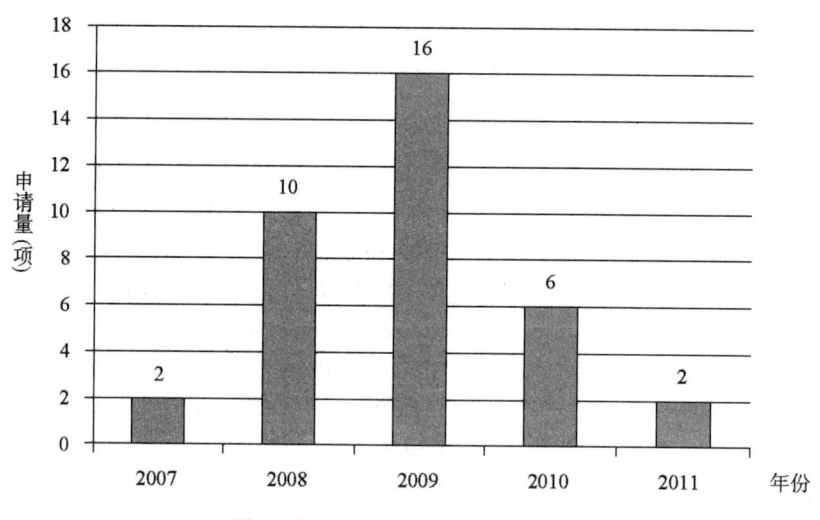

图7-5-13 LACY B的申请趋势

（2）LEE C

由图7-5-14可知，LEE C的发明持续期比较长，从1988年开始，一直到2008年，其参与的专利申请最多的年份是2006年。涉及的技术领域主要有透平叶片及其冷却、燃烧室和燃料供给，这三方面分别占其总专利申请量的52%、18%和

15%。另外,他还参与了少量关于液压控制、金属铸造、金属加工和金属焊接等方面的发明。

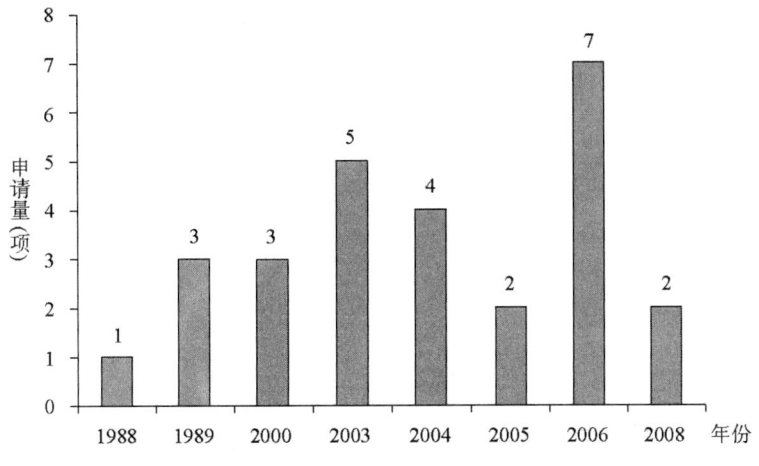

图 7-5-14　LEE C 的申请趋势

(3) SPITSBERG I

由图 7-5-15 可知,SPITSBERG I 的发明活跃期是 2003~2005 年,这三年涉及的专利申请均为 7 项。从其技术构成上看,该发明人参与的发明涉及的技术领域有陶瓷、合金材料方面,金属的涂层、镀层方面。但重点是涂层和金属镀层方面,这两方面的专利申请量占总量的 81%。

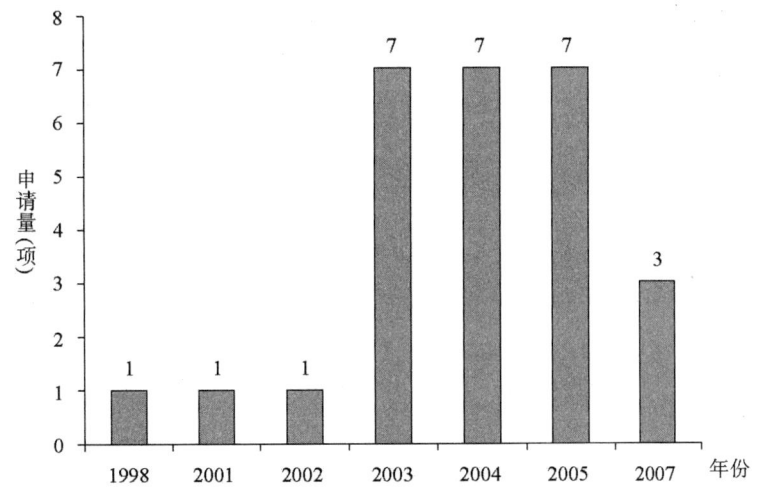

图 7-5-15　SPITSBERG I 的申请趋势

(4) ZIMINSKY W

如图 7-5-16 所示,ZIMINSKY W 参与发明的专利申请从 2007 年开始,至 2010 年结束,共 24 项,其中 2007 年和 2010 年的申请量比较小,分别为 1 项和 2 项,大量专利申请集中于 2008 年和 2009 年。该发明人涉及的技术领域主要是燃烧室方面。

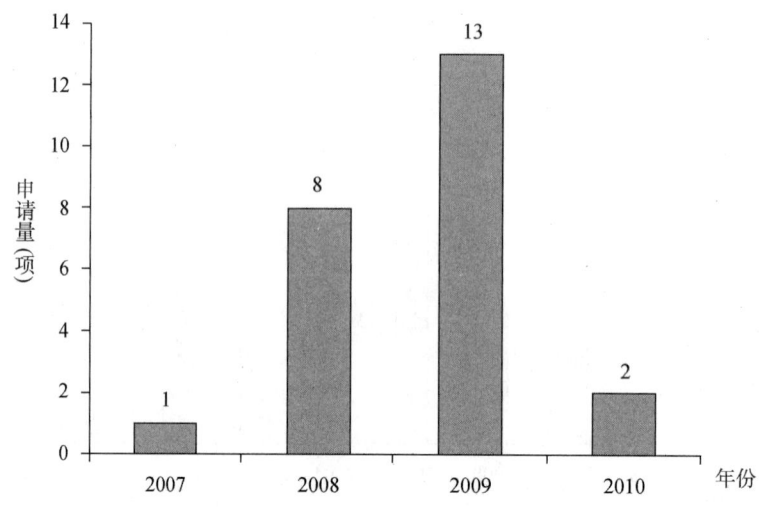

图 7-5-16 ZIMINSKY W 的申请趋势

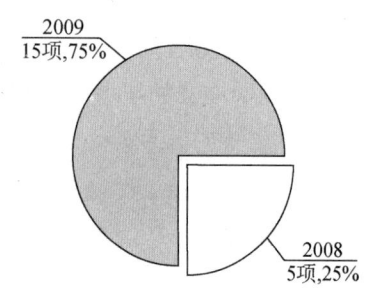

图 7-5-17 YORK W D 的申请趋势

（5）YORK W D

如图 7-5-17 所示，YORK W D 参与的燃气轮机方面与政府合作的发明仅在 2008 年和 2009 年申请了专利，总量为 20 项，其中 2008 年 5 项，2009 年 15 项。该 20 项专利申请主要涉及燃烧室和压气机方面。其中燃烧室方面的发明有 9 项，占据的比重最大，占总专利申请量的 45%。

7.6 重要专利

通用电气十分重视在全球的专利布局，以使其有竞争力的技术在全球范围内都具有巨大的垄断优势，从而不断巩固其跨国巨头的地位。在重型燃气轮机领域，通用电气的专利申请目标国家/地区主要是具有重要竞争对手的国家/地区，例如日本、欧洲、德国、英国、法国等，以及新兴的具有巨大市场潜力和技术研发潜力的国家/地区，例如中国、韩国等。

经检索，通用电气在重型燃气轮机领域的专利申请中，指向多个国家/地区的申请数量众多，占总专利申请量的 73.6%，在这里选取在 10 个以上的国家/地区公开，并在至少 4 个国家/地区获得授权的专利，并经过企业专家筛选而得出本章重要专利，如表 7-5-3 所示。

表7-5-3 通用电气重要专利

所属技术分支	申请号	发明名称	发明人	公开国家/地区	授权国家/地区
透平	US19890417097	High strength alloy for gas turbine discs having nickel base with cobalt, chromium, molybdenum, aluminium, titanium, and niobium	KRUEGER D D	EP; AU; CA; JP; CN; US; Co; DE; SG	美国；欧洲；日本
压气机	US199904 55828	Compressor airfoil, for gas turbine engine, has concave pressure side and convex suction side, with suction side bowed along trailing edge near or adjacent root at intersection with disk perimeter	DECKER J J	EP; CA; JP; BR; US; IL; RU; IN; DE; ES	美国；欧洲；日本
透平	US19990438969	Turbine nozzle segment repairing method by separating nozzle segment into first singlet containing a repairable vane and second singlet containing nonrepairable vane and joining first singlet to newly manufactured singlet	CADDELL J W	EP; JP; BR; CN; KR; SG; US; MX; IN; DE	美国；欧洲；中国；日本
压气机	US20000627143	Metallic article, e.g. gas turbine engine blade, comprises end portion comprising band of metallic material through entire end portion and under compressive stress	CHAAR D	EP; BR; CA; CN; JP; US; SG; MX; DE; RU; IN	美国；欧洲；中国
透平	US20000713936	Turbine nozzle segment repair involves separating inner band from nozzle segment, and joining inner band to newly manufactured replacement casting having outer band and vane	CADDELL J W	EP; BR; JP; US; CN; KR; SG; MX; DE; IN	美国；欧洲；韩国；日本；中国
透平	US20010086149	Weep plug for recovering oil used to lubricate bearings of gas turbine engine has flange disposed adjacent one end of cylindrical body, and axial weep passage disposed in outer surface of wall of cylindrical body	ANSTEAD D H	EP; CA; JP; CN; US; BR; SG; DE; Co; RU; IN	美国；欧洲；中国；日本
透平	US20020144851	Gas turbine for generating electricity has inner shrouds made of continuous fiber composite ceramic and outer shrouds made of metal and coated with TBC, which is used at ceramic/metal interfaces	COLMAN G S	EP; US; CZ; Co; JP; CN; KR; RU; DE; ES	美国；中国；韩国；欧洲；日本

续表

所属技术分支	申请号	发明名称	发明人	公开国家/地区	授权国家/地区
透平	US200201 88460	Ice accumulation prevention system and method for outer surface of gas turbine engine, comprises semipermeable membrane coupled to adjacent outer surface of engine and a fluid reservoir which provides fluid to gap in frame via a pump	ACKERMAN J	EP；CA；JP；CN；KR；AU；BR；ZA；US；RU	美国；韩国；中国；日本
透平	US200108 54931	Cryogenic cooling fluid for synchronous machine, has stationary motion gap seal which separates input port and output port of rotating inlet and outlet tubes, respectively	ACKERMAN R A	US；EP；NO；CA；CZ；KR；BR；JP；CN；MX；IN	美国；日本；中国；韩国
透平	US200200 64607	Castable and weldable nickelbased alloy used as cast nozzle for gas turbine engine contains cobalt, chromium, tungsten, aluminum, titanium, niobium, tantalum, boron, zirconium and carbon	BECK C	US；CA；EP；JP；KR；AU；CN；ZA；MX；IL；IN；RU	美国；中国；韩国；日本；欧洲
透平	US2003034 8010	Stator shroud for multistage gas turbine, has shroud segment comprising of outer shroud and inner shrouds, in which each inner shroud has axially projecting tabs engaging grooves formed on outer shroud	THOMPSON J	US；JP；SE；KR；Co；CN；CZ；IN；RU	美国；中国；韩国；日本
燃烧室	US200304 36842	Replacement method for gas turbine engine combustor involves coupling inner and outer cowl to combustor liner by cutting through wirewrapped cowl assembly	FARMER G	US；EP；JP；CA；BR；CN；SG；MX；IN；DE	美国；中国；欧洲；日本
燃烧室	US199800 94094	Gas turbine engine with prebooster and precompressor for injecting atomized water sprays through nozzles into the fuel gas flow to lower fuel temperature and increase power output	BROWN C	WO；AU；NO；BR；EP；JP；US；Co；MX；IN	美国；欧洲；日本

续表

所属技术分支	申请号	发明名称	发明人	公开国家/地区	授权国家/地区
压气机	US19980094094P	Prebooster and precompressor water injection for a gas turbine engine comprises long and short nozzles so that water injected into the high pressure compressor provides uniform radial and circumferential temperature reductions	BROWN C	WO；AU；NO；BR；EP；JP；US；MX；DE；ES；CA	美国；欧洲；日本
透平	US19980145891	Annular Cshaped ring seal for sealing between gas turbine engine stator components	LAMPES E	WO；NO；BR；EP；US；CN；KR；MX；JP；RU；DE；ES；IN；CA	美国；中国；欧洲
透平	US199801 45890	Nested type bridge seal for a gas turbine engine to prevent leakage of hot gases between stator and rotor components	LAMPES E H	WO；NO；BR；EP；CN；US；KR；MX；JP；RU；DE；ES；IN；CA	美国；欧洲；中国；韩国；日本
透平	US199903 90876	Deswirler system for gas turbine engine has deswirler vanes that are arranged within arcuate passage formed between inlet and outlet of annularshaped manifold	MOUSSA M	WO；AU；US；NO；EP；KR；JP；CN；MX；DE；IL；CA	美国；欧洲；中国；韩国；日本
燃烧室	US200304 66437	Measuring relative position of object by recognizing object inside processed images	ANCONA N	WO；BR；EP；AU；JP；Co；US；IT；DE；ES	欧洲；美国；日本

7.7 本章小结

本章内容主要涉及通用电气在燃气轮机领域的全球专利申请、布局情况，以及在中国的专利申请状况。可以看出通用电气除了重视在美国本土的专利布局外，并没有放松对竞争对手所在的国家以及市场前景广阔的国家的关注。在专利申请量最大的前五个国家/地区中，美国、日本、欧洲和德国是其主要竞争对手所在的国家/地区，中国是市场前景广阔的国家。从 2001 年开始，中国组织了三次以市场换技术的燃气轮机"打捆招标"，从通用电气、西门子以及三菱重工等公司引进 F 级、E 级燃气轮机及联合循环技术。通用电气在2000年以后对中国的专利申请量快速增长，这与中国专利制度的发展以及通用电气与国内企业的合作有关。因此中国想走引进，消化吸收，最终自主创新的道路，就必须深入研究通用电气等公司的技术以及专利布局。

另外，本章还重点关注了通用电气在燃气轮机领域与政府部门合作的项目以及涉及的专利申请的情况。通用电气作为燃气轮机方面排行第一的美国企业，深受美国政府重视，在参与的合作计划中均得到了政府的资助。美国政府是从政策、资金等方面对燃气轮机的发展提供支持。因此，这些经验值得我国学习和借鉴。

第8章 西门子

8.1 概述

德国西门子公司自1847年成立至今,已有140多年的历史。西门子是欧洲最大的电子和电气工业公司之一,它的子公司和分支机构已遍布世界的129个国家。其产品主要有集成电路、电子计算机、信号装置、发电动力装置(包括各类汽轮机、燃汽轮机)、机械、照明器材、医疗器械、电话等,覆盖面极广。

西门子公司的奠基人是韦纳·西门子,他毕生致力于发展电机工程事业,并积极将科学技术应用于生产实践之中。他的创新和创业精神已成为西门子公司的一贯传统,确保了公司历经百余年的沧桑而盛名不衰。西门子的名字在过去、现在和未来都代表着技术的进步[1]。

西门子柏林燃机工厂隶属于西门子发电集团,其始建于1904年,已有百年历史。自1948年自行开发第一台1000℃水冷型燃气轮机以来,西门子已经开发了三代应用级燃气轮机。1972年开发了第一代20MW的燃气轮机,1984年起推出第二代110MW和157MW燃气轮机,1996年推出了第三代265MW燃气轮机及其改进的"3A"型[2]。西门子燃气轮机一直处于世界顶尖水平,然而近30年来其仍然不断地进行并购。纵观其燃气轮机的并购历史,我们发现西门子的并购思路在于做大、做全产品。其善于取长补短,完善产品的市场需求并积极进行全球布局,立足于做全球顶尖的产品提供商。基于这种思路,西门子在进入某国市场之前,一种策略是先并购一家该国的顶尖企业,将该国企业的技术与自己的技术相结合,再进一步推出符合该国市场需求的燃气轮机。这使得西门子的全球化战略推进得尤其高效。另外,西门子还积极进行产业拓展,针对燃气轮机的不同应用领域,开发出不同功率、类型的燃气轮机,实现燃气轮机的全产业布局。

8.2 全球专利申请分析

对西门子的全球专利申请进行分析可以了解到西门子的全球布局情况,其关注的重点技术以及获得其重要发明人、重要专利的信息。

本章中的外国专利采用WPI数据库进行检索,共获得专利2409项。中国专利采用

---

[1] 西门子公司奠墓人-韦纳西门子[EB/OL].[2013-07-08]. http://www.ecduo.com/news/201308/1696831.html.

[2] 赵钧锷. 西门子先进的大功率燃气轮机[J]. 热力透平,2004(3).

CPRS 数据库进行检索，共获得专利 502 项（以上专利的申请日截至 2011 年底）。

8.2.1 申请趋势

西门子作为欧洲燃气轮机技术的领导者，一直致力于燃气轮机知识产权保护，从 20 世纪 60 年代起就开始申请专利，尤其是在近 20 年来获得了丰硕的成果。

从图 8-2-1 可以看出，西门子对燃气轮机的专利申请大概可以分成三个阶段：

（1）起步阶段（1962~1991 年）：在该阶段西门子仅有很少的燃气轮机专利申请，专利申请数量仅占全部数量的 3%。尽管此时西门子已经掌握了燃气轮机的生产工艺，但是由于那个年代燃气轮机还没有大规模的产业化并且燃气轮机的市场还在培育阶段，因此该阶段西门子并没有选择大量的申请专利。

（2）技术发展阶段（1992~2001 年）：在 20 世纪的最后 10 年里，西门子对燃气轮机迎来了发展的黄金时机。随着全球石油价格的不断上涨以及资源的匮乏，对非石油资源，如天然气、页岩气、煤层气、合成气等燃料气的应用变得迫切起来。西门子在该阶段抓住了发展的机遇，在全球进行了初步布局，该阶段的专利申请量大约为全部申请量的 19%。

（3）技术爆发阶段（2002~2011 年），在该阶段里，随着天然气的开发力度不断加大，西门子完成了前期技术积累，进入了高速发展的阶段。在这十年里，西门子的专利申请量达到全部总量的 78%。这跟市场的需求也是紧密相关的，燃气轮机作为一种高效、清洁的电力装备越来越受到各国的重视，随着美国完成页岩气革命，中国完成西气东输，可以预见未来对燃气轮机的需求将是巨大的。2006 年后，西门子的申请量有所下降，这是由于技术周期的影响，其申请量还是维持在较高的位置。

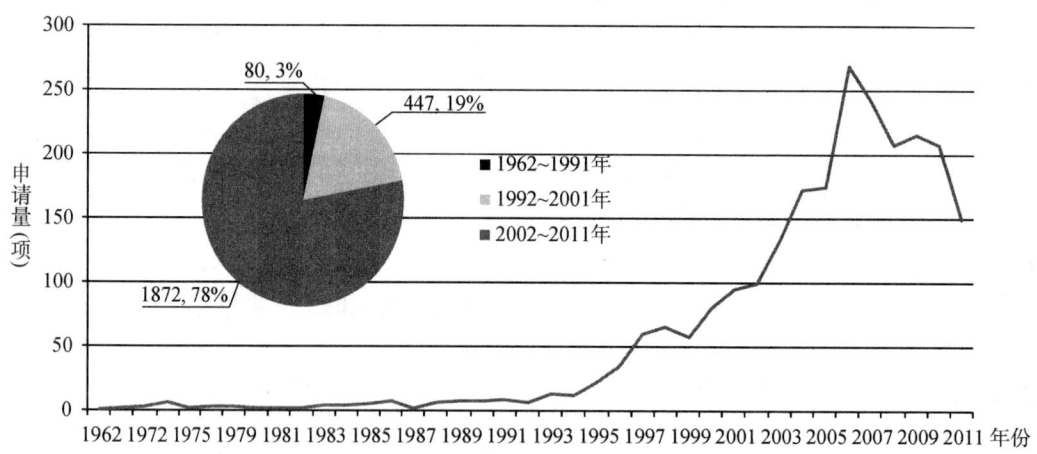

图 8-2-1　西门子全球专利申请变化趋势

8.2.2 地域分布

西门子作为业内的巨头，必然在世界各个地区都进行专利布局，然而在某些地区首先提出专利申请，可以看出其对该区域知识产权的重视程度以及其是否在该区域进行研发。

从图 8-2-2 可以看出西门子主要在三个地区提出专利申请，即欧洲、美国和德国。德国作为西门子的总部所在地,在该地区首次提出专利申请是较多的。然而西门子在欧洲专利局的申请比其在德国的申请还要多,这说明西门子很注意知识产权在欧洲的布局,力图做欧洲的燃汽轮机技术领军者。进一步统计发现,西门子在欧洲首次提出的专利申请占全部申请量的69%,在美国首次提出的申请占全部申请量的29%,只有2%的专利申请在其他地区首次提出。这还体现了西门子在欧洲和美国都有研发基地,而在其他地区几乎没有研发基地。

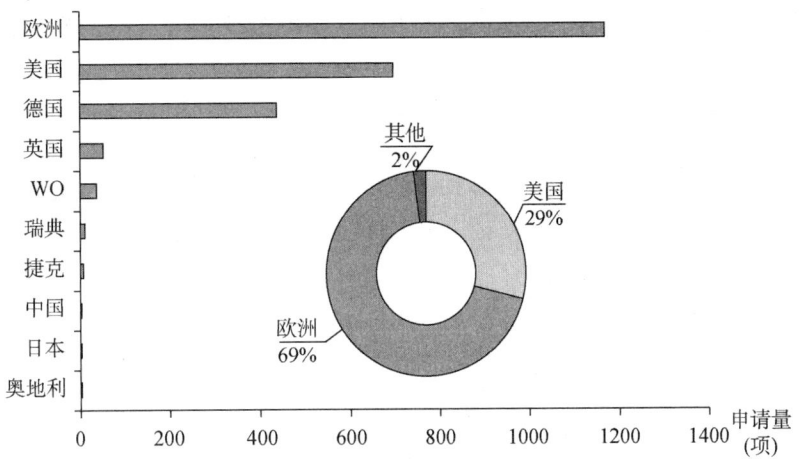

图8-2-2 西门子首次专利申请地区分布图

西门子为了赢得全球市场,在世界多个国家和地区都进行了专利申请,了解其专利布局情况可以看出其布局的重心所在。

从图8-2-3可以看出西门子在全球主要国家都进行了专利布局,尤其需要注意的是,西门子在中国的专利申请量超过了在韩国和日本的申请量,这说明西门子十分重视中国市场,也说明中国市场吸引着世界各大公司的注意力。在五大专利局中,西

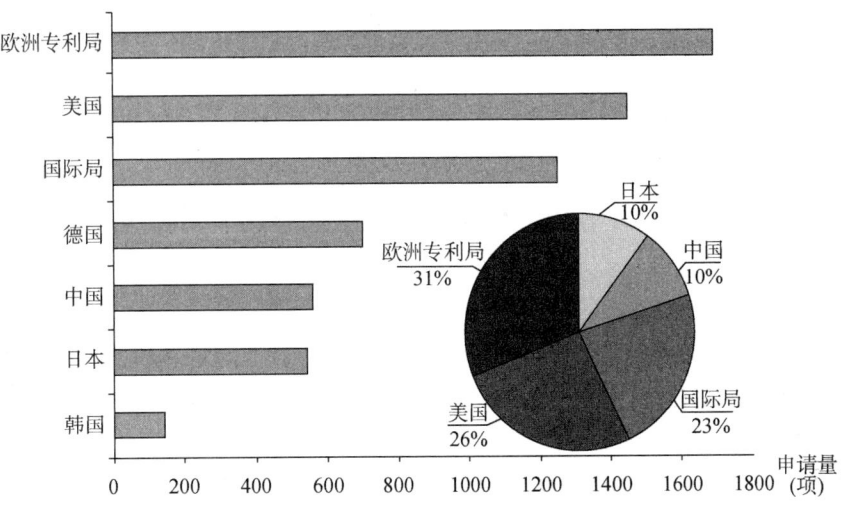

图8-2-3 西门子专利全球地区布局情况

门子在欧洲专利局的申请量占全部申请量的 31%，在美国专利商标局申请的占 26%，在国际局申请的占 23%，在日本特许厅和中国国家知识产权局都分别有 10% 总量的专利申请。

8.2.3 技术分支

燃气轮机按照结构分，可以分为压气机、透平、燃烧室、排气段。分析西门子在各个技术分支的专利申请情况，可以了解西门子在各个技术分支上的科研实力，知其强弱所在，方能与其竞争。

从图 8-2-4 可以看到，西门子在各技术分支上的专利申请趋势大致相似，在早期仅有很少的专利申请，进入 2000 年后专利申请开始大量增长。还应注意到，西门子在透平（占全部申请量的 51%）和燃烧室（占全部申请量的 42%）的专利申请占了绝大部分，这体现了西门子在这两个燃气轮机核心技术上投入了巨大的研发精力。然而尽管西门子的压气机技术是其弱项，但是其通过收购德马格德拉瓦公司，获得了世界领先的压气机技术，填补了该弱项。这也可以看出西门子的战略眼光，在抓住核心技术的同时，通过并购补短，这不仅提高了研发效率，还获得了并购公司的市场，一举两得。

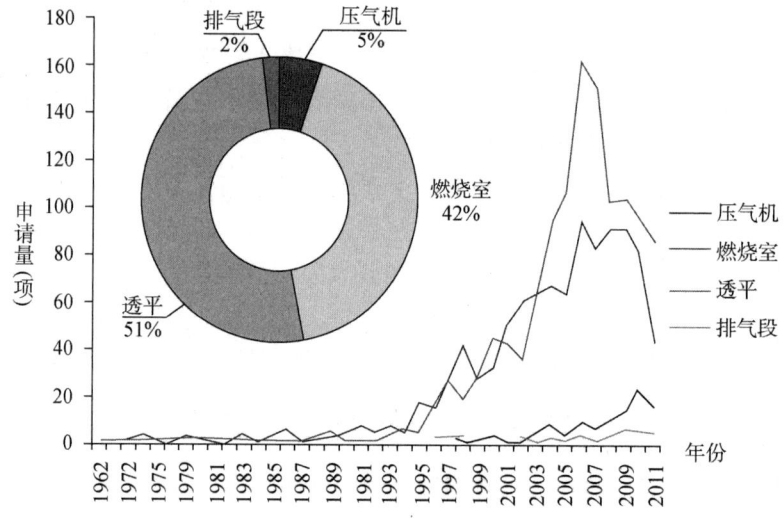

图 8-2-4　西门子在燃气轮机各技术分支的专利申请情况

8.2.4 重要发明人

西门子进行全球专利布局，离不开专利后面的发明人团队，研究西门子的发明人团队可以快速地了解西门子发明人团队的基本构成，获知其技术发展的现状。

8.2.4.1 西门子全部发明人分析

从图 8-2-5 可以发现西门子在 2000 年之前，仅有不到 200 人的研发队伍，但是到了 2006 年其研发队伍扩充到近 900 人，高投入带来了高收益。西门子每年的专利申请量（参考图 8-2-1）与其发明人数量是正向相关的，可以看到在 2006 年，西门子的发明人和专利申请量都是最多的。这也体现了西门子处于技术的高速阶段，科研人员不断增多，科研成果不断收获。在西门子的研发团队中，有相当大的一部分专利是由一个发明人完成的（占全部的34%），这也说明西门子研发团队的水平很高，某些发明人为某领域的技术权威级人物，具备独立进行科研的实力。

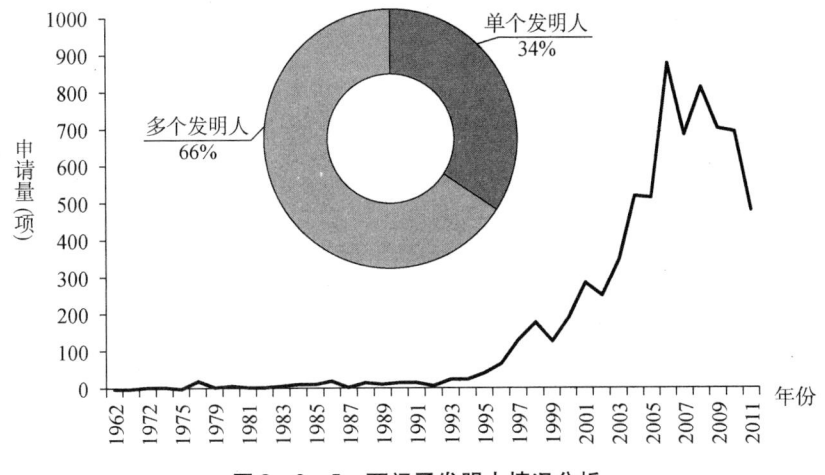

图 8-2-5　西门子发明人情况分析

8.2.4.2　西门子在叶片领域发明团队分析

发明人是一个燃气轮机研发团队的基本元素，属于发明团队中最重要的因素。研究发明人的技术领域、主要研发方向，可以了解到燃气轮机研发团队的运作模式，也可以从中了解到研究团队的研发方向。此外，发明人也是专利的重要检索入口，通过检索重要发明人可以较容易地获得企业的核心专利，研究这些专利可以进一步掌握企业的研发动向。

本小节将通过研究发明人与发明团队之间的关系，试图获得西门子燃气轮机研发团队的运作模式，并揭示其团队中的重要发明人的研究特点和方向。

参考图 8-2-6，其示出了西门子燃气轮机研发团队的发明人在燃气轮机叶片领域的专利申请情况。图中示出了专利申请排名前十的发明人，可以看到 LIANG G 申请了 74 项专利，TIEMANN P 申请了 77 项专利，他们两人的专利申请量远远领先于其他发明人，由此可以知道，这两人是西门子燃气轮机研发团队的领军人物。然而进一步研究发现，尽管这两人是领军人物，但是他们以团队名义申请的专利偏少，尤其是 LIANG G，在其 74 项专利申请中，仅有 4 项是与他人合作完成的。还可以看到 TIEMANN P 的 77 项专利申请中有 35 项是个人独立完成的，排名第 3 位的 AH-MAD F 也有 32 项独立完成的发明，而只有 7 项与他人合作完成。然而排名第 4~10 位的发明人的情况是完全相反，基本上他们的发明都是合作完成的。对于前十位的发明人做个统计，其中团队合作完成的发明占 59%，个人独立完成的发明占 41%，可以看出西门子燃气轮机叶片研发团队中个人独立完成的发明还是比较多的，这种情况与其他公司有所不同。

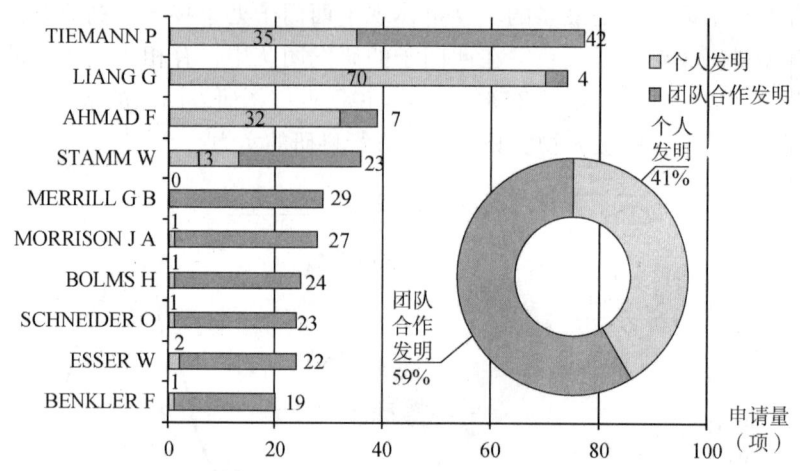

图8-2-6 西门子叶片技术申请量排名前十的发明人情况图

LIANG G、TIEMANN P、AHMAD F 无疑是技术大牛，属于燃气轮机叶片领域领军人才，他们在团队里有很强的自主性，在各自的领域中的研究比较自由，研究方向也呈现多元化的特点。

课题组研究发现，这些颇有建树的科学家往往同时服务于不同的公司，例如，Liang Geroge（以下简称"LIANG G"，乔治·梁）。这位科学家尽管在西门子公司从事研发工作，但是同时其也供职于美国著名的佛罗里达涡轮机技术公司（FLORIDA TURBINE TECHNOLOGIES INC）。其在燃气轮机叶片方面的专利一共有240多项，但仅有74项属于西门子公司，另外170项属于佛罗里达涡轮机技术公司。并且通过研究可以发现，LIANG G 还有不少专利是作为申请人与西门子一起申请的，由此可见其与西门子公司叶片研发团队的合作模式是十分灵活的。

这种模式是值得国内企业借鉴的，燃气轮机叶片领域研究范围比较窄，但科技含量很高，因此深入地、自主地对某一技术进行研究是很有必要的。尽管某些技术研发可能不能马上投入生产应用，但是对于顶尖技术人员而言，他们始终处于科技的前沿，保证其研究的自主性，可以更好地为企业探索出研发方向，完成前沿技术储备。

企业加个人、团队的研发模式是一种重要的研发模式，应当引起国内企业的重视。某些领域的优秀技术人才、团队，与其合作共同研发，共享专利权，为发明人提供灵活的工作方式，这样出现的双赢局面是双方乐意看到的。

8.2.4.3 西门子叶片领域重要发明人 LIANG G 研究

在研究中，我们发现 Liang Geroge 团队是一个非常高产的团队，其主要致力于燃气轮机叶片技术的研发。

（1）LIANG G 在西门子公司的历年专利申请情况分析

参考图8-2-7，LIANG G 团队的发明专利有个特点，个人团队发明的数量占绝大部分，其很少与他人合作进行研发，至2011年底，该团队申请了244项关于燃气轮机叶片的发明专利，但是仅有5%的发明是属于合作发明，足见其团队的强大实力。

LIANG G 团队的研发大致经历三个阶段：

➤ 技术积累阶段（2001~2005 年），在该阶段中，LIANG G 团队的研发能力处于起步阶段，每年专利申请仅为个位数。

➤ 技术爆发阶段（2006~2009 年），经过五年的技术积累，LIANG G 团队厚积薄发，在这一阶段诞生了许多重要的研究成果，每年都有数十件的专利申请，这是一个团队的收获期。

➤ 技术革新阶段（2010 年~），多年的技术积累让 LIANG G 团队获得了丰硕的果实。然而燃气轮机属于大型装备，每一次技术的发展到应用都要经历很长的周期。一门技术必然在经历了成熟之后进入新的蛰伏期，在该阶段中对新的技术的探索和对已经成熟的技术的继续发展将是主题，因此在该阶段 LIANG G 团队的申请量有所下降。

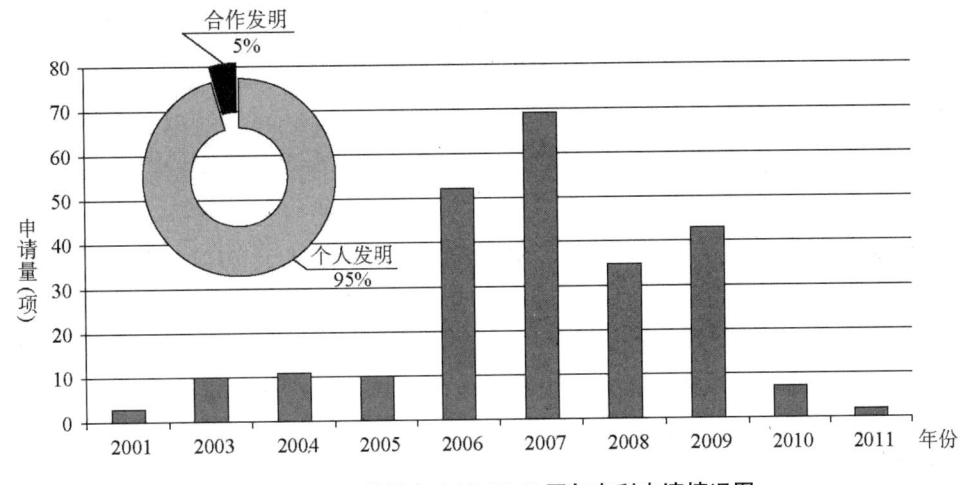

图 8-2-7　发明人 LIANG G 历年专利申请情况图

（2）LIANG G 的全部专利申请分布分析

经过研究我们发现 LIANG G 团队不仅仅为西门子公司工作，同时他们还为 FLORIDA TURBINE TECHNOLOGIES INC（佛罗里达涡轮机技术公司）工作（简称"FLOR-N"）。

佛罗里达涡轮机技术公司是美国著名的航空发动机公司，其与美国军方、NASA、美国能源部有着广泛的合作。

参照图 8-2-8，LIANG G 团队申请燃气轮机叶片专利中有 66% 的专利是属于佛罗里达涡轮机技术公司的，而有 31% 的专利是属于西门子公司的。由此我们可以看出，LIANG G 团队和军方的合作是很深入的。并且可以看出，民用燃气轮机技术和军用燃气轮机技术实质上是有很多共通之处的，它们完全可以同时交由一个团队来研发。军用、民用技术的紧密结合使得该研发团可以获得多方的支持，保证了其研发的顺利进行。

这也为我们提供了一种思路：同时进行民用航空燃气轮机、军用航空燃气轮机与民用发电燃气轮机的研发，不仅可以促进不同领域之间的相似技术的相互转换，而且可以使得研发更有效率。

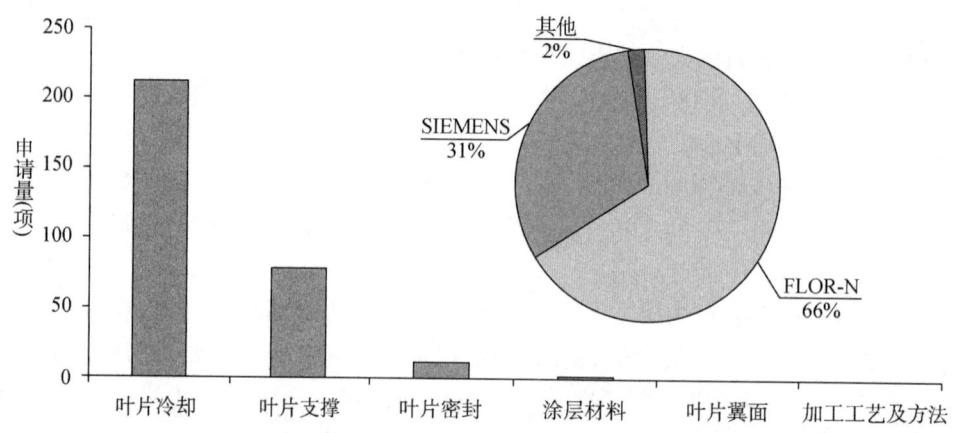

图 8 – 2 – 8　发明人 LIANG G 的发明领域和在不同公司的申请情况

继续参考图 8 – 2 – 8，LIANG G 团队的研发主要集中在燃气轮机叶片技术领域，具体细分为叶片的支撑和叶片的冷却技术。如上图可以看到，这两种技术的发明占全部其叶片技术发明的 95% 以上。由此可见深耕某一个细分领域，对于一个团队来说是很重要的。燃气轮机的技术复杂，部件繁多，如果可以使对其的研究变得更有效率，这将考验组织者的智慧。从 LIANG G 团队的发展来看，美国同行的做法无疑是高效而富有成效的。

图 8 – 2 – 9 是 LIANG G 在西门子公司和佛罗里达涡轮机技术公司在叶片支撑和叶片冷却技术上的申请情况。可以看出，西门子公司有 67 项关于叶片冷却的技术只有 13 项是关于叶片支撑的技术；而佛罗里达涡轮机技术公司又 139 项关于叶片冷却的技术，却有 65 项是关于叶片支撑的技术，可见佛罗里达涡轮机技术公司相对于叶片冷却技术更重视叶片支撑的技术。这是因为对于航空燃气轮机，叶片的稳定性要求得更高，因此对叶片支撑的技术要求更为迫切，对于高转速的航空燃气轮机叶片而言，其支撑的强度的重要性是不言而喻的。

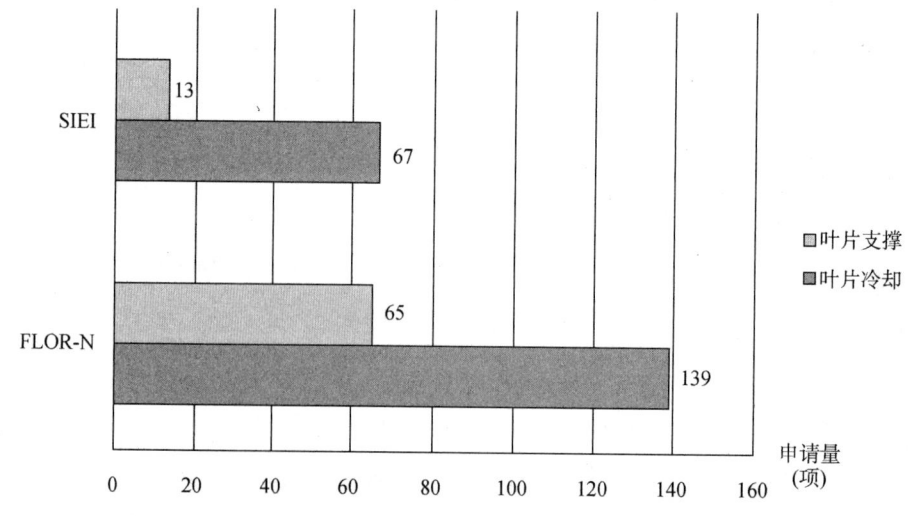

图 8 – 2 – 9　发明人 LIANG G 在西门子和佛罗里达涡轮机技术公司申请情况
　　注：各个技术分支之间具有交叉关系。

下面参考表8-2-1，对LIANG G的重要专利进行研究。

经过与上海的电气工程师进行合作，本报告对LIANG G的专利进行了研究。通过研究发现，LIANG G的专利有如下特点：

（1）发明技术含量高；通过对其在西门子的所有专利进行阅读、分析，课题组发现其专利都是企业非常关注的，这说明其研究领域很深入，技术内容都很关键。

（2）研究内容较为前沿；其专利基本在中国没有布局，这在一定程度上说明了其专利在中国市场上还没有得到应用。

（3）技术集中在叶片冷却领域，说明其是西门子叶片冷却技术的领军人物之一。

表8-2-1 LIANG G的重点专利

序号	专利申请号	申请日	发明名称	技术内容与技术特点	自主企业关注程度	状态
1	US20030671291	2003-09-25	Outer air seal assembly	关于封严结构	关注	未进入
2	US20030671249	2003-09-25	Flow guide component with enhanced cooling	内部冷却透平动叶	非常关注	未进入
3	US20030426729	2003-04-30	Turbine blade having a vortex forming cooling system for a trailing edge	气冷透平动叶	非常关注	未进入
4	US20030697369	2003-10-30	Cooling system for a turbine vane	透平静叶，冲击冷却	非常关注	未进入
5	US20030697370	2003-10-30	Gas turbine vane with integral cooling flow control system	透平静叶内部冷气流场组织	非常关注	未进入
6	US20040837328	2004-04-30	Cooling system for a tip of a turbine blade	透平动叶叶尖气膜冷却	非常关注	未进入
7	US20040854916	2004-05-27	Gas turbine airfoil leading edge cooling	关于透平叶片冷却结构	非常关注	未进入
8	US20040871473	2004-06-17	Internal cooling system for a turbine blade	透平动叶蛇形通道	非常关注	未进入
9	US20040871474	2004-06-17	Cooled gas turbine vane	透平叶片内部通道结构	非常关注	未进入
10	US20040871475	2004-06-17	Cooling system for a showerhead of a turbine blade	透平动叶前缘喷头冷却	非常关注	未进入

续表

序号	专利申请号	申请日	发明名称	技术内容与技术特点	自主企业关注程度	状态
11	US20040871479	2004-06-17	Gas turbine airfoil trailing edge corner	透平叶片尾缘冷却	非常关注	未进入
12	US20040884440	2004-07-02	Impingement cooling system for a turbine blade	透平动叶内部通道结构	非常关注	未进入
13	US20040884441	2004-07-02	Gas turbine vane with integral cooling system	透平静叶冷却结构	非常关注	未进入
14	US20040938709	2004-09-10	Vortex cooling system for a turbine blade	透平动叶内部通道及尾缘冷却	非常关注	未进入
15	US20050031793	2005-01-07	Cooling system with internal flow guide within a turbine blade of a turbine engine	透平动叶蛇形通道结构	非常关注	未进入
16	US20050031794	2005-01-07	Cooling system including mini channels within a turbine blade of a turbine engine	透平动叶内部带肋通道	非常关注	未进入
17	US20050031795	2005-01-07	Turbine blade tip cooling system	透平动叶叶尖冷却	非常关注	未进入
18	US20050049238	2005-02-02	Vortex dissipation device for a cooling system within a turbine blade of a turbine engine	透平动叶内部通道,具有破坏涡的结构特征	非常关注	未进入
19	US20050092776	2005-03-29	Turbine blade cooling system having multiple serpentine trailing edge cooling channels	透平动叶尾缘冷却	非常关注	未进入
20	US20050093161	2005-03-29	Turbine blade cooling system with bifurcated mid–chord cooling chamber	透平动叶中弦处冷却通道结构	非常关注	未进入
21	US20050138173	2005-05-26	Turbine airfoil trailing edge cooling system with segmented impingement ribs	透平叶片内部通道肋结构	非常关注	未进入
22	US20050293461	2005-12-02	Turbine airfoil with counter–flow serpentine channels	中空透平叶片,蛇形通道	非常关注	未进入

续表

序号	专利申请号	申请日	发明名称	技术内容与技术特点	自主企业关注程度	状态
23	US20050293462	2005-12-02	Turbine airfoil cooling system with elbowed, diffusion film cooling hole	透平叶片弯头结构	非常关注	未进入
24	US20050293463	2005-12-02	Turbine airfoil with integral cooling system	透平静叶冷却结构形式	非常关注	未进入
25	US20060415729	2006-05-02	Turbine blade with wavy squealer tip rail	透平动叶结构	关注	未进入
26	US20060447730	2006-06-06	Turbine airfoil with floating wall mechanism and multi–metering diffusion technique	中空透平叶片冷却结构	非常关注	未进入
27	US20060488564	2006-07-18	Turbine airfoil with near wall multi–serpentine cooling channels	中空透平叶片，蛇形通道	非常关注	未进入
28	US20060497122	2006-08-01	Turbine airfoil with near wall inflow chambers	中空透平静叶，前缘、尾缘冲击冷却	非常关注	未进入
29	US20060506077	2006-08-17	Turbine airfoil cooling system with platform cooling channels with diffusion slots	透平叶片压力面冷却结构形式	非常关注	未进入
30	US20060506080	2006-08-17	Turbine airfoil cooling system with near wall pin fin cooling chambers	透平叶片压力侧冷却腔室	非常关注	未进入
31	US20060506085	2006-08-17	Outer air seal for turbine	透平动叶冷却通道及封严结构	非常关注	未进入
32	US20060509228	2006-08-24	Turbine airfoil for use in e.g. Gas turbine engine	透平叶片吸力面、压力面侧蛇形通道	非常关注	未进入
33	US20060509230	2006-08-24	Turbine airfoil cooling system with perimeter cooling and rim cavity purge channels	透平叶片冷却系统	非常关注	未进入

续表

序号	专利申请号	申请日	发明名称	技术内容与技术特点	自主企业关注程度	状态
34	US20060509231	2006-08-24	Turbine airfoil cooling system with bifurcated and recessed trailing edge exhaust channels	中空透平叶片，吸力面、压力面侧尾缘冷却通道	非常关注	未进入
35	US20060526257	2006-09-22	Turbine airfoil cooling system with platform edge cooling channels	透平叶片吸力面侧平台	非常关注	未进入
36	US20060543523	2006-10-05	Turbine airfoil cooling system with enhanced tip corner cooling channel	透平叶片冷却系统	非常关注	未进入
37	US20060543648	2006-10-05	Turbine airfoil with submerged endwall cooling channel	透平叶片气膜冷却	非常关注	未进入
38	US20060602518	2006-11-21	Air seal unit adapted to be positioned adjacent blade structure in a gas turbine	气封单元	非常关注	未进入
39	US20060602683	2006-11-21	Cooling of turbine blade suction tip rail	透平动叶叶顶结构	非常关注	未进入
40	US20060639959	2006-12-15	Turbine airfoil with controlled area cooling arrangement	透平叶片冷却结构布置	非常关注	未进入
41	US20060639961	2006-12-15	Cooling arrangement for a tapered turbine blade	透平动叶冷却结构布置－简单径向通道	非常关注	未进入
42	US20070707190	2007-02-15	External profile for turbine blade airfoil	透平叶片叶型特征	非常关注	未进入
43	US20070707227	2007-02-15	Blade for a gas turbine	透平动叶冷却孔特征	非常关注	未进入
44	US20070728884	2007-03-27	Wavy flow cooling concept for turbine airfoils	透平动叶肋结构	非常关注	未进入
45	US20070728885	2007-03-27	Airfoil for a gas turbine engine	透平叶片冷却结构特征	非常关注	未进入

续表

序号	专利申请号	申请日	发明名称	技术内容与技术特点	自主企业关注程度	状态
46	US20070728887	2007-03-27	Multi-pass cooling for turbine airfoils	透平叶片相邻内部通道之间的连接特征	非常关注	未进入
47	US20070800786	2007-05-07	Airfoil for a turbine of a gas turbine engine	透平叶片冷却结构	非常关注	未进入
48	US20090611241	2009-11-03	Gas turbine sealing apparatus	透平叶片冷却密封结构	非常关注	未进入
49	US20070800800	2007-05-07	Turbine airfoil with enhanced cooling	透平叶片冷却结构	非常关注	未进入
50	US20070804426	2007-05-18	Blade for a gas turbine engine	透平动叶尾缘冷却结构	非常关注	未进入
51	US20070804434	2007-05-18	Near wall cooling for a highly tapered turbine blade	透平动叶冷却腔结构、叶尖供气结构	非常关注	未进入
52	US20070939592	2007-11-14	Turbine blade tip cooling system	透平叶尖冷却结构	非常关注	未进入
53	US20080338152	2008-12-18	Turbine Airfoil Cooling System with Diffusion Film Cooling Hole	透平叶片气膜冷却	非常关注	未进入
54	US20080338201	2008-12-18	Turbine Airfoil Cooling System with Curved Diffusion Film Cooling Hole	透平叶片气膜冷却	非常关注	未进入
55	US20080338331	2008-12-18	Turbine Airfoil Cooling System with Diffusion Film Cooling Hole Having Flow Restriction Rib	透平叶片气膜冷却、肋结构	非常关注	未进入
56	US20080338401	2008-12-18	Gas turbine transition duct	过渡段，形成冷却通道和气缸内壁之间的连接	非常关注	未进入
57	US20090355878	2009-01-19	Gas turbine sealing apparatus	透平静叶结构，包含缘板、封严结构	非常关注	未进入

续表

序号	专利申请号	申请日	发明名称	技术内容与技术特点	自主企业关注程度	状态
58	US20090355887	2009-01-19	Turbine blade with micro channel cooling system	透平动叶内部微通道，以提高湍流水平	非常关注	未进入
59	US20090355895	2009-01-19	Modular serpentine cooling systems for turbine engine components	模块化蛇形通道	非常关注	未进入
60	US20090355924	2009-01-19	Fluidic rim seal system for turbine engines	轮毂和轮盘间的封严结构	非常关注	未进入
61	US20090396629	2009-03-03	Trailing Edge Cooling for Turbine Blade Airfoil	中空透平叶片，内部冷却结构	非常关注	未进入
62	US20090396660	2009-03-03	Turbine Vane for a Gas Turbine Engine Having Serpentine Cooling Channels Within the Outer Wall	透平静叶蛇形通道	非常关注	未进入
63	US20090396678	2009-03-03	Turbine Airfoil with an Internal Cooling System Having Enhanced Vortex Forming Turbulators	透平动叶冷却结构-湍流发生器和涡强化单元	非常关注	未进入
64	US20090397766	2009-03-04	Turbine blade with incremental serpentine cooling channels beneath a thermal skin	透平动叶蛇形通道	非常关注	未进入
65	US20090397788	2009-03-04	Turbine blade dual channel cooling system	叶尖冷却结构	非常关注	未进入
66	US20090397805	2009-03-04	Turbine blade leading edge tip cooling system	前缘冷却通道结构	非常关注	未进入
67	US20090407876	2009-03-20	Trailing Edge Cooling Slot Configuration for a Turbine Airfoil	透平动叶内部冷却通道	非常关注	未进入
68	US20090407960	2009-03-20	Turbine Vane for a Gas Turbine Engine Having Serpentine Cooling Channels Within the Inner Endwall	透平静叶压力面、吸力面侧模块化蛇形通道	非常关注	未进入

续表

序号	专利申请号	申请日	发明名称	技术内容与技术特点	自主企业关注程度	状态
69	US20090464450	2009-05-12	Gas Turbine Blade with Double Impingement Cooled Single Suction Side Tip Rail	凹槽顶冷却结构	非常关注	未进入
70	US20090464476	2009-05-12	Turbine Blade with Single Tip Rail with a Mid-Positioned Deflector Portion	凹槽顶冷却、冲击冷却	非常关注	未进入
71	US20110228516	2011-09-09	Turbine endwall with grooved recess cavity	燃机冷却通道结构特点	关注	未进入
72	US20070707226	2007-02-15	Turbine blade having a convergent cavity cooling system for a trailing edge	透平动叶冷却腔室	非常关注	未进入
73	US20070707192	2007-02-15	Airfoil for a gas turbine	透平叶片冲击冷却通道	非常关注	未进入
74	US20070707192	2007-02-15	Airfoil for a gas turbine	透平叶片冲击冷却通道	非常关注	未进入

8.2.4.4 西门子叶片领域发明人之间的相关性研究

西门子燃气轮机叶片的研究团队尽管包含了例如 Liang Geroge 这样的"独立"研究人，但还是有 59% 的专利是依靠合作完成的。通过研究这些发明人的合作关系，可以了解发明人团队的构成，团队的核心人物，可以很清楚地了解该团队的研究方向，了解各项技术的相关性，见表 8-2-2。

表 8-2-2 西门子叶片领域重要发明人的相关性表

发明人	TIEMANN P	STAMM W	MERRILL G B	MORRISON J A	BOLMS H	ESSER W	SCHNEIDER O	BENKLER F	BUCHAL T
TIEMANN P	42	0	0	0	8	2	0	0	0
STAMM W	0	23	0	0	0	0	0	0	0
MERRILL G B	0	0	29	17	0	0	0	0	0
MORRISON J A	0	0	17	17	0	0	0	0	0
BOLMS H	8	0	0	0	24	0	1	0	0
ESSER W	2	0	0	0	0	22	2	0	9
SCHNEIDER O	0	0	0	0	1	2	23	13	2
BENKLER F	0	0	0	0	0	0	13	19	0
BUCHAL T	0	0	0	0	0	9	2	0	16
LADRU F	0	0	0	0	0	0	0	0	0

通过表 8-2-2，可以很清楚地获得西门子叶片技术的主要发明人之间的合作关系，可以看出：

MORRISON J A 和 MERRILL G B 在同一个团队里合作研发了 17 项专利；

BENKLER F 和 SCHNEIDER O 在同一个团队里合作研发了 13 项专利；

BUCHAL T 和 ESSER W 在同一个团队里合作研发了 9 项专利；

TIEMANN P 个人有 35 项专利，但有 8 项是与 BOLMS H 合作研发的；

以上 4 个团队是西门子叶片技术研发的重要团队，再加上 LIANG G、AHMAD F 团队，西门子叶片研发主要有 6 个团队完成。这 6 个团队的研发方向各不一致，但又相互交叉、结合，下面将细致地列出他们的研发重点。

8.2.4.5 西门子叶片领域重要发明人的研究领域分析

表 8-2-3 示出了西门子燃气轮机叶片技术的主要发明人在各个技术分支的专利申请数量，可以看出：

MORRISON J A 和 MERRILL G B 所在的团队在多个技术都有合作，但在涂层材料和叶片密封技术上合作较多；

BENKLER F 和 SCHNEIDER O 所在的团队主要关注叶片支撑技术；

LIANG G、TIEMANN P 和 BOLMS H 所在的团队主要的研发方向是叶片的冷却技术；

TIEMANN P 还对叶片的密封有较多的研究；

AHMAD F 的个人主要关注涂层材料和加工工艺及方法，另外还涉及叶片冷却技术。

表 8-2-3 西门子叶片领域重要发明人的研究领域表

技术＼发明人	LIANG G	TIEMANN P	AHMAD F	STAMM W	MERRILL G B	BOLMS H	ESSER W	SCHNEIDER	BENKLER F	BUCHAL T	MORRISON J A
加工工艺方法	1	8	10	3	5	4	7	2	0	3	4
涂层材料	1	3	8	26	8	2	9	1	1	1	8
叶片冷却	66	35	10	0	3	13	2	6	4	2	4
叶片密封	6	16	1	0	11	5	3	7	5	6	9
叶片翼面	1	8	7	0	8	2	3	2	1	3	7
叶片支撑	13	17	6	0	1	2	1	8	10	1	2

注：各个技术分支并非完全独立，某些技术之间是交叉联系的，例如叶片冷却技术常常与叶片支撑技术相联系，因此同一件专利申请可能包含多个技术。

课题组对上表的各个发明人的研究领域进行了分析，研究表明：

（1）这六个技术分支之间具有较强的相关性，体现在每个发明人对每个技术分支基本都有涉及；叶片涂层材料的研究集中在数个发明人身上，这体现了该分支与其他技术分支的领域差别相对较大；叶片密封、叶片冷却技术分支是受到发明人广泛关注的，这体现了该技术分支的重要性。

（2）西门子燃气轮机叶片研究团队的配置方式是既相对独立，又广泛合作。例如 LIANG G 主要涉及叶片冷却技术，对其他技术很少涉及，而 STAMM W 主要涉及叶片涂层技术，其他结构上的技术基本不涉及。这两个发明人都是深耕自己所擅长的领域，保持一定的独立性。而 MORRISON J A 和 MERRILL G B 团队、BUCHAL T 和 ESSER W 团队则在叶片的多个技术上都有涉及，团队发明人之间合作频繁，技术合作全面。

这种配置模式类似于部分技术外包，将某些关键的、与其他技术结合较少的技术独立出来，外包给专业的团队，而技术关联性强的多项技术则总体上由自己的研究团队把握，这样在技术上不仅全局可以掌控，而且在关键技术上也获得更优异的配置。

8.3 中国专利申请分析

西门子作为全球领先的燃气轮机公司，自然是对中国市场密切关注。通过上一节的分析我们已经知道，西门子在中国申请的专利数量甚至是多于在日本和韩国的申请量。研究其在中国的布局，可以为中国企业提供相关的专利情报，做好应对的准备。

8.3.1 申请趋势

西门子在 2004 年与上海电气合作，以"打捆招标"的方式，将其燃汽轮机产品打入了中国市场。同时，其也加紧了相关专利在中国布局。我们可以结合图 8-3-1 进行研究。

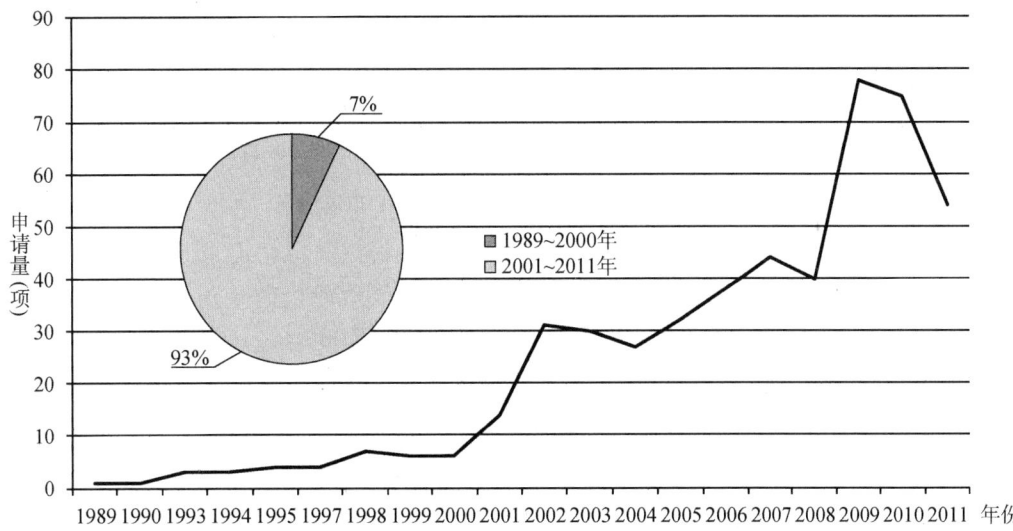

图 8-3-1　西门子在中国历年的专利申请情况

从图 8-3-1 可以看出，西门子在 2000 年以前在中国仅有很少的专利申请（每年不超过 10 件，2000 年以前的专利申请量仅占全部申请量的 7%），然而在 2000~2004 年出现了大幅的增长。结合西门子 2004 年通过"打捆招标"进入中国的情况，我们发现,西门子提前4年就开始对中国进行专利布局。2005年后,随着西门子的产品在中国市场的逐步投产,西门子也不断加大了专利布局的力度,2009年后,每年都有50件以上的专利申请,保持了高速增长,2011年的专利申请有所下降,但这是由于部分申请的专利未公开造成的。

8.3.2 法律状态

研究西门子在中国申请的专利的质量,不仅可以了解其技术研发的思路,同时也可以帮助国内自主企业,未雨绸缪,有力应对未来可能出现的专利诉讼和专利纠纷。因此,课题组对西门子公司的公开专利和授权专利进行了梳理,力图为企业提供更多的参考信息。

从图8-3-2看出,西门子专利的公开量的趋势图与图8-3-1中的专利申请量趋势形状大致相同。这说明西门子在中国申请的专利都是迫切需要保护的,为了加快专利审批的进度,西门子几乎都采取了提前公开的策略。

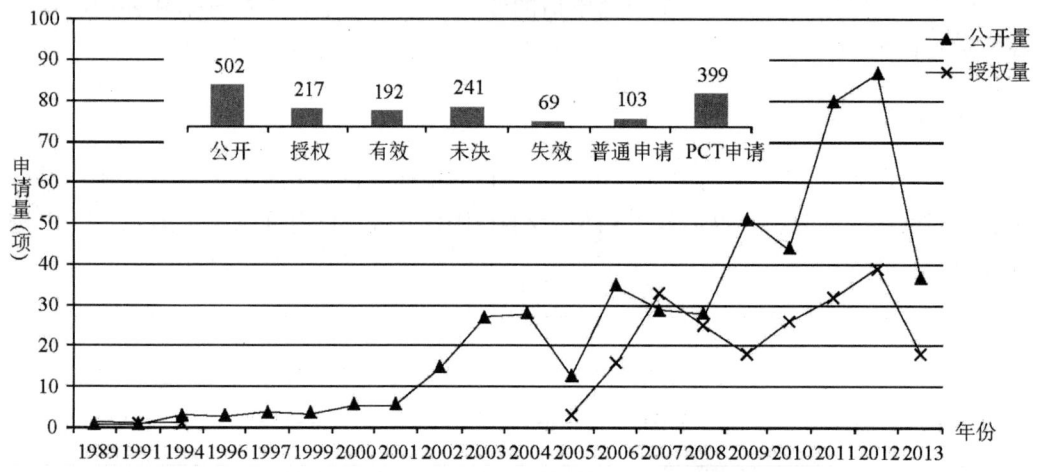

图8-3-2 西门子在中国历年的专利申请情况

研究发现,西门子公司在中国专利申请的策略是根据其市场需求不断调整的,例如,西门子公开在1994~2004年之间都没有一件关于燃气轮机的专利获得授权,其主要原因是,这一时期西门子并未十分重视中国的市场,因此未将其先进的燃气轮机技术在中国进行布局,而是将一些较为落后的现有技术进行改进后进入中国,因此这些专利申请最终在中国并未获得授权;与此同时,西门子从专利的重要性等方面考虑也主动撤回了部分专利申请,从而导致在该阶段几乎没有授权的专利。

总体上看,西门子在中国公开的燃气轮机领域的专利共502项,其中有217项获得了授权,其中有效专利为192项(授权后维持的专利),未决专利241项,失效专利69项(包括驳回、视为撤回、撤回、届满终止、因费用终止的专利),由此可见,西门子的专利质量整体水平较高,且授权后基本维持有效状态。

502项公开专利中,有399项通过PCT申请的方式进入中国,这些专利在世界多个国家同时布局，体现了其相关技术在世界范围内的先进性。此外，还有 103 项专利直接在中国申请，这些专利技术往往与已经出口或未来将要出口至中国的产品密切相关，国内企业可通过对这些专利的研究获取更多的适合于国内技术水平的专利技术。

8.3.3 技术分支

西门子在中国的专利申请基本上更侧重哪个方面？各个技术之间的申请量情况如何？下面我们通过解答这些问题，意图获得西门子在国内的核心专利布局。

参考图 8-3-3，通过研究分析发现，西门子在中国的专利申请主要集中在透平（占全部申请量的 58%）和燃烧室（占全部申请量的 36%）上，两者一起占了全部申请量的 94% 以上。而在压气机和排气段的专利申请上则很少，两者仅占全部申请的 6%。这个数据与西门子燃气轮机的全球专利布局相类似。参考透平和燃烧室的增长曲线可以发现，在 2000～2004 年的高速增长后，2005 年后专利申请量再次突飞猛进，这体现了西门子对中国市场的布局是长期性的，未来可以预见西门子将有更多的专利在中国寻求保护。

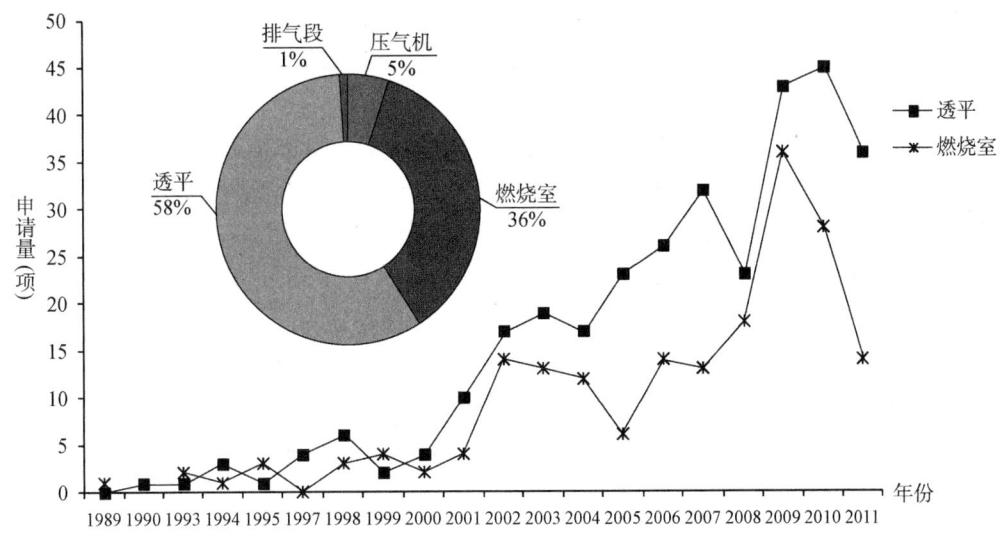

图 8-3-3　西门子在中国历年的专利申请情况

注：2011 年申请的专利部分未公开，因此数据量较小。

8.4　技术发展方向

过去 10 年里，许多国家都制定了未来 IGCC 发展的目标，其中：

美国能源部（DOE）资助西门子公司进行先进燃氢气轮机发展计划的目的是发展一种新型的可与煤基煤气化联合循环整合的可燃合成气、氢气和天然气的燃气轮机。

欧盟第七框架（FP7）在 2008 年专门把"发展高效富氢燃料燃气轮机"作为一项重大项目，旨在加强针对富氢燃料燃气轮机的研究，为 2015 年实现其零排放煤基 IGCC

系统奠定基础。

日本也将高效富氢燃料、IGCC 系统的研究作为未来基于氢的清洁能源系统的一部分列入其为期 28 年的"新日光计划"中（WE – NET），以效率大于 60% 的低污染煤基 IGCC 系统为目标展开研究。

事实上，在西门子参与美国能源部（DOE）先进燃氢气轮机发展之前，其在相关领域已经作了一些研究工作，而且西门子围绕 IGCC（整体式联合气化混合循环）技术，特别是围绕着合成气、氢气等燃料的外围投入了大量的研发，并对合成气燃烧系统进行了整体专利布局。过去 10 年里，西门子利用其掌握的先进燃气轮机技术，在燃氢燃气轮机领域也不断取得技术突破。

8.4.1 燃氢燃烧系统

虽然西门子进行合成气、煤层气、氢气等燃汽轮机燃料的研究在 20 世纪 80 年代就进行了，然而一直没有大力的发展。这跟过去几十年全球的能源结构有关。在 20 世纪 80~90 年代末，天然气没有成为国际上的主流能源，而煤层气、合成气和天然气的利用也处于起步阶段。因此，西门子的清洁能源燃汽轮机虽然开发得早，但是进展不是很大。一方面是因为技术上的原因，另一方面是因为当前的燃汽轮机效率很高，排放也很低已经可以满足市场的需求。

但是，进入 21 世纪，随着美国率先完成页岩气革命，世界能源格局发生了重大的变化。天然气作为一种清洁的能源得到了大力的发展，因此不仅传统的燃汽轮机迎来了发展的黄金阶段，而且新型的清洁能源燃汽轮机也得到了足够的重视。与此同时，市场对燃氢低排放的燃气轮机的需求日渐强烈，因此，西门子开始投入大量的研发力量进行相关技术的攻关，并且在市场上崭露头角。

西门子在确定其研发路线的过程中，会充分考虑技术、产品和市场之间的关联度，在满足市场要求的情况下，尽可能通过对成熟技术的改进，从而最低成本地获得可以产业化的系列产品。因此，在该领域的专利技术往往以系统集成为主，以下课题组以西门子 SGT6 – 6000G 为例，提出了详细的路线图，如图 8 – 4 – 1（见文前彩色插图 3）所示。

如图所示，2009 年之前，技术人员通过对 F 级燃气轮机燃烧室的改进，获得了可以应用氢气的燃氢燃气轮机。这种改进方法由于仅涉及燃烧室的部件，因此，在 2009 年前该领域并未产生太多的专利技术。

2010 年之后，技术人员开始使用高温低排放的新型燃烧系统，同时结合先进的传感器和诊断技术，获得了性能更佳的燃氢燃气轮机。

目前，技术人员开始关注利用高温低排放的燃烧系统和耐高温材料组成先进的透平冷却和空气动力系统，并在该领域已经产生了大量专利技术。

8.4.2 技术难题

在西门子研发燃氢燃气轮机的过程中，研发人员发现一些系统性的技术难题，例如：燃气轮机在燃用天然气时，预混燃烧技术是最好的减少 NO_x 排放的方式，但是由于氢气和燃烧特性与天然气有很大的不同，氢气的可燃极限大于天然气，最小点火能量小于天然气，预混燃烧方式不再适用，因此燃氢燃气轮机需要解决以下问题：

（1）解决回火和火焰振荡的问题以增加透平的安全和可操作性；
（2）解决高温和高压下，富氢燃料的自动点火问题；
（3）改进燃烧室结构，应对较高的燃料体积流量。

此外，燃烧温度的增加会增加透平的流道的温度，燃油合成气或者氢气会增加水蒸汽的含量，这会造成透平叶片热负担的增加。为了保持透平热部件寿命，因此进行先进的冷却技术和TBC涂层技术。

由于存在上述技术问题，因此，课题组结合这些技术问题的解决思路，重点研究西门子燃氢燃气轮机领域研发热点以及相关领域的重点专利。

8.4.3 重要专利分析

课题组针对西门子的重点专利进行了分析，重点专利的选择，主要参考以下依据：

第一，是否解决了其面临的技术瓶颈，例如，西门子公司正在进行的氢燃料燃气轮机的清洁燃烧过程的研究，他们尝试利用新方法来控制火焰大小和稳定性。因为氢气火焰比天然气火焰更大，所以要尽可能保持透平叶片较低的温度。因此，能够解决该问题的公开号为 US2008202123 A1 的美国发明专利"用于 IGCC 的氧分离的方法和系统"就是该领域认可的重要专利。

第二，根据"专利被引用频次"的统计情况，分别根据时间年度和被引用频次设定重要专利申请的筛选条件，为了得到更佳准确的信息，引用频次筛选条件的设定随年度的向前推进而随之降低。

第三，在 2000 年以后的专利文献被引用频次并不多，其被引用频次不能较为准确地反映其重要程度情况下，考虑在产业界公认的具有较强技术实力的重要发明人的重要专利。

课题组研究发现，西门子的整体式联合气化混合循环、合成气、氢气燃汽轮机的重点专利呈现以下特点：外围专利多，核心专利少；该领域属于很前沿的研究领域，目前并未发现大量的专利申请。西门子的专利布局主要体现在燃汽轮机的整体布局、燃料的存储、分配上，较少有涉及叶片燃烧的排水、减少冲击、腐蚀，见表 8-4-1。

表 8-4-1 燃氢、合成气、IGCC 重要专利列表

重要专利1				
专利信息	公开号	DE3327367 A1	公开日	1985-02-14
	申请人	西门子公司	中国法律状态	
	发明名称	具有整体式煤气化发电装置的中级负载电站		

续表

技术方案	The invention relates to a medium-load power station (1, 44) with an integrated coal gasification plant (2, 45), with a gas turbine power station section connected to the coal gasification plant, with a steam power station section connected to the crude gas heat exchange installation (3, 46) of the coal gasification plant and with a methanol synthesis plant (9, 49, 71). In such a medium-load power station, more methanol is to be produced at times of reduced power requirement. For this purpose, for hydrogen enrichment, the methanol synthesis plant is associated with a so-called cooler/saturator circulation (63, 73) connected to the crude gas heat exchange installation and consisting of saturator (64), shift conversion plant (65), cooler (66, 67) and downstream gas purification plant (68).	重要附图	
所属技术领域	煤气化与燃汽轮机的整体配合应用	同族信息	DE；JP；AU；ES；GR；ZA
专家意见	本发明提供了整体式煤气化发电装置的中级负载电站整体解决方案，为未来国内相关项目的启动提供了最直接的参考		

重要专利2

专利信息	公开号	US4841727 A	公开日	1989-06-27
	申请人	西门子公司	中国法律状态	
	发明名称	用于产生驱动燃汽轮机的燃料气体的装置		
技术方案	A device for generating flue gas for driving a gas turbine includes a stack in a closed hollow cylindrical housing having a stack wall spaced from the housing. One of the ends of the stack has a combustion chamber, a closure element, as well as an inlet opening for combustion air discharging into the combustion chamber and a supply opening for fine grained coal together forming a pulverized coal burner. The	重要附图		

续表

技术方案	inlet opening generates a spin of the combustion air in a given rotational direction. A first auxiliary inlet for combustion air discharges in the combustion chamber. A second auxiliary inlet for fine grained coal is disposed in the stack wall and discharges into the combustion chamber at a distance from the closure element. A flue gas outlet connector is disposed in and spaced from an air inlet connector of the housing at the other end of the stack.	重要附图	
所属技术领域	煤气化装置	同族信息	EP；US；CA；DK
专家意见	本发明提供的燃料气体装置可以提高供气效率，提高燃烧效率，值得国内同行学习借鉴		
重要专利3			
专利信息	公开号	US5755089 A	公开日	1998-05-26
	申请人	西门子公司	中国法律状态	授权
	发明名称	一种操作燃氢燃汽轮机的方法和设备		
技术方案	A method for operating a gas and steam turbine plant includes utilizing heat contained in an expanded working medium from a gas turbine to generate steam for a steam turbine connected into a water/steam circuit. The working medium for the gas turbine is generated by combustion of a fuel along with a supply of compressed air. In order to increase efficiency of the plant, the generated steam, before being introduced into the steam turbine, is superheated through the use of heat occurring during hydrogen/oxygen combustion. The plant includes a waste-heat steam generator which is located downstream of the gas turbine on the exhaust-gas side and in which a number of heating surfaces connected into the water/steam circuit of the steam turbine are disposed. A hydrogen/oxygen burner is connected into the water/steam circuit between the waste-heat steam generator and the steam turbine.	重要附图	

续表

所属技术领域	燃氢燃汽轮机的整体布局	同族信息	DE；US；CN；RU
专家意见	该技术方式提供了燃氢燃气轮机的整体布置方案，结构紧凑，非常适于产业应用		

	重要专利4				
专利信息	公开号	US2008087022 A1	公开日	2008-04-17	
	申请人	西门子公司	中国法律状态		
	发明名称	具有最大输出功率和效率的IGCC的设计和运行方法			
技术方案	The methods and systems enable the IGCC to be operated at reduced output, but without a corresponding drop in efficiency as compared to prior art gas turbine systems. Conversely, the IGCC may be operated at higher outputs. The methods and systems achieve the target output and efficiency by adjusting the chemical potential energy, sensible energy, or both of a fuel stream entering the combustion turbine. The chemical potential energy and sensible energy may be manually or automatically controlled		重要附图		
所属技术领域	IGCC（整体式联合气化混合循环）燃汽轮机系统	同族信息	US；EP；WO		
专家意见	该系统结构紧凑，功能完备，运行效率高，是IGCC的一种技术方案				

	重要专利5				
专利信息	公开号	WO9817897 A1	公开日	1998-04-30	
	申请人	西门子公司	中国法律状态		
	发明名称	氢燃料动力装置			
技术方案	A power plant that combusts hydrogen with oxygen in a high pressure combustor (2) to produce steam, which is mixed with cooling steam (30) before being sent to a high pressure expander (12), which expands the steam and generates rotating shaft power. The expanded steam is mixed with steam		重要附图		

续表

技术方案	from the combustion of hydrogen and oxygen in an intermediate pressure combustor and expanded in an intermediate pressure turbine (14), thus generating more rotating shaft power. The steam from the intermediate pressure turbine is fed into a heat recovery steam generator (18) that cools the steam and heats water streams to form cooling steam (58) for at least one of the turbines and the combustor. The now cooled steam exits the steam generator and passes through a low pressure turbine (20), thereby generating more rotating shaft power, and is condensed into the water streams for heating into cooling steam in the steam generator.	重要附图	
所属技术领域	燃氢燃汽轮机的动力装置整体布局	同族信息	WO；EP；US；JP；CA；KR
专家意见	本发明提供了一种成本较低，结构简单的可大规模产业应用的燃气轮机动力装置		

重要专利6

专利信息	公开号	WO2008012117 A1	公开日	2008-01-31
	申请人	西门子公司	中国法律状态	授权
	发明名称	一种操作具有整体式煤气化和发电装置的的发电站的方法		
技术方案	The invention relates to a method for operating a power station with integrated coal gasification (2), in which a fossil fuel (B) is gasified and, as a synthetic gas (SG), is fed to a burner (7) of a gas turbine for combustion, wherein oxygen (02) is separated from air (L) by means of a membrane (17) at a process temperature (T), wherein the separated oxygen (02) is fed to the gasification device (2) to react with the fossil fuel (B), wherein heat energy is fed in for maintaining the necessary process temperature (T) of the membrane (17), wherein the heat energy is extracted from the	重要附图		

续表

技术方案	synthetic gas (SG) by heat exchange with the air (L), and the heated air (L) is fed to the membrane.	重要附图	
所属技术领域	一体式合成气与燃汽轮机发电装置	同族信息	WO；EP；DE；CN
专家意见	本发明提供的燃气燃气轮机电站结构，作为下一代发电用燃气轮机的典型代表，会成为未来可能在中国推广使用的一种技术方案		

重要专利7

专利信息	公开号	US2008202123 A1	公开日	2008-08-28
	申请人	西门子公司	中国法律状态	授权
	发明名称	用于 IGCC 的氧分离的方法和系统		

| 技术方案 | Nintegrated gasification combined cycle power generation system (100). A gasifier (108) is configured to generate synthetic gas (117) from a carbonaceous material (106) and an oxygen supply (109) with a cleaning stage (120) positioned to receive synthetic gas (117) from the gasifier (108) and remove impurities therefrom. A gas turbine combustion system (2) including a turbine (123) is configured to receive fuel (128) from the gasifier (108) and a first air supply (131) from a first air compressor (130). A steam turbine system (4) is configured to generate power with heat recovered from exhaust (140) generated by the gas turbine system (2) and an ion transport membrane air separation unit (110) includes a second air compressor (114) for generating a second air supply (113). A first heat exchanger (118) cool the synthetic gas (117) prior to removal of impurities in the cleaning stage (120) by flowing the second air supply (113) through the first heat exchanger. | 重要附图 | |

续表

所属技术领域	IGCC中氧气的分离	同族信息	US；EP；WO；CN
专家意见	该系统为IGCC的氧分离提供了具体的方案，该方案性能可靠，具有广泛的市场前景		

重要专利8			
专利信息	公开号	EP2014978 A1	公开日	2009－01－14
	申请人	西门子公司	中国法律状态	授权
	发明名称	使用插入气体来防止燃料脱氧的方法		
技术方案	The method involves injecting fuel (5) i.e. hydrogen, through a fuel nozzle (1), and simultaneously injecting an inert gas (6) in the surroundings of the injected fuel, into a combustion chamber of a gas turbine such that the fuel is separated spatially from an oxidizer (7) by the inert gas until an ignitable mixture of the fuel is produced for controlling combustion of the fuel. The ignitable mixture is produced by injection of the oxidizer spatially from the fuel nozzle into the chamber. The inert gas is selected from a group containing nitrogen, steam, carbon dioxide, noble gas or mixture.	重要附图	
所属技术领域	氢燃料喷射的保护	同族信息	EP；US；WO；CN
专家意见	该方法简单高效，思路新颖，为解决相关问题提供了全新的技术路径		

重要专利9			
专利信息	公开号	EP2138678 A1	公开日	1992－12－30
	申请人	西门子公司	中国法律状态	
	发明名称	存储和供给能量的能量存储系统和方法		
技术方案	An energy storage system (1) is disclosed, which comprises an electrolyser (5), a hydrogen gas storage (6, 20) and a power plant (7, 35, 32), the electrolyser (5) being connected to the hydrogen gas storage	重要附图	

技术方案	(6, 20) and the hydrogen gas storage (6, 20) being connected to the power plant (7, 25, 32). Moreover, a method for storing and supplying energy is described. The method comprises the steps of: delivering electrical energy to an electrolyser (5); decomposing water into oxygen and hydrogen gas by means of the electrolyser (5); storing the hydrogen gas; supplying the stored hydrogen gas to a power plant (7, 25, 32); and producing electrical energy by means of the power plant (7, 25, 32).	重要附图	
所属技术领域	氢燃料燃汽轮机中氢燃料的存储	同族信息	EP；US；JP；CA；CN；NZ
专家意见	该系统提供了一种能量存储和转化的方案，具有很强的实用性，未来产业化前景光明		

8.5 并购过程专利分析

8.5.1 全球并购分析

西门子燃气轮机一直处于世界顶尖水平，然而近30年来其仍然不断地进行并购。参考图8-5-1，纵观其燃气轮机的并购历史，可以发现西门子的并购思路在于做大、

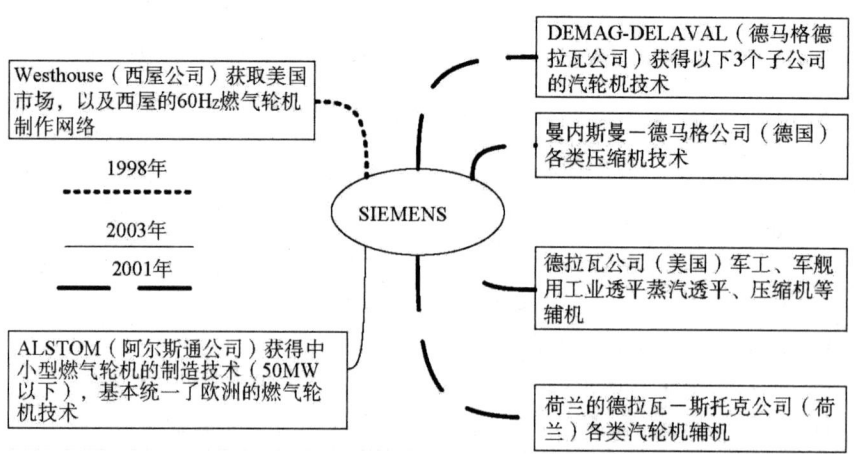

图8-5-1 西门子全球主要并购示意图

做全产品,其善于取长补短,完善产品的市场需求,积极进行全球布局,立足于做全球顶尖的产品提供商。基于这种思路,西门子在进入某国市场之前,采用的策略常常是并购一家该国的顶尖企业,将该国企业的技术与自己的技术相结合,再进一步推出符合该国市场需求的燃气轮机,这使得西门子的全球化战略推进得尤其高效。另外,西门子还积极进行产业拓展,针对燃气轮机的不同应用领域,开发出不同类型的燃气轮机,实现燃气轮机的全产业布局。

8.5.1.1 西门子并购西屋公司火电部

西门子于1998年收购了美国燃气轮机企业巨头西屋公司火电部,大举进入美国市场。西门子收购西屋后,燃气轮机制作技术获得了极大的增强。通过两大公司在技术和市场方面数十年来积累的丰富资源及精湛技艺的完美结合,一个杰出的全球供应商脱颖而出。美国电力市场是采用60Hz的电网,西屋公司的大多数燃气轮机类型正是60Hz的。尽管西门子公司也有一些60Hz的燃气轮机,但显然西屋公司的产品更为适应美国市场。由此西门子通过收购西屋,快速获得了美国市场的认可。另外,西门子和西屋两家的燃气轮机技术极易形成互补,两者在压气机、燃烧室、燃气涡轮机、转子的设计上,都有相似之处,但各有所长。这样,每种机型的独到之处尤其是成功的独特设计都将被移植到其他机型中,作为一种服务,也可以对已经投入商业运行的燃气轮机进行技术更新。同时,西门子公司获得了西屋公司位于加拿大汉密尔顿的制作中心以及位于美国奥兰多的采购中心,它们与西门子的德国柏林制造中心一起为客户提供更优质的服务。

参考图8-6-1,西门子收购西屋火电部以来,其燃气轮机技术得到了大规模扩展。两大公司的设计逐步综合成统一的燃气轮机设计,同时针对50Hz和60Hz市场,由统一的制作网络来支持。2011年5月,西门子制造的联合循环燃气轮机创下了世界纪录,荣获了无数环境奖和创新奖。在经过数年测试后,2011年7月22日,这个13米高、444吨重的轮机开始在德国E.ON电力公司被用于商业发电。该发电装置的输出功率达375MW,发电效率40%。它使用蒸汽轮机和西门子特别研发的热量回收蒸汽发电机,曾创下了60.75%的世界效率纪录,净输出功率达578MW,这一数字甚至高于最初设计的输出功率。因此,这个发电装置的产电量可以满足像柏林这样拥有340万人口的城市的用电需求。与以前最先进的发电装置相比,这个发电装置的效率要高出2.0%,因此每年可减排4.3万吨二氧化碳,这相当于1万辆中型轿车运行2万公里产生的排放量。与全球所有联合循环发电装置的平均值相比,新发电装置消耗的天然气要少1/3,产出每度电时排放的二氧化碳也减少了1/3。该燃气轮机的启动和关机先后为兄弟部门输送优秀人才十多人。

8.5.1.2 西门子并购阿尔斯通燃汽轮机厂

在2003财年中西门子还收购了前阿尔斯通的工业透平业务,并成立了西门子独资的业务集团。这次收购将西门子的产品和解决方案进一步延伸到了石油天然气领域。现在西门子发电集团拥有了包括中小型燃气轮机(最大功率为50MW)在内的完整的产品系列和服务。

阿尔斯通是法国著名的能源和运输设备制造商，但 2000 年来出现经营困难公司负债额高达 50 亿欧元。为了挽救阿尔斯通公司，法国政府于 2003 年 8 月决定收购阿尔斯通公司的股份。但欧盟认为，法国政府要向阿尔斯通集团注资的行为，违反公平竞争的原则。

西门子此前一直希望能够收购阿尔斯通的燃气轮机业务，若能将阿尔斯通的燃气轮机子公司收入囊中，则西门子可能将成为欧洲电力设备市场上无可匹敌的领军企业，与美国通用电气平分秋色。因此西门子认为协议违反了有关法规，向欧洲法院提起诉讼，希望欧洲法院能够否决这一协议。最终欧洲法院以违反公平竞争为由否决了法国政府的注资收购，西门子得以如愿以偿。

从图 8-5-2 还可以看出，由于此前阿尔斯通公司的燃气轮机技术在欧洲范围已经进行了大规模的并购，因此西门子通过收购阿尔斯通，获得了包括 RUSTON（罗斯顿燃气轮机公司）、GEC（英国通用电气公司）、ENGLISH ELECTRIC（英国电力公司）、EGT（欧洲燃气轮机公司）、AEI（英国联合电气工业公司）、ALSTOM（阿尔斯通）在内的众多中小型燃气轮机的知识产权。这几乎整合了欧洲传统工业强国（英、法、德）的燃气轮机公司的技术，大大提升了西门子公司燃气轮机技术水平，使得西门子燃气轮机技术在欧洲成为领军旗帜，但阿尔斯通仍然保留其大型燃气轮机的生产。

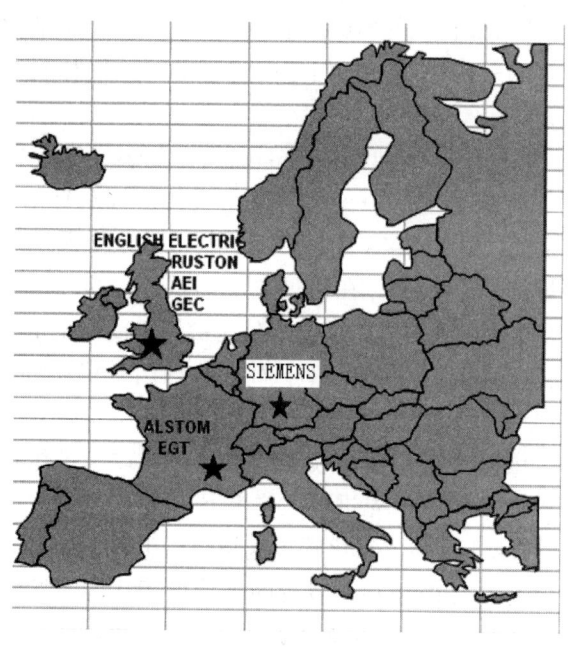

图 8-5-2　西门子在欧洲的并购情况

8.5.1.3　西门子并购德马格—德拉瓦涡轮机公司

在收购阿尔斯通公司之前，西门子于 2001 年收购德马格—德拉瓦（DEMAG-DELAVAL）涡轮机公司，使其成为西门子的子公司，其专利权继续享有不需要转让，但都许可其母公司西门子发电集团共享专利权；

如专利 WO2005083236 A1 的国际申请人以及进入中国的申请人为西门子，但进入瑞典的申请人为德马格—德拉瓦；

WO2005028960 A2 的国际专利申请人为德马格—德拉瓦，但进入美国时西门子和德马格—德拉瓦为共同申请人；

GB2402446 A 的英国专利申请人为德马格—德拉瓦，但进入中国时申请人为西门子公司。

该公司包括三大部分，即德国杜伊斯堡的曼内斯曼—德马格公司，美国特伦堡的德拉瓦公司及荷兰的德拉瓦—斯托克公司，这几个场所共有员工 2650 名。该公司有 150 年历史，其拥有上述 3 个公司的全部专利技术，能生产各种类型的离心压缩机和汽轮机，其主要产品有：离心压缩机、多轴式齿轮增速型离心压缩机、轴流压缩机、混流压缩机、气体膨胀机、工业汽轮机等。德国德马格—德拉瓦公司生产的压缩机有：AX 系列离心压缩机、AR 系列混流压缩机、RR 系列大流量离心压缩机、MH 系列水平剖分离心压缩机、MV 系列垂直剖分离心压缩机、H（VK）系列多轴（高压）齿轮增速型离心压缩机、PRT 系列工艺气体压缩机、SEI/SEE 系列单级离心压缩机。这些压缩机技术可以应用到燃汽轮机中，对西门子公司来说，可以形成极佳的技术互补。

其中，美国德拉瓦公司创建于 1901 年，生产汽轮机历史悠久。其工业透平主要用于军工、军舰上，并且在 1950 年开始制造燃料气压缩机。1960～1970 年美国德拉瓦公司大量供应 30 万吨/年合成氨生产用空压机、原料气压缩机、合成气压缩机、冷冻机四大机组。德拉瓦生产离心压缩机、蒸汽透平目前已在世界上 90 个大型合成氨厂的 700 台机组上运行。这些压缩机技术都已经被西门子公司吸收和消化。

对德马格—德拉瓦公司的收购通常被认为是西门子欧洲并购战略的第一步，通过此次并购西门子完善了其在工业汽轮机生产工艺上的技术，整合了工业汽轮机的产业链。

8.5.1.4　西门子并购安萨尔多公司

西门子 IGCC 技术研发尽管在 20 世纪 80 年代就已经开始，但是其研发重心在于燃气轮机整机、燃气轮机透平、燃烧室。对于 IGCC 的研发，西门子并非是具有绝对优势地位的。

课题组注意到一则消息：据意大利 24 小时太阳报 2013 年 7 月 5 日报道：德国西门子集团有意收购意大利芬梅卡尼卡集团下属安萨尔多能源公司，目前已经提出了报价。

西门子为什么要收购这家公司呢？西门子的并购历来目的性都是很强的，例如其通过收购西屋公司获得了其燃烧室的技术以及美国市场，通过收购德马格—德拉瓦公司获得了压气机技术。因此课题组有理由相信，安萨尔多能源公司有充分的理由被西门子"看上"。为此，课题组对安萨尔多能源公司的专利进行了详细研究。

安萨尔多公司（Ansaldo）坐落于意大利的热那亚州（Genova），是一家拥有 150 多年历史、全能型的工业公司，目前是全球最优秀的综合机电工程公司之一，在能源、自动控制及运输领域有着丰富的经验。

通过对安萨尔多公司的专利进行研究，课题组发现其专利与燃气轮机、IGCC 高度相关。并且课题组推断可能正是安萨尔多掌握 IGCC 的核心专利，西门子才对其产生的并购的意图。因此，课题组重点关注了其近 10 年的专利申请，并从中挑选了比较有代表性的专利技术，具体见表 8-5-1。

由于西门子是燃气轮机行业的巨头,其关于燃气轮机的专利技术对很多相关领域的公司来说都是不可逾越的技术壁垒。安萨尔多能源公司在绕不开西门子燃气轮机专利壁垒的情况下,主攻IGCC技术并且对其进行了系统地知识产权保护。这种策略使得西门子公司不得不重视这个新兴的竞争对手。据悉,西门子公司一开始是打算与安萨尔多能源公司进行专利的交叉许可,即安萨尔多能源公司可以使用西门子的燃气轮机技术来发展IGCC,而西门子公司也可以使用安萨尔多能源公司的IGCC技术,这种技术互换使双方获得了共赢。然而西门子最终还是决定收购安萨尔多能源公司,这体现了其在IGCC领域的雄心,不管收购的结局如何,安萨尔多能源公司和西门子公司展现出来的智慧都值得国内企业学习。

西门子在收购西屋、德马格—德拉瓦、阿尔斯通后,完成了对发达国家的产业布局,并开始雄心勃勃地进入新兴市场,这个新兴市场的首选就是中国。

表8-5-1 安萨尔多能源公司在IGCC领域的重点专利

序号	公开号	公开日	发明名称	与IGCC相关度	企业关注度	关注原因
1	EP2589646	2013-05-08	Apparatus for recovering energy from biomass by gasification	高	一般	生物质气化装置
2	WO2013061303	2013-05-02	Method for modifying gas turbine burner assembly	一般	非常关注	燃烧器组件
3	WO2013042049	2013-03-28	Malfunction detecting method for toroidal type combustion chamber of gas turbine plant	一般	非常关注	环形燃烧室故障检测方法
4	WO2013021354	2013-02-14	Ceramic tile for lining structure walls of combustion chambers for gas turbines for production of electricity material	一般	非常关注	陶瓷瓦块
5	EP2472179	2012-07-04	Burner assembly for gas turbine power plant	一般	非常关注	燃烧器组件
6	IT1393555	2012-04-27	Gas turbine system and the method of operating	较高	非常关注	燃气轮机运行方法
7	WO2012052961	2012-04-26	Gas turbine for electric energy production plant	一般	非常关注	动叶片流通孔
8	EP2439448	2012-04-11	Method for detecting liquid fuel leakage in gas turbine system combustion assembly	一般	非常关注	液体燃料泄漏检测方法
9	EP2418367	2012-02-15	Cooling assembly for gas-turbine electric power generating plant	一般	非常关注	燃气轮机冷却

续表

序号	公开号	公开日	发明名称	与IGCC相关度	企业关注度	关注原因
10	EP2397670	2011-12-21	Controlling method for emissions in a heat engine	一般	非常关注	排放控制方法
11	EP2354662	2011-08-10	Burner assembly for a gas turbine plant and a gas turbine plant comprising said burner assembly	一般	非常关注	燃烧器装配
12	EP2341287	2011-07-06	Method for maintenance of combustion chamber of gas turbine plant	一般	非常关注	燃烧室检修方法
13	EP2312128	2011-04-20	Method for assembling gas turbine with silo combustion chamber	一般	非常关注	筒形燃烧室装配方法
14	EP2295735	2011-03-16	Method for controlling combined-cycle power plant	一般	非常关注	联合循环电厂控制方法
15	WO2011012982	2011-02-03	Device for measuring flow rate of fluid of lance of burner in gas-turbine plant	一般	非常关注	燃烧器流量测量装置
16	WO2011012985	2011-02-03	Fuel supplying method for combustion chamber of gas turbine plant	一般	非常关注	燃烧室燃料供应方法
17	EP2249006	2010-11-10	Device and method for controlling the exhaust temperature of a gas turbine of a power plant	一般	非常关注	燃机排气温度控制装置以及方法
18	EP2239641	2010-10-13	Determining device for operating parameters of gas turbine plant	一般	非常关注	燃机电厂运行参数决定装置
19	EP2199676	2010-06-23	Cleaning method for fuel oil nozzles of burner of combustion chamber	一般	非常关注	燃烧器燃油喷嘴清洗方法
20	EP2213862	2010-08-04	Method for controlling emission of electric power plant provided with gas turbine	一般	非常关注	燃机电厂排放控制方法
21	WO2010049786	2010-05-06	Countercurrent fixed-bed type gasifier	高	一般	逆流床式气化炉

续表

序号	公开号	公开日	发明名称	与IGCC相关度	企业关注度	关注原因
22	EP2151629	2010-02-10	Burners arrangement determining method for annular combustion chamber of high-power gas turbine	一般	非常关注	环形燃烧室燃烧器
23	EP2149678	2010-02-03	Connection assembly for connecting blade to internal ring of compressor	相关	非常关注	压气机叶片连接组件
24	IT1360496	2009-05-12	Method and instrument for determining the quantity of non-condensable gas in geothermal fluids	高		
25	WO2009016210	2009-02-05	Turbo machine blade e.g. gas turbine, designing method	一般	非常关注	涡轮叶片结构设计
26	IT1344990	2008-04-09	Radiographic control method for mechanical parts of complex shape	一般	非常关注	涡轮叶片形状加工控制
27	WO2008111098	2009-10-29	Air intake for axial compressor of gas turbine power plant	一般	非常关注	轴流压气机
28	WO200808148	2008-07-10	Gas turbine burner for use in iron and steel industry	一般	非常关注	一种新式燃料供应方式的燃烧器
29	WO2007144430	2007-12-21	Gas turbine compressor	一般	非常关注	可调叶片的压气机装置
30	WO2007138055	2007-12-06	Gas turbine changing method	高	非常关注	燃料切换时压气机流量改变方法
31	IT1361852	2009-06-10	Control device for steam turbine system	高	关注	蒸汽轮机控制系统
32	WO2007036964	2007-04-05	Starting method for gas turbine	相关	非常关注	燃气轮机启动方法
33	WO2007074483	2007-07-05	Alloy composition for manufacture of protective coatings	一般	非常关注	涂层
34	EP1760274	2007-03-07	Co-generation type steam turbine plant for generation of electrical energy and heat	一般	非常关注	透平冷却系统

续表

序号	公开号	公开日	发明名称	与IGCC相关度	企业关注度	关注原因
35	EP1742160	2007-01-10	Blade profile optimization method for steam turbine and gas turbine	高	非常关注	汽轮机和燃气轮机叶型优化
36	EP1710502	2006-10-11	Gas burner assembly	相关	非常关注	燃气轮机燃气燃烧器
37	EP1596131	2005-11-16	Control method for gas combustor of gas turbine	一般	非常关注	燃气轮机燃气燃烧室控制方法
38	WO2005059441	2005-06-30	System for damping thermo-acoustic instability in combustion device for gas turbine	一般	非常关注	燃气轮机热声不稳定阻尼装置
39	EP1531235	2005-05-18	Vane stator for use in axial flow type gas turbine	一般	非常关注	轴流式燃气轮机静叶
40	WO2005010438	2005-02-03	Burner for gas turbine	一般	非常关注	燃气轮机燃烧器

注：与IGCC相关度有四个等级：高、相关、一般、无相关性；企业关注度有四个等级：非常关注、关注、一般、不关注。

8.5.2 进入中国的历程

8.5.2.1 西门子燃气轮机进入中国的历程

根据发改委发布的《燃气轮机产业发展和技术引进工作实施意见》，我国以市场换取部分制造技术的方式进行技术引进、打捆招标，通过上海汽轮机厂、哈尔滨汽轮机厂、东方汽轮机厂与国外企业合作生产F级、E级燃气轮机及联合循环技术。

2004年10月19日，西门子（中国）有限公司宣布，其发电集团与上海电气集团公司联合，共同获得了为中国4个联合循环发电厂提供9台燃气轮机的订单。其中西门子部分的合同金额约为2.1亿欧元，采购方是4家中国电力公司。这些以天然气为燃料用于联合循环发电厂的燃气轮机将于2005年下半年供货。这是西门子首次闯入中国燃气轮机供应市场。

2004年11月24日，上海电气与西门子共同出资5500万欧元，成立了上海西门子燃机部件有限公司，利用西门子转让的世界最先进燃气轮机部件生产技术，该公司将制造燃烧室和高温透平叶片等燃机核心部件。这一合资项目被认为将大大推动了燃气轮机本土化步伐。

8.5.2.2 西门子工业汽轮机进入中国历程

参考图8-5-3（见文前彩色插图3），可以简要地了解西门子进入中国的历史进程，西门子并非仅仅满足于合作、销售，或者说满足于通过技术转让换取市场，实际上，西门子已经逐步开始加强其在中国的本土化进程。

1975年，中国政府为了增强国家工业基础装备，在外汇储备很少的情况下，经原国家计委批准，杭州汽轮机厂花费数百万美元引进了西门子工业汽轮机设计制造技术，并花费数亿元人民币进口了部分关键设备和测试仪器，开始了与西门子近30年的合作历程。20世纪80年代初，杭州汽轮机厂逐步掌握了工业汽轮机设计制造的核心技术；在80年代中期，杭州汽轮机厂开始向国家的一些关键大型企业提供先进的汽轮机。与此同时，1988年，杭州汽轮机厂又与西门子继续签订了技术合作协议，并获得了西门子当时最新的工业汽轮机技术资料。此后，西门子与杭州汽轮机厂通过联合销售办公室进一步深化了合作。

杭州汽轮机厂在引进西门子工业汽轮机技术后，在制造、消化、吸收、创新上取得的成就大大出乎西门子的意料。20世纪90年代以来，杭州汽轮机厂在国内工业汽轮机领域的市场大幅提高，由于价格远低于西门子在我国的销售价格，国内许多石油、化工等企业纷纷采用杭州汽轮机厂的产品，因此西门子在我国工业汽轮机领域的竞标中颇为不顺。

西门子急于拓展中国市场，却没有想到30年的合作伙伴却变成了自己强劲的竞争对手。为了能重新控制中国的市场，2000年，西门子与杭州汽轮机厂谈判，要求买下杭州汽轮机厂全部国有股，但碍于政策不允许，西门子转而向杭州汽轮机厂表示，希望双方将"合作"变成"合资"。合资条件是：西门子控股；现在杭州汽轮机厂40号型号以上的工业汽轮机的销售、制造进入合资公司，杭州汽轮机厂在合资公司成立后不允许销售、生产40号型号以上的工业汽轮机；西门子工业汽轮机技术作价以知识产权进入合资公司。

由于此条件过于苛刻，不仅影响相关配套企业（沈鼓、陕鼓等）和国防建设，且杭州汽轮机厂的技术水平与西门子差距不是很大，所以杭州汽轮机厂没有答应外方条件。杭州汽轮机厂提出"增量合资"原则：西门子如控股，须转让杭州汽轮机厂尚不掌握的技术（压缩机、鼓风机、燃气轮机等）。2004年，西门子放弃了并购杭州汽轮机厂的动议，并单方中止1997年技术合作协议。

失去杭州汽轮机厂的西门子并不甘心，武汉汽轮机厂也是其理想的标的物，它希望达到控股70%的目的，但这一希望也因为可能涉及国家安全而被否决。

8.5.2.3 西门子电站汽轮机进入中国的历程

20世纪90年代西门子还曾与上海电气共同投资组建了3家公司，即上海汽轮机有限公司、上海汽轮发电机有限公司（最初为1995年与美国西屋公司合资，1999年德国西门子公司收购美国西屋电气公司发电机制造部，该公司变为中德合资企业）、上海动力设备有限公司。

2005年6月，西门子与长江动力集团在慕尼黑签订意向合同，2006年6月签订正式合同：西门子以现金出资，占注册资本的75%（约合4.5亿元人民币），中方以武汉汽轮发电机厂设备出资，占注册资本的25%，与长江动力集团合资组建西门子汽轮电机（武汉）股份有限公司，公司将成为亚洲最大的工业汽轮机制造基地，生产大纲为每年104台。长动集团方面声称，长江动力集团的主打产品为汽轮发电机，与杭州汽轮动力集团的工业汽轮机产品有极大差异，但我国汽轮机企业对该合资企业的担心不无道理，西门子电站汽轮机已经实现在国内的布局。

8.6 本章小结

西门子的专利申请从2000年左右开始才进入了发展快车道，西门子在欧洲和美国进行了较多的专利布局。在中国的专利布局主要从2001年开始，且重视程度日益加深。西门子燃汽轮机技术的主要领域在于透平和燃烧室，其他的排气段、压气机主要是通过并购其他企业获得知识产权。

（1）西门子全球范围主要并购

西门子公司在1999年，燃汽轮机专利申请的数量开始大幅增长，与此同时，其并购的步伐也开始加快。

1) 1998年收购了美国燃气轮机企业巨头西屋公司火电部，大举进入美国市场，该并购获得了西屋公司60Hz燃汽轮机的生产技术以及西屋公司在燃汽轮机燃烧室的技术。

2) 2001年收购德马格—德拉瓦（DEMAG–DELAVAL）涡轮机公司，获得了军舰用燃汽轮机技术以及压气机技术，扩大了西门子在美国市场的影响力。

3) 2003年收购了阿尔斯通的工业透平业务，获得了50MW以中小型燃汽轮机技术。

4) 2013年，意图收购意大利能源巨头旗下的燃汽轮机技术公司——安萨尔多能源公司，意图获得安萨尔多公司的IGCC技术。

（2）西门子进入中国的历程总结

1) 20世纪70年代开始，其与杭州汽轮机厂合作生产工业汽轮机。

2) 20世纪90年代与上海电气合作生产工业发电汽轮机。

3) 2004年与上海电气中标"打捆招标"项目，获得9台燃汽轮机项目。

4) 2005年控股长江动力集团合资组建西门子汽轮电机（武汉）股份有限公司（占股75%）。其目前在中国已经具有生产工业汽轮机的生产基地。

（3）建议

1) 尽快消耗引进的国际新进燃气轮机技术，现实可行的道路是，研究对手的知识产权，尤其是专利技术，可在此基础上进行研究，改进。

2) 加强专利布局，培养自己的核心专利，安萨尔多公司的例子告诉我们，有实力才有竞争资格，才有话语权。当面临国内外行业领军企业的知识产权壁垒时，公司应当怎么做？是购买对方的知识产权，还是沦为为对方打工的地位？安萨尔多能源公司给予了我们一个生动的例子，我们可以选择对手技术薄弱之处进行技术攻关，在某一领域构筑我们自己的专利壁垒。当我们企业对自己的核心专利也能构筑完善的专利壁垒后，即使是行业巨头也不得不对你重新审视。这样公司就能在该行业中获得一席之地，获得一定的话语权。

如果仅满足于打工的地位，过分依赖国家扶植、政策保护，那么当自行研制、设计、试验能力得不到进步，产业发展到了需要自行研制、掌握自主知识产权的时候，由于不具备能力，最后只能一轮轮的引进先进产品，实现燃气轮机的国产化只能沦为空谈。

第9章 三菱重工

本章主要研究重要申请人三菱重工，着重分析其全球专利申请策略、研发团队特点，并对其技术发展方向和技术合作情况进行研究。

本章报告的统计分析基础为截止检索日 2013 年 5 月 31 日已公开的三菱重工全球专利数据和中国专利数据，全球相关专利为 2619 项，中国相关专利为 284 件。

9.1 概述

9.1.1 简介

三菱重工始建于 1884 年，是拥有制造 700 种以上产品实力的日本最大型重工业厂家。与中国的交往可追溯到 1972 年。进入 21 世纪以来，伴随着中国经济的急速发展，三菱重工在中国的事业规模也在迅速扩大。从燃气轮机、炼钢机械、叉车、空调产品到汽车相关产品等都在中国建立了生产基地，加上销售和服务的公司，目前在华有 27 家公司，员工达到 5000 余人。这样一家在诸多领域取得开创性进展的企业，在技术研发、知识产权的运用和管理上，必定有自身的独到之处。因此，本课题对三菱重工在燃气轮机行业的专利现状、布局及战略进行研究具有十分重要的意义。

9.1.2 产品动态

三菱重工燃气轮机的发展是从引进技术开始的。20 世纪 60 年代初，三菱重工向美国西屋公司（现已被西门子兼并）购买了生产燃气轮机的许可证，1963 年开始生产第 1 台燃气轮机（M171），该机组透平初温只有 732℃，功率在 5000kW 左右，与我国东方汽轮机厂在 20 世纪 70 年代开发的燃气轮机属同一水平。

三菱重工通过对引进技术的消化吸收，在自主研发的基础上，先后推出了包括 D 级、F 级、G 级、H 级、J 级在内的一系列产品，如图 9-1-1 所示。新推出的每一级产品相对于上一级在进口初温、燃机热效率等方面都有显著提高，如图 9-1-2（a）和（b）所示，每级产品相应推出了单台燃机和联合循环配套产品。

通过对三菱重工产品系列发展历程进行追溯，可以发现，三菱重工在 20 世纪 60 年代与我国燃气轮机技术几乎处于同一水平，然而随后通过对西屋公司 M701D 技术的消化吸收，于 1984 年生产出了当时世界上效率最高的 M701D 燃气轮机联合循环机组，1986 年又自主开发了 1250℃ 等级的 MF111 型机组，功率为 15000kW，也是当时世界上温度最高的燃气轮机。三菱重工经过短短 20 年左右的时间从引进消化吸收到独立开发，走上自我发展的道路，这种华丽蜕变的过程是值得我们深入研究和学习的。

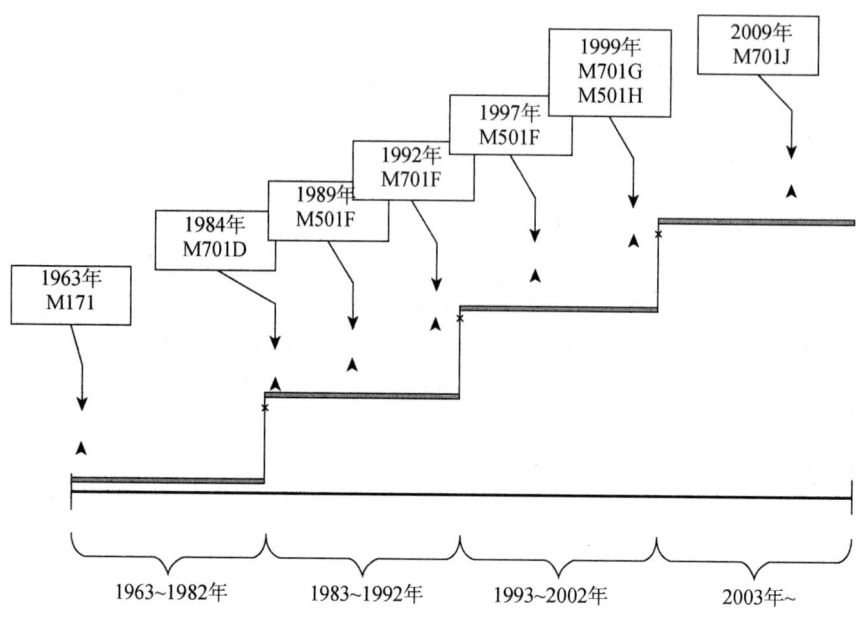

图9-1-1 三菱重工主要产品系列发展历程

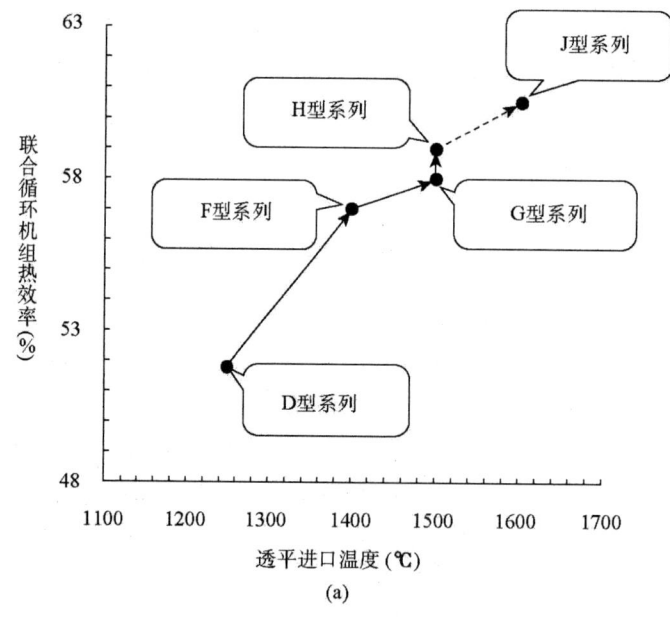

(a)

图9-1-2 三菱重工主要产品系列性能

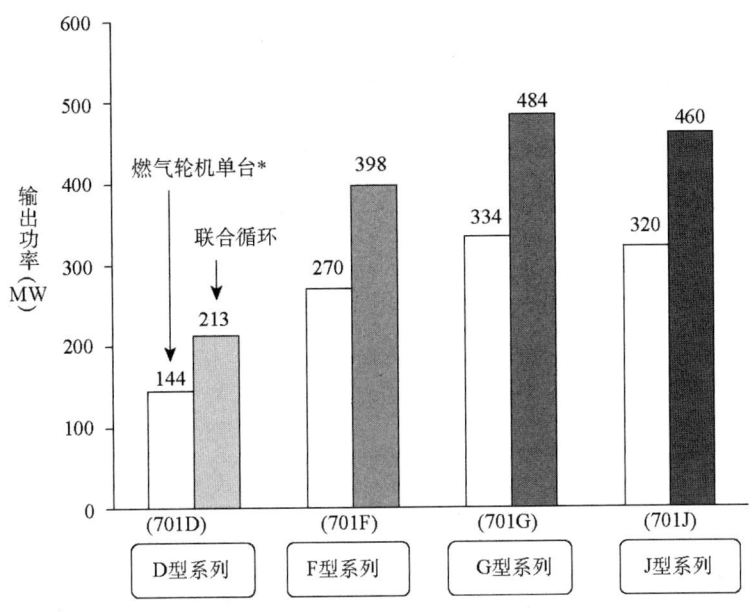

(b)

图 9-1-2 三菱重工主要产品系列性能（续）

1989年，1350℃等级的60Hz的M501F机组在三菱重工的高砂制作所完成了工厂试验，于1992年进入商业运行；50Hz的M701F也相继投入市场，并于1993年首次进入商业运行。到2001年12月底，M701F型机组累计销售了43台，其中23台已投入了商业运行，累计运行时间超过400 000h，启停次数达到6000次。1997年，三菱重工开发出1500℃等级的M501G型燃气轮机，并完成了首台样机的实际验证试验，1999年投入了商业运行，随后又完成了透平叶片全部采用蒸汽冷却的M501H型燃气轮机的研制工作，在工厂进行了满负荷的验证试验。至2009年3月，已有62台G级燃气轮机交付日本和美国的客户，累积运行时间超过75万小时。在这一时期，三菱重工各级燃气轮机全面发展，实现了技术上的赶超，正式步入了世界先进燃气轮机技术水平的行列。

通过不断的技术研发和创新，三菱重工在2009年又开发了新一代J级燃机，J级燃气轮机涡轮进口温度1600℃，比目前G级燃气轮机提高了100℃以上，额定功率320MW（60Hz），其热效率将超过60%，成为目前世界上功率最大、热效率最高的燃气轮机。至此三菱重工完全进入了世界先进燃气轮机技术水平的行列，成为重型燃气轮机领域的行业巨头之一。

9.1.3 三菱重工在中国的发展

1978年11月，三菱重工作为日本企业在中国首次承建大型火电厂——宝钢自备电厂1、2号机组，并于1981年投产。1980年4月，三菱重工开始与上海汽轮机厂、上海锅炉厂和上海电机厂进行技术交流。1984年12月,三菱重工在北京人民大会堂举行了火力发电设备技术交流会,向中国企业介绍了日本的最新发电技术,来自中国各地的100多位技术人员参加了这次会议。

1988年和1989年,三菱重工向中国提供了大连发电厂1、2号机和福州发电厂1、2号机的机组设备,这对从事中国大容量电力开发的华能国际电力开发公司来说是首批进口设备。

随着日本国内电力投资减少,发电站建设停滞,日本发电设备企业纷纷转而开拓亚洲市场。2004年,三菱重工与我国东方电气集团合资,成立三菱中国东方燃气轮机(广州)有限公司,在广州生产发电燃汽轮机。而这次合作的主要形式是技术引进,东方电气集团在与三菱重工的合作过程中,向三菱重工委派各类工程技术人员进行专项培训,并且成立了"中国项目工作室"、"国际事业部"等机构,在合作过程中对燃气轮机技术进行学习和消化吸收,以期达到进一步研发、发展的目的。

2013年1月15日,三菱重工和中国青岛捷能汽轮机集团股份有限公司签署协议,共同成立三菱重工捷能(青岛)汽轮机有限公司,进行市场推广和设计中小型汽轮机和船用汽轮机。

9.2 全球专利申请分析

9.2.1 专利技术发展历程

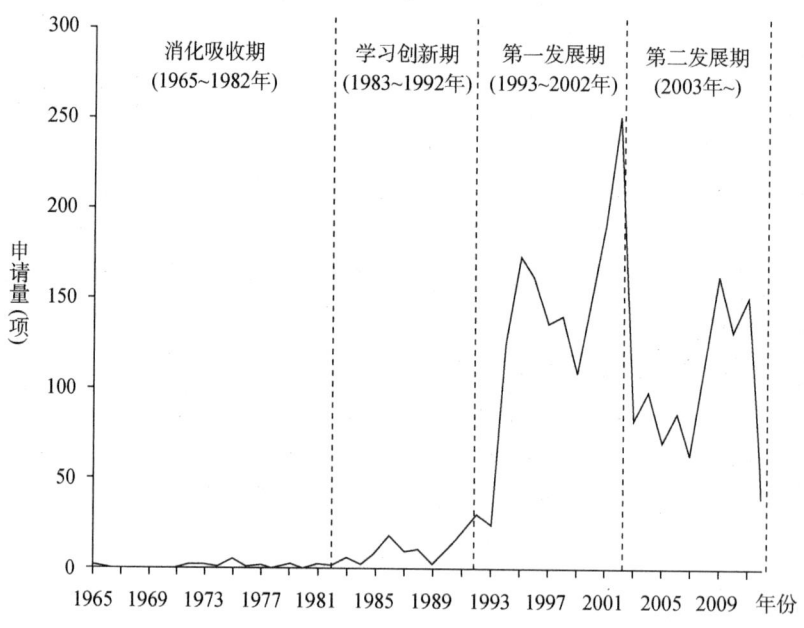

图9-2-1 三菱重工全球专利申请量变化趋势

从图 9-2-1 所示全球专利申请量变化趋势来看，三菱重工的发展可以分为四个阶段，分别是：

①消化吸收期（1965~1982年）

三菱重工在 1972 年之前仅申请了 1 项专利，其技术内容涉及的是工程设备的压力测试方法，并不属于燃气轮机的主要技术要点。在 1972~1982 年的 10 年间累计申请了 26 项专利，年均申请量低于 3 项。可见，这一时期三菱重工的研发力量非常薄弱，处于对西屋公司引进技术的消化吸收期，在为技术创新做准备。

②学习创新期（1983~1992年）

在 1983~1992 年的 10 年间专利申请不但数量上翻了 4~5 倍，年均申请量超过 10 项，而且有近 25% 的申请在日本以外的其他国家或地区进行了专利布局，例如这一时期的典型专利 CN86101358A、US4660838A、CN1051232A 等，均为多边申请，申请国家或地区数均在 5 个以上。可见，通过对引进技术的消化吸收，三菱重工在这一时期步入了自主创新期，并且已开始为其拓展海外市场做先行准备。这与图 9-1-1 所示的产品系列发展历程也是相互印证的，从图 9-1-1 可见，在这个时期，三菱重工产品日趋成熟，推出了 701D、501F、701F 等一系列产品。不论是实际产品还是专利申请都表明三菱重工从 80 年代中期已进入了自主研发阶段。但透过专利申请，例如，这一时期开始积极海外布局，能够更清楚地发现其企业发展战略，即，在自我发展的同时，放眼国际市场。

③第一发展期（1993~2002年）

1993 年以后，三菱重工的专利申请量开始大幅增长，年申请量均超过 100 项，每年的申请量甚至超过之前近三十年申请量的总和，2002 年达到 251 项的高峰。这种井喷式增长表明经过之前近三十年的技术积累，三菱重工在燃气轮机关键技术上有了重要突破，并开始积极开展专利布局。通过系列申请专利，例如 JP10037712A、JP10037713A、JP10037714A、JP10037715A 等对联合循环发电站技术从不同角度进行保护；通过对某一技术不断改进持续申请专利，例如 WO9420793A1、EP0900982A2、EP0902237A2、JP2001254634A、WO02101294A1、WO03006887A1、JP2003013747A 等对重要热端部件燃烧器建立严密的专利技术网，从而形成有效的专利技术池。

基于大量专利申请背后的技术支持，在这一时期，三菱重工的 F、G、H 系列燃气轮机得到全面发展（如图 9-1-1），三菱重工真正进入世界先进燃气轮机技术水平的行列，成为日本燃气轮机行业的一个新起点。

④第二发展期（2003年~）

2003~2007 年，三菱重工的专利申请数量有所回落，每年的申请量处于一个相对稳定的时期，表明针对之前几代产品的主要专利布局已初步完成，而新一代产品尚处于研发阶段。另一方面也说明三菱重工虽然发展较快，但由于起步较晚，因此技术储备主要限于当代产品。

而 2008 年之后，三菱重工的申请数量再次出现明显增长，其中一个重要原因在于，2002 年日本政府通过《能源政策基本法案》，2003 年日本内阁又通过《基本能源计划》，与此对应，日本经济产业省推行更高效率的燃机研发，该项计划燃机部件的研发于2007年完成，历时4年。三菱重工在这一阶段承担了如低排放的燃烧系统、更高的冷却效率等多项重要研发任务。因此，三菱重工在日本政府的鼓励以及产业推广的带动下，在完成第一阶段的研发任务之后，随即展开了广泛的专利申请和布局，对其研发成果进行积极的专利保护，同时将该研发成果应用于了新一代J级产品。这也再次证明三菱重工的专利申请与其产品研发进度是相一致的，因此通过对其专利技术进行追踪、研究，能够较准确地了解三菱重工的最新研发动向、产品特点以及关键技术改进之处。

9.2.2 专利申请策略

专利申请策略是专利战略的一部分，必须服从企业整体的竞争发展战略。因此本节从以下几个角度具体分析三菱重工的专利申请策略，以进一步了解其整体发展战略。

9.2.2.1 专利申请整体布局

由图9-2-2可知，三菱重工在全球多达26个国家和地区进行了专利布局，主要目标国或地区包括日本、美国、德国、欧洲专利局、加拿大、中国、韩国等国家或地区组织。除了这些主要目标国或地区组织外，三菱重工还在其他多个国家或地区进行了少量但广泛的布局，如欧洲的瑞士、挪威、瑞典、匈牙利、荷兰、俄罗斯，大洋洲的澳大利亚、新西兰，亚洲的中国香港地区、菲律宾、印度、新加坡，美洲的墨西哥等。

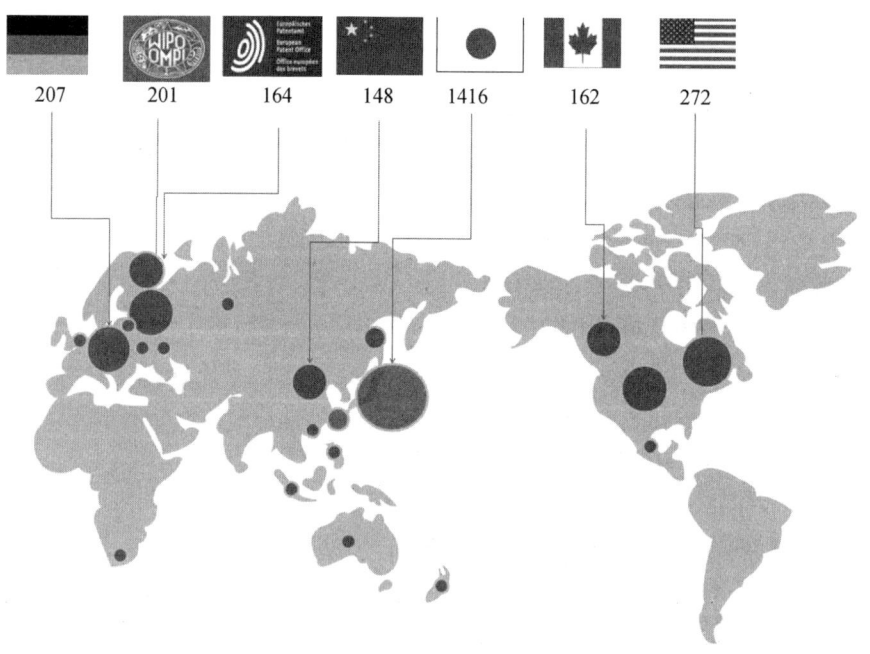

图9-2-2 三菱重工全球专利布局

三菱重工之所以在全球开展如此广泛的专利布局,这与其市场发展是分不开的。如图9-2-3所示,三菱重工的燃气轮机产品销售已遍布世界各地。结合图9-2-2和图9-2-3可知,三菱重工的专利申请区域与其产品销售区域基本吻合,虽然产品销售区域数量稍多于专利申请区域,但经对比发现,进行了产品销售而没有申请专利的多数为经济不发达的区域,如北非、南美的一些国家等,这些国家对知识产权的保护还不够完善,出于市场需求,三菱重工对这些区域采取先销售后保护的策略。

图9-2-3 三菱重工燃气轮机产品销售区域

据统计,截至2009年11月,三菱重工在图9-2-3所示的世界区域范围内已销售M501、M701两大型号D、F、G三代产品的燃气轮机共计538台❶。而2009年推出的新一代J级燃气轮机M701J,截至2012年底也已接到16套订单,其中日本6套,韩国10套。在J级燃气轮机推出之前,三菱重工全球燃机市场份额占10%左右,而计划在2012~2015年通过J级燃气轮机打入市场,实现30%的市场份额。为与市场发展相适应,三菱重工对每一代产品都进行了相应的专利布局,并根据具体市场情况不断地进行专利战略调整,如最新的G级、J级产品订单主要在美国、韩国、欧洲和日本,三菱重工在近年除了保持在欧美的申请量外,对应韩国强劲的市场订单,还加强了在韩国的专利申请,如WO9841665、US2010215299A1等。

图9-2-4(见文前彩色插图4)示出了与D、F、G、H、J级燃气轮机对应的同时期申请国家或地区较多的重要专利,所选专利多数为同族数量大于7个的专利申请。

---

❶ 东方三菱. 燃机介绍 [EB/OL]. [2013-07-12]. http://wenku.baidu.com/view/a9a1d5c3d5bbfd0a79567362.html.

9.2.2.2 面+点布局模式

如图9-2-5所示,在三菱重工的全部专利申请中,99%的申请都在日本进行了专利布局,且其中占71%的申请仅在日本申请专利(即仅有日本同族)。可见,三菱重工作为日本企业,其市场策略多年来一直延续以日本本土为主。

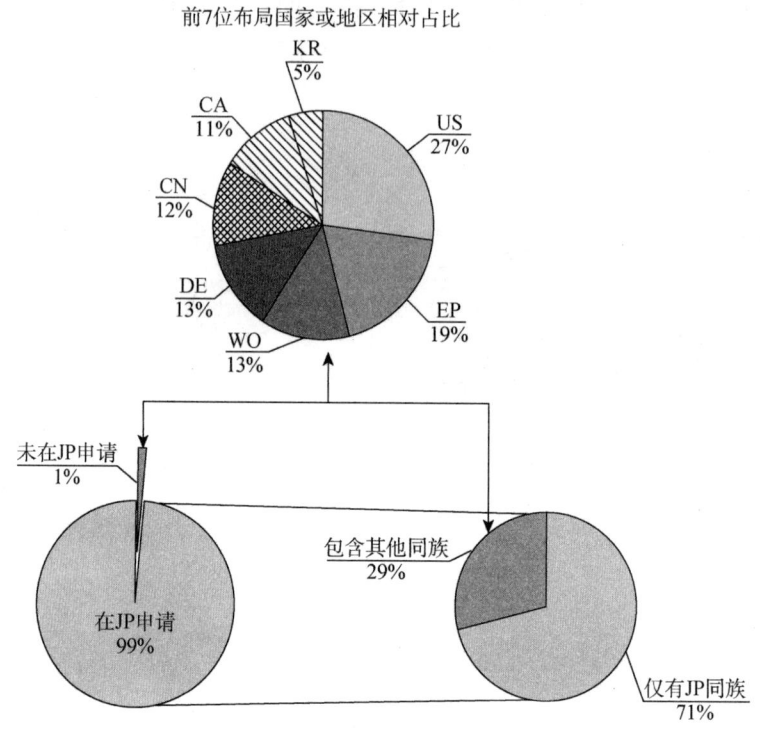

图9-2-5 三菱重工专利申请布局模式

而全部对外申请中(包括未在日本申请的专利申请和除在日本申请外还包含其他同族的申请),以前7位布局国家或地区来看,向美国提出的专利申请相对占比为27%,向欧洲专利局和德国提出的专利申请相对占比分别为19%和13%,可见,美欧市场是除日本市场外,三菱重工专利布局最为看重的市场。美欧市场具有如美国通用电气、德国西门子、法国阿尔斯通等燃气轮机领域具有主导竞争力的企业,这些企业的存在对三菱重工开发欧美市场产生巨大压力。三菱重工希望通过专利布局,增加企业竞争筹码。而在亚洲市场,中国和韩国除了具有巨大的市场潜力外,近年来技术上也开始有所突破,为了给中韩企业制造专利壁垒,为其产品形成有效的知识产权保护体系,三菱重工越来越重视在中韩的专利布局。

图9-2-6详细示出了三菱重工在主要目标国或地区的专利申请情况。结合图9-2-5也可看出三菱重工较重视在本国的申请,本国申请量是其他国家的数倍。在美国的申请量变化趋势与在日本的申请变化趋势相似,有近1/4的申请会在美国同步进行专利布局,表明美国在三菱重工的市场战略中具有举足轻重的地位;而在中国和韩国的申请多集中在2000年后;近几年唯一呈下降趋势的国家是德国,在2000年后的申请量骤降,但在欧洲专利局的申请量不断增加,表明三菱重工在欧洲地区的申请策略开始有所转变。

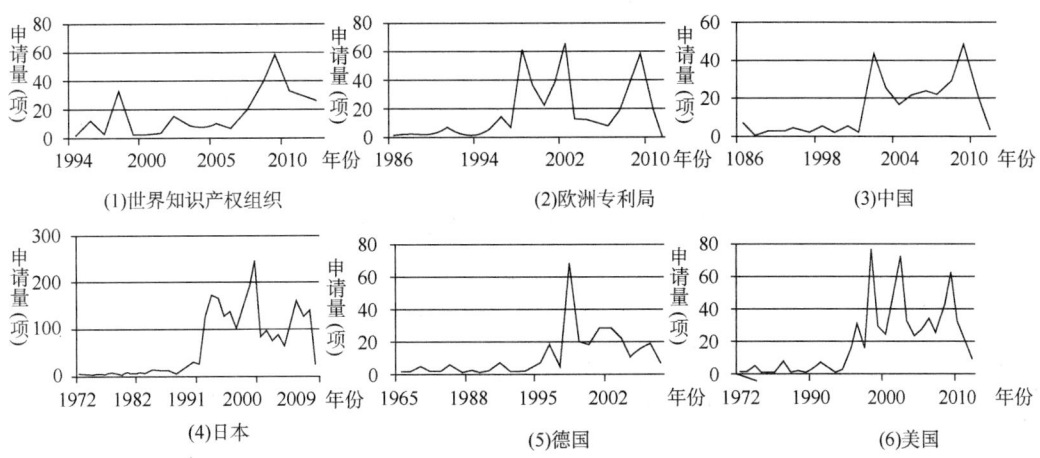

图 9-2-6　三菱重工主要目标国/地区专利申请态势

图 9-2-7 示出了三菱重工 1993~2012 年间申请策略的变化，其中与 1993~2002 年相比，2003~2012 年虽然总申请量有所下降❶，但对外申请（包括未在日本申请的专利申请和除在日本申请外还包含其他同族的申请）相对在日本本国申请的申请量占比由 21% 上升到了 32%，且对外申请中，PCT 申请量占比也由 19% 提高到了 24%，表明三菱重工在这一时期加大了对外专利布局的力度，可见其深知"兵马未动，粮草先行"的专利布局策略，专利申请已成为其开拓市场的重要辅助手段之一。由此可以看出，三菱重工的申请策略、专利布局与其市场战略是紧密相联的，专利申请为其市场扩张起到了重要的保驾护航的作用。

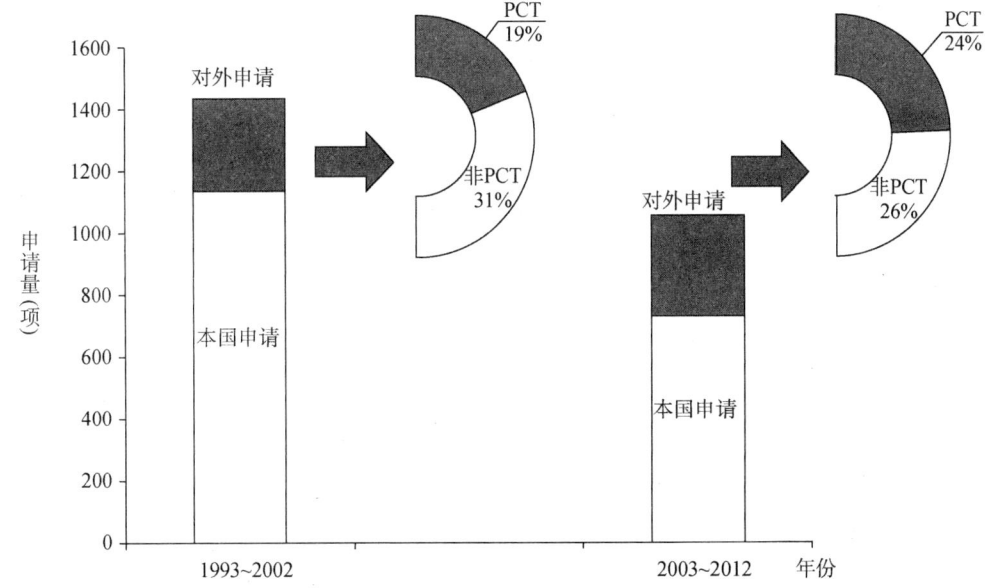

图 9-2-7　三菱重工 1993~2002 年和 2003~2012 年两个时间段内专利申请策略

❶ 由于截止到本课题检索日，2011 年和 2012 年的部分申请还未公开，因此实际申请量可能更多。

9.3 研发团队

9.3.1 整体分析

三菱重工负责研发的机构是技术本部，技术本部下辖各个研究所和技术研修部、技术企业及知识产权部。技术本部从事研发的主要机构是各个研究所，其中的高砂研究所主要从事能源、交通和动力方面的研究，包括燃气轮机与核电的研究，与其相联系的工厂高砂制作所生产各种动力装置，目前年生产能力为火力、核动力发电机组400万千瓦，燃气轮机720万千瓦，水电机组200万千瓦。另外三菱重工的船舶事业本部和航空宇宙事业本部涉及船舶、核动力、航空飞机、火箭等相关产品的研发与生产。

三菱重工的研发团队规模庞大，在燃气轮机的各部件及制造工艺、新型材料等方面均有相当规模的研发投入。通过对三菱重工的专利技术进行分析，可以发现其研发团队遍布压气机、燃烧室、透平和排气段各个领域，研发团队具体分布见图9-3-1。

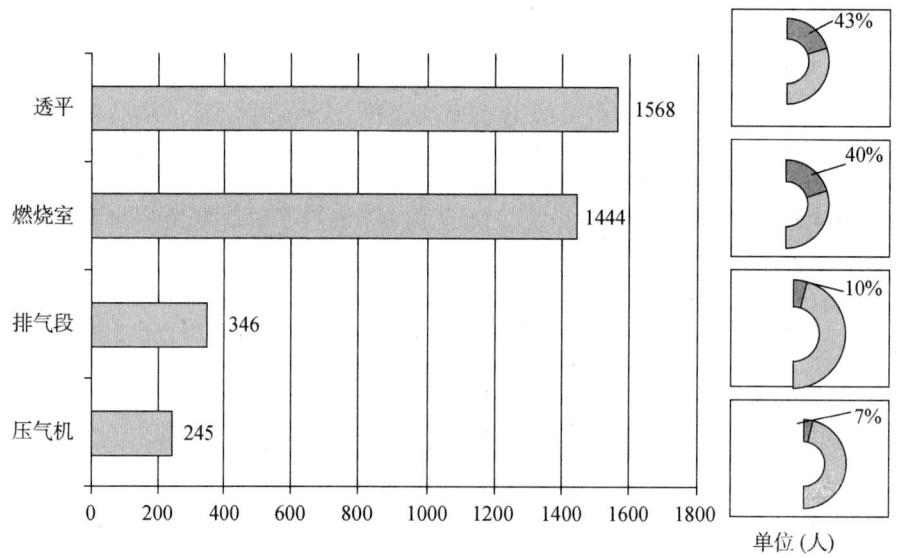

图9-3-1 燃气轮机研发团队整体分布

图9-3-1示出了三菱重工燃气轮机研发团队整体分布情况。自1965年起，三菱重工涉及燃气轮机方面的发明人共计2551人，其中涉及透平的发明人最多，达1568人，燃烧室方面的发明人次之，达1444人，排气段的发明人较少，共346人，压气机领域的发明人最少，只有245人。从人数上来看，约有1000人对各个环节都很重视，对燃烧室、透平、排气段等方面有交叉研究，如在透平领域的研究人员占发明人总数的61%，但其投入的研发人员占总研发力量（1568+1444+346+245=3603）的43%，同理，燃烧室、排气段和透平各占40%、10%、7%，即三菱重工的研发人员总数不多，但人才类型综合，研发力量较强，2551人的研发人员实现了3603人的研发力

量。同时，其研发团队重点突出，对燃气轮机重点技术领域如燃烧室结构、透平等方面的人力投入巨大，这两个领域发明人均衡分布。

9.3.2 全球专利申请

9.3.2.1 申请趋势

图9-3-2　三菱重工专利申请趋势

图9-3-2分别示出了三菱重工全球总申请量、燃烧室申请量、在中国申请量随年代变化的趋势。由图9-3-2中左图可知，三菱重工的专利申请在1994~1996年有了飞跃式的增长，由原来的20~30篇增长到150篇左右，但这种增长并不是没有原因的突然增长，结合分析三菱重工投入的发明人数目可知，从1965年起，三菱重工便开始注重专利申请，同时投入研发力量，发明人于70年代初开始稳步增长，由最初的个位数到1975年的12人，再到1979年的17人，1983年的22人，直到1986年猛增到73人，可见其90年代专利量的陡增并不是偶然，而是三菱重工多年投入、发明团队稳步增长的结果。

随着发明人数量的不断增加，发明人之间的联系日益紧密，合作凸显，到了20世纪八九十年代，逐渐出现了不同研发方向的发明人团队。如燃烧室领域出现了BANDAI S带领的团队，从20世纪80年代至21世纪初一直从事燃烧室领域的研发并取得了丰硕的专利成果；透平领域出现了由TOMITA Y带领的团队等。表9-3-1示出了各领域发明数量领先的发明人统计。

表9-3-1　各领域前8名发明人及发明数量

燃烧室发明人	数目(项)	透平发明人	数目(项)	压气机发明人	数目(项)	排气段发明人	数目(项)
BANDAI S	124	TOMITA Y	118	HIGASHIMORI H	10	TANAKA K	12
TANAKA K	94	SUENAGA K	76	MASUTANI M	10	BANDAI S	9
TANIMURA S	72	ITO E	57	ICHIYANAGI T	8	ITO E	9
NISHIDA K	49	JP	47	IBARAKI S	7	SUGISHITA H	7
INADA M	43	OKADA I	44	IWATANI J	5	WAKAZONO S	7
MANDAI S	41	AOKI S	37	KANEKO Y	5	ISHIGURO T	6

续表

燃烧室发明人	数目（项）	透平发明人	数目（项）	压气机发明人	数目（项）	排气段发明人	数目（项）
ISHIGURO T	40	HADA S	36	NAKANO T	5	ISHIZAKA K	6
OOTA M	39	TAKAHASHI K	36	NOJIMA N	5	ITO T	6
总计	4097	总计	4287	总计	404	总计	556
1444人		1568人		245人		346人	

9.3.2.2 燃烧室发明团队

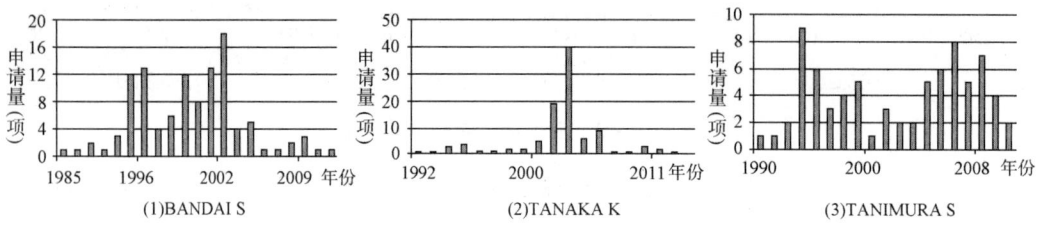

图9-3-3 燃烧室主要发明人

图9-3-3示出了燃烧室领域主要发明人的申请情况。燃烧室发明人中专利申请数量位于前三甲的是BANDAI S、TANAKA K、KTANIMURA S。其中BANDAI S的发明量最大、持续时间最长、合作成员最多，形成了一个以其为中心的发明团队。BANDAI S从1985年开始从事燃烧室的研发，一直到1993年，其专利申请量一直处于较低水平，但在1994年其申请量呈现井喷式增长，由此可以看出，其在过去的十年间潜心基础研发，厚积薄发，得以在后期取得丰硕的研发成果，并成为团队的重要核心。BANDAI S分别在1995~1996年、1998~2002年出现专利申请数量上的高峰，第一个高峰时期的出现如前所述，多年研发的累积，加上三菱重工燃气轮机自主研发的进一步成熟，开始注重自主知识产权的保护；而1998~2002年两次申请高峰的出现得益于其研发团队新老交替的完成，团队的年青一代发挥了重要作用，其中TANAKA K就是新力量中的重要一员。

由图9-3-3可知，TANAKA K从1992年起几乎年年都申请专利，截止到2012年他成为仅次于BANDAI S的第二大发明人。但TANAKA K在2000年以前的申请量多在5项以下，可见在这之前其在团队中的作用并未显现。在BANDAI S的第一个发明高峰时期，TANAKA K还默默无闻，而在BANDAI S的第二次发明高峰时期，TANAKA K也迎来了其第一个发明高峰时期。

BANDAI S（下称"B"）与TANAKA K（下称"T"）隶属两个团队还是具有某种联系？图9-3-4示出了B与T合作专利的情况。由该图可知，B和T于1994年开始合作，两人在2001~2002年均达到申请量的高峰期，此时B的总申请量2001年为13件，而B与T合作专利达11件，但T的年申请量却有19件，远远超出B；2002年B的年申请量及与T的合作专利都是18件，而T年申请量却达到40件。由上面的分析可知，T 是 B 的团队成员之一，于 90 年代初与 B 合作，T 在 B 的团队中于 2000 年左右开始发挥核心力量作用。

年份 发明人	1995	1996	2001	2002
B&T 合作	3	1	11	18
BANDAI S	12	13	13	18
TANAKA K	4	1	19	40

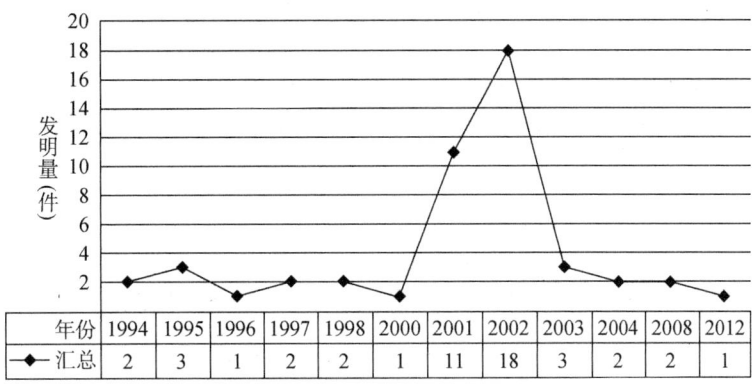

图 9 - 3 - 4　B 与 T 的合作专利

在两人合作的初期，如 1995～1996 年，B 的专利申请远远大于 T，B 的研究领域主要集中在燃烧器及燃料喷嘴的结构改进方面，T 的专利也集中在这两个方面，如 JP9119638A 对燃烧器的喷嘴进行了改进，JP9119639A 也通过改进燃料喷嘴促进燃料的预混合，JP9137919A 通过对燃料喷嘴的多个喷射管道设置不同的截面来增强其稳定性、降低排放、同时减轻振动，JP9229362A 涉及在液体燃料喷嘴上附加气体燃料喷嘴的水注射过程，从而增强燃烧的稳定性，降低燃料的氮氧化物排放。

从上面分析 B 和 T 的合作专利可知，T 主要师从 B 学习燃料喷嘴的改进，并终于在 2000 年初青出于蓝而胜于蓝，成为这个领域的核心力量。

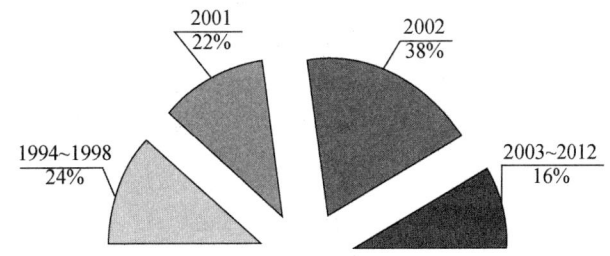

图 9 - 3 - 5　合作发明的时间段比例

图 9 - 3 - 5 表示 B 与 T 在各时间段内合作申请的比例。在 2001～2002 年，T 和 B 的合作专利达到其合作总量的 60%，尤其对于 B 来说，这一时期的合作专利占其总申请量的 84%～100%，其研究内容仍集中在燃料喷嘴领域，如 JP2001254946A 涉及燃料

注入的稳定性研究，JP2002156115A、JP2002276943A、JP2003074855A 均涉及喷嘴结构的改进，JP2002039533A、JP2002039533A、JP2003130354A 涉及多喷嘴燃烧、燃烧室的吸声减震、燃烧室高温部件冷却等，同时这一时期的两人合作专利还涉及燃烧室的尾管冷却等。

同时，不可忽视的是，T 在 2000 年左右的发明专利数量呈井喷式增长，总量远远超越了 B 的发明总量，可见 T 在除燃烧室外的领域也有建树。经过分析，T 在这一时期单独的专利申请还涉及燃料阀的改进，如 JP2001090555A；透平叶片的蒸汽冷却，如 JP11257012A 和 JP2007120504A；冷却密封领域，如 JP2000346201A；压气机的控制方法，如 JP2001090555A 等。T 在透平领域的申请也将近 20 项。T 的研究领域并未分割开来，而是相互促进，这一点在表 9-3-1 中也可以得到验证，在燃烧室、排气段的发明人中，T 均名列前茅。但遗憾的是，T 的专利申请到 2005 年之后就迅速减少，T 并没有成为接替 B 的团队核心力量。由图 9-3-2 可知，在 2002 年之后三菱的整体申请量也迅速下降。而 2009~2011 年又有了小幅上升，说明其新一轮的发明团队力量开始发挥作用。

图 9-3-6 示出了 BANDAI S 的发明团队主要成员。由该图可知，B 的发明团队中除了极具天赋的 T 之外，还有多年跟随他的 OOTA M、NISHIDA K、OTA M、INADA M

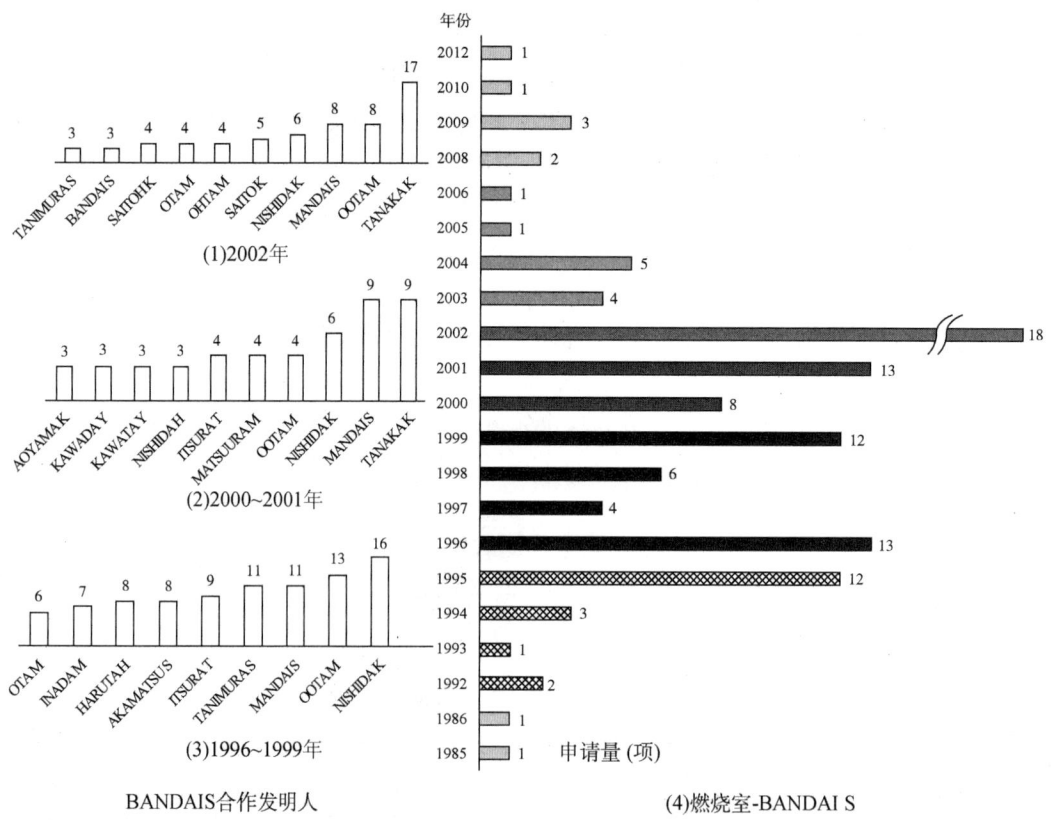

图 9-3-6 BANDAI S 的发明专利及其团队主要成员

等,他们每个时期的个人专利申请量并不是很多,但很稳定,属于团队的非核心成员,但人数具有一定规模,也是团队中不可或缺的力量之一。

表9-3-2是本课题的合作企业上海电气(集团)总公司的相关技术人员反馈的BANDAI S的重要专利,其中将关注程度分为"非常关注"、"很关注"和"关注"。

表9-3-2 企业反馈 BANDAI S 重要专利

发明人	发明名称	公开号	公开日	企业关注
1	Low-nitrogen oxide (s) combustion system-includes sec. air hole for supplying sec. air to flame, in back stream of burning nozzle	JP62087731A	1987-04-22	非常关注
2	Steam supply method for gas turbine combustion unit- involves mixing steam with air before releasing it out to combustion unit from nozzle block	JP7293826A	1995-11-10	非常关注
3	Dual fuel nozzle for gas-turbine combustor has several gaseous fuel exhaust nozzle provided to longitudinal direction centre of rod, individually leading to several gaseous fuel channel formed to surroundings of liquid fuel channel	JP9101009 A	1997-04-15	非常关注
4	Gas turbine combustor has by=pass hole formed on peripheral surface of nozzle holder, to which steam mixed with combustion air from gap formed to baffle fixed between scoop and nozzle holder is jetted	JP9119638A	1997-05-06	非常关注
5	Water injection-combustion method for e.g. gas turbine combustor by using either gaseous fuel nozzle	JP9229362A	1997-09-05	非常关注
6	Oil combustor for gas turbines includes round bar provided at exit part of pilot nozzle to discontinue main nozzle flame after beginning of combustion	JP9296906A	1997-11-18	非常关注
7	Dual fuel nozzle for gas-turbines and the like with two different sized sets of fuel injection holes	EP1013990A2	2000-06-28	非常关注
8	Gas turbine combustor, comprises multi-nozzle type premixing combustor with nozzle outer tube for forming and injecting premixed gas of main fuel and combustion air	EP1156281A2	2001-11-21	非常关注

续表

发明人	发明名称	公开号	公开日	企业关注
9	Fuel nozzle for gas turbine, has partition ring set etween cylindrical and nozzle bodies, and having radial holes positioned corresponding to rear liquid fuel jet nozzles of cylindrical body	JP2002276943A	2002－09－25	非常关注
10	Gas turbine combustor has two-stage combustor including pilot nozzle for forming diffusion flame, as pilot flame, along axis of combustor, and main nozzles for discharging fuel-air mixture	EP1251313A2	2002－10－23	非常关注
11	Pilot burner of premixing combustor has air guide has tip that protrudes beyond tip of pilot nozzle, with tip being bent away from center of pilot nozzle	EP1278013A2	2003－01－22	非常关注
12	Pilot nozzle for a gas turbine has diffuser at pilot gas outlet to promote turbulence at the root of the pilot flame where the diffuser may be a central rod in the pilot jet or a cutaway in or near the outlet	EP1279897 A2	2003－01－29	非常关注
13	Combustor used in gas turbine, has premixing nozzle comprising upper and lower portions in which fuel and air are mixed and intermediate portion which supplies air-fuel mixture into inner cylinder	JP2006097939A	2006－04－13	非常关注
14	Combustor for gas turbine, has several swirler vanes provided on outer peripheral surface of cylindrical inward swirler ring and cylindrical outward swirler ring respectively	US2006236700A1	2006－10－26	非常关注
15	Fuel nozzle for suppressing increase of pressure fluctuation of fuel-nozzle hole vicinity has expansion flow-path section which has bigger flow-path cross sectional area than flow-path cross sectional area of flow path section	JP2010286141A	2010－12－24	非常关注
16	Pre－combustion fuel mixing device e.g for boiler incorporates nozzle for mixing fuel and air for combustion	JP6294517A	1994－10－21	很关注

续表

发明人	发明名称	公开号	公开日	企业关注
17	Fuel supply system e.g. gas turbine involves supplying fuel to other systems from one main system when supply flow rate of fuel increases	JP7224688A	1995-08-22	很关注
18	Gas supplying device for gas turbine has tail pipe with angle tilted to upward direction with reference to axial line of burner and combustion device inner cylinder for equalizing temperature distribution of gas	JP8261469A	1996-10-11	很关注
19	Gas supplying device for gas turbine has tail pipe with angle tilted to upward direction with reference to axial line of burner and combustion device inner cylinder for equalizing temperature distribution of gas	JP8261469A	1996-10-11	很关注
20	Gas turbine combustor has pilot fuel nozzle consisting of large hole and small holes which can beindependently controlled to regulate fuel flow	JP9210362A	1997-08-12	很关注
21	Fuel injector for gas turbine combustor has nozzle holes formed on nozzle body wal and positioned at air flow region	JP9303776A	1997-11-28	很关注
22	Combustor for gas turbines has set of channels which are provided arbitrarily between walls for circulating second cooling medium	JP9303777B	1997-11-28	很关注
23	Multi nozzle type combustor apparatus for gas turbine has fuel discharged through annular conduit formed on clearance between outer cylinder and inner cylinder of main nozzle	JP9303716A	1997-11-28	很关注
24	Gas turbine combustor for thermal power plant etc	EP0899511A2	1999-03-03	很关注
25	Gas turbine combustor has a combustion chamber with a steam cooled wall	EP0900982A2	1999-03-10	很关注
26	Fuel combustion unit in gas turbine engine	EP0935095A2	1999-08-11	很关注
27	Gas turbine combustor meeting variable engine loads	EP0935097A2	1999-08-11	很关注
28	Combustor for gas turbine engines	EP0952392A2	1999-10-27	很关注

续表

发明人	发明名称	公开号	公开日	企业关注
29	Purge system for gas turbine liquid fuel supply systems	EP0952317A2	1999-10-27	很关注
30	Gas turbine combustor has air intake with air holes in the circumferential of the inner tube and swirler and tail tube cooling section	EP1001224A2	2000-05-17	很关注
31	Fuel nozzle for gas turbine combustor, has first and second supply passages which lead to first and second nozzle holes, respectively formed in upstream and downstream side end of swirler	JP2001082741A	2001-03-30	很关注
32	Gas urbine has secondary fuel system connected to air by-pass pipe, that is provided with air by-pass valve, which leads to combustor	JP2001124338A	2001-05-11	很关注
33	Combustor for gas turbine has fuel injected from injection hole to advance along jet guide, mix into swirl flow in swirl flow path smoothly without stagnation, and burn	WO0017578A1	2000-03-30	很关注
34	Combustor for producing combustion gas for driving a gas turbine, has nozzle extension pipes whose outlet shapes are made different so that premixed flames of different shapes can be formed	JP2001254947A	2001-09-21	很关注
35	Multi nozzle, premixed type gas turbine combustor has backflow prevention board which blocks gap defined by parts of premixed flame formation nozzle, cone, and combustor inner cylinder	JP2001296025A	2001-10-26	很关注
36	Gas turbine combustor in electricity generating plant, has flame stabilizer to lower disturbance in specified region to stabilize flame generated by igniting combustion gas	EP1134494A1	2001-09-19	很关注
37	Combustor has burner having a nozzle discharging fuel into a combustion chamber	EP1207344A2	2002-05-22	很关注
38	Dual fuel nozzle for combustor of gas turbine has gaseous fuel flow path, liquid fuel flow path and connected fuel exhaust nozzle which are provided in swirler	JP2003074855A	2003-03-12	很关注

续表

发明人	发明名称	公开号	公开日	企业关注
39	Combustor for gas turbine and jet engine has eight main nozzles which are arranged along circumference of pilot nozzle, such that flame holder forms circulation flow near main nozzles	JP2003130351A	2003-05-08	很关注
40	Pilot nozzle for a gas turbine has diffuser at pilot gas outlet to promote turbulence at the root of the pilot flame where the diffuser may be a central rod in the pilot jet or a cutaway in or near the outlet	EP1279897 A2	2003-01-29	很关注
41	Fuel nozzle for e.g. combustor, has cover with lowermost flow side formed at outward-facing flow path connected to inward-facing flow path to direct cooling air flow path to center of fuel nozzle	JP2003247425A	2003-09-05	很关注
42	Combustor for gas turbine, has additional swirler at tip of pilot nozzle, whose throat area is narrower than that of pilot swirler	JP2004085120A	2004-03-18	很关注
43	Combustor for e.g. gas turbine used in electric power generating facility, has collar which vertically extends outward from downstream side tip of outwardly spreading inner taper of pilot cone	JP2004101071A	2004-04-02	很关注
44	Combustor for e.g. gas turbine, has fuel injection tip of pilot nozzle to jet fuel to inner wall region between middle and downstream side tip of pilot cone inner taper	JP2004101105A	2004-04-02	很关注
45	Gas turbine combustor has combustion zone diameter set such that area inside combustion zone and outside pitch circle is at least twice area of all premixing nozzles	US2003037549A1	2003-02-27	很关注
46	Gas turbine combustor has projection which extends from far most inner wall of each hollow material that is most distant from axis of rod-like body to injection port that is most distant from axis	US2003089801A1	2003-05-15	很关注
47	Gas turbine combustor has main air path, provided side by side with respect to pilot cone, which ejects air towards downstream of tip of pilot cone	JP2005114193A1	2005-04-28	很关注

续表

发明人	发明名称	公开号	公开日	企业关注
48	Combustor for gas turbine, has resistance plate formed with through holes, to trap fluid particles in combustion area such that particles are resonated with air for attenuating vibration of particles	WO2004051063A1	2004-06-17	很关注
49	Gas turbine combustor, has several pre-mixing nozzles 50：50surrounding pilot nozzle on internal peripheral surface of combustor inner cylinder, and constriction section in front end of gas-channel of inner cylinder	JP2007147125A	2007-06-14	很关注
50	Combustion device for gas turbine, has flow restriction elements that are provided in pre-determined regions along circumferential direction excluding regions of through sections which do not disturb flow of air	WO2011058931A1	2011-05-19	很关注
51	Gas turbine flame temperature control involves part feeding of fuel into secondary air stream that serves to cool combustion chamber walls	JP7208207A	1995-08-08	关注
52	Gas turbine installation for burning heavy oil has seond combustor for burning gas processed by dust collector which also removes corroded material in waste gas	JP8246896A	1996-09-24	关注
53	Combustion device for gas turbine – has several wings formed in suction opening, into which air flowing to inner cylinder from outer cylinder becomes rotary flow in which air rotates to about 180 deg. if wings rotate	JP8327063A	1996-12-10	关注
54	Steam cooling combustor for gas turbine – in which groove with entrance part connected to cooling water line and exit part connected to power up vapour line through valves, is provided	JP9049630A	1997-02-18	关注
55	Pre-mixture main nozzle for low NOx gas turbine combustor has swirl part with central opening arranged inside main body that increases axial velocity of pre-mixture before reaching combustor	JP9119639A	1997-05-06	关注

续表

发明人	发明名称	公开号	公开日	企业关注
56	Pre-mixture gas burner for gas turbine combuster – sets branched tubes individually along axial direction of fuel nozzle, which are provided with several nozzle holes opened along upstream direction	JP9137919A	1997-05-27	关注
57	Combustor for natural gas burning has combustion air that is sent through second and third nozzles which is premixed with natural gas sent through first or fourth channels	JP9145011A	1997-06-06	关注
58	Catalyst structure for gas turbine has catalyst activators piled so that high projections of lower catalyst fit into shallow recesses of upper catalyst substrate	JP9192501A	1997-07-29	关注
59	Coal gasifying generating plant not requiring air compressor – consisting of combustor	JP9221686A	1997-08-26	关注
60	Catalysed combustion device for gas turbine has catalyst having magnetic cutting tool structure with palladium and manganese on entrance and exit sides respectively	JP10047610A	1998-02-20	关注
61	Gas turbine combustor with exhaust control-has gas supply piping to feed oxygen to primary combustion zone from coal gasification plant	JP10054558A	1998-02-24	关注
62	Air by = pass device for gas turbine has air flow swirler provided in by = pass inflow hole formed in tail pipe between combustor and gas turbine	JP10259915A	1998-09-29	关注
63	Fuel supply line structure of oil – gas burnt combustor for gas turbine – has mixer which adds water vapor to oil fuel and conveys it to gas fuel supply line	JP11094255A	1999-04-09	关注
64	Burner with low NOx – value using fuel gas containing oxygen – maintains combustion of fuel which at least contains nitrogen component is introduced in burner and fuel gas has oxygen concentration held in region of 13 – 17 percent	JP10259736A	1998-09-24	关注

续表

发明人	发明名称	公开号	公开日	企业关注
65	Heat energy utilization management system in combined cycle power plant – utilizes combustion gas of gas turbine to heat steam generated by steam turbine in low temperature heat exchanger	JP11257024A	1999－09－21	关注
66	Combustor for e. g. gas turbine engine	JP11311404A	1999－11－09	关注
67	Gas turbine combustor has air intake with air holes in the circumferential of the inner tube and swirler and tail tube cooling section	EP1001224A	2000－05－17	关注
68	Combustor structure for gas turbine, has at least pair of main swirlers integrated with board, pilot swirlers integrated with flame holder and combustion chamber integrated with tail pipe	JP2001153362A	2001－06－08	关注
69	Fuel supply structure for gas turbine combustor, has fixed orifice installed along top fuel line and which has variable orifice diameter that regulate fuel flow rate	JP2001141243A	2001－05－25	关注
70	Combustor structure for gas turbine, has at least pair of main swirlers integrated with board, pilot swirlers integrated with flame holder and combustion chamber integrated with tail pipe	JP2001153362A	2001－06－08	关注
71	Gas turbine system and combined plant, has portion of exhaust gas discharged from gas turbine circulated into combustor	EP1091095A2	2001－04－11	关注
72	Combustor for gas turbine, has axial air flow passage formed around axial fuel supply passage with radially outwardly extended baffle at front end	JP2002061840A	2002－02－28	关注
73	Has pilot nozzle disposed at center of the combustor and eight main nozzles are disposed there around, air flows from there around through around nozzles and to the tip for use in combustion	WO0075573A1	2000－12－14	关注

续表

发明人	发明名称	公开号	公开日	企业关注
74	Combustor for turbine and jet engine useful for, e. g. aircraft, includes velocity fluctuation absorption member provided in air flow passage near maximum velocity fluctuation position	EP1174662A	2002-01-23	关注
75	Turbulence combustion analysis method involves defining model type of turbulent burning velocity which is based on pressure, as function of chemical reaction velocity and turbulent mixing rate	JP2002295830A	2002-10-09	关注
76	Plate pin structure for gas turbine combustor has fin arranged on peripheral side of fin ring, such that fin is enclosed inside shell to enable passage of cooling airflow between fin ring and shell	JP2003130354A	2003-05-08	关注
77	Gas turbine which uses low calorie fuel, has the inner tube and the tail tube of the combustor section formed unitarily	EP1306619A2	2003-05-02	关注
78	Fuel feed system for gas turbine, includes fuel regulating valves that adjust flow amount of fuel supplied to combustor, based on combustor premixed flame temperature	JP2003328779A	2003-11-19	关注
79	Fuel supply structure for gas turbine combustor has airflow path formed between inner cylinder and outer cylinder of combustor, such that fuel is supplied to each airflow path to enable mixing of fuel and air	JP2004077076A	2004-03-11	关注
80	Gas turbine combustor for burning fuel, has annular passage provided around combustor tail and connected to by pass passage	US2002152740A1	2002-10-24	关注
81	Combustor forgas—turbine has catalyst layer which has low temperature region positioned at upstream side of air-fuel mixture supplied to this catalyst layer, and high temperature region positioned at downstream side of air-fuel mixture	JP2004361034A	2004-12-24	关注

续表

发明人	发明名称	公开号	公开日	企业关注
82	Combustor for gas turbine, has structure which determines combustion temperature with flow ratio of premixed gas which passes through catalyst layer and combusts, and premixed gas which does not pass through and is directly supplied	JP2004361035A	2004-12-24	关注
83	Combustor for gas turbine, has sound box installed in predetermined area of outer side of combustion pipe and having drain holes for discharging oil	JP2007309644A	2007-11-29	关注
84	Fuel nozzle for gas turbines, has fuel feeding pipe which sucks air from air introductory section and releases from air discharge hole through air pipe	JP2005195284A	2005-07-21	关注
85	Combustor in gas turbine plant, has trumpet type combustion tube arranged to prevent stagnation of oil when operating it	JP2005315457A	2005-11-10	关注
86	Gas-turbine combustor has partition plate divides space in bypass pipe and arranged along axial direction of bypass pipe	JP2006144694A	2006-06-08	关注
87	Gas turbine combustion device for use in electric power generation system, has gas fuel supply part supplying gas fuel to combustion pipe, where fuel supply part and oxygen supply part are adjoined to supply gas fuel and oxygen to outside	JP2011094573A	2011-05-12	关注
88	Combustion device of pre-mixing combustion system for gas turbine has fuel control system which keeps constant total flow volume of fuel supplied to nozzles via fuel system, by increasing and/or reducing fuel for every fuel systems	JP2011111964A	2011-06-09	关注

9.3.2.3 透平发明团队

图9-3-7示出了透平领域的主要发明人。三菱重工在透平领域的主要发明人分别是富田康意（TOMITA Y）、末永洁（SUENAGA K）和伊藤荣作（ITO E）。分析三人的发明趋势可知，TOMITA Y和SUENAGA K均在1998年达到申请量的高峰，同时其他年份的起伏趋势也类似，由此推断两人可能是同一时代且具有合作关系的发明人。而ITO E在1997~2010年的申请量比较稳定，是长期活跃于该领域的重要发明人之一，尤其在2005年以后ITO E迎来了申请量的高峰时期。下面研究TOMITA Y和SUENAGA K的研发重点。

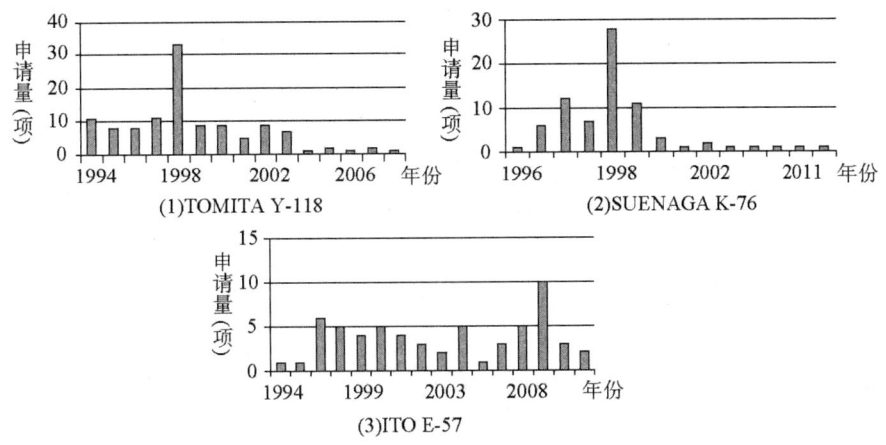

图9-3-7 透平领域主要发明人

通过分析三菱重工在透平领域的专利数据可知，该领域涉及冷却的专利较多，在透平领域通过查找专利数目较多的冷却方面的专利，进而查找TOMITA Y在透平冷却方面的专利，并根据施引频次排名，从而确定TOMITA Y在该领域的重要专利（见表9-3-3）。

表9-3-3 TOMITA Y在透平冷却领域的重要专利

公开号	年份	引用频次（次）	同族	申请国家	发明人
US6065282-A	2000	29	1	US	FUKUE I, TOMITA Y, AKITA E
WO200166914-A	2001	21	5	WO, JP, EP, US, CA	SHIOZAKI S; TOMITA Y
WO9850685-A	1998	20	6	WO, JP, EP, DE, US, CA	TOMITAY, SUENAGAK, KITAMURA T
WO9850684-A	1998	16	6	WO, JP, EP, DE, US, CA	TOMITA Y, AOKI S, SUENAGA K
EP935052-A	1999	12	6	WO, JP, EP, DE, US, CA	FUKUE I, AKITA E, SUENAGA K
US6178883-B2	1999	8	2	US, JP	SATOHM, TOMITA Y
WO9859157-A	1999	8	6	WO, JP, EP, DE, US, CA	FUKUNOH, TOMITA Y, ITO E

续表

公开号	年份	引用频次（次）	同族	申请国家	发明人
WO9855735-A	1999	8	5	WO, JP, EP, US, CA	MATSUURA M, SUENAGA K, AOKI S
DE19810339A1	1998	6	5	DE, JP, EP, US, CA	TOMITA Y, FUKUNO H, SUENAGA K
EP1094200-A	2000	3	3	EP, JP, CA	TOMITA Y, SUENAGA K, SHODA J

由表9-3-3可知，TOMITA Y透平冷却领域的专利其引用频次较多的申请集中在1998年前后，这个年代其专利布局的国家或地区主要是日本本土、美国和欧洲市场。

例如US6065282A，该专利主要涉及联合循环燃机的叶片冷却系统，冷却方式是通过两个闭合冷却回路加强来自燃烧器的冷却空气的冷却效果，实现仅在闭合回路中能够同时冷却动静叶片，可减少冷却空气的消耗量。该专利在公开后得到了同行企业、研究机构的重视，施引频次达到29次，被各局审查员引用次数达10次，这个数据在三菱重工申请的专利中属于较受关注的专利。关注该专利的企业包括通用电气、西门子、西门子西屋电力、阿尔斯通、普惠、罗罗等，此外三菱重工自己也在此基础上作了进一步的研究。上述施引专利多数涉及双流道冷却，回转流道的冷却等，为改善联合电厂热机的效率作出了贡献。

而在与TOMITA Y合作的发明人中，合作最多的是SUENAGA K，与SUENAGA K的合作申请量占其全部申请的60%以上，结合两人的专利申请的年代变化趋势相似，可以推断两人可能属于同一时期的同一发明团队。此外，结合图9-3-8可知，除了TOMITA Y与SUENAGA K之间有广泛合作外，TOMITA Y、SUENAGA K和ITO E三人之间也均有交叉合作。TOMITA Y和SUENAGA K在冷却方面的重要专利数目很多，如WO200166914A、

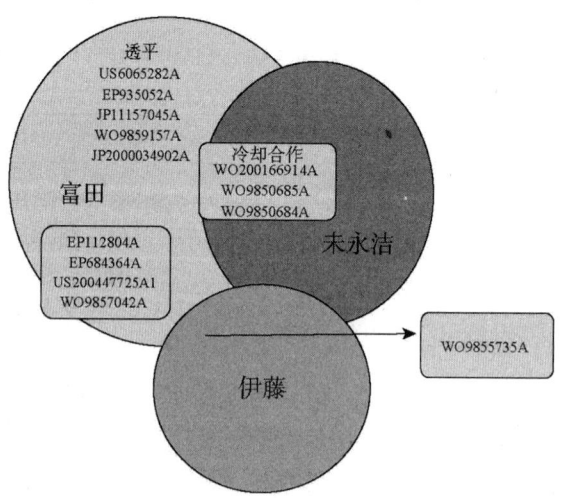

图9-3-8 透平领域重要申请人合作关系

WO9850685A、WO9850684A 等，TOMITA Y 与 ITO E 的重要合作专利包括 WO9855735A 等。

9.3.3 中国专利申请

9.3.3.1 申请趋势

参见图 9-3-2 可知，三菱重工早在 1985 年就已开始在中国申请专利，这为其向中国输出产品做了充分的准备。但在 1985~2001 年间，三菱重工在中国的申请量极少，这与其公司的研发力量相吻合。而当 2002 年其全球专利申请量呈现高速增长时，随之也加大了在中国的申请量。但值得注意的是，2002 年，三菱重工在全球的专利申请量达到将近 300 件，而在中国的申请量却不到 30 件，即中国申请量未达到其总申请量的 10%。之后，三菱重工在中国的申请量与其全球申请量的趋势相似，呈下滑趋势，直到 2009 年左右，在中国申请大幅上升，其比例超出了其全球总申请量的上升比例，可见 2009 年左右，三菱重工将其专利的在华保护作为重中之重。

9.3.3.2 人力投入与发明效率

图 9-3-9 表示三菱重工中国申请量及人力投入变化；图 9-3-10 表示三菱重工在中国申请的发明人效率比较。

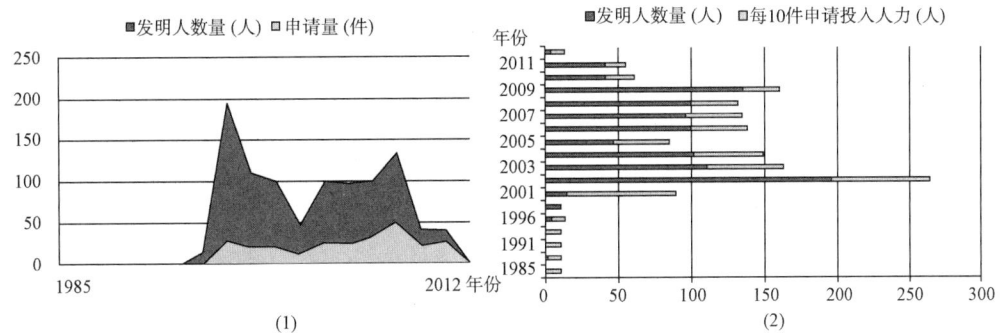

图 9-3-9　三菱重工中国申请量及人力投入变化

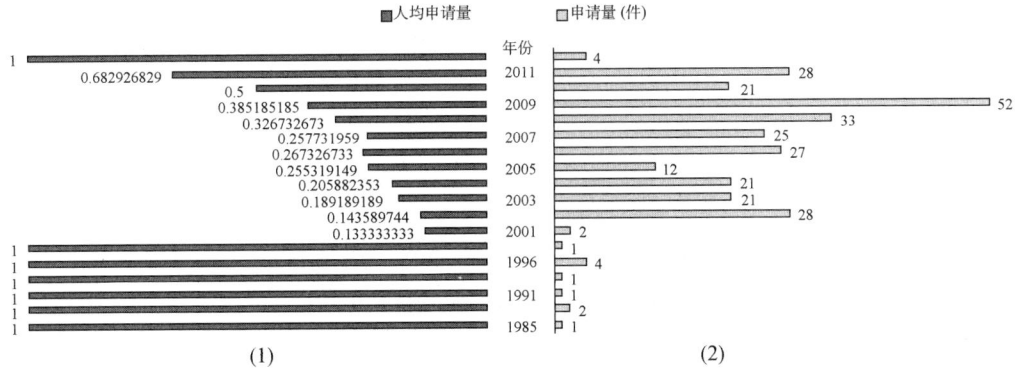

图 9-3-10　三菱重工在中国申请的发明人效率比较

由图 9-3-9 可知三菱重工在中国申请专利的数量与其投入的研发力量基本呈正比，即申请量多的年份投入的人力资源比重也较高。其中最显著的是 2002 年，2002 年的申请量相对之前有较大提高，这是建立在其大规模的人力投入的基础上的。结合

图9-3-10，2002年的申请量为28件，但发明人数量却有195人，其人均申请量仅有0.13件，远远低于1985~2000年间的人均申请量，而2002年之后，三菱重工的研发效率逐渐提升，人均申请量和专利总申请量同步提升，尤其是人均申请量一直保持稳步的增长，到2011年达到人均申请量0.68件。

由图9-3-10可知，在2000年以前，人均申请量达到每人1件，而总申请量却较低，同时参与研发的发明人也很少，这表明在2000年前三菱重工的研发模式主要是独立研发，没有大规模的研发团队，而2000年后尤其在2002年后，发明人数量大幅增加，形成不同的研发团队，虽然初期效率较低，但能保证研发实力，如今经过10余年的发展，其研发效率已显著提升。

9.3.3.3 燃烧室重要发明人

图9-3-11 燃烧室重要发明人示意

图9-3-11表示燃烧室重要发明人的申请情况。由该图可知，燃烧室和透平领域的发明人数量最多，同时发明量也最大。而燃烧室的研究领域中又以谷村聪、外山浩三、田中克则等带领的团队对不同领域进行细致分工研究。谷村聪团队是在中国较早申请的团队，其专利申请量也较大，主要研究领域集中在燃烧器和喷嘴结构的改进上；外山浩三也研究该领域，但从其团队成员及申请年代可以看出，这两个团队属于同期的独立团队，其申请量不相上下，研究领域相近，团队成员交叉较少。而田中克则、田中聪史、中村聪介等的研发领域也各有不同，具体领域包括燃烧室冷却、燃料气体控制、燃料供给等。中村聪介属于后期成长起来的核心力量之一，其申请主要集中在2008年之后，他在早期与谷村聪和田中克则的合作较多，后期主要在燃烧器的连接结构、尾筒结构、拆卸方法等方面进行研究。

根据前面分析可知，2002年三菱重工开始大规模在中国申请专利，而谷村聪也恰好在2002年申请第一件专利CN1399100A，从近300件专利成果中不到1/10的专利到中国申请保护，其重要性可想而知。以上面提到的CN1399100A为例进行分析，其引用关系如图9-3-12所示：

第9章 三菱重工

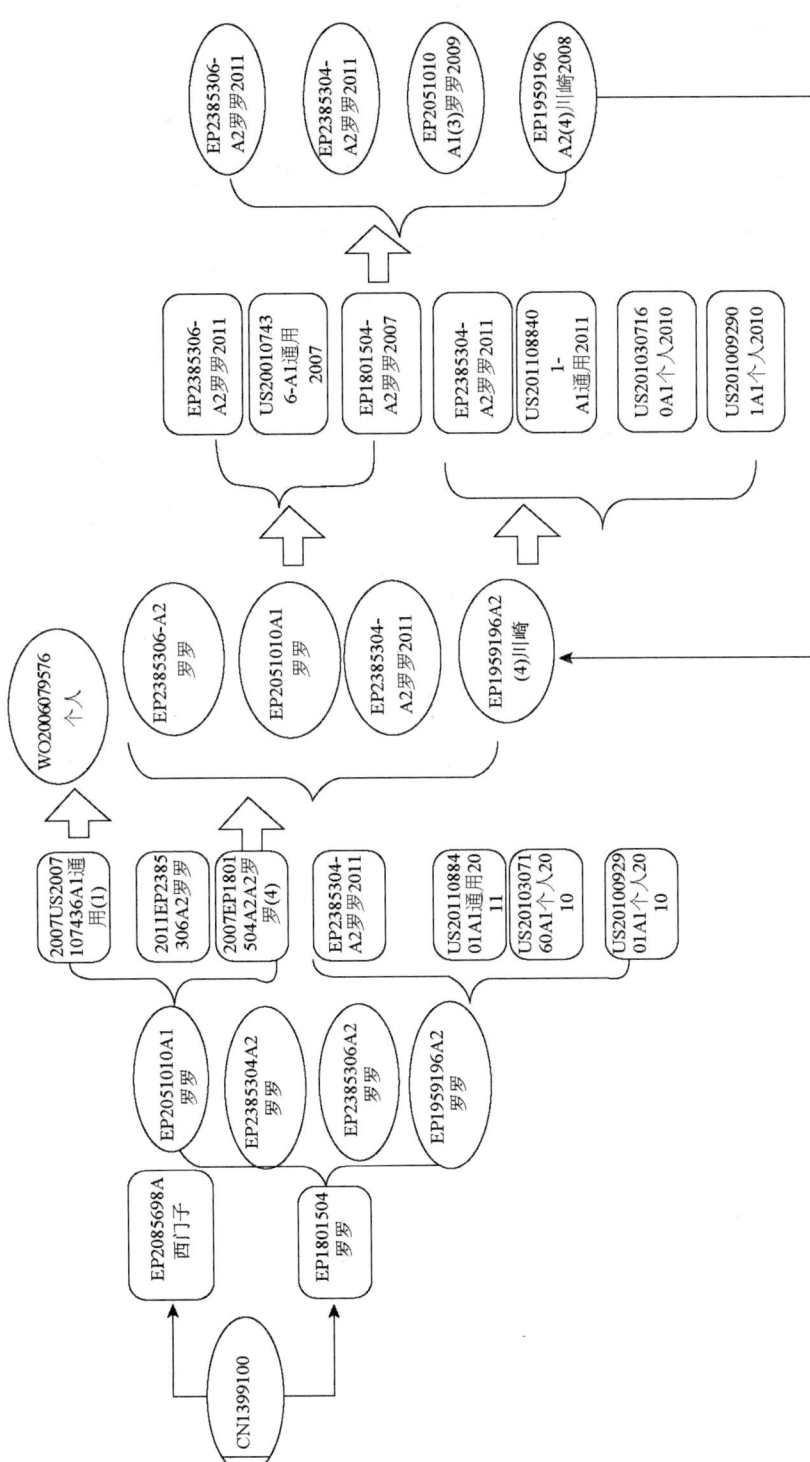

图9-3-12 谷村聪重要专利引用关系

由图9-3-12可知：谷村聪于2002年在中国申请的第一件专利一经公开，就受到同行西门子和罗罗的关注，尤其是罗罗，以该专利为基础开展了系列研究，并申请了多项专利，同时以该批专利为母技术深入研究，取得一系列的专利成果。另外，通用电气和川崎也在罗罗的基础上进行了相互引用。CN1399100A产生的引用关系的影响持续至今，图9-3-12括号中的数字表示该专利与其他专利存在的引用关系数目，此处未进一步展开，仅仅罗列了由CN1399100A产生的部分具有施引关系的专利，可见该专利具有技术改进的基础性。

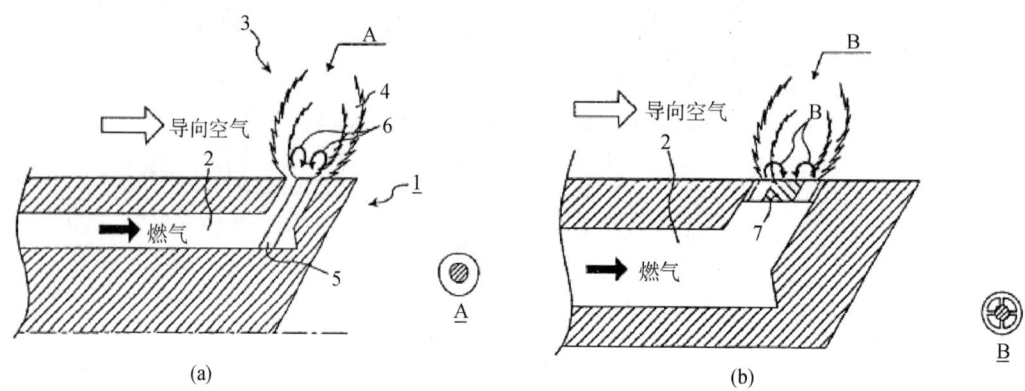

图9-3-13 CN1399100A附图

CN1399100A的发明名称为"燃气轮机燃烧器的导向喷嘴"，具体提供一种使保持火焰效果提高的燃气轮机燃烧器的导向喷嘴。在导向喷嘴1的内部，与轴平行地设置的燃气燃料流路2在前端部3上，向斜外侧弯曲设置。因此导向喷嘴1向斜前方喷射扩散燃料，形成火焰4。在燃料喷射口的出口，从图9-3-13的图（a）即可看出，在中心部设置圆柱状的分流体5。伴随燃料燃烧的燃烧气体，通过避开前述分流体5地喷出的燃料流，如箭头6那样地在燃料喷射口出口附近循环。这样，可以稳定火焰的根部，防止从上游流来的空气吹熄火焰。

谷村聪的英文名字叫做TANIMURA S，在上面的分析中，隶属于BANDAI S（万代重实）发明团队，田中克则的英文名字叫做TANAKA K，也属于BANDAI S培养起来的精英人物之一。但谷村聪在中国申请的发明中，只有少量与BANDAI S合作，说明在全球专利的研究中，谷村聪既作为BANDAI S的非核心成员之一，同时自己也开拓新的研究领域；而田中克则在中国申请的专利中，则与BANDAI S的合作量较大，田中克则作为BANDAI S团队的精英人物，此时两人仍处于紧密合作阶段。

表9-3-4是谷村聪在中国申请的重要专利，他在中国申请的专利也在其他国家有所布局，特别是美国、德国、欧洲专利局和韩国。被引用频次比较平均，早期均在4~5次，说明这些专利属于基础性的专利。

表9-3-4 谷村聪重要专利

申请号	发明名称	同族	国家	授权	引用频次（次）	主分类号
20021040766	燃气轮机燃烧器的导向喷嘴	4	EP, CN, JP, US	美、中	5	F02C7/24
200410074828	燃气轮机燃烧室	4	CN, US, JP, DE	中、美	5	F23R3/12
200580028342	燃气轮机燃烧装置	5	JP, CN, DE, US	日、中、德、美	5	F23R3/14
200610005944	燃气轮机燃烧器	6	WO, JP, CN, DE, US	在审	4	F23R3/14
200610006862	燃气轮机的燃烧器	5	WO, JP, CN, DE, US	日、中、德	3	F23R3/20
200610156781	燃气轮机的燃烧控制方法	4	JP, CN, DE, US	日、中、德、美	3	F23R3/16
200680001287	燃气轮机的预混合燃烧器	4	JP, CN, DE, US	日、中、德、美	2	F23R3/04
200680001290	燃气轮机燃烧室	5	CA, EP, US, CN, JP	美	2	F23R3/00
200710008354	燃气涡轮的预混合燃烧嘴	4	JP, CN, DE, US	中、美、德	2	F23R3/52
200710084304	燃烧器	4	JP, CN, DE, US	日、中、德、美	2	F23R3/14
200710084305	燃烧器	4	JP, CN, DE, US	日、中、德、美	2	F23R3/04
200710084306	燃烧器	6	JP, CN, US, WO, KR, EP	日、韩、中、美	16	F02C7/24
200710084307	燃烧器	5	WO, JP, CN, DE, US	日、中、德、美	1	F23R3/28
200880001188	燃烧振动检测装置的安装结构	6	JP, CN, US, EP, WO, KR	日、中	1	F23R3/14
200880117244	衰减装置及燃气轮机燃烧器	6	JP, CN, US, EP, WO, KR	韩、中	1	F23R3/30
200880118375	燃烧器	4	JP, CN, DE, US	日、中、德、美	0	F23R3/14
200880123394	燃气轮机的燃烧器	4	JP, CN, DE, US	日、中、德、美	0	F23R3/04

续表

申请号	发明名称	同族	国家	授权	引用频次（次）	主分类号
200980100071	燃气轮机的燃料控制方法及燃料控制装置以及燃气轮机	5	JP, CN, US, WO, KR	日、韩、中、美	0	F23R3/48
200980159275	燃烧器	6	JP, CN, US, EP, WO, KR	韩	0	F02C9/28
201110245299	燃气轮机的预混合燃烧器	5	CN, US, EP, WO, KR	在审	0	F23R3/10

9.4 技术发展方向

9.4.1 燃料喷嘴的技术发展方向

由本报告第6.1节可知，在燃气轮机燃烧室中，喷嘴起到混合燃料与空气以及稳定燃烧过程的作用。喷嘴区域的结构形式对燃烧室头部的流动、燃烧方式起到决定性的作用，进而直接影响到燃烧室燃烧产物的排放。❶ 此外，喷嘴作为燃烧室的重要组件，其性能的优劣将直接影响点火、燃烧效率、燃烧稳定性、温度分布和排气污染等方面的性能，同时也会影响火焰筒和涡轮叶片的寿命。❷ 本报告第6章虽然对三菱重工燃料喷嘴做了初步研究，但主要研究了DLN燃料喷嘴，本章继续对三菱重工喷嘴结构的技术发展做进一步研究。

结合本章第9.3.2及9.3.3节可知，三菱重工在燃气轮机的各个领域都有强大的发明团队及团队领袖。在燃烧室领域，BANDAI S的研究成果斐然，为三菱重工燃气轮机基础技术的进步作出了杰出贡献，其在喷嘴方面的专利申请量也较大，技术发展的分支庞杂。结合三菱重工的研发模式及技术发展现状，本节以重要发明人BANDAI S为线索，深入挖掘该发明团队在燃料的喷嘴结构、多喷嘴结构及多喷嘴的环形辐射布置方面所做的工作。

9.4.1.1 喷嘴结构的技术路线

根据本章第9.3节的研究结果可知，BANDAI S团队是三菱重工比较早期形成的燃烧室研发团队，其研究领域集中在燃烧器及燃料喷嘴的结构改进方面。因此，本节以全球燃烧室20 160篇专利数据为基础，利用关键词"INJECT + OR（FUEL W NOZ-ZLE？"等及分类号F23R3/38等检索出喷嘴的专利数据3081篇，在上述数据中挑选出

---

❶ 郭培卿. 双旋流合成气非预混燃烧特性的实验研究与数值模拟［P］. 上海：上海交通大学，2011.
❷ 甘晓华. 航空燃气轮机燃油喷嘴技术［M］. 北京：国防工业出版社，2006：1-17.

三菱重工 BANDAI S 的喷嘴方面的专利 75 篇，经逐篇阅读与分析，绘制了图 9 - 4 - 1 （见文前彩色插图 5）有关燃料喷嘴结构的技术路线图。

由图 9 - 4 - 1 可知，BANDAI S 研发团队对喷嘴的研究起始于 1997 年或更早，而其比较重要的技术成果在 1997 年开始形成系列专利，申请量较大的年份与三菱重工整体申请趋势相吻合，主要集中在 1997 ~ 2012 年。相关专利申请细分领域主要涉及预混喷嘴、喷嘴的螺旋结构、多路燃料供给、水蒸气喷射、喷嘴形状的改进等。

如图 9 - 4 - 1 中绿色部分显示，BANDAI S 团队在预混喷嘴结构改进上投入较多，在 2000 年前，专利申请主要涉及如何将燃料在预混喷嘴中混合充分、形成稳定的燃烧气流等，例如 JPH09119639 A、EP0935095A2 等涉及如何形成稳定的涡旋气流。而 2000 年后，专利申请主要集中在预混喷嘴与导气喷嘴或主燃料喷嘴的相对位置的布置上，在涉及预混喷嘴的专利数据中，相当一部分专利涉及添加催化剂层或多层催化剂的设置等，以实现低氮燃烧。而在 2006 年之后，对预混喷嘴结构改进的专利数量减少，由此推断预混喷嘴可能已成为相对成熟的技术。图 9 - 4 - 1 中红色部分的专利申请主要是对螺旋器结构的改进，包括螺旋器与导气喷嘴的相对位置、如何针对单喷嘴或多喷嘴形成不同方向的螺旋气流等。喷嘴的螺旋结构与预混喷嘴的研发趋势类似，在 2000 年前螺旋喷嘴方面的专利申请量较大，同时两个领域的专利申请有很多技术交叉点，如预混喷嘴涉及螺旋结构等。由该图也可以看出，涉及螺旋喷嘴技术的专利在 2006 年趋于成熟，此时已经形成了围绕喷嘴结构的多方面的专利。

BANDAI S 研发团队在多路燃料供给方面呈现出均匀的申请态势，自 1997 年开始至近几年均有持续的申请，表明该技术仍处于创新发展时期，是今后长期关注的重点。这方面的专利申请主要涉及设置双路或多路燃料供给通道，多个燃料排放口与冷却水的注入，具有多个供应线的燃料喷嘴等。

湿式喷嘴方面，专利申请主要集中在 1997 ~ 2002 年，内容涉及水喷式的喷嘴结构，在油、气燃烧的不同阶段以各种方式喷射水或水蒸汽，在燃料排放口注入冷却水等。

另外，还有相当数量的专利申请涉及的是对喷嘴结构的改进，这种改进也是渐进和持续的，自 1997 年至 2012 年均有专利申请。例如 1997 年的 JPH09101009A 涉及喷嘴形状和液体燃料的流动通道的保护；2001 年的 JP200102741A 要求保护的是具有多个喷嘴孔的喷嘴，而 2010 年的 JP2010286141A 也保护了喷嘴口设有燃料喷嘴孔的结构；2001 年的 JP2001289441A 为减轻燃烧振动，在喷嘴中设置导流板，而 2005 年 JP2005195284A 为了实现稳定燃烧，也提供了改进的喷嘴结构，以阻止回火的发生等。另外，具有不同形状的喷嘴也在图中的紫色部分一览无余，如 2002 年 JP2002276943A 的杆形喷嘴，2003 年 EP1312866A2 的箭状喷嘴和 2012 年 US2012125006A1 的帽形喷嘴等。专利申请还涉及对导气喷嘴与主喷嘴的形状改进，如 2003 年的 CA2614624A1、2005 年的 JP2005114193A、2012 年的 US2012125006A1 等。

9.4.1.2 多喷嘴结构及其环形排列布置结构的技术路线

多喷嘴结构的研究，使用与第 9.4.1.1 节相同的检索方式和数据库，在上述数据中筛选出涉及多喷嘴结构的专利申请，并进行了进一步的研究。图9-4-2（见文前彩色插图6）对各篇多喷嘴专利的发明点进行了梳理，图9-4-3（见文前彩色插图7）将具有环形排列布置的多喷嘴结构进行了总结。

在图9-4-2中，五角标注部分涉及含有预混喷嘴的多喷嘴结构，圆形标注部分涉及含有导向喷嘴的多喷嘴结构，三角标注部分涉及含有多个燃料或水注入线的多喷嘴结构，菱形标注部分涉及含有多个主喷嘴的结构。从图中示出的各多喷嘴结构的纵向剖面图，可以清晰地看出各喷嘴结构的变化，同时不同的标注也将具有相似结构的多喷嘴的发展情况清晰地展示出来。如在第一横行五角标注部分中，JPH09243077A由于设有触媒层而与JPH09243082A存在差别，US5901555A对JPH09243077A的结构进行了简化，尽管三项专利的喷嘴结构比较相似，但结合各自的发明点，可以明了其各自的特别改进之处。

图9-4-3列举了不同时期多个喷嘴的环形辐射排列。从图中可以看到，具有相同结构的多喷嘴其排列方式基本固定，如含有导向喷嘴和主喷嘴结构的排列方式在2000年左右基本以JPH11294770A和JP2001254947A的两种模式存在，预混喷嘴与导向喷嘴的组合及预混喷嘴与主喷嘴的组合方式也与上面两篇专利的排列模式类似。而2004年以后，多喷嘴的排列方式在之前的基础上有多样性的变化，如2004年的JP2004361035A设置了催化剂层的添加位置，2011年JP2011111964A主喷嘴的顶部设置帽形的喷嘴等。由此可以看出，多喷嘴的排列方式从1997年至今基本遵循环形排列、一个主喷嘴与多个喷嘴呈辐射状的布置结构，而根据不同需要微调燃料、空气、水蒸汽或催化剂层的路径，实现混合充分、减轻振动、阻止回火、稳定燃烧、降低碳氧化物和氮氧化物排放、提高燃烧效率等多种组合效果。

通过对BANDAI S发明团队的喷嘴的研究可知，其技术成熟与发展时期集中在1997年至今，技术研发方向全面但不分散，且技术传承性较强。从上述技术路线图可以看出，该团队在基础技术成熟后，对细微结构进行不断改进以提升喷嘴的整体效率，同时对不同细分领域进行多种组合。我们在借鉴及研究其技术发展过程的同时，也应学习其研发思路，将传统技术做到极致，并在对传统的继承中有所创新。

9.4.2　三联循环复合发电

煤气化联合循环发电（IGCC）和天然气带动燃气轮机和蒸汽涡轮的燃气轮机联合循环发电（GTCC）作为当今联合循环发电的主流技术，提高IGCC和GTCC的发电效率，应当仍然是今后很长一段时间内三菱重工的研发重点，但是，为了在未来的燃气轮机市场更具有主导发言权，三菱重工已开始将注意力投向新型技术——三联循环（Triple Combined Cycle）复合发电。三联即组合使用燃料电池和燃气轮机联合循环，基本工作原理如图9-4-4❶所示。

---

❶ 日经BP社报道［EB/OL］．［2013-07-12］．http://china.nikkeibp.com.cn/eco/news/cattechnicalsj/2917-20120607.html.

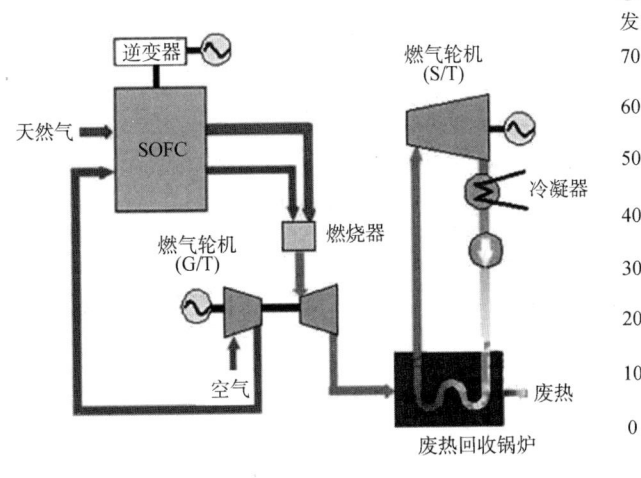

图 9-4-4 三联循环复合发电工作原理　　图 9-4-5 火力发电效率

燃料电池采用固体氧化物型（SOFC），运转温度高，通过有效利用废热，可实现高效的发电系统。燃气轮机联合循环系统除了利用燃气轮机发电之外，还可利用高温下的废热通过蒸汽轮机发电。三联循环在燃气轮机循环系统之前的阶段设置固体氧化物型燃料电池，这样就可以利用固体氧化物型燃料电池、燃气轮机和蒸汽涡轮三种方法获取电力，成为发电效率极高的天然气发电装置。如图 9-4-5[1]所示，利用三联循环有望实现全球最高水平的发电效率，作为可使现有天然气发电设备的发电效率提高 10~20 个百分点的技术备受期待。

三联循环复合发电技术的研究尚处于起步阶段，截止目前，全球涉及三联循环复合发电技术的专利申请仅十余项，通用电气和西门子虽有相关申请，但申请量也都在一两项。与通用电气和西门子相比，三菱重工虽然在 IGCC 和 GTCC 技术上起步较晚，但在三联循环复合发电技术上，已申请了 4 项相关专利（JP2000048844A、JP2004199978A、JP2004199979A 以及 JP2008078144A），表明三菱重工对此已有相当关注。图 9-4-6 是 JP2008078144A 中典型实施例示意图。

而随着三菱重工研究的"三联循环复合发电技术"入选了日本独立行政法人新能源产业技术开发机构（NEDO）公开征集的课题[2]（预定从 2012 年度开始进行为期 2 年的研究），可以预期，近期三菱重工会加大在三联循环复合发电技术方面的专利申请，相关企业和科研院所应密切关注。对于我国企业来说，为了能够在未来的市场竞争中立有一席之地，从三联循环复合发电的关键技术之一——燃料电池入手进行研究，成为整个产业链中必不可少的一环，应该也是一个值得选择的方向。

---

[1] 东京大学特聘教授金子祥三资料. 日经 BP 社报道 [EB/OL]. [2013-07-12]. http://china.nikkeibp.com.cn/eco/news/cattechnicalsj/2917-20120607.html.

[2] 日经 BP 社报道 [EB/OL]. [2013-07-12]. http://china.nikkeibp.com.cn/eco/news/cattechnicalsj/2917-20120607.html.

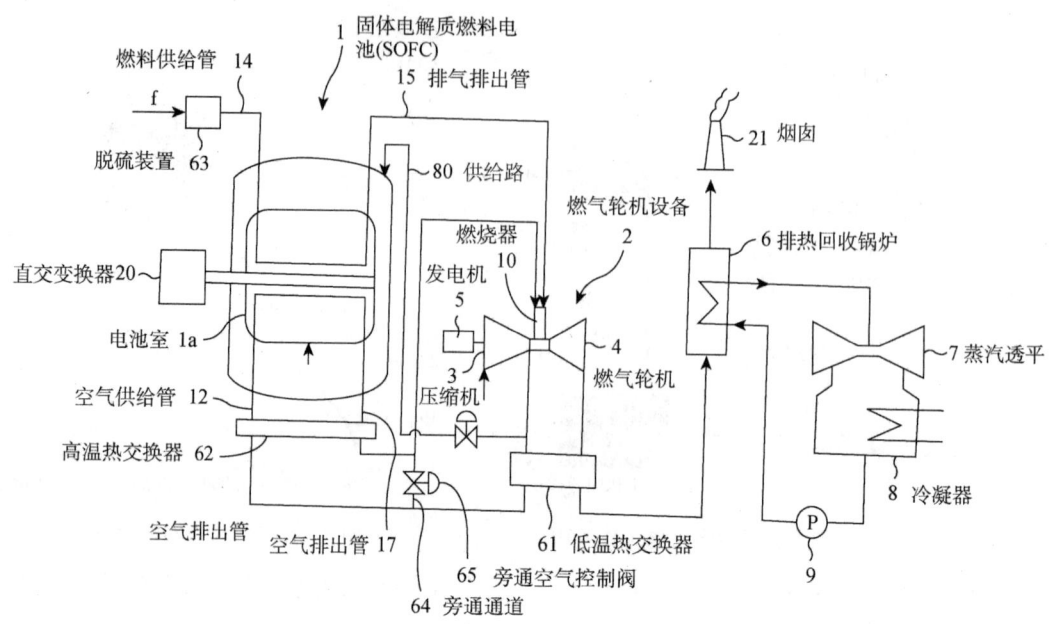

图 9-4-6 专利 JP2008078144A 中典型实施例示意图

9.5 技术合作

三菱重工作为当今燃气轮机行业三大巨头之一,与通用电气和西门子相比,起步较晚,基础薄弱,从购买生产许可证开始起步,却在技术引进的基础上迅速成长为行业巨头,实现华丽蜕变,其中除了其自身巨大的研发投入之外,一个很重要的因素在于其善于借助"他山之石"。通过对三菱重工技术合作分析,有助于我们更全面地了解三菱重工的成长之路,为国内企业的发展提供借鉴。

9.5.1 合作申请

所谓专利合作申请,是指一项专利拥有两个或两个以上专利申请人或者专利权人的联合申请。合作申请主要基于技术合作问题的复杂性、专利研发成本控制、市场合作行为的合理利用、市场竞争的多维度考虑等方面。

近年,三菱重工专利申请逐步出现了向多个申请主体、多个权利要求人转变的局面,有合作专利申请一百多项。研究三菱重工专利体系中这一现象,有助于了解三菱重工如何利用合作申请机制,有选择性地进行技术合作,加强基础研究和关键技术突破,解决自身研发的技术难题,实现技术赶超的发展战略。三菱重工是在技术引进的基础上走上自主创新发展道路的,这与我国燃气轮机行业的发展模式类似,因此,三菱重工的合作研发机制相比其他行业巨头对国内企业更具有借鉴意义。

图 9-5-1 示出了三菱重工的主要合作申请对象及合作申请量。概括来说,三菱

重工的合作对象主要有四种类型：下游企业（如东北电力公司）、上游企业（如大阪瓦斯株式会社）、同行企业（如日立制作所）和科研院校（如清华大学）。

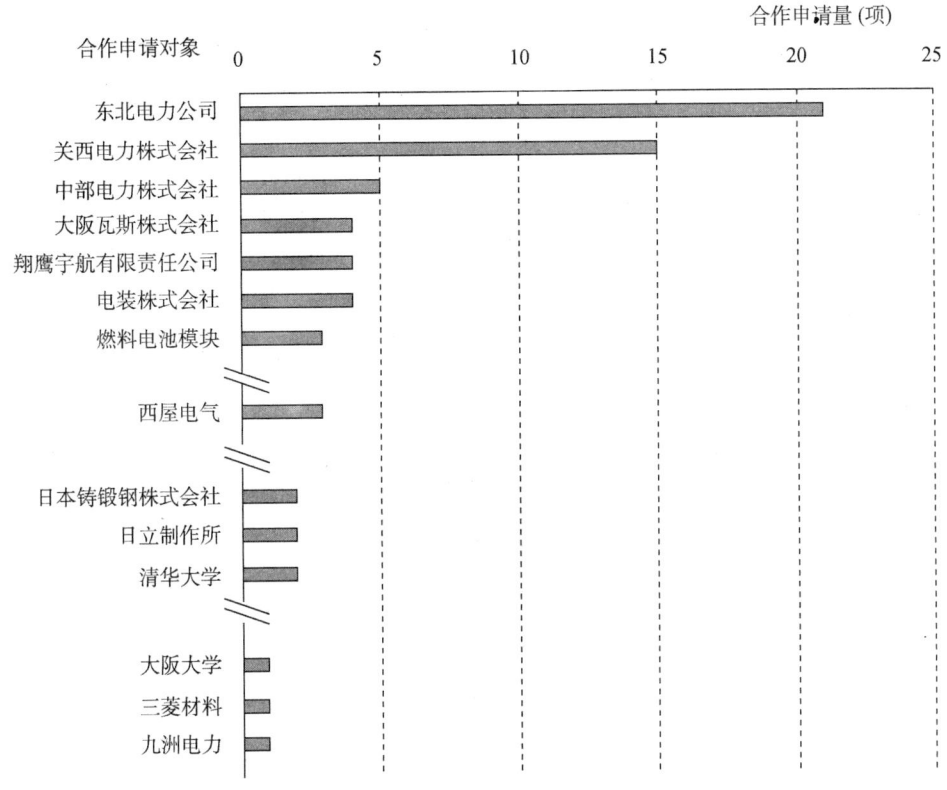

图 9-5-1　三菱重工的主要合作申请对象

9.5.1.1　与下游企业合作

由于重型燃气轮机主要用于发电领域，因此三菱重工合作申请的下游企业主要涉及电力公司，具体包括东北电力、关西电力、中部电力、东京电力和九洲电力等多家日本大型电力公司。其中尤以和东北电力公司的合作申请量最多，达到 21 项。因此下面以东北电力公司与三菱重工的合作申请为例进行分析。

图 9-5-2 是三菱重工与东北电力公司合作申请趋势，他们从 1991 年开始合作，并且一直持续至今。图 9-5-3 示出了他们合作申请技术领域分布，涉及叶片冷却（如 JP8082201A、JP2010276010A、JP2013019348A）、燃烧器冷却（如 WO9836220A1、WO9836221A1、JP2010090817A）、除硫（如 JP4313322A）、减排（如 JP2004331701A）、改善燃烧（如 JP2001073800A、JP2004143377A）以及材料（如 JP8170502A）和润滑（如 JP2001073800A）等多个分支。二者多年来持续不断地进行着深入、全面的技术合作，这促进了三菱重工在技术上的改进和提高，反过来又推动了发电站发电效率的提升，起到了相互促进的作用。

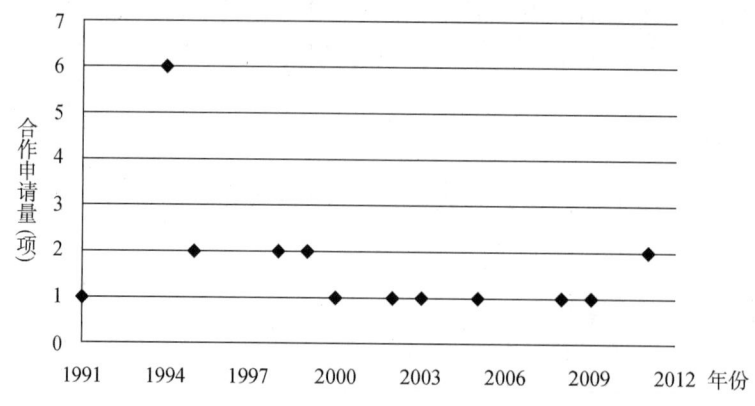

图9-5-2 三菱重工与东北电力公司合作申请趋势

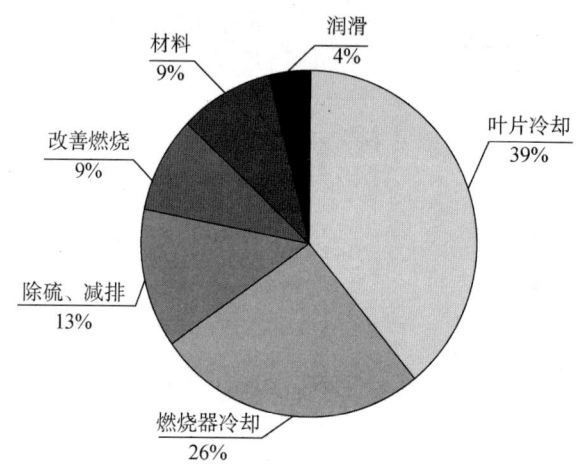

图9-5-3 三菱重工与东北电力公司合作申请技术领域分布

此外,在三菱重工与下游企业的合作申请中,有一部分是同时与多家电力公司联合申请(如JP2004331701A等),表明在面对技术难题时,上下游产业链之间选择的是相互合作,资源互补,共克难关,同时多家电力公司的共同参与,表明下游企业对三菱重工不论是经济上还是技术上都给予了很大帮助,这应该也是三菱重工迅速成长为行业巨头的重要因素之一。日本上下游产业链之间这种深入的合作模式值得我国燃气轮机企业借鉴和学习。

9.5.1.2 与上游企业合作

与下游企业的合作相比,三菱重工与上游企业的合作更为灵活、广泛,与其有合作专利申请的企业达几十家,作为示例,图9-5-4示出了部分合作企业以及具体合作领域。

三菱重工与不同企业之间的合作领域界限分明,例如,与大阪瓦斯株式会社的合作体现在排气脱硫、密封领域;与翔鹰宇航公司的合作集中在密封领域,并且对密封形式进行了深入的研发,合作申请涵盖了带刷密封(JP2004353796A)、板刷密封(JP2003294153A、JP2004116589A)和叶式密封(JP2005003199A)多种密封形式,表明

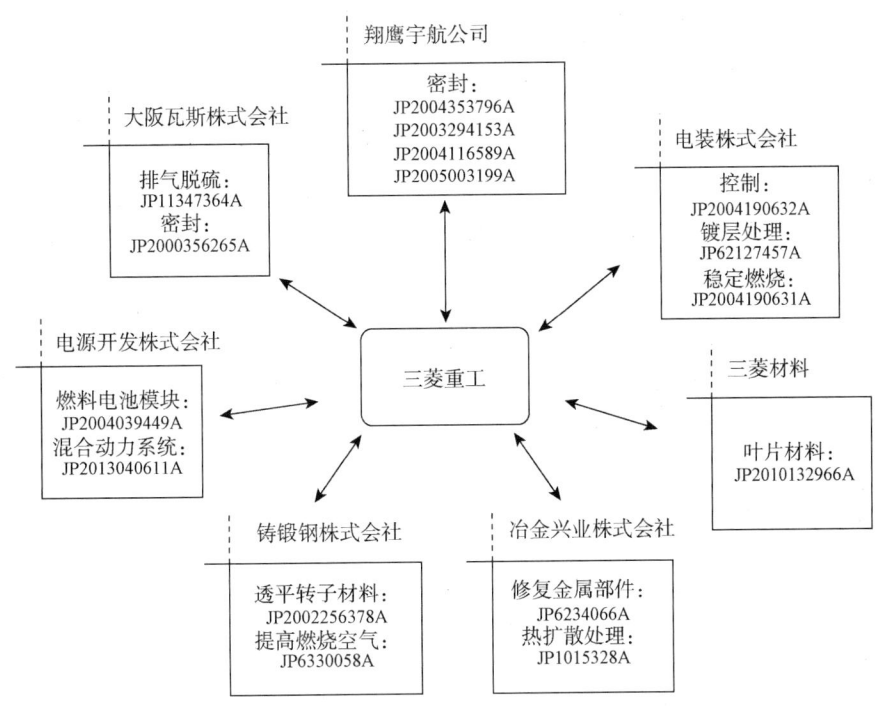

图 9-5-4 三菱重工与上游企业合作示例

翔鹰宇航公司在密封领域有较强的技术实力，三菱重工充分利用其技术特长，在密封领域可能主要采取这种借助外力的研发模式；而与电装株式会社的合作内容却比较多样，从调节氮与高炉煤气混合量的控制装置（JP2004190632A，JP2004190633A）到耐热镀层处理、再到提高燃烧稳定性涉及多个技术分支，这是因为电装株式会社是世界屈指可数的汽车零部件及系统的顶级供应商，在日本排名第一，其在包括供热系统、电子自动化和电子控制产品、燃油管理系统等多个方面的技术均处于世界领先水平，三菱重工与其多方位的技术合作，应该是充分利用其技术优势快速学习和提升自身综合技术实力的过程。

总体来说，三菱重工与上游企业有着广泛合作，并针对不同企业的技术特点，采取灵活多样的合作形式，集众家所长，优势互补，充分利用各种外部资源，而将自己的主要研发力量如本章前节所述集中在燃气轮机的核心部件——透平和燃烧室，这样既能保证核心技术牢牢掌握在自己手中，又能使整机技术全方位发展，实现其竞争优势。这也应该是三菱重工在短短几十年时间内实现其技术快速赶超的重要原因之一。

9.5.1.3 与同行企业合作

同行企业虽然是竞争对手，但同样存在合作的基础[1]，那种同行业中"黑白分明、非敌即友"的思维方式早已过时，根据各自的技术优势灵活地选择行业竞争对手结合成合作伙伴已经成为常态，如三菱重工与日立于2004年的合作申请JP2004092399A，与西门子、西屋电气三方于1994年的联合申请JP842308A等。其中三菱重工与日立制

---

[1] 刘红光，吕义超. 专利情况分析在特定竞争对手分析中的应用[J]. 情报杂志，2010 (7)：36-39.

作所的合作申请表明他们在早期就有技术上的交流,这为他们以后深入的技术合作奠定了基础(具体合作情况将在第9.5.2节详细介绍)。

值得一提的是,在三菱重工和西屋电气近40年的合作期间,总共仅有三项专利是二者合作申请的,其中还包括上面提到的西门子也参与了联合申请的JP842308A,另外两项分别是:JP7301126A和JP7301127A,这三项专利申请优先权日均在1994年。可见,在通过购买生产许可证进行技术引进时,三菱重工并未与西屋电气进行技术层面的合作研发,换句话说,西屋电气将相关技术的知识产权牢牢掌握在自己手中,三菱重工是依靠自主研发走上创新发展道路的,二者合作申请的基础也是在三菱重工已经足够强大,合作能够带来技术互补、互惠互利的前提下进行的。

9.5.1.4 与科研院校合作

(1) 与日本大阪大学合作申请

企业与科研院所或高校进行合作是常规合作模式之一,科研院所和高校的技术理论比较深厚且研究思路比较前沿,他们容易把握整个行业的发展方向,因此,三菱重工与日本大阪大学进行了多项合作。他们的合作主要集中在冷却技术领域(如JP2009235964A)。这是因为近年来,为了提高燃气入口温度,以进一步提高燃机效率,提高冷却效率与改善热涂层技术是首要克服的技术难题。

(2) 与中国清华大学合作申请

虽然产学研这种合作关系早已被业界所熟知,但是作为行业巨头之一的跨国大公司,出于技术保密等因素,与国外科研院所进行技术合作却是比较慎重的。而三菱重工在2003年与清华大学合作建立了清华大学—三菱重工业研究开发中心,这种合作可能出于多种考虑,本文仅通过专利的角度对其合作动机进行简单分析。

图9-5-5示出了三菱重工在热障涂层领域专利申请情况。三菱重工在热障涂层领域的专利申请最早可追溯于1998年(相应专利为JP11293452A),在1998~2004年,三菱重工仅独自申请了5项专利,在2005~2007年共申请了4项专利,其中2项是与清华大学联合申请,而在2008~2012年独自申请了15项❶专利。

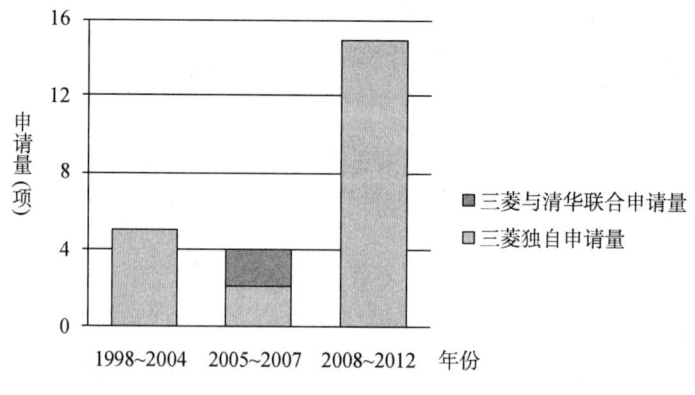

图9-5-5 三菱重工在热障涂层领域专利申请情况

---

❶ 由于2011年、2012年的申请在检索日时并未全部公开,因此统计并不完全。

反观清华大学，在与三菱重工合作之前，在材料涂层领域已申请多项专利，表9-5-1中列出了其中3项重要专利。

表9-5-1　清华大学材料涂层领域重要专利

公开号	申请年份	发明名称
CN 1288971A	2000	低碳空冷粒状贝氏体/仿晶界型铁素体复相钢
CN 1451776A	2003	锰-硅-硌系空冷粒状贝氏体与铁素体复相钢
CN 1477226A	2003	中低碳锰系空冷贝氏体钢

由此不难看出，三菱重工与清华大学的合作并不是偶然的，而是出于其技术需要。此外，从实际产品来看，三菱重工在2009年推出的J级燃气轮机与G级燃气轮机相比，主要通过提高冷却效率与改善热涂层技术，使得其入口温度在G级的基础上提高了近100℃，这再次证明三菱重工和清华大学的合作是为其技术发展"广开言路"。

三菱重工与清华大学分别于2005年和2007年联合申请了2项专利JP2006193828A（其同族数量5件，区域分布：EP；CA；US；JP；DE）和WO2008123418A1（其同族数量5件，区域分布：WO；JP；EP；CA；US），这两项专利申请均涉及热障涂层技术。下面以JP2006193828A为例进行重点分析。

JP2006193828A的5件同族申请均已授权，且欧洲同族EP1674663A2还提交了分案申请，分案号为EP1959099A2，也已授权。JP2006193828A涉及的是一种用于涂覆绝热基层的热障涂层材料，包括$Sm_2Zr_2O_7$。虽然该专利申请的公开日在2006年以后，但是如图9-5-6所示，其被引用频次达到了8次，并且施引专利的专利权人多为西门子、联合工艺、阿尔斯通等行业巨头，尤其是西门子，进行了与此相关的系列申请。

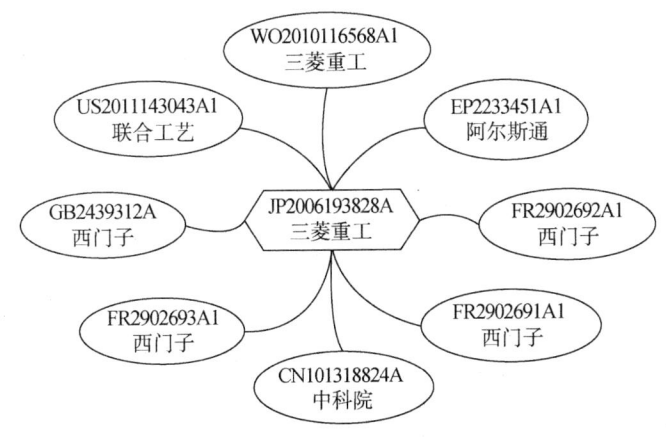

图9-5-6　专利JP2006193828A被引用情况

可见，JP2006193828A这项专利在热障涂层技术领域具有重要意义。而该项专利清华大学能够与三菱重工进行联合申请,作为共同专利权人,这无疑表明,三菱重工与清华大学的合作对三菱重工在该领域的发展起到了重要的推动作用。

三菱重工和清华大学在联合申请了上述 2 项专利之后,在热障涂层领域又分别单独进行了进一步的技术研发和相应的专利申请,如清华大学申请的 CN1657573A 和 CN101724768A,三菱重工申请的 JP2010229496A、JP2011179058A 和 JP2012102388A 等。

可见,此举对于三菱重工和清华大学可以说是双赢的局面:三菱重工得到了热障涂层方面的技术支持并间接推动了 2009 年推出的 M701J 型产品的开发,清华大学也得到了先进技术在新型产品上的验证经验,有助于进一步推动其前沿技术的研发。另外这也说明我国像清华大学这样的科研院校在燃气轮机的技术研发方面已具备一定的实力,燃气轮机企业与其展开深入技术合作,应该也是促进我国燃气轮机行业技术实力提升的一条有效途径。

图 9-5-7(见文前彩色插图 8)总结了与三菱重工合作的各类型的企业及代表性专利。三菱重工通过上述灵活多样的合作模式,与上中下游各类型企业及科研院校等广泛合作,为其技术全面发展奠定了基础,值得我国企业借鉴和学习。

9.5.2 与日立的技术合作

三菱重工与日立就整合以火力发电为主的电力相关业务事宜,于 2012 年 11 月 29 日达成了基本协议。整合将以燃气轮机和锅炉等火力发电系统业务为中心进行。地热发电系统、脱氮和脱硫装置等环保装置以及燃料电池业务也都属于整合对象。业务整合后的新公司将于 2014 年 1 月成立,由三菱重工出资 65%,日立出资 35%,与上述业务范围有关的销售额规模,两家公司加在一起约达到 1.1 万亿日元,将成为日本国内规模最大的发电机制造商。促使两家公司采取这一行动的重要因素主要有以下三个方面:

(1) 内部环境

日立内部人士称其合作背景是出于"5 年、10 年后很难单独生存的危机感"。在过去,两家公司只需要仰仗稳定的客户即可,例如东京电力公司等日本国内电力企业。日本的经济发展及人口增长达到极限,作为最大客户的各家电力企业逐年缩减设备投资,尤其在"3·11"大地震之后,由于核电站停运,电力行业的形势急转直下,目前这已成为大势所趋。电力企业的设备投资比 1990 年减少一半❶,依赖于此的重型电机设备企业也无法在日本国内实现增长,如果无法获得有望实现增长的新兴市场国家的需求,生存就将变得艰难。

(2) 外部压力

燃气火力发电站使用的燃气轮机是重型电机设备企业取得利益的源泉,目前在全球范围内,美国通用电气及德国西门子等跨国巨头在燃气轮机发电领域展开激烈竞争,

---

❶ 日经 BP 社报道 [EB/OL]. [2013-07-12]. http://china.nikkeibp.com.cn/eco/news/catcorporatesj/3843-20121210.html.

中国及韩国企业也开始崛起。三菱重工的大型燃气火力发电涡轮机在全球所占份额仅为 10% 左右。而整体上，以 2010 年为例，从各国实际订单来看，如图 9－5－8 所示，美国企业市场份额占据了全球半壁江山，日本企业整体与美国企业和德国企业仍然存在较大差距。

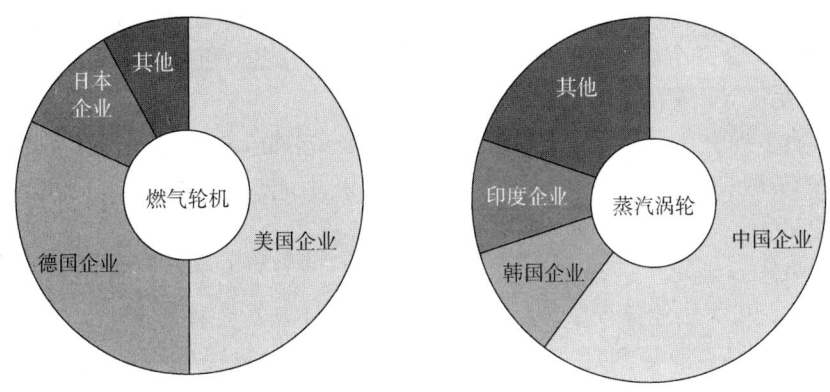

图 9－5－8　2010 年全球发电机市场份额

注：发电机全球份额（2010 年各国实际订单对比，出处：根据日本经济产业省"能源业务战略研究会"的资料制作，份额依据发电容量计算）❶。

而在日立擅长的使用煤炭等燃料进行发电的蒸汽涡轮方面，中国企业占据 50% 以上的份额。

在海外市场上，通用电气和西门子两强加上日益壮大的中国等新兴市场国家的企业，激烈的竞争如今已经展开。从安居之地进入波涛汹涌的大海——两家公司决定进行业务整合，就是为了在海外开展相关业务。

（3）技术需求

从技术来看，三菱重工以前专注于大型燃气轮机，而日立则擅长中小型燃气轮机。从地区来看，三菱重工主要针对东南亚及中东市场，日立在欧洲及非洲市场比较占优势。两家公司通过此次业务整合，就具备了能够名副其实地与全球巨头进行对抗的全系列产品阵容，并通过充分利用各自的长处，发挥可在整个火力发电装置领域提供解决方案的优势，进一步强化业务。

9.5.3　海外并购

2013 年，三菱重工完成了从美国飞机发动机制造商普惠公司手中，收购其中小型燃气轮机业务部门 Pratt & Whitney Power Systems（PWPS）的手续，并已于 5 月 17 日开始作为集团公司运营。

PWPS 并入三菱重工旗下后，更名为"PW Power Systems 公司"（简称仍为

---

❶ 能源环境网．［EB/OL］．［2013－07－18］．http://china.nikkeibp.com.cn/eco/news/catcorporatesj/3843－20121210.html．

"PWPS")。三菱重工一直在以高效大容量设备为中心,开展燃气轮机业务,产品线中增加了 PWPS 的中小型飞机发动机转用型燃气轮机后,就具备了可与欧美竞争企业抗衡的产品阵容,建立了可灵活应对多种需求的体制。

PWPS 的中小型飞机发动机转用型燃气轮机因设计小巧和启动时间快,在紧急发电用途领域广受好评,迄今已在全球供货 1700 台以上。如作为可再生能源的补充电源等,有望应用于新兴市场国家的小型发电等广泛用途。主力机型为 3 万千瓦级,PWPS 目前正在开发 6 万千瓦的新机型,力争尽快投产。

PWPS 旗下拥有意大利低温热源发电涡轮机企业 Turboden 公司,此次收购后,也一同并入到三菱重工旗下。Turboden 的涡轮机可利用地热、生物质、工厂废热等低温热源发电。

如图 9-5-9 所示,三菱重工通过与日立整合火力发电部门,再加上此次完成对 PWPS 的收购,扩大了业务领域,由此可以满足发电市场的各种需求,今后必将更加扩大市场份额,提高企业竞争力。我国企业应当引起足够的重视与关注。

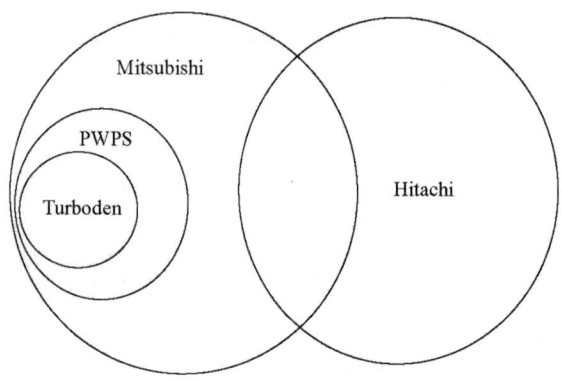

图 9-5-9　三菱重工合作并购情况

9.6　本章小结

本章主要结合三菱重工的发展模式,以其专利技术为支撑,深入研究了三菱重工燃气轮机的发展历程,并提供示例展示了如何利用三菱重工的专利技术挖掘其发展模式及关键技术的发展方向。

通过对三菱重工的产品系列和专利申请发展历程进行综合分析,可以看出,三菱重工的专利申请与其产品研发进度是相一致的,表明三菱重工虽然发展较快,但由于起步较晚,其技术储备主要限于当代产品,因此通过对其专利技术进行追踪、研究能够比较准确地了解三菱重工的最新研发动向、产品特点以及关键技术改进之处。而这对于我国燃气轮机行业来说是一个重要的时机,通过对其专利申请进行追踪、研究,可以在相关专利布局开始之际,对相应专利申请展开外围布防。例如可以通过对相关专利申请进行局部改进、外围改进、实施方式变形等方式积极提交专利申请,从而形成专利权交叉的局面,而在具体实施过程中,可以通过交叉许可的方式获得更大的主动权。

  三菱重工除了注重内部研发团队的投入和培养之外，还善于集众家所长，为我所用。不论是上下游企业，还是国内外科研院所，能够针对不同合作对象的技术特点，采取灵活多样的合作形式，做到充分利用各种外部资源；而将自己的主要研发力量集中在燃气轮机的核心部件上。这样既能保证核心技术牢牢掌握在自己手中，又能使整机技术全方位发展，实现其竞争优势。这种发展模式值得我国企业借鉴和学习。

  三菱重工在自主研发过程中，牢牢把握基础技术关键点，对传统技术做锲而不舍的改进和再创新，如从喷嘴的技术发展中可以看出；另外，三菱重工各领域都具有强大的专业研发团队，如燃烧室的 BANDAI S 团队、透平的 TOMITA Y 团队等，并围绕核心技术，细分领域进行攻坚与突破，在将传统技术发展纯熟的过程中也实现了再创新。

  我国燃机事业虽然发展形势严峻，但通过研究三菱重工的发展模式，也为我们提供了思路：即引进与吸收同时、上中下游广泛合作、关键技术自主研发、继承传统、踏实创新。同时结合我国的现实情况，保证企业与研究机构、民间与军方等多方合作，航空、舰船、工业应用等领域技术资源共享，同时应重视专利技术的研究，集中分散的专利，进行批量的研读，把握其技术发展的规律，从而打破技术瓶颈，实现我国燃气轮机事业的跨越式发展。

第10章 主要结论及建议

10.1 专利整体分析结论

1. 全球专利申请量自20世纪80年代后期一路上涨，2009~2011年年均申请量高达2700多项

1993年前重型燃气轮机领域专利申请增速较缓，1970年以前年申请量均不足100项，从1971年起，全球燃气轮机专利申请量有了明显的提高，并且1973~1987年年申请量都维持在500~600项这样一个相对稳定的水平，1988~1993年这六年间，全球专利申请进入了一个低速增长的时期，平均年增长率为3.7%，燃烧室和透平技术分支的申请量居多。从1994年起，受计算机技术、新材料、新工艺的普及推广以及90年代全球经济高速增长的影响，全球专利申请量进入了一个高速增长阶段，平均年增长率达到18%，在2009~2011年一直保持年均2700多项的高点（见表10-1-1）。

表10-1-1 重型燃气轮机全球专利申请概况

全球范围专利情况	发展态势	总申请量：48197项，峰值2010年2781项			
		自1987年开始，全球重型燃气轮机领域专利申请出现了明显增长，特别是1994年以后申请量增长十分迅猛，从1994年的1043项，增长到2010年最高的2781项，短短几年间申请量增长到2000年的2.7倍			
	主要国家/地区专利申请（近五年占比）	日本7837（14.1%）	美国12143（23.4%）	中国1998（76.6%）	德国5242（20.9%）
	主要专利申请人（全球申请量/在中国申请量）	通用电气：6007/1860；联合工艺：3504/249；三菱重工：2559/277；西门子：2309/515；罗罗：2394/12			
	主要技术领域（占比）	压气机（6%）	燃烧室（38%）	透平（53%）	排气段（3%）
	主要专利技术分布	叶片涂层材料、叶片冷却、叶片密封、叶片翼面、叶片加工工艺、火焰筒冷却、干式低NOx（DLN）燃料喷嘴、燃氢燃气轮机、整体煤气化联合循环发电系统（IGCC）等			

2. 全球专利申请量的48%集中在排名前10的申请人中，美、日、欧企业占优势，美、日、欧企业不断扩大在华专利布局

全球专利申请量排名前10的申请人占据了重型燃气轮机专利申请量的将近一半，

它们依次是：通用电气（美）、联合工艺（美）、三菱重工（日）、罗罗（英）、西门子（德）、斯奈克玛（法）、日立（日）、阿尔斯通（法）、东芝（日）、石川岛播磨（日）。在排名前10的10大申请人中，有2家美国企业、4家日本企业、2家法国企业、1家德国企业和1家英国企业，其中申请量最大的是通用电气和联合工艺这两家来自美国的企业。虽然全球专利申请量排名前10的申请人中未出现中国申请人，但是我国庞大的市场引起了各国大公司的重视，例如通用电气、联合工艺、三菱重工、西门子、斯奈克玛、ABB、阿尔斯通等公司对中国的专利申请件数都达到了三位数，通用电气更是达到了1860项的庞大申请量。其中通用电气、西门子和三菱重工三大企业及它们在中国的合资工厂的产品占据中国重型燃气轮机市场相当大的份额。

3. 以专利为先导，占领全球主要发达国家燃气轮机市场，在美、欧❶、日的专利申请量占全球申请量的83%

大部分重型燃气轮机技术还是被少数工业强国拥有，它们依托强大的技术优势在每一次的技术演进中占据有利位置，进而对日、美、欧等主要市场进行专利布局。截至2011年，传统工业强国寄希望于通过专利权来牢牢把握重型燃气轮机科技的领先地位，从而占据全球主要市场。美国凭借深厚的科技研发实力和高度发达的机械加工制造水平，成为燃气轮机技术世界领先的国家，以通用电气、联合工艺和西屋电气为代表的美国企业所生产的燃气轮机产品享誉全球，在美国申请的燃气轮机领域专利数量占据了全球总申请量的24.7%。作为欧洲工业强国的德国，其在燃气轮机领域的专利申请在20世纪70年代中后期逐渐增长并达到较高的水平，然而又受德国政局以及整个欧洲经济状况不佳的影响，申请量于80年代初又大幅跌落并长期处于较低水平，直到2005年后才重新开始增长。日本在70年代以前，在燃气轮机领域的总申请量仅5项，均来自燃烧室和透平，1971年以后才逐渐有涉及压气机和排气段的专利申请，但其增长的速度远不及燃烧室和透平这两个涉及热部件的技术分支，燃烧室这一技术分支的专利申请量占到总申请量的一半，而透平方面的专利申请量占到总申请量的44%，其余的为压气机和排气段的专利申请，仅占总量的6%。可见，日本企业在对技术的引进吸收并最终走向自主创新的过程中，形成了一套独有的技术框架，即以燃烧室为主，燃烧室和透平共同发展。

10.2 重点技术专利分析结论

10.2.1 叶片冷却领域

叶片冷却领域专利申请以"提高冷却效率、减少冷却介质消耗、防止应力集中"为主，全球主要申请人市场关注点不同、专利申请各有技术侧重。

叶片冷却领域的专利申请主要集中在提高冷却效率、减少冷却介质消耗、防止应力集中，采用的技术手段主要为气膜冷却、对流冷却、冲击冷却。通用电气在日本、

---

❶ 欧洲专利包括在欧洲专利局、德国、英国、法国等申请并公开的专利。

美国、欧洲、中国地区的叶片冷却领域专利份额均为第一名,主要涉及对中间蛇形冷却通道、叶片顶部、叶片前缘、叶片后缘壁设置突起加强冷却、冷却室结构形状的改进。西门子在日本、美国、欧洲、中国地区的专利申请排在前5名,西门子公司主要是对蛇形冷却通道、前缘冷却、叶片顶部的散热轨、吸力侧壁两排冲击冷却孔、叶片顶部导流栅、负载支柱的改进。美国佛罗里达涡轮机技术公司主要关注本国市场,没有去其他地区进行叶片冷却技术的专利布局,佛罗里达涡轮机技术公司主要是对蛇形冷却通道、靠近侧壁的冷却室和发散冷却回路的改进。英国罗罗公司对中国和日本市场关注较少,专利主要布局在欧洲和美国,罗罗主要是对冷却通道、冲击冷却、冷却室螺旋流向的改进。日本企业三菱重工、日立等在各地区都已形成专利布局,加紧对外扩张。而阿尔斯通的技术改进主要集中在对分割冷却室的腹板的改进。霍尼韦尔主要是对冷却通道铸芯、制造方法的改进。斯奈克玛主要是对冷却回路流向的改进。联合工艺主要是对肋和气膜冷却孔、平台气膜冷却孔、交迭肋和冷却孔的配合结构、通道间的板条、叶片顶部肋上的孔、蛇形冷却通道和微小回路、内部冷却结构、三角形的蛇形冷却通道、带角度的内部肋板的改进。

10.2.2 燃料喷嘴领域

燃料喷嘴领域的专利申请量从2000年开始进入高速发展期,对DLN燃烧室中燃料喷嘴的关注度越来越高。

燃料喷嘴是燃气轮机中的重要部件,其专利申请态势与燃气轮机的全球申请态势较为一致,都经历了萌芽期、成长期和发展期。随着世界各国排放标准的制订和不断提高,从2000年开始,燃料喷嘴领域的专利进入了高速发展期,专利申请量大幅增长。美国无论是作为技术输出国还是技术输入国,都是排名第一,最有代表性的公司是通用电气。而中国在近十年中,无论是外国申请人还是中国申请人,他们的在华申请量都突飞猛进,说明国外公司越来越关注中国市场,并且国内申请人也逐渐开展对燃料喷嘴的技术研发,但遗憾的是,目前中国申请人在燃料喷嘴领域还没有向国外进行专利布局,主要原因在于技术相对落后。DLN燃烧技术是当今燃气轮机领域中发展最为成熟、应用最为广泛的技术之一,而对应用于DLN燃烧室中的燃料喷嘴的改进就显得尤为重要。总体来说,随着DLN燃烧技术的快速发展,对DLN燃烧室中燃料喷嘴的关注度也越来越高,与之相关的专利申请量也越来越多,燃料喷嘴的改进涉及范围较广,主要包括对应不同的燃料选择、提高燃烧稳定性以及降低NOx排放等方面。

10.2.3 火焰筒冷却领域

火焰筒冷却技术自2002年起快速发展,全球各大公司的申请量大幅攀升。

从1969~1984年,燃烧室火焰筒冷却技术处于技术的积累时期,此时人们逐渐意识到燃烧室冷却的重要性,并且逐渐开始关注和研究该方面的技术。从1985~2001年,年申请量总体上呈缓慢向上发展的趋势,申请量开始进入一个相对成长期,这主要因为燃气轮机性能逐渐提高,对于高温部件的冷却要求也越来越高,促使各大公司和研发机构必须研究出有效的火焰筒冷却结构来进行冷却。从2002年至今，火焰筒冷却技术得到了快速的发展，其间虽然也有反复，但是总体态势是持续增长。这期间，申请人的数量得到增加，燃气轮机火焰筒冷却得到了更多的关注，而各大公司的申请量明显大幅度上升，这说明前期的研究成果得到了体现，同时也说明随着燃气轮机功率的增大，对高温部件的冷却要求越来越高，迫使研究人员研究出更加有效的冷却方式。总体上看，美、欧、日等发达国家或地区已在该领域技术研发上取得明显优势，并在专利布局上积极行动，优势企业在全球范围内广泛申请专利，已形成了较为系统与完善的专利布局体系，这对我国发展自主技术构成了一定阻碍。反观我国在火焰筒冷却技术领域起步晚，发展慢，创新度不高。

10.3 重点企业专利分析结论

10.3.1 通用电气

通用电气领跑全球重型燃气轮机领域专利申请，深受美国政府重视。

通用电气是全球重型燃气轮机领域专利申请量最大的申请人，其申请量达到全球总申请量的14.1%。通用电气公司在重型燃气轮机领域的全球专利申请量达到6000余项，2000年以后的年均申请量比过去年份有大幅提高，申请量最大的年份为2009年，年申请量达到488项，2008～2011年的年申请量都维持在400项以上。通用电气作为大型跨国公司，在重型燃气轮机领域的专利布局全面，通用电气除了重视在美国本土的专利布局外，还没有放松对其竞争对手所在的国家以及市场前景广阔的国家的关注。在其专利申请量最大的前五个国家/地区中，美国、日本、欧洲和德国是其主要竞争对手所在的国家/地区，中国是市场前景广阔的国家。

通用电气公司作为燃气轮机方面排行第一的美国企业，深受美国政府重视，美国一直把燃气轮机作为战略性产业，投入巨资研制和开发燃气轮机新产品、新技术，改善和提高燃气轮机的性能，极大地促进了燃气轮机产业的发展，由美国政府发起并与通用电气合作的燃气轮机方面的计划很多，如IHPTET计划、ATS计划、CAGT计划、VAATE计划等，这些计划都涉及专利申请，为通用电气在美国乃至全球的燃气轮机专利布局提供了技术基础。

10.3.2 西门子

西门子通过并购积极进行全球布局、专利申请从1999年开始保持高速增长态势，亚洲偏重在华专利布局。

西门子公司在1999年开始加快并购步伐，1998年西门子收购了美国燃气轮机企业巨头西屋公司火电部，大举进入美国市场，其并购行为获得了西屋公司60Hz燃汽轮机的生产技术以及西屋公司在燃汽轮机燃烧室的技术。2001年西门子收购德马格—德拉瓦（DEMAG-DELAVAL）涡轮机公司，获得了应用在军舰上的燃汽轮机技术以及压气机技术,扩大了西门子在美国市场的影响力。2003 年西门子还收购了阿尔斯通的工业透平业务,获得了 50MW 以中小型燃汽轮机技术。2013 年西门子意图收购意大利能源巨头旗下的燃汽轮机技术公司——安萨尔多能源公司,旨在获得安萨尔多公司的 IGCC 技术。与西门子公司加速的并购步伐相伴,西门子公司燃汽轮机专利申请的数量也开始大幅增长,表 10-3-1 及表 10-3-2 是西门子在全球和中国的专利申请情况。

表 10-3-1 西门子在全球专利申请情况

全球范围专利申请情况	发展态势	总申请量:2411 项(截至 2012 年初),峰值 2006 年 269 项				
		自 1993 年开始,西门子的燃汽轮机专利申请出现了快速增长,特别是 1999~2011 年申请量增长十分迅猛,从 1999 年的 58 项,增长到 2006 年最高的 269 项,短短几年间申请量增长了 3.6 倍				
	在五大专利局的申请情况	欧洲专利局(31%)	美国(26%)	世界知识产权组织国际局(23%)	中国(10%)	日本(10%)
	首次申请提出地区分布情况	欧洲 1658 项,占 69%		美国 700 项,占 29%	其他地区仅 59 项,占 2%	
	主要技术领域(占比)	透平(51%)	燃烧室(42%)		压气机(5%)	排气段(2%)
	每年专利的发明人数量情况	2000 年之前,仅有不到 200 人的研发队伍,到了 2006 年扩充到近 900 人,全部专利申请中有 66% 的专利为两个以上发明人的合作发明,个人发明占 34%				

表 10-3-2 西门子在中国专利申请概况

中国专利申请情况	发展态势	总申请量:502 项(截至 2013 年),峰值 2009 年 78 项			
		自 2001 年开始,西门子的燃汽轮机专利申请出现了快速增长,从 2002 年的 31 项,增长到 2009 年最高的 78 项,几年间申请量增长了 1.5 倍			
	专利公开授权情况	公开 502 项,授权 217 项	待审专利和授权后维持专利共计 432 项,占 86.3%		PCT 申请 400 项(80%),普通申请 103 项(20%)
	主要技术领域(占比)	透平(58%)	燃烧室(36%)	压气机(5%)	排气段(1%)

西门子在全球主要国家都进行了专利布局,在欧洲和美国进行了较多的专利布局。西门子在 2000 年以前在中国仅有很少的专利申请(每年不超过 10 件,2000 年以前的专利申请量仅占全部申请量的 7%),然而在 2000~2004 年出现了大幅增长。结合西门子 2004 年通过"打捆招标"进入中国,我们可以发现,西门子提前 4 年就开始对中国进行专利布局。2005 年后,随着西门子的产品在中国市场的逐步投产,西门子也不断加大了专利布局的力度,2009 年后,每年都有 50 件以上的专利申请,保持稳定的增长态势。

10.3.3 三菱重工

三菱重工在技术引进的基础上通过自主研发迅速跻身行业巨头行列，注重行业技术合作，产品研发与专利布局齐头并进。

20世纪60年代初，三菱重工向美国西屋电气公司购买了生产燃气轮机的许可证，开始生产第1台燃气轮机，其技术与我国东方汽轮机厂在20世纪70年代开发的燃气轮机属同一水平，之后却在技术引进的基础上通过自主研发迅速成长为行业巨头，实现华丽蜕变。从60年代初与西屋合作开始，在三菱重工燃气轮机发展近50年的时间中，根据其专利申请趋势，基本分为四个阶段，如表10-3-3所示：

表10-3-3 三菱重工专利申请概况

时间	1965~1982年	1983~1992年	1993~2002年	2003年~
阶段	消化吸收期	学习创新期	第一发展期	第二发展期
特点	年均申请<3项	年均申请>10项，开始海外布局	年均申请>100项，F/G/H系列产品成熟	年均申请稳定，更高效率产品的研发

消化吸收期三菱重工的研发力量非常薄弱，处于对西屋电气公司引进技术的消化吸收期，在为技术创新做准备；而在1983~1992年这10年间，专利申请不但数量上翻了4~5倍，年均申请量超过10项，而且有近27%的申请在日本以外的其他国家或地区进行了专利布局；1993年以后，三菱重工的专利申请量开始大幅增长，每年的申请量甚至超过之前近30年申请量的总和，这种井喷式增长表明经过之前近30年的技术积累，三菱重工在燃气轮机关键技术上有了重要突破，并开始积极开展专利布局；2003年至今，三菱重工每年的申请量处于一个相对稳定的时期，2008年之后增长较快，表明其新一代产品的研发也日趋成熟。

三菱重工基于研发成本的控制，注重向多个申请主体、多个权利要求人的合作申请，与下游企业、上游企业的合作申请、与同行企业以及与科研院校均有合作申请，针对不同合作对象的技术特点，采取灵活多样的合作形式，充分利用各种外部资源，增强其竞争优势。

三菱重工深知"兵马未动，粮草先行"的专利布局策略，专利申请已成为其开拓市场的重要辅助手段之一。三菱重工的申请策略、专利布局与其市场战略是紧密相连的，专利申请为其市场扩张起到了重要的保驾护航的作用。

10.4 建议

10.4.1 政府层面

1. 引导国内主要厂商集中研发实力，攻破"市场换技术"过程中面临的技术壁垒根据发改委于 2001 年发布的《燃气轮机产业发展和技术引进工作实施意见》，国内企业以市场换取部分制造技术的方式，"十五"期间进行了 3 次捆绑招标，引进了美国通用电气、德国西门子和日本三菱重工的 F/E 级重型燃气轮机 50 余套共 2000 万千瓦，由哈汽—通用电气、东汽—三菱重工、上汽—西门子、南汽—通用电气等四个联合体实行国产化制造。

虽然目前燃气轮机国产化率接近 70%，但是研究表明，目前我国燃气轮机产业的整体技术水平还落后发达国家二三十年，几乎全部核心技术被国外企业所占据，而且还形成了较严密的专利保护网络。一方面原因是国内研发起步时间较晚，另一方面更重要的原因是专利技术壁垒难以突破。由于外方坚持不转让燃气轮机设计、热端部件制造等核心技术，更不可能转让先进级（G/H 级）燃气轮机的任何技术，因此，我国燃气轮机行业只能制造非核心部件，关键部件在批量国产化的进程中还有很多技术难题有待解决，例如叶片熔模铸造技术、多种冷却方式结合的冷却技术、定向凝固技术和单晶技术等，这些技术难题直接限制了重型燃气轮机的国内产业化进程。建议政府集中国内主要厂商及高校和科研单位的研发实力，在重型燃气轮机领域开展合作研发模式，提高研制起点、节约研发资源，大力提升专利实施转化率，尽快实现重型燃气轮机的国内大规模产业化应用。

2. 根据重点技术的专利风险程度，有针对性的进行宏观指导和政策扶持，尽快形成自主核心专利

20 世纪 80 年代后，燃气轮机联合循环技术日益成熟，逐步成为继汽轮机后的主要发电装置。美国、欧洲、日本等国政府制定了扶持燃气轮机技术开发的产业政策和发展计划，以国家行为结合产业、高校和科研机构，推动了一系列的燃气轮机研发项目，并投入大量研究经费，使电站燃气轮机的技术水平得到很大的提高。例如，美国为了保持在军务和商业竞争方面的领先地位，能源部、宇航局、海军、陆军等多个部门联合企业投入大量资金，实施多项大的发展计划。

建议我国政府有关部门加大对产业的鼓励、支持和指导力度，充分发挥行业协会面向产业发展前沿、紧密联系企业的作用，通过创新联盟带动对研究、专利布局尚不成熟、存在较多机遇的技术进行课题立项，争取有所突破，紧密关注国外重点企业或研究机构（例如通用电气、西门子和三菱重工）的研究动向；对已经形成专利壁垒的技术可以采取集资引进、联合二次创新的模式；对未来可能面临较大专利风险和制约的技术，可以开发出一批围绕核心专利的应用技术专利、组合专利、外围专利，在形成一定筹码后，通过交叉许可、转让等方式，寻求市场发展的空间。

3. 鼓励产业建立从燃气轮机技术研发到产业化的产业联盟，集中优势力量自主创新

研究表明，我国燃气轮机产业在一些市场需求较大、发展前景较好的技术研发及专利布局方面会面临一定的专利风险。建议加大对产业的支持力度，鼓励产业建立包括优势企业、高校、研究所及行业协会在内的"燃气轮机产业联盟"，充分发挥"燃气轮机产业联盟"面向产业发展前沿、以形成专利等自主知识产权为基础的作用。通过

"燃气轮机产业联盟"等平台整合燃气轮机领域的生产制造、科研开发、教育培训等各方面的优势,针对燃气轮机领域的关键共性技术,组织产学研联合攻关研究,知识产权创新成果共享,被侵权时集体参与维权,形成产业发展的合力,开发出满足市场需求的、具有核心竞争力的产品,在燃气轮机领域尽快实现以企业为主体、市场为导向、产学研相结合的节能科技创新体系。

10.4.2 企业层面

1. 把握国家"十一五"、"十二五"期间对燃气轮机的政策鼓励和引导扶持契机,重点突破燃气轮机热端部件的材料、涂层、熔模铸造等技术难点,并进一步争取国家的资金支持

燃气轮机是一种先进而复杂的成套动力机械装备,是典型的高新技术密集型产品。作为高科技的载体,燃气轮机代表了多理论学科和多工程领域发展的综合水平,是21世纪的先导技术。发展集新技术、新材料、新工艺于一身的燃气轮机产业,是国家高技术水平和科技实力的重要标志之一,具有十分突出的战略地位。面对经济全球化、国际燃气轮机市场激烈竞争和国外高度垄断的新形势,国家对我国民族燃机产业的发展非常重视,国家发改委和科技部已经将我国燃气轮机市场发展的思路和对策纳入"十一五"及长期发展规划中,重型燃气轮机是国家优先发展的10项重大技术装备之一。国家还把航空发动机和燃气轮机技术发展列为国家第17个重大科技专项,国内企业应该充分利用此大好契机,多方位展开燃气轮机技术的研发创新,争取早日掌握相关核心技术。R0110重型燃气轮机是"十五"期间863重大专项。科技部于2007启动了973国家重点基础研究发展计划重大项目"燃气轮机的高性能热—功转换科学技术问题研究"。

此外,国外对燃气轮机发展都给予了大量支持。燃气轮机研发难度大、投资多。根据国外的经验,在燃气轮机形成产业的过程中,国家都投入了大量资金支持。美国、西欧、日本等国家都制定了扶持燃气轮机的产业政策和发展计划,如美国的IHPTET计划、ATS计划、CAGT计划,欧盟的EC-ATS计划、日本的月光计划等,这些计划在极大促进本国航空动力等发展的同时,还促进了本国燃气轮机的发展。我国企业也应进一步寻求国家政策支持和资金帮扶。

2. 借鉴学习通用电气、西门子、阿尔斯通、三菱重工等国外厂商的专利技术和经验,结合企业研发重点制定知识产权战略,降低潜在的侵犯他人知识产权的法律风险,持续提高企业的发展与创新能力

目前,我国大量进口国外燃气轮机。随着这些年不断自主发展,我国的燃气轮机技术日趋成熟,特别是航空发动机改燃气轮机具有天然的优势,已形成了较好的基础,但应用范围和深度与发达国家相比有很大差距,产业发展规模和水平较低。国内企业主要以装机生产为主,研发机构也缺乏有竞争力的前沿技术,缺乏技术积累等,我国虽然采取"以市场换技术"的政策引进当代先进F/E级技术、进行消化吸收再创新,但对于热端部件制造技术,外方坚持不转让任何技术,因此,对于叶片、喷嘴等热端

部件的核心技术，国内企业和研发机构应当多借鉴国外几大巨头的专利公开信息，在其基础上有选择地进行创新，争取早日掌握核心技术，提高我国燃气轮机叶片的水平。

国外企业已经为重型燃机技术建立了严格完善的知识产权保护体系，国内企业在研发过程中，要注意有针对性的进行规避研发，并在研发的各阶段结合自身实际需求积极开展专利分析并进行专利申请，根据技术创新程度，选择核心专利和外围专利同时申请、先外围专利后核心专利或者先核心专利后外围专利申请的专利网构建策略。企业取得知识产权后，要积极创造条件，加大投入，促进产业化，保持企业的持续发展与创新能力。

3. 加强企业内部研发人员的队伍建设，加大技术创新奖励力度，建立知识产权信息管理系统，以随时跟踪和补正企业知识产权信息

我国目前共新建、扩改建燃气轮机关键部件压气机、燃烧室和透平冷却实验台34个，开发掌握了激光、压力敏感漆、瞬态液晶、红外、高频动态测量等当代先进的测量技术，并获得大批基础实验数据，形成了一批燃气轮机的基础研究成果，培养了一支以博士、硕士为主的重型燃气轮机研究队伍。但同时，燃气轮机技术的原发国仍在投入大量人力、物力来加大未来燃气轮机技术的研发，以期抢占燃气轮机领域的先机和未来的市场份额。我国要想迎头赶上，在未来几十年内形成自己的核心技术，不成为国外企业的加工厂，必须培育良好的研发创新环境，完善创新奖励制度，加强专业的人才队伍建设，特别是培养有工程经验的高级技术人才和研发过程的系统工程管理人才和专利策略制定人才。

通用电气、西门子、三菱重工、阿尔斯通等国外大企业拥有一批高素质的研发团队进行热端部件的持续研发，我国企业可以借鉴国外企业研发团队建设经验，例如，我国企业可以借鉴西门子"引进高技术人才、充分发挥集体智慧"的叶片领域研发团队的运作模式，结合企业自身定位和发展，与该领域的优秀技术人才或团队合作共同研发，形成"企业＋个人团队"的研发模式，围绕进入市场的产品形成系列知识产权。

企业在研发和专利布局过程中要建立自己的知识产权管理系统，以随时跟踪和补正企业知识产权的申请、投资入股、交易转让、许可使用、法律争议情况以及相关信息，使企业的知识产权在先进的技术基础上发展，始终保持先进性，避免重复研究，浪费资源。

热销丛书推荐

《企业专利工作实务手册》

作者：杨铁军（主编）

出版时间：2013年1月

定价：68元

内容简介：本书旨在为企业提供一整套指导性和操作性较强的模块化专利工作管理实务解决方案。

《专利分析实务手册》

作者：杨铁军（主编）

出版时间：2012年10月

定价：46元

内容简介：本手册以专利分析操作流程为主线，梳理了一套完整的专利分析实务操作流程，并对流程中各环节的操作方法、质量要求、使用工具、操作技巧、注意事项等结合案例进行具体说明和详细解析。

《产业专利分析报告》（第1册）

作者：杨铁军（主编）

出版时间：2011年9月

定价：50元

内容简介：本书包括了薄膜太阳能电池、等离子体刻蚀机、生物芯片等三个行业的专利分析报告。

《产业专利分析报告》（第2册）

作者：杨铁军（主编）

出版时间：2011年9月

定价：36元

内容简介：本书包括了基因工程多肽药物、环保农药两个行业的专利分析报告。

《产业专利分析报告》（第 3 册）

作者：杨铁军（主编）

出版时间：2012 年 3 月

定价：88 元（附光盘）

内容简介：本书包括了切削加工刀具、煤矿机械、燃煤锅炉燃烧设备等三个行业的专利分析报告。

《产业专利分析报告》（第 4 册）

作者：杨铁军（主编）

出版时间：2012 年 3 月

定价：82 元（附光盘）

内容简介：本书包括了有机发光二极管、光通信网络、通信用光器件等三个行业的专利分析报告。

《产业专利分析报告》（第 5 册）

作者：杨铁军（主编）

出版时间：2012 年 3 月

定价：42 元（附光盘）

内容简介：本书包括了智能手机、立体影像两个行业的专利分析报告。

《产业专利分析报告》（第 6 册）

作者：杨铁军（主编）

出版时间：2012 年 3 月

定价：42 元（附光盘）

内容简介：本书包括了乳制品、生物医用天然多糖两个行业的专利分析报告。

《产业专利分析报告》（第 7 册）
作者：杨铁军（主编）
出版时间：2013 年 3 月
定价：66 元
内容简介：本书为农业机械行业的专利分析报告。

《产业专利分析报告》（第 8 册）
作者：杨铁军（主编）
出版时间：2013 年 3 月
定价：46 元
内容简介：本书为液体灌装机械行业的专利分析报告。

《产业专利分析报告》（第 9 册）
作者：杨铁军（主编）
出版时间：2013 年 3 月
定价：46 元
内容简介：本书为汽车碰撞安全行业的专利分析报告。

《产业专利分析报告》（第 10 册）
作者：杨铁军（主编）
出版时间：2013 年 3 月
定价：46 元
内容简介：本书为功率半导体器件行业的专利分析报告。

《产业专利分析报告》（第 11 册）
作者：杨铁军（主编）
出版时间：2013 年 3 月
定价：54 元
内容简介：本书为短距离无线通信行业的专利分析报告。

《产业专利分析报告》（第 12 册）
作者： 杨铁军（主编）
出版时间： 2013 年 3 月
定价： 64 元
内容简介： 本书为液晶显示行业的专利分析报告。

《产业专利分析报告》（第 13 册）
作者： 杨铁军（主编）
出版时间： 2013 年 3 月
定价： 56 元
内容简介： 本书为智能电视行业的专利分析报告。

《产业专利分析报告》（第 14 册）
作者： 杨铁军（主编）
出版时间： 2013 年 3 月
定价： 60 元
内容简介： 本书为高性能纤维行业的专利分析报告。

《产业专利分析报告》（第 15 册）
作者： 杨铁军（主编）
出版时间： 2013 年 3 月
定价： 46 元
内容简介： 本书为高性能橡胶行业的专利分析报告。

《产业专利分析报告》（第 16 册）
作者： 杨铁军（主编）
出版时间： 2013 年 3 月
定价： 54 元
内容简介： 本书为食用油脂行业的专利分析报告。